经济应用数学基础（二）

线性代数

第五版 学习参考

赵树嫄　胡显佑　陆启良　褚永增 / 编著

$$Ax=b$$

$$A=\begin{pmatrix} a_{11} & a_{12} & \cdots & a_{1n} \\ a_{21} & a_{22} & \cdots & a_{2n} \\ \vdots & \vdots & & \vdots \\ a_{m1} & a_{m2} & \cdots & a_{mn} \end{pmatrix}$$

$$x=\begin{pmatrix} x_1 \\ x_2 \\ \vdots \\ x_n \end{pmatrix} \qquad b=\begin{pmatrix} b_1 \\ b_2 \\ \vdots \\ b_m \end{pmatrix}$$

中国人民大学出版社
·北京·

出版说明

由赵树嫄教授主编的“经济应用数学基础”系列教材，30多年来深受广大读者喜爱，发行量极大，影响很广。该套教材的读者既有在校师生，也有很多自学读者。为适应读者学习或参考的需要，我社听取了许多方面的意见和建议，为此教材提供了配套的学习辅导和教学参考读物。

为适应公共数学教学形势的发展，我社邀请赵树嫄教授主持对《线性代数》（第四版）的修订工作，推出了第五版。同时，为了满足广大读者尤其是自学读者的学习需要，我们邀请了赵树嫄、胡显佑、陆启良、褚永增等老师编写了这本《线性代数》（第五版）的学习参考读物。本书是一本教与学的参考书。

这里要特别指出的是，编写、出版学习参考书的目的是使读者更加清晰、准确地把握正确的解题思路和方法，扩大知识面，加深对教材内容的理解，及时纠正在解题中出现的错误，克服在一些习题求解过程中遇到的困难，读者一定要本着对自己负责的态度，先自己做教材中的习题，不要先看解答或抄袭解答，在独立思考、独立解答的基础上，再参考本书，并领会注释中的点评，总结规律、加深对基本概念的理解、提高解题能力。

本书各章内容均分为两部分。

（一）习题解答与注释

该部分基本上对《线性代数》（第五版）中的习题给出了解答，并结合教与学作了大量注释。通过这些注释，读者可以深刻领会教材中的基本概念的准确含义，开阔解题思路，掌握解题方法，避免在容易发生错误的环节上出现问题，从而提高解题能力，培养良好的数学思维。

（二）参考题（附解答）

该部分编写了一些难度略大且有参考意义的题目，目的是给愿意多学一些、多练一些的学生及准备考研的读者提供一些自学材料，也为教师在复习、考试环节的命题工作提供一些参考资料。

本书给出了较多单项选择题。单项选择题是答案唯一且不要求考核推理步骤的题型，因此，不论用什么方法（诸如排除法、图形法、计算法、逐项检查法，等等），只要能找出正确选项即可。在必须使用逐项检查法时，只要检查到符合题目要求的选项，就可得出答案，停止检查，不必将所有选项全部检查完。但是选择题的各个选项恰恰是概念模糊、不易辨别的内容或计算容易出错的环节，也恰恰是需要读者搞清楚的问题，所以本书作为辅导书，在使用逐项检查法时，对四个选项均做了探讨，目的是使读者不仅能解答这个题目，而且能对这个题目有更全面、更准确的认识，通过总结规律，提高知识水平与解题技能。必须提醒读者，在参加考试时，一旦辨别出所要求的选项，即可停止探讨，不必继续往下讨论，以免浪费考试时间。

本书是我社出版的赵树嫄教授主编的《线性代数》（第五版）的配套参考书，但它本身独立成书，选用其他线性代数教材的读者也可以将本书选做参考书，同时自学读者或准备考研的读者也可以将本书作为自学和练习的读物。

由于多方面原因，书中不妥之处在所难免，我们衷心欢迎广大读者批评指正。

中国人民大学出版社

2018 年 7 月

目　　录

第一章　行列式

(一) 习题解答与注释

(A)

1. 计算下列二阶行列式:

(1) $\begin{vmatrix} 1 & 3 \\ 1 & 4 \end{vmatrix}$　(2) $\begin{vmatrix} 2 & 1 \\ -1 & 2 \end{vmatrix}$　(3) $\begin{vmatrix} 6 & 9 \\ 8 & 12 \end{vmatrix}$　(4) $\begin{vmatrix} a & b \\ a^2 & b^2 \end{vmatrix}$

(5) $\begin{vmatrix} x-1 & 1 \\ x^2 & x^2+x+1 \end{vmatrix}$　(6) $\begin{vmatrix} \dfrac{1-t^2}{1+t^2} & \dfrac{2t}{1+t^2} \\ \dfrac{-2t}{1+t^2} & \dfrac{1-t^2}{1+t^2} \end{vmatrix}$　(7) $\begin{vmatrix} 1 & \log_b a \\ \log_a b & 1 \end{vmatrix}$

解: (1) $\begin{vmatrix} 1 & 3 \\ 1 & 4 \end{vmatrix} = 1\times 4-3\times 1=1$

(2) $\begin{vmatrix} 2 & 1 \\ -1 & 2 \end{vmatrix} = 2\times 2-1\times(-1)=5$

(3) $\begin{vmatrix} 6 & 9 \\ 8 & 12 \end{vmatrix} = 6\times 12-9\times 8=0$

(4) $\begin{vmatrix} a & b \\ a^2 & b^2 \end{vmatrix} = ab^2-ba^2=ab(b-a)$

(5) $\begin{vmatrix} x-1 & 1 \\ x^2 & x^2+x+1 \end{vmatrix} = (x-1)(x^2+x+1)-x^2=x^3-x^2-1$

(6) $\begin{vmatrix} \dfrac{1-t^2}{1+t^2} & \dfrac{2t}{1+t^2} \\ \dfrac{-2t}{1+t^2} & \dfrac{1-t^2}{1+t^2} \end{vmatrix} = \left(\dfrac{1-t^2}{1+t^2}\right)^2+\left(\dfrac{2t}{1+t^2}\right)^2=1$

(7) $\begin{vmatrix} 1 & \log_b a \\ \log_a b & 1 \end{vmatrix} = 1-\log_a b\cdot\log_b a=1-1=0$

2. 计算下列三阶行列式:

(1) $\begin{vmatrix} 1 & 2 & 3 \\ 3 & 1 & 2 \\ 2 & 3 & 1 \end{vmatrix}$　(2) $\begin{vmatrix} 1 & 1 & 1 \\ 3 & 1 & 4 \\ 8 & 9 & 5 \end{vmatrix}$　(3) $\begin{vmatrix} 1 & 0 & -1 \\ 3 & 5 & 0 \\ 0 & 4 & 1 \end{vmatrix}$　(4) $\begin{vmatrix} 0 & a & 0 \\ b & 0 & c \\ 0 & d & 0 \end{vmatrix}$

解: (1) $\begin{vmatrix} 1 & 2 & 3 \\ 3 & 1 & 2 \\ 2 & 3 & 1 \end{vmatrix} = 1\times1\times1+2\times2\times2+3\times3\times3-1\times2\times3-2\times3\times1$

$-3\times1\times2=1+8+27-6-6-6=18$

(2) $\begin{vmatrix} 1 & 1 & 1 \\ 3 & 1 & 4 \\ 8 & 9 & 5 \end{vmatrix} = 1\times1\times5+1\times4\times8+1\times3\times9-1\times4\times9-1\times3\times5-1\times1\times8$

$= 5+32+27-36-15-8=5$

(3) $\begin{vmatrix} 1 & 0 & -1 \\ 3 & 5 & 0 \\ 0 & 4 & 1 \end{vmatrix} = 1\times5\times1+0\times0\times0+(-1)\times3\times4-1\times0\times4$

$-0\times3\times1-(-1)\times5\times0=5-12=-7$

(4) $\begin{vmatrix} 0 & a & 0 \\ b & 0 & c \\ 0 & d & 0 \end{vmatrix} = 0$

3. 证明下列等式：

$$\begin{vmatrix} a_1 & b_1 & c_1 \\ a_2 & b_2 & c_2 \\ a_3 & b_3 & c_3 \end{vmatrix} = a_1\begin{vmatrix} b_2 & c_2 \\ b_3 & c_3 \end{vmatrix} - b_1\begin{vmatrix} a_2 & c_2 \\ a_3 & c_3 \end{vmatrix} + c_1\begin{vmatrix} a_2 & b_2 \\ a_3 & b_3 \end{vmatrix}$$

证： *方法* 1

左边$= a_1b_2c_3+b_1c_2a_3+c_1a_2b_3-a_1c_2b_3-b_1a_2c_3-c_1b_2a_3$

右边$= a_1(b_2c_3-c_2b_3)-b_1(a_2c_3-c_2a_3)+c_1(a_2b_3-b_2a_3)$

$= a_1b_2c_3-a_1c_2b_3-b_1a_2c_3+b_1c_2a_3+c_1a_2b_3-c_1b_2a_3$

左边$=$右边

所以等式成立.

方法 2

$$\begin{vmatrix} a_1 & b_1 & c_1 \\ a_2 & b_2 & c_2 \\ a_3 & b_3 & c_3 \end{vmatrix} = a_1b_2c_3+b_1c_2a_3+c_1a_2b_3-a_1c_2b_3-b_1a_2c_3-c_1b_2a_3$$

$$= a_1(b_2c_3-c_2b_3)-b_1(a_2c_3-c_2a_3)+c_1(a_2b_3-b_2a_3)$$

$$= a_1\begin{vmatrix} b_2 & c_2 \\ b_3 & c_3 \end{vmatrix} - b_1\begin{vmatrix} a_2 & c_2 \\ a_3 & c_3 \end{vmatrix} + c_1\begin{vmatrix} a_2 & b_2 \\ a_3 & b_3 \end{vmatrix}$$

4. 当 k 为何值时，$\begin{vmatrix} k & 3 & 4 \\ -1 & k & 0 \\ 0 & k & 1 \end{vmatrix} = 0$?

解： $\begin{vmatrix} k & 3 & 4 \\ -1 & k & 0 \\ 0 & k & 1 \end{vmatrix} = k^2-4k+3=(k-1)(k-3)$

当 $k=1$ 或 $k=3$ 时，$(k-1)(k-3)=0$，即 $\begin{vmatrix} k & 3 & 4 \\ -1 & k & 0 \\ 0 & k & 1 \end{vmatrix} = 0$. 所以可得，当 $k=1$ 或 $k=3$ 时，给定行列式等于零.

5. 当 x 为何值时，$\begin{vmatrix} 3 & 1 & x \\ 4 & x & 0 \\ 1 & 0 & x \end{vmatrix} \neq 0$?

解： $\begin{vmatrix} 3 & 1 & x \\ 4 & x & 0 \\ 1 & 0 & x \end{vmatrix} = 3x^2 - x^2 - 4x = 2x^2 - 4x = 2x(x-2)$

当 $x \neq 0$ 且 $x \neq 2$ 时，$2x(x-2) \neq 0$，即 $\begin{vmatrix} 3 & 1 & x \\ 4 & x & 0 \\ 1 & 0 & x \end{vmatrix} \neq 0$. 所以可得，当 $x \neq 0$ 且 $x \neq 2$ 时，给定行列式不等于零.

6. 行列式 $\begin{vmatrix} a & 1 & 1 \\ 0 & -1 & 0 \\ 4 & a & a \end{vmatrix} > 0$ 的充分必要条件是什么?

解： $\begin{vmatrix} a & 1 & 1 \\ 0 & -1 & 0 \\ 4 & a & a \end{vmatrix} = -a^2 + 4$

若 $\begin{vmatrix} a & 1 & 1 \\ 0 & -1 & 0 \\ 4 & a & a \end{vmatrix} > 0$，则有 $a^2 < 4$，即 $|a| < 2$. 反之，若 $|a| < 2$，则 $\begin{vmatrix} a & 1 & 1 \\ 0 & -1 & 0 \\ 4 & a & a \end{vmatrix} > 0$，即当且仅当 $|a| < 2$ 时，$\begin{vmatrix} a & 1 & 1 \\ 0 & -1 & 0 \\ 4 & a & a \end{vmatrix} > 0$.

故行列式 $\begin{vmatrix} a & 1 & 1 \\ 0 & -1 & 0 \\ 4 & a & a \end{vmatrix} > 0$ 的充分必要条件是 $|a| < 2$.

7. 解方程 $\begin{vmatrix} 3 & 1 & 1 \\ x & 1 & 0 \\ x^2 & 3 & 1 \end{vmatrix} = 0$.

解： $\begin{vmatrix} 3 & 1 & 1 \\ x & 1 & 0 \\ x^2 & 3 & 1 \end{vmatrix} = 3 + 3x - x - x^2 = -(x+1)(x-3) = 0$

解　　$-(x+1)(x-3) = 0$

得　　$x_1 = -1$，$x_2 = 3$

注释： 第 1 ~ 7 题是复习二阶、三阶行列式的定义，要求用画线法求行列式的结果，其结果是一个常数或代数式.

8. 求下列排列的逆序数：

(1) 41253　　(2) 3712456　　(3) 36715284　　(4) $n(n-1)\cdots 21$

解: (1) 41253 所含逆序为 41, 42, 43, 53, 所以 41253 的逆序数$N(41253)=4$.

(2) 3712456 所含逆序为 31, 71, 32, 72, 74, 75, 76, 所以 3712456 的逆序数$N(3712456)=7$.

注释: 求由不同数码1, 2, …, n组成的有序数组$i_1i_2\cdots i_n$的逆序数，即求排列在各个数码前面比它大的数码个数的总和，可以按下面的方法求.

观察排在1前面而比1大的数码个数，设为k_1，再观察排在2前面而比2大的数码个数，设为k_2，…，最后观察排在n前面而比n大的数码个数，设为$k_n(k_n=0)$，于是可得

$$N(i_1i_2\cdots i_n)=k_1+k_2+\cdots+k_n$$

以题(2)为例,那么有

$$k_1=2,\quad k_2=2,\quad k_3=0,\quad k_4=1,\quad k_5=1,\quad k_6=1,\quad k_7=0$$

所以$N(3712456)=2+2+0+1+1+1+0=7$.

(3) 36715284 的逆序数为

$$N(36715284)=3+4+0+4+2+0+0+0=13$$

(4) $n(n-1)\cdots21$ 的逆序数为

$$\begin{aligned}N(n(n-1)\cdots21)&=(n-1)+(n-2)+\cdots+2+1+0\\&=\frac{n}{2}(n-1+0)=\frac{n(n-1)}{2}\end{aligned}$$

9. 在六阶行列式$|a_{ij}|$中，下列各元素连乘积前面应冠以什么符号?

(1) $a_{15}a_{23}a_{32}a_{44}a_{51}a_{66}$　(2) $a_{11}a_{26}a_{32}a_{44}a_{53}a_{65}$　(3) $a_{21}a_{53}a_{16}a_{42}a_{65}a_{34}$

(4) $a_{51}a_{32}a_{13}a_{44}a_{65}a_{26}$　(5) $a_{61}a_{52}a_{43}a_{34}a_{25}a_{16}$

解: (1) $N(532416)=8$，为偶数，所以$a_{15}a_{23}a_{32}a_{44}a_{51}a_{66}$前面应冠以正号.

(2) $N(162435)=5$，为奇数，所以$a_{11}a_{26}a_{32}a_{44}a_{53}a_{65}$前面应冠以负号.

(3) $N(251463)+N(136254)=6+5=11$，为奇数，所以$a_{21}a_{53}a_{16}a_{42}a_{65}a_{34}$前面应冠以负号.

(4) $N(531462)=8$，为偶数，所以$a_{51}a_{32}a_{13}a_{44}a_{65}a_{26}$前面应冠以正号.

(5) $N(654321)=15$，为奇数，所以$a_{61}a_{52}a_{43}a_{34}a_{25}a_{16}$前面应冠以负号.

注释: 如果行标(列标)的排列为正常顺序排列，即$i_1i_2\cdots i_n(j_1j_2\cdots j_n)$为$12\cdots n$,那么对该项的符号只需考察列标(行标)的逆序数$N(j_1j_2\cdots j_n)(N(i_1i_2\cdots i_n))$.

10. 选择k, l使$a_{13}a_{2k}a_{34}a_{42}a_{5l}$成为五阶行列式$|a_{ij}|$ $(i, j=1, 2, \cdots, 5)$中前面冠以负号的项.

解: 欲使$a_{13}a_{2k}a_{34}a_{42}a_{5l}$成为五阶行列式$|a_{ij}|$中冠以负号的项，$k$, l只能依次取1、5或5、1，且$N(3k42l)$为奇数.

当$k=1$, $l=5$时，$N(31425)=3$；当$k=5$, $l=1$时，$N(35421)=8$. 所以，当$k=1$, $l=5$时，$a_{13}a_{21}a_{34}a_{42}a_{55}$为五阶行列式$|a_{ij}|$中前面冠以负号的项.

11. 设n阶行列式中有n^2-n个以上元素为零，证明该行列式为零.

证: n阶行列式有n^2个元素,若它有n^2-n个以上的元素为零，那么该行列式的非零元素少于n个. 而n阶行列式是取自不同行不同列的n个元素连乘积的代数和，因此每个连乘

积的项中至少有一个元素为零，从而所有项皆为零．故行列式为零．

注释： 行列式非零元素的个数小于阶数，是行列式为零的充分而非必要条件．

12. 用行列式定义计算下列行列式：

(1) $\begin{vmatrix} 0 & 0 & 1 & 0 \\ 0 & 1 & 0 & 0 \\ 0 & 0 & 0 & 1 \\ 1 & 0 & 0 & 0 \end{vmatrix}$　(2) $\begin{vmatrix} 0 & 1 & 0 & \cdots & 0 \\ 0 & 0 & 2 & \cdots & 0 \\ \vdots & \vdots & \vdots & & \vdots \\ 0 & 0 & 0 & \cdots & n-1 \\ n & 0 & 0 & \cdots & 0 \end{vmatrix}$　(3) $\begin{vmatrix} 1 & 1 & 1 & 0 \\ 0 & 1 & 0 & 1 \\ 0 & 1 & 1 & 1 \\ 0 & 0 & 1 & 0 \end{vmatrix}$

(4) $\begin{vmatrix} a_{11} & a_{12} & a_{13} & a_{14} & a_{15} \\ a_{21} & a_{22} & a_{23} & a_{24} & a_{25} \\ a_{31} & a_{32} & 0 & 0 & 0 \\ a_{41} & a_{42} & 0 & 0 & 0 \\ a_{51} & a_{52} & 0 & 0 & 0 \end{vmatrix}$

解： (1) 设 $\begin{vmatrix} 0 & 0 & 1 & 0 \\ 0 & 1 & 0 & 0 \\ 0 & 0 & 0 & 1 \\ 1 & 0 & 0 & 0 \end{vmatrix} = |a_{ij}| \quad (i, j = 1, 2, 3, 4).$

根据行列式的定义，$|a_{ij}|$ 的展开式中除 $a_{13}a_{22}a_{34}a_{41}$ 连乘积这一项外，其余各项至少含有一个零元素，故皆为零．因此

$$|a_{ij}| = (-1)^{N(3241)}a_{13}a_{22}a_{34}a_{41} = (-1)^4 \times 1 \times 1 \times 1 \times 1 = 1$$

所以可得 $\begin{vmatrix} 0 & 0 & 1 & 0 \\ 0 & 1 & 0 & 0 \\ 0 & 0 & 0 & 1 \\ 1 & 0 & 0 & 0 \end{vmatrix} = 1$

(2) 设 $\begin{vmatrix} 0 & 1 & 0 & \cdots & 0 \\ 0 & 0 & 2 & \cdots & 0 \\ \vdots & \vdots & \vdots & & \vdots \\ 0 & 0 & 0 & \cdots & n-1 \\ n & 0 & 0 & \cdots & 0 \end{vmatrix} = |a_{ij}| \quad (i, j = 1, 2, \cdots, n).$

显然在 $|a_{ij}|$ 的展开式中，只有 $a_{12}a_{23}\cdots a_{n-1,n}a_{n1}$ 连乘积这一项不等于零，其余项皆为零，因此

$$\begin{aligned} |a_{ij}| &= (-1)^{N(23\cdots n1)}a_{12}a_{23}\cdots a_{n-1,n}a_{n1} \\ &= (-1)^{n-1}1 \cdot 2 \cdot \cdots\cdots \cdot (n-1) \cdot n \\ &= (-1)^{n-1}n! \end{aligned}$$

所以可得 $\begin{vmatrix} 0 & 1 & 0 & \cdots & 0 \\ 0 & 0 & 2 & \cdots & 0 \\ \vdots & \vdots & \vdots & & \vdots \\ 0 & 0 & 0 & \cdots & n-1 \\ n & 0 & 0 & \cdots & 0 \end{vmatrix} = (-1)^{n-1}n!$

(3) 设 $\begin{vmatrix} 1 & 1 & 1 & 0 \\ 0 & 1 & 0 & 1 \\ 0 & 1 & 1 & 1 \\ 0 & 0 & 1 & 0 \end{vmatrix} = |a_{ij}| \quad (i, j = 1, 2, 3, 4).$

对于 $|a_{ij}|$ 的展开式中的非零项，第一列必须取 a_{11}，第四行必须取 a_{43}，取定 a_{11}，a_{43} 后，第二列可取的元素有 a_{22}，a_{32}，第四列可取的元素有 a_{24}，a_{34}. 因此组成 $|a_{ij}|$ 的非零项只有 $a_{11}a_{22}a_{34}a_{43}$ 与 $a_{11}a_{24}a_{32}a_{43}$ 两个连乘积，所以

$$\begin{aligned} |a_{ij}| &= (-1)^{N(1243)}a_{11}a_{22}a_{34}a_{43} + (-1)^{N(1423)}a_{11}a_{24}a_{32}a_{43} \\ &= (-1)^1 \times 1 \times 1 \times 1 \times 1 + (-1)^2 \times 1 \times 1 \times 1 \times 1 \\ &= -1 + 1 = 0 \end{aligned}$$

所以可得 $\begin{vmatrix} 1 & 1 & 1 & 0 \\ 0 & 1 & 0 & 1 \\ 0 & 1 & 1 & 1 \\ 0 & 0 & 1 & 0 \end{vmatrix} = 0$

(4) 设 $\begin{vmatrix} a_{11} & a_{12} & a_{13} & a_{14} & a_{15} \\ a_{21} & a_{22} & a_{23} & a_{24} & a_{25} \\ a_{31} & a_{32} & 0 & 0 & 0 \\ a_{41} & a_{42} & 0 & 0 & 0 \\ a_{51} & a_{52} & 0 & 0 & 0 \end{vmatrix} = |a_{ij}| \quad (i, j = 1, \cdots, 5).$

考察 $|a_{ij}|$ 的展开式中的非零项.

$|a_{ij}|$ 的第五行只有 a_{51}，a_{52} 不等于零，第四行只有 a_{41}，a_{42} 不等于零，第三行只有 a_{31}，a_{32} 不等于零.

若在 $|a_{ij}|$ 的展开式中第五行选取 a_{51}，则第四行只能选取 a_{42}，若第五行选取 a_{52}，则第四行只能选 a_{41}，不论选取 $a_{51}a_{42}$，还是选取 $a_{52}a_{41}$，第三行的元素均不能再选自第一列和第二列，只能取自第三、四、五列，但 a_{33}，a_{34}，a_{35} 均等于零，故 $|a_{ij}|$ 的各项均为零，即 $|a_{ij}| = 0$. 所以可得

$$\begin{vmatrix} a_{11} & a_{12} & a_{13} & a_{14} & a_{15} \\ a_{21} & a_{22} & a_{23} & a_{24} & a_{25} \\ a_{31} & a_{32} & 0 & 0 & 0 \\ a_{41} & a_{42} & 0 & 0 & 0 \\ a_{51} & a_{52} & 0 & 0 & 0 \end{vmatrix} = 0$$

注释： 用定义求行列式时，要注意下面的问题.

(1) n 阶行列式共有 $n!$ 项.

(2) 某项中含有零元素，则该项为零. 按定义求行列式的值，一般地，首先要排除含有零元素的项，只考虑非零项.

(3) n 阶行列式各项均为 n 个元素的连乘积，n 个元素要取自不同行不同列，如果某项已取了第 i 行第 j 列的元素，那么该项不能再取第 i 行和第 j 列的其他元素.

(4) $n!$项中冠以正号的项和冠以负号的项各占 $\frac{n!}{2}$ 项.

各项前应冠的符号取决于该项 n 个元素的行排列与列排列的逆序数总和，例如某项 $a_{i_1j_1}a_{i_2j_2}\cdots a_{i_nj_n}$，该项前应冠以$(-1)^{N(i_1i_2\cdots i_n)+N(j_1j_2\cdots j_n)}$. 如果 $i_1i_2\cdots i_n(j_1j_2\cdots j_n)$ 为自然顺序排列，那么该项前的符号只取决于 $j_1j_2\cdots j_n(i_1i_2\cdots i_n)$ 的逆序数，即该项前只冠以$(-1)^{N(j_1j_2\cdots j_n)}((-1)^{N(i_1i_2\cdots i_n)})$即可.

13. 用行列式的性质计算下列行列式：

(1) $\begin{vmatrix} a & a^2 \\ b & b^2 \end{vmatrix}$ (2) $\begin{vmatrix} 1 & 2 & 3 \\ 0 & 1 & 2 \\ 1 & 1 & 1 \end{vmatrix}$ (3) $\begin{vmatrix} 34\,215 & 35\,215 \\ 28\,092 & 29\,092 \end{vmatrix}$

(4) $\begin{vmatrix} x & y & x+y \\ y & x+y & x \\ x+y & x & y \end{vmatrix}$

解：(1) $\begin{vmatrix} a & a^2 \\ b & b^2 \end{vmatrix}=ab\begin{vmatrix} 1 & a \\ 1 & b \end{vmatrix}=ab(b-a)$

(2) $\begin{vmatrix} 1 & 2 & 3 \\ 0 & 1 & 2 \\ 1 & 1 & 1 \end{vmatrix}\begin{matrix} \\ \leftarrow \\ \times 1 \end{matrix}=\begin{vmatrix} 1 & 2 & 3 \\ 1 & 2 & 3 \\ 1 & 1 & 1 \end{vmatrix}=0$

(3) $\begin{vmatrix} 34\,215 & 35\,215 \\ 28\,092 & 29\,092 \end{vmatrix}=\begin{vmatrix} 34\,215 & 1\,000 \\ 28\,092 & 1\,000 \end{vmatrix}=1\,000\begin{vmatrix} 34\,215 & 1 \\ 28\,092 & 1 \end{vmatrix}$ （第1列 $\times(-1)$ 加到第2列）

$=1\,000\times(34\,215-28\,092)=6\,123\,000$

(4) $\begin{vmatrix} x & y & x+y \\ y & x+y & x \\ x+y & x & y \end{vmatrix}=\begin{vmatrix} 2x+2y & y & x+y \\ 2x+2y & x+y & x \\ 2x+2y & x & y \end{vmatrix}$ （第2、3列 $\times 1$ 加到第1列）

$=(2x+2y)\begin{vmatrix} 1 & y & x+y \\ 1 & x+y & x \\ 1 & x & y \end{vmatrix}$ （第1行 $\times(-1)$ 分别加到第2、3行）

$=(2x+2y)\begin{vmatrix} 1 & y & x+y \\ 0 & x & -y \\ 0 & x-y & -x \end{vmatrix}$

$=(2x+2y)(-x^2+xy-y^2)=-2(x^3+y^3)$

14. 用行列式的性质证明：

(1) $\begin{vmatrix} a_1+kb_1 & b_1+c_1 & c_1 \\ a_2+kb_2 & b_2+c_2 & c_2 \\ a_3+kb_3 & b_3+c_3 & c_3 \end{vmatrix}=\begin{vmatrix} a_1 & b_1 & c_1 \\ a_2 & b_2 & c_2 \\ a_3 & b_3 & c_3 \end{vmatrix}$

(2) $\begin{vmatrix} b_1+c_1 & c_1+a_1 & a_1+b_1 \\ b_2+c_2 & c_2+a_2 & a_2+b_2 \\ b_3+c_3 & c_3+a_3 & a_3+b_3 \end{vmatrix} = 2\begin{vmatrix} a_1 & b_1 & c_1 \\ a_2 & b_2 & c_2 \\ a_3 & b_3 & c_3 \end{vmatrix}$

(3) $\begin{vmatrix} a_1-b_1 & a_1-b_2 & \cdots & a_1-b_n \\ a_2-b_1 & a_2-b_2 & \cdots & a_2-b_n \\ \vdots & \vdots & & \vdots \\ a_n-b_1 & a_n-b_2 & \cdots & a_n-b_n \end{vmatrix} = 0 \quad (n>2)$

证:(1) 方法 1

$$\begin{vmatrix} a_1+kb_1 & b_1+c_1 & c_1 \\ a_2+kb_2 & b_2+c_2 & c_2 \\ a_3+kb_3 & b_3+c_3 & c_3 \end{vmatrix} = \begin{vmatrix} a_1 & b_1+c_1 & c_1 \\ a_2 & b_2+c_2 & c_2 \\ a_3 & b_3+c_3 & c_3 \end{vmatrix} + \begin{vmatrix} kb_1 & b_1+c_1 & c_1 \\ kb_2 & b_2+c_2 & c_2 \\ kb_3 & b_3+c_3 & c_3 \end{vmatrix}$$

$$= \begin{vmatrix} a_1 & b_1 & c_1 \\ a_2 & b_2 & c_2 \\ a_3 & b_3 & c_3 \end{vmatrix} + \begin{vmatrix} a_1 & c_1 & c_1 \\ a_2 & c_2 & c_2 \\ a_3 & c_3 & c_3 \end{vmatrix} + \begin{vmatrix} kb_1 & b_1 & c_1 \\ kb_2 & b_2 & c_2 \\ kb_3 & b_3 & c_3 \end{vmatrix} + \begin{vmatrix} kb_1 & c_1 & c_1 \\ kb_2 & c_2 & c_2 \\ kb_3 & c_3 & c_3 \end{vmatrix}$$

$$= \begin{vmatrix} a_1 & b_1 & c_1 \\ a_2 & b_2 & c_2 \\ a_3 & b_3 & c_3 \end{vmatrix} + 0 + 0 + 0 = \begin{vmatrix} a_1 & b_1 & c_1 \\ a_2 & b_2 & c_2 \\ a_3 & b_3 & c_3 \end{vmatrix}$$

方法 2

$$\begin{vmatrix} a_1 & b_1 & c_1 \\ a_2 & b_2 & c_2 \\ a_3 & b_3 & c_3 \end{vmatrix} = \begin{vmatrix} a_1+kb_1 & b_1 & c_1 \\ a_2+kb_2 & b_2 & c_2 \\ a_3+kb_3 & b_3 & c_3 \end{vmatrix} = \begin{vmatrix} a_1+kb_1 & b_1+c_1 & c_1 \\ a_2+kb_2 & b_2+c_2 & c_2 \\ a_3+kb_3 & b_3+c_3 & c_3 \end{vmatrix}$$

(第 2 列 $\times k$ 加到第 1 列;第 3 列 $\times 1$ 加到第 2 列)

或

$$\begin{vmatrix} a_1+kb_1 & b_1+c_1 & c_1 \\ a_2+kb_2 & b_2+c_2 & c_2 \\ a_3+kb_3 & b_3+c_3 & c_3 \end{vmatrix} = \begin{vmatrix} a_1+kb_1 & b_1 & c_1 \\ a_2+kb_2 & b_2 & c_2 \\ a_3+kb_3 & b_3 & c_3 \end{vmatrix} = \begin{vmatrix} a_1 & b_1 & c_1 \\ a_2 & b_2 & c_2 \\ a_3 & b_3 & c_3 \end{vmatrix}$$

(第 3 列 $\times(-1)$ 加到第 2 列;第 2 列 $\times(-k)$ 加到第 1 列)

(2) 方法 1

$$\begin{vmatrix} b_1+c_1 & c_1+a_1 & a_1+b_1 \\ b_2+c_2 & c_2+a_2 & a_2+b_2 \\ b_3+c_3 & c_3+a_3 & a_3+b_3 \end{vmatrix} = 2\begin{vmatrix} a_1+b_1+c_1 & c_1+a_1 & a_1+b_1 \\ a_2+b_2+c_2 & c_2+a_2 & a_2+b_2 \\ a_3+b_3+c_3 & c_3+a_3 & a_3+b_3 \end{vmatrix}$$

(第 2、3 列各 $\times 1$ 加到第 1 列;第 1 列 $\times(-1)$ 分别加到第 2、3 列)

$$= 2\begin{vmatrix} a_1+b_1+c_1 & -b_1 & -c_1 \\ a_2+b_2+c_2 & -b_2 & -c_2 \\ a_3+b_3+c_3 & -b_3 & -c_3 \end{vmatrix} = 2\begin{vmatrix} a_1 & -b_1 & -c_1 \\ a_2 & -b_2 & -c_2 \\ a_3 & -b_3 & -c_3 \end{vmatrix}$$

(第 2、3 列各 $\times 1$ 加到第 1 列)

$$=2\times(-1)\times(-1)\begin{vmatrix} a_1 & b_1 & c_1 \\ a_2 & b_2 & c_2 \\ a_3 & b_3 & c_3 \end{vmatrix}=2\begin{vmatrix} a_1 & b_1 & c_1 \\ a_2 & b_2 & c_2 \\ a_3 & b_3 & c_3 \end{vmatrix}$$

或

$$\begin{array}{c}\begin{vmatrix} b_1+c_1 & c_1+a_1 & a_1+b_1 \\ b_2+c_2 & c_2+a_2 & a_2+b_2 \\ b_3+c_3 & c_3+a_3 & a_3+b_3 \end{vmatrix} \\ \begin{array}{ccc} \uparrow & \times(-1) & \times(-1) \end{array}\end{array}=\begin{vmatrix} -2a_1 & c_1+a_1 & a_1+b_1 \\ -2a_2 & c_2+a_2 & a_2+b_2 \\ -2a_3 & c_3+a_3 & a_3+b_3 \end{vmatrix}$$

$$=-2\begin{array}{c}\begin{vmatrix} a_1 & c_1+a_1 & a_1+b_1 \\ a_2 & c_2+a_2 & a_2+b_2 \\ a_3 & c_3+a_3 & a_3+b_3 \end{vmatrix} \\ \begin{array}{ccc} \times(-1) & \uparrow & \uparrow \end{array}\end{array}=-2\begin{array}{c}\begin{vmatrix} a_1 & c_1 & b_1 \\ a_2 & c_2 & b_2 \\ a_3 & c_3 & b_3 \end{vmatrix} \\ \begin{array}{ccc} \ & \uparrow & \uparrow \end{array}\end{array}=2\begin{vmatrix} a_1 & b_1 & c_1 \\ a_2 & b_2 & c_2 \\ a_3 & b_3 & c_3 \end{vmatrix}$$

方法2

$$\begin{vmatrix} b_1+c_1 & c_1+a_1 & a_1+b_1 \\ b_2+c_2 & c_2+a_2 & a_2+b_2 \\ b_3+c_3 & c_3+a_3 & a_3+b_3 \end{vmatrix}$$

$$=\begin{vmatrix} b_1 & c_1+a_1 & a_1+b_1 \\ b_2 & c_2+a_2 & a_2+b_2 \\ b_3 & c_3+a_3 & a_3+b_3 \end{vmatrix}+\begin{vmatrix} c_1 & c_1+a_1 & a_1+b_1 \\ c_2 & c_2+a_2 & a_2+b_2 \\ c_3 & c_3+a_3 & a_3+b_3 \end{vmatrix}$$

$$=\begin{vmatrix} b_1 & c_1 & a_1+b_1 \\ b_2 & c_2 & a_2+b_2 \\ b_3 & c_3 & a_3+b_3 \end{vmatrix}+\begin{vmatrix} b_1 & a_1 & a_1+b_1 \\ b_2 & a_2 & a_2+b_2 \\ b_3 & a_3 & a_3+b_3 \end{vmatrix}+\begin{vmatrix} c_1 & c_1 & a_1+b_1 \\ c_2 & c_2 & a_2+b_2 \\ c_3 & c_3 & a_3+b_3 \end{vmatrix}+\begin{vmatrix} c_1 & a_1 & a_1+b_1 \\ c_2 & a_2 & a_2+b_2 \\ c_3 & a_3 & a_3+b_3 \end{vmatrix}$$

$$=\begin{vmatrix} b_1 & c_1 & a_1 \\ b_2 & c_2 & a_2 \\ b_3 & c_3 & a_3 \end{vmatrix}+\begin{vmatrix} b_1 & c_1 & b_1 \\ b_2 & c_2 & b_2 \\ b_3 & c_3 & b_3 \end{vmatrix}+\begin{vmatrix} b_1 & a_1 & a_1 \\ b_2 & a_2 & a_2 \\ b_3 & a_3 & a_3 \end{vmatrix}+\begin{vmatrix} b_1 & a_1 & b_1 \\ b_2 & a_2 & b_2 \\ b_3 & a_3 & b_3 \end{vmatrix}$$

$$+\begin{vmatrix} c_1 & c_1 & a_1 \\ c_2 & c_2 & a_2 \\ c_3 & c_3 & a_3 \end{vmatrix}+\begin{vmatrix} c_1 & c_1 & b_1 \\ c_2 & c_2 & b_2 \\ c_3 & c_3 & b_3 \end{vmatrix}+\begin{vmatrix} c_1 & a_1 & a_1 \\ c_2 & a_2 & a_2 \\ c_3 & a_3 & a_3 \end{vmatrix}+\begin{vmatrix} c_1 & a_1 & b_1 \\ c_2 & a_2 & b_2 \\ c_3 & a_3 & b_3 \end{vmatrix}$$

$$=\begin{vmatrix} b_1 & c_1 & a_1 \\ b_2 & c_2 & a_2 \\ b_3 & c_3 & a_3 \end{vmatrix}+0+0+0+0+0+0+\begin{vmatrix} c_1 & a_1 & b_1 \\ c_2 & a_2 & b_2 \\ c_3 & a_3 & b_3 \end{vmatrix}$$

$$=\begin{vmatrix} a_1 & b_1 & c_1 \\ a_2 & b_2 & c_2 \\ a_3 & b_3 & c_3 \end{vmatrix}+\begin{vmatrix} a_1 & b_1 & c_1 \\ a_2 & b_2 & c_2 \\ a_3 & b_3 & c_3 \end{vmatrix}$$

$$=2\begin{vmatrix} a_1 & b_1 & c_1 \\ a_2 & b_2 & c_2 \\ a_3 & b_3 & c_3 \end{vmatrix}$$

(3) $\begin{vmatrix} a_1-b_1 & a_1-b_2 & \cdots & a_1-b_n \\ a_2-b_1 & a_2-b_2 & \cdots & a_2-b_n \\ \vdots & \vdots & & \vdots \\ a_n-b_1 & a_n-b_2 & \cdots & a_n-b_n \end{vmatrix} = \begin{vmatrix} a_1-b_1 & b_1-b_2 & \cdots & b_1-b_n \\ a_2-b_1 & b_1-b_2 & \cdots & b_1-b_n \\ \vdots & \vdots & & \vdots \\ a_n-b_1 & b_1-b_2 & \cdots & b_1-b_n \end{vmatrix}$

$\times(-1)$

$$= (b_1-b_2)\cdots(b_1-b_n)\begin{vmatrix} a_1-b_1 & 1 & \cdots & 1 \\ a_2-b_1 & 1 & \cdots & 1 \\ \vdots & \vdots & & \vdots \\ a_n-b_1 & 1 & \cdots & 1 \end{vmatrix} = 0 \quad (n>2)$$

当 $n=2$ 时，$\begin{vmatrix} a_1-b_1 & a_1-b_2 \\ a_2-b_1 & a_2-b_2 \end{vmatrix} = (a_1-b_1)(a_2-b_2)-(a_1-b_2)(a_2-b_1)$

$$= (a_1-a_2)(b_1-b_2)$$

15. 现有行列式 $D=\begin{vmatrix} a_{11} & a_{12} & a_{13} \\ a_{21} & a_{22} & a_{23} \\ a_{31} & a_{32} & a_{33} \end{vmatrix}$ 及 $D_1=\begin{vmatrix} a_{11} & a_{21} & a_{31} \\ a_{12} & a_{22} & a_{32} \\ a_{13} & a_{23} & a_{33} \end{vmatrix}$,

$$D_2=\begin{vmatrix} a_{11} & a_{12}-2a_{11} & a_{13} \\ a_{21} & a_{22}-2a_{21} & a_{23} \\ a_{31} & a_{32}-2a_{31} & a_{33} \end{vmatrix},\quad D_3=\begin{vmatrix} a_{11} & a_{12} & a_{11}+2a_{13} \\ a_{21} & a_{22} & a_{21}+2a_{23} \\ a_{31} & a_{32} & a_{31}+2a_{33} \end{vmatrix},$$

$$D_4=\begin{vmatrix} -a_{11} & a_{12} & a_{13} \\ -a_{21} & a_{22} & a_{23} \\ -a_{31} & a_{32} & a_{33} \end{vmatrix},\quad D_5=\begin{vmatrix} a_{31} & a_{32} & a_{33} \\ a_{11} & a_{12} & a_{13} \\ a_{21} & a_{22} & a_{23} \end{vmatrix},$$

$$D_6=\begin{vmatrix} ka_{11} & ka_{12} & ka_{13} \\ ka_{21} & ka_{22} & ka_{23} \\ ka_{31} & ka_{32} & ka_{33} \end{vmatrix}(k\neq 1)$$

利用行列式的性质，判断 D_1，D_2，D_3，D_4，D_5，D_6 与行列式 D 的关系.

解: $D_1=D^{\mathrm{T}}=D$.

D_2 是 D 中第一列元素乘 (-2) 加到第二列，故 $D_2=D$.

D_3 是 D 的第三列乘 2 之后，再把第一列加到第三列，故 $D_3=2D$.

$D_4=-D$.

D_5 是 D 的第三行与第二行交换后，再与第一行交换，共进行了两次行交换，故 $D_5=(-1)\cdot(-1)D=D$.

$D_6=k^3D$.

16. 设五阶行列式 $|a_{ij}|=m$ $(i,j=1,2,\cdots,5)$，依下列次序对 $|a_{ij}|$ 进行变换后求其结果.

交换第一行与第五行，再转置，用 2 乘所有元素，再用 (-3) 乘第二列加于第四列，最后用 4 除第二行各元素.

解：交换第一行与第五行所得到的行列式为$(-m)$，再转置所得行列式结果不变，仍为$(-m)$. 用2乘所有元素所得行列式的结果为$2^5\times(-m)=-32m$，再用(-3)乘第二列加于第四列，结果不变，仍为$(-32m)$，最后用4除第二行各元素，所得行列式的结果为$\frac{-32}{4}m=-8m$.

故行列式$|a_{ij}|$经上面五种变换后，所得行列式的结果是$-8m$.

注释：行列式的性质对行列式的计算有很重要的作用，利用行列式的性质时，应注意下面一些问题：

(1) 行列式转置，其值不变.

(2) 交换行列式的两行(列)，行列式变号，交换多少次，要改变多少次符号，因此对行列式的行(列)进行多次交换时，要弄清共交换了多少次，以确定改变多少次符号.

(3) 行列式某行(列)所有元素有公因子，公因子可提到行列式符号外面.

(4) 对n阶行列式$|a_{ij}|$，有$|ka_{ij}|=k^n|a_{ij}|$. 当$k\neq 1$且$k\neq 0$时，$|a_{ij}|\neq k|a_{ij}|$.

(5) 两行列式中两行(列)对应元素相等或成比例，行列式的值为零.

(6) 将行列式$|a_{ij}|$的第j行(列)乘以k，再加于第i行(列)上$(i\neq j)$，行列式的值不变，若将第j行(列)加于乘以k的第i行(列)上，所得行列式等于原行列式乘以k.

(7) 如果行列式的每一行都能写成两个数的和，则此行列式可以写成两个行列式的和，这两个行列式分别以这两个数为所在行(列)的对应位置的元素，其他元素与原行列式相同.

例如$\begin{vmatrix} a_{11}+b_{11} & a_{12} \\ a_{21}+b_{21} & a_{22} \end{vmatrix}=\begin{vmatrix} a_{11} & a_{12} \\ a_{21} & a_{22} \end{vmatrix}+\begin{vmatrix} b_{11} & a_{12} \\ b_{21} & a_{22} \end{vmatrix}$

但应注意，一般说来

$$\begin{vmatrix} a_{11}+b_{11} & a_{12}+b_{12} \\ a_{21}+b_{21} & a_{22}+b_{22} \end{vmatrix}\neq\begin{vmatrix} a_{11} & a_{12} \\ a_{21} & a_{22} \end{vmatrix}+\begin{vmatrix} b_{11} & b_{12} \\ b_{21} & b_{22} \end{vmatrix}$$

$$\begin{vmatrix} a_{11}+b_{11} & a_{12}+b_{12} \\ a_{21}+b_{21} & a_{22}+b_{22} \end{vmatrix}=\begin{vmatrix} a_{11} & a_{12} \\ a_{21} & a_{22} \end{vmatrix}+\begin{vmatrix} a_{11} & b_{12} \\ a_{21} & b_{22} \end{vmatrix}+\begin{vmatrix} b_{11} & a_{12} \\ b_{21} & a_{22} \end{vmatrix}+\begin{vmatrix} b_{11} & b_{12} \\ b_{21} & b_{22} \end{vmatrix}$$

17. 用行列式性质，化下列行列式为上三角形行列式，并求其值.

(1) $\begin{vmatrix} 1 & 1 & 1 & 1 \\ -1 & 1 & 1 & 1 \\ -1 & -1 & 1 & 1 \\ -1 & -1 & -1 & 1 \end{vmatrix}$ (2) $\begin{vmatrix} 1 & 1 & 1 & 1 \\ 1 & 2 & 3 & 4 \\ 1 & 3 & 6 & 10 \\ 1 & 4 & 10 & 20 \end{vmatrix}$ (3) $\begin{vmatrix} 1 & 2 & 3 & 4 \\ 2 & 3 & 4 & 1 \\ 3 & 4 & 1 & 2 \\ 4 & 1 & 2 & 3 \end{vmatrix}$

解：(1) $\begin{vmatrix} 1 & 1 & 1 & 1 \\ -1 & 1 & 1 & 1 \\ -1 & -1 & 1 & 1 \\ -1 & -1 & -1 & 1 \end{vmatrix}$ (第一行$\times 1$分别加到第二、三、四行) $=\begin{vmatrix} 1 & 1 & 1 & 1 \\ 0 & 2 & 2 & 2 \\ 0 & 0 & 2 & 2 \\ 0 & 0 & 0 & 2 \end{vmatrix}=8$

(2) $\begin{vmatrix} 1 & 1 & 1 & 1 \\ 1 & 2 & 3 & 4 \\ 1 & 3 & 6 & 10 \\ 1 & 4 & 10 & 20 \end{vmatrix}$ (第一行$\times(-1)$分别加到第二、三、四行)

$$=\begin{vmatrix}1&1&1&1\\0&1&2&3\\0&2&5&9\\0&3&9&19\end{vmatrix}\begin{matrix}\\ \times(-2)\ \times(-3)\\ \\ \\ \end{matrix}=\begin{vmatrix}1&1&1&1\\0&1&2&3\\0&0&1&3\\0&0&3&10\end{vmatrix}\begin{matrix}\\ \\ \times(-3)\\ \\ \end{matrix}$$

$$=\begin{vmatrix}1&1&1&1\\0&1&2&3\\0&0&1&3\\0&0&0&1\end{vmatrix}=1$$

(3) $$\begin{vmatrix}1&2&3&4\\2&3&4&1\\3&4&1&2\\4&1&2&3\end{vmatrix}=\begin{vmatrix}10&2&3&4\\10&3&4&1\\10&4&1&2\\10&1&2&3\end{vmatrix}$$

$$\times 1\quad \times 1\quad \times 1$$

$$=10\begin{vmatrix}1&2&3&4\\1&3&4&1\\1&4&1&2\\1&1&2&3\end{vmatrix}\begin{matrix}\times(-1)\ \times(-1)\ \times(-1)\\ \\ \\ \\ \end{matrix}$$

$$=10\begin{vmatrix}1&2&3&4\\0&1&1&-3\\0&2&-2&-2\\0&-1&-1&-1\end{vmatrix}\begin{matrix}\\ \times(-2)\ \times 1\\ \\ \\ \end{matrix}=10\begin{vmatrix}1&2&3&4\\0&1&1&-3\\0&0&-4&4\\0&0&0&-4\end{vmatrix}=160$$

注释：求行列式的值时，应用行列式的性质化行列式为上(下)三角形行列式可以简化运算过程. 这是计算行列式的常用方法. 通过这种方法总可以把一个行列式化为三角形行列式.

设有 n 阶行列式 $|a_{ij}|$ $(i, j=1, 2, \cdots, n)$.

假设 $a_{11}\neq 0$. 若 $a_{11}=0$，可将第一行与第一列元素不等于0的行交换，当然此时行列式要变号(最好选第一列元素为1或 -1 的行交换，这样计算简单).

将第一行分别乘以适当的数加于其他行(第 $2\sim n$ 行)上，使 $|a_{ij}|$ 化为形式为

$$\begin{vmatrix}a_{11}&a_{12}&a_{13}&\cdots&a_{1n}\\0&a'_{22}&a'_{23}&\cdots&a'_{2n}\\0&a'_{32}&a'_{33}&\cdots&a'_{3n}\\\vdots&\vdots&\vdots&&\vdots\\0&a'_{n2}&a'_{n3}&\cdots&a'_{nn}\end{vmatrix}$$

的行列式，然后用同样的方法将第二行分别乘以适当的数加于第

$3\sim n$ 行上，使 $|a_{ij}|$ 化为形式为 $\begin{vmatrix} a_{11} & a_{12} & a_{13} & \cdots & a_{1n} \\ 0 & a'_{22} & a'_{23} & \cdots & a'_{2n} \\ 0 & 0 & a''_{33} & \cdots & a''_{3n} \\ \vdots & \vdots & \vdots & & \vdots \\ 0 & 0 & a''_{n3} & \cdots & a''_{nn} \end{vmatrix}$ 的行列式，用同样的方法继续进行，直到将 $|a_{ij}|$ 化为形式为 $\begin{vmatrix} a_{11} & a_{12} & a_{13} & \cdots & a_{1n} \\ 0 & a'_{22} & a'_{23} & \cdots & a'_{2n} \\ 0 & 0 & a''_{33} & \cdots & a''_{3n} \\ \vdots & \vdots & \vdots & & \vdots \\ 0 & 0 & 0 & \cdots & a''^{\cdots\prime}_{nn} \end{vmatrix}$ 的上三角形行列式.

化为上三角形行列式后，主对角线上元素的连乘积即为行列式的值.

将同样的方法应用于行列式的列，可将行列式化为下三角形行列式.

18. 将下列行列式化为三角形行列式，并求其值.

(1) $\begin{vmatrix} 1 & 1 & 2 & 3 \\ 1 & 2 & 3 & -1 \\ 3 & -1 & -1 & -2 \\ 2 & 3 & -1 & -1 \end{vmatrix}$　　(2) $\begin{vmatrix} 2 & -5 & 3 & 1 \\ 1 & 3 & -1 & 3 \\ 0 & 1 & 1 & -5 \\ -1 & -4 & 2 & -3 \end{vmatrix}$

(3) $\begin{vmatrix} -2 & 2 & -4 & 0 \\ 4 & -1 & 3 & 5 \\ 3 & 1 & -2 & -3 \\ 2 & 0 & 5 & 1 \end{vmatrix}$

解：(1) $\begin{vmatrix} 1 & 1 & 2 & 3 \\ 1 & 2 & 3 & -1 \\ 3 & -1 & -1 & -2 \\ 2 & 3 & -1 & -1 \end{vmatrix}$ （第1行 $\times(-1)$ 加到第2行，$\times(-3)$ 加到第3行，$\times(-2)$ 加到第4行）

$$= \begin{vmatrix} 1 & 1 & 2 & 3 \\ 0 & 1 & 1 & -4 \\ 0 & -4 & -7 & -11 \\ 0 & 1 & -5 & -7 \end{vmatrix}$$ （第2行 $\times 4$ 加到第3行，$\times(-1)$ 加到第4行）

$$= \begin{vmatrix} 1 & 1 & 2 & 3 \\ 0 & 1 & 1 & -4 \\ 0 & 0 & -3 & -27 \\ 0 & 0 & -6 & -3 \end{vmatrix}$$ （第3行 $\times(-2)$ 加到第4行）

$$= \begin{vmatrix} 1 & 1 & 2 & 3 \\ 0 & 1 & 1 & -4 \\ 0 & 0 & -3 & -27 \\ 0 & 0 & 0 & 51 \end{vmatrix} = 1\times 1\times(-3)\times 51 = -153$$

注释: 用化为下三角形行列式的方法计算第18题(1).

$$\underset{\substack{c_1\times(-1)\to c_2\\ c_1\times(-2)\to c_3\\ c_1\times(-3)\to c_4}}{\begin{vmatrix}1&1&2&3\\1&2&3&-1\\3&-1&-1&-2\\2&3&-1&-1\end{vmatrix}}=\underset{\substack{c_2\times(-1)\to c_3\\ c_2\times 4\to c_4}}{\begin{vmatrix}1&0&0&0\\1&1&1&-4\\3&-4&-7&-11\\2&1&-5&-7\end{vmatrix}}=\underset{c_3\times(-9)\to c_4}{\begin{vmatrix}1&0&0&0\\1&1&0&0\\3&-4&-3&-27\\2&1&-6&-3\end{vmatrix}}$$

$$=\begin{vmatrix}1&0&0&0\\1&1&0&0\\3&-4&-3&0\\2&1&-6&51\end{vmatrix}=-153$$

(2)
$$\begin{vmatrix}2&-5&3&1\\1&3&-1&3\\0&1&1&-5\\-1&-4&2&-3\end{vmatrix}\begin{array}{l}\leftarrow\urcorner\\\leftarrow\lrcorner\\ \\ \end{array}=-\begin{vmatrix}1&3&-1&3\\2&-5&3&1\\0&1&1&-5\\-1&-4&2&-3\end{vmatrix}\begin{array}{l}\times(-2)\ \times 1\\\leftarrow r_1\times(-2)\\ \\ \leftarrow r_1\times 1\end{array}$$

$$=-\begin{vmatrix}1&3&-1&3\\0&-11&5&-5\\0&1&1&-5\\0&-1&1&0\end{vmatrix}\begin{array}{l} \\ \leftarrow\urcorner\\\leftarrow\lrcorner\\ \end{array}=\begin{vmatrix}1&3&-1&3\\0&1&1&-5\\0&-11&5&-5\\0&-1&1&0\end{vmatrix}\begin{array}{l} \\ \times 11\ \times 1\\\leftarrow r_2\times 11\\\leftarrow r_2\times 1\end{array}$$

$$=\begin{vmatrix}1&3&-1&3\\0&1&1&-5\\0&0&16&-60\\0&0&2&-5\end{vmatrix}\begin{array}{l} \\ \\ \times\left(-\frac{1}{8}\right)\\\leftarrow r_3\times\left(-\frac{1}{8}\right)\end{array}=\begin{vmatrix}1&3&-1&3\\0&1&1&-5\\0&0&16&-60\\0&0&0&\frac{5}{2}\end{vmatrix}$$

$$=1\times1\times16\times\frac{5}{2}=40$$

(3)
$$\begin{vmatrix}-2&2&-4&0\\4&-1&3&5\\3&1&-2&-3\\2&0&5&1\end{vmatrix}\begin{array}{l}\times 2\ \times\frac{3}{2}\ \times 1\\\leftarrow r_1\times 2\\\leftarrow r_1\times\frac{3}{2}\\\leftarrow r_1\times 1\end{array}=\begin{vmatrix}-2&2&-4&0\\0&3&-5&5\\0&4&-8&-3\\0&2&1&1\end{vmatrix}\begin{array}{l} \\ \leftarrow\urcorner\\ \\ \leftarrow\lrcorner\end{array}$$

$$=-\begin{vmatrix}-2&2&-4&0\\0&2&1&1\\0&4&-8&-3\\0&3&-5&5\end{vmatrix}\begin{array}{l} \\ \times(-2)\ \times\left(-\frac{3}{2}\right)\\\leftarrow r_2\times(-2)\\\leftarrow r_2\times\left(-\frac{3}{2}\right)\end{array}$$

$$=-\begin{vmatrix}-2&2&-4&0\\0&2&1&1\\0&0&-10&-5\\0&0&-\frac{13}{2}&\frac{7}{2}\end{vmatrix}\times\left(-\frac{13}{20}\right)$$

$$=-\begin{vmatrix}-2&2&-4&0\\0&2&1&1\\0&0&-10&-5\\0&0&0&\frac{27}{4}\end{vmatrix}=-(-2)\times2\times(-10)\times\frac{27}{4}=-270$$

19. 用化成三角形行列式的方法，计算三阶行列式 $\begin{vmatrix}1+x&2&3\\1&2+y&3\\1&2&3+z\end{vmatrix}$，其中 $xyz\neq0$.

解： $\begin{vmatrix}1+x&2&3\\1&2+y&3\\1&2&3+z\end{vmatrix}$ (第 1 行 $\times(-1)$ 加到第 2、3 行) $=\begin{vmatrix}1+x&2&3\\-x&y&0\\-x&0&z\end{vmatrix}$ (第 2 列 $\times\frac{x}{y}$、第 3 列 $\times\frac{x}{z}$ 加到第 1 列)

$$=\begin{vmatrix}1+x+\frac{2x}{y}+\frac{3x}{z}&2&3\\0&y&0\\0&0&z\end{vmatrix}$$

$$=\left(1+x+\frac{2x}{y}+\frac{3x}{z}\right)yz=yz+xyz+2xz+3xy$$

注释： 第 19 题亦可用行列式的性质，将给定行列式化为 8 个行列式之和，即

$$\begin{vmatrix}1+x&2&3\\1&2+y&3\\1&2&3+z\end{vmatrix}=\begin{vmatrix}1+x&2+0&3+0\\1+0&2+y&3+0\\1+0&2+0&3+z\end{vmatrix}$$

$$=\begin{vmatrix}1&2&3\\1&2&3\\1&2&3\end{vmatrix}+\begin{vmatrix}1&2&0\\1&2&0\\1&2&z\end{vmatrix}+\begin{vmatrix}1&0&3\\1&y&3\\1&0&3\end{vmatrix}+\begin{vmatrix}1&0&0\\1&y&0\\1&0&z\end{vmatrix}+\begin{vmatrix}x&2&3\\0&2&3\\0&2&3\end{vmatrix}$$

$$+\begin{vmatrix}x&2&0\\0&2&0\\0&2&z\end{vmatrix}+\begin{vmatrix}x&0&3\\0&y&3\\0&0&3\end{vmatrix}+\begin{vmatrix}x&0&0\\0&y&0\\0&0&z\end{vmatrix}$$

$$=0+0+0+yz+0+2xz+3xy+xyz=yz+2xz+3xy+xyz$$

20. 计算行列式：

$$\begin{vmatrix}1&2&3&\cdots&n-1&n\\-1&0&3&\cdots&n-1&n\\-1&-2&0&\cdots&n-1&n\\\vdots&\vdots&\vdots&&\vdots&\vdots\\-1&-2&-3&\cdots&0&n\\-1&-2&-3&\cdots&-(n-1)&0\end{vmatrix}$$

解:
$$\begin{vmatrix} 1 & 2 & 3 & \cdots & n-1 & n \\ -1 & 0 & 3 & \cdots & n-1 & n \\ -1 & -2 & 0 & \cdots & n-1 & n \\ \vdots & \vdots & \vdots & & \vdots & \vdots \\ -1 & -2 & -3 & \cdots & 0 & n \\ -1 & -2 & -3 & \cdots & -(n-1) & 0 \end{vmatrix} \begin{matrix} \times 1 \\ \leftarrow \\ \leftarrow \\ \\ \leftarrow \\ \leftarrow \end{matrix}$$

$$= \begin{vmatrix} 1 & 2 & 3 & \cdots & n-1 & n \\ 0 & 2 & 2\times 3 & \cdots & 2(n-1) & 2n \\ 0 & 0 & 3 & \cdots & 2(n-1) & 2n \\ \vdots & \vdots & \vdots & & \vdots & \vdots \\ 0 & 0 & 0 & \cdots & n-1 & 2n \\ 0 & 0 & 0 & \cdots & 0 & n \end{vmatrix} = 1\times 2\times 3\times\cdots\times n = n!$$

21. 计算 n 阶行列式:

$$\begin{vmatrix} 0 & x & x & \cdots & x \\ x & 0 & x & \cdots & x \\ x & x & 0 & \cdots & x \\ \vdots & \vdots & \vdots & & \vdots \\ x & x & x & \cdots & 0 \end{vmatrix}$$

解:
$$\begin{vmatrix} 0 & x & x & \cdots & x \\ x & 0 & x & \cdots & x \\ x & x & 0 & \cdots & x \\ \vdots & \vdots & \vdots & & \vdots \\ x & x & x & \cdots & 0 \end{vmatrix} = \begin{vmatrix} (n-1)x & x & x & \cdots & x \\ (n-1)x & 0 & x & \cdots & x \\ (n-1)x & x & 0 & \cdots & x \\ \vdots & \vdots & \vdots & & \vdots \\ (n-1)x & x & x & \cdots & 0 \end{vmatrix}$$
$$\begin{matrix} \uparrow & \times 1 & \times 1 & & \times 1 \end{matrix}$$

$$= (n-1)x \begin{vmatrix} 1 & x & x & \cdots & x \\ 1 & 0 & x & \cdots & x \\ 1 & x & 0 & \cdots & x \\ \vdots & \vdots & \vdots & & \vdots \\ 1 & x & x & \cdots & 0 \end{vmatrix} \begin{matrix} \times(-1) \quad \times(-1) \quad \times(-1) \\ \leftarrow \\ \leftarrow \\ \\ \leftarrow \end{matrix}$$

$$= (n-1)x \begin{vmatrix} 1 & x & x & \cdots & x \\ 0 & -x & 0 & \cdots & 0 \\ 0 & 0 & -x & \cdots & 0 \\ \vdots & \vdots & \vdots & & \vdots \\ 0 & 0 & 0 & \cdots & -x \end{vmatrix} = (n-1)x(-x)^{n-1} = (-1)^{n-1}(n-1)x^n$$

22. 计算行列式：

$$\begin{vmatrix} x & a_1 & a_2 & \cdots & a_{n-1} & 1 \\ a_1 & x & a_2 & \cdots & a_{n-1} & 1 \\ a_1 & a_2 & x & \cdots & a_{n-1} & 1 \\ \vdots & \vdots & \vdots & & \vdots & \vdots \\ a_1 & a_2 & a_3 & \cdots & x & 1 \\ a_1 & a_2 & a_3 & \cdots & a_n & 1 \end{vmatrix}$$

解：

$$\begin{vmatrix} x & a_1 & a_2 & \cdots & a_{n-1} & 1 \\ a_1 & x & a_2 & \cdots & a_{n-1} & 1 \\ a_1 & a_2 & x & \cdots & a_{n-1} & 1 \\ \vdots & \vdots & \vdots & & \vdots & \vdots \\ a_1 & a_2 & a_3 & \cdots & x & 1 \\ a_1 & a_2 & a_3 & \cdots & a_n & 1 \end{vmatrix}$$

$\times(-a_n)$ … $\times(-a_3)$ $\times(-a_2)$ $\times(-a_1)$

$$= \begin{vmatrix} x-a_1 & a_1-a_2 & a_2-a_3 & \cdots & a_{n-1}-a_n & 1 \\ 0 & x-a_2 & a_2-a_3 & \cdots & a_{n-1}-a_n & 1 \\ 0 & 0 & x-a_3 & \cdots & a_{n-1}-a_n & 1 \\ \vdots & \vdots & \vdots & & \vdots & \vdots \\ 0 & 0 & 0 & \cdots & x-a_n & 1 \\ 0 & 0 & 0 & \cdots & 0 & 1 \end{vmatrix}$$

$= (x-a_1)(x-a_2)\cdots(x-a_n)$

23. 计算行列式：

$$\begin{vmatrix} a_0 & 1 & 1 & \cdots & 1 & 1 \\ 1 & a_1 & 0 & \cdots & 0 & 0 \\ 1 & 0 & a_2 & \cdots & 0 & 0 \\ \vdots & \vdots & \vdots & & \vdots & \vdots \\ 1 & 0 & 0 & \cdots & a_{n-1} & 0 \\ 1 & 0 & 0 & \cdots & 0 & a_n \end{vmatrix}, \ a_i \neq 0 \quad (i=1, 2, \cdots, n)$$

解：

$$\begin{vmatrix} a_0 & 1 & 1 & \cdots & 1 & 1 \\ 1 & a_1 & 0 & \cdots & 0 & 0 \\ 1 & 0 & a_2 & \cdots & 0 & 0 \\ \vdots & \vdots & \vdots & & \vdots & \vdots \\ 1 & 0 & 0 & \cdots & a_{n-1} & 0 \\ 1 & 0 & 0 & \cdots & 0 & a_n \end{vmatrix}$$

$\times\left(-\frac{1}{a_1}\right)$ $\times\left(-\frac{1}{a_2}\right)$ $\cdots$ $\times\left(-\frac{1}{a_{n-1}}\right)$ $\times\left(-\frac{1}{a_n}\right)$

$$=\begin{vmatrix} a_0-\sum_{i=1}^{n}\frac{1}{a_i} & 1 & 1 & \cdots & 1 & 1 \\ 0 & a_1 & 0 & \cdots & 0 & 0 \\ 0 & 0 & a_2 & \cdots & 0 & 0 \\ \vdots & \vdots & \vdots & & \vdots & \vdots \\ 0 & 0 & 0 & \cdots & a_{n-1} & 0 \\ 0 & 0 & 0 & \cdots & 0 & a_n \end{vmatrix}=a_1a_2\cdots a_n\left(a_0-\sum_{i=1}^{n}\frac{1}{a_i}\right)$$

24. 计算行列式:

$$\begin{vmatrix} -a_1 & a_1 & 0 & \cdots & 0 & 0 \\ 0 & -a_2 & a_2 & \cdots & 0 & 0 \\ \vdots & \vdots & \vdots & & \vdots & \vdots \\ 0 & 0 & 0 & \cdots & -a_n & a_n \\ 1 & 1 & 1 & \cdots & 1 & 1 \end{vmatrix}$$

解:

$$\begin{vmatrix} -a_1 & a_1 & 0 & \cdots & 0 & 0 \\ 0 & -a_2 & a_2 & \cdots & 0 & 0 \\ \vdots & \vdots & \vdots & & \vdots & \vdots \\ 0 & 0 & 0 & \cdots & -a_n & a_n \\ 1 & 1 & 1 & \cdots & 1 & 1 \end{vmatrix}\underset{\times 1}{}=\begin{vmatrix} -a_1 & 0 & 0 & \cdots & 0 & 0 \\ 0 & -a_2 & a_2 & \cdots & 0 & 0 \\ \vdots & \vdots & \vdots & & \vdots & \vdots \\ 0 & 0 & 0 & \cdots & -a_n & a_n \\ 1 & 2 & 1 & \cdots & 1 & 1 \end{vmatrix}\underset{\times 1}{}$$

$$=\cdots=\begin{vmatrix} -a_1 & 0 & 0 & \cdots & 0 & 0 \\ 0 & -a_2 & 0 & \cdots & 0 & 0 \\ 0 & 0 & -a_3 & \cdots & 0 & 0 \\ \vdots & \vdots & \vdots & & \vdots & \vdots \\ 0 & 0 & 0 & \cdots & -a_n & 0 \\ 1 & 2 & 3 & \cdots & n & n+1 \end{vmatrix}$$

$$=(-a_1)(-a_2)\cdots(-a_n)(n+1)$$

$$=(-1)^n(n+1)a_1a_2\cdots a_n$$

25. 解下列方程:

(1) $\begin{vmatrix} 1 & 1 & 2 & 3 \\ 1 & 2-x^2 & 2 & 3 \\ 2 & 3 & 1 & 5 \\ 2 & 3 & 1 & 9-x^2 \end{vmatrix}=0$　　(2) $\begin{vmatrix} x & 1 & 1 & 1 \\ 1 & x & 1 & 1 \\ 1 & 1 & x & 1 \\ 1 & 1 & 1 & x \end{vmatrix}=0$

(3) $\begin{vmatrix} x & a_1 & a_2 & \cdots & a_{n-1} & 1 \\ a_1 & x & a_2 & \cdots & a_{n-1} & 1 \\ a_1 & a_2 & x & \cdots & a_{n-1} & 1 \\ \vdots & \vdots & \vdots & & \vdots & \vdots \\ a_1 & a_2 & a_3 & \cdots & x & 1 \\ a_1 & a_2 & a_3 & \cdots & a_n & 1 \end{vmatrix}=0$

(4) $\begin{vmatrix} 1 & 1 & 1 & \cdots & 1 & 1 \\ 1 & 1-x & 1 & \cdots & 1 & 1 \\ 1 & 1 & 2-x & \cdots & 1 & 1 \\ \vdots & \vdots & \vdots & & \vdots & \vdots \\ 1 & 1 & 1 & \cdots & (n-2)-x & 1 \\ 1 & 1 & 1 & \cdots & 1 & (n-1)-x \end{vmatrix}=0$

解： (1) $$\underset{\times(-1)\ \to c_2,\quad \times(-2)\ \to c_3,\quad \times(-3)\ \to c_4}{\begin{vmatrix}1 & 1 & 2 & 3\\ 1 & 2-x^2 & 2 & 3\\ 2 & 3 & 1 & 5\\ 2 & 3 & 1 & 9-x^2\end{vmatrix}} = \underset{\times\left(-\frac{1}{3}\right)\ \to c_4}{\begin{vmatrix}1 & 0 & 0 & 0\\ 1 & 1-x^2 & 0 & 0\\ 2 & 1 & -3 & -1\\ 2 & 1 & -3 & 3-x^2\end{vmatrix}}$$

$$=\begin{vmatrix}1 & 0 & 0 & 0\\ 1 & 1-x^2 & 0 & 0\\ 2 & 1 & -3 & 0\\ 2 & 1 & -3 & 4-x^2\end{vmatrix} = -3(1-x^2)(4-x^2)=0$$

解之得　$x_{1,2}=\pm 1$，$x_{3,4}=\pm 2$

注释： 第 25 题(1) 中给定行列式展开式是 x 的一个四次多项式，该行列式等于零表示一个 x 的一元四次方程，共有四个根. 所以，本题也可以直接观察到当 $x=\pm 1$ 时，行列式第一、二行相同；当 $x=\pm 2$ 时，行列式第三、四行相同，行列式都等于 0，所以方程的根为 $x_{1,2}=\pm 1$，$x_{3,4}=\pm 2$.

(2) $$\underset{\times 1\ \to c_1,\quad \times 1\ \to c_1,\quad \times 1\ \to c_1}{\begin{vmatrix}x & 1 & 1 & 1\\ 1 & x & 1 & 1\\ 1 & 1 & x & 1\\ 1 & 1 & 1 & x\end{vmatrix}} = \begin{vmatrix}3+x & 1 & 1 & 1\\ 3+x & x & 1 & 1\\ 3+x & 1 & x & 1\\ 3+x & 1 & 1 & x\end{vmatrix}$$

$$=(3+x)\begin{vmatrix}1 & 1 & 1 & 1\\ 1 & x & 1 & 1\\ 1 & 1 & x & 1\\ 1 & 1 & 1 & x\end{vmatrix}\overset{\times(-1)\ \to r_2,\ r_3,\ r_4}{}$$

$$=(3+x)\begin{vmatrix}1 & 1 & 1 & 1\\ 0 & x-1 & 0 & 0\\ 0 & 0 & x-1 & 0\\ 0 & 0 & 0 & x-1\end{vmatrix} = (3+x)(x-1)^3=0$$

解之得　$x_1=-3$，$x_2=x_3=x_4=1$　(三重根)

注释： 第 25 题(2) 中给定行列式展开式是一个 x 的四次多项式，该行列式等于零表示一个 x 的一元四次方程，共有四个根，其中 $x=1$ 是三重根.

(3) 根据第 22 题有

$$\begin{vmatrix} x & a_1 & a_2 & \cdots & a_{n-1} & 1 \\ a_1 & x & a_2 & \cdots & a_{n-1} & 1 \\ a_1 & a_2 & x & \cdots & a_{n-1} & 1 \\ \vdots & \vdots & \vdots & & \vdots & \vdots \\ a_1 & a_2 & a_3 & \cdots & a_n & 1 \end{vmatrix} = (x-a_1)(x-a_2)\cdots(x-a_n) = 0$$

解之得　$x_1 = a_1, x_2 = a_2, \cdots, x_n = a_n$

注释： 第 25 题(3) 中行列式为 $n+1$ 阶行列式，其展开式为 x 的 n 次多项式，该行列式等于零表示一个 x 的一元 n 次方程，故有 n 个根.

(4) $$\begin{vmatrix} 1 & 1 & 1 & \cdots & 1 & 1 \\ 1 & 1-x & 1 & \cdots & 1 & 1 \\ 1 & 1 & 2-x & \cdots & 1 & 1 \\ \vdots & \vdots & \vdots & & \vdots & \vdots \\ 1 & 1 & 1 & \cdots & (n-2)-x & 1 \\ 1 & 1 & 1 & \cdots & 1 & (n-1)-x \end{vmatrix} \times(-1)$$

$$= \begin{vmatrix} 1 & 1 & 1 & \cdots & 1 & 1 \\ 0 & -x & 0 & \cdots & 0 & 0 \\ 0 & 0 & 1-x & \cdots & 0 & 0 \\ \vdots & \vdots & \vdots & & \vdots & \vdots \\ 0 & 0 & 0 & \cdots & (n-3)-x & 0 \\ 0 & 0 & 0 & \cdots & 0 & (n-2)-x \end{vmatrix}$$

$$= -x(1-x)\cdots[(n-3)-x][(n-2)-x] = 0$$

解之得　$x_1 = 0, x_2 = 1, \cdots, x_{n-2} = n-3, x_{n-1} = n-2$

注释： 第 25 题(4)中行列式为 n 阶行列式，其展开式为 x 的 $n-1$ 次多项式，该行列式等于零是一个 x 的一元 $n-1$ 次方程，故有 $n-1$ 个根.

26. 求行列式 $\begin{vmatrix} -3 & 0 & 4 \\ 5 & 0 & 3 \\ 2 & -2 & 1 \end{vmatrix}$ 中元素 2 和 -2 的代数余子式.

解： 元素 2 的代数余子式为 $(-1)^{3+1}\begin{vmatrix} 0 & 4 \\ 0 & 3 \end{vmatrix} = 0$.

元素 -2 的代数余子式为 $(-1)^{3+2}\begin{vmatrix} -3 & 4 \\ 5 & 3 \end{vmatrix} = 29$.

27. 已知四阶行列式 D 中第三列元素依次为 $-1, 2, 0, 1$，它们的余子式依次分别为 $5, 3, -7, 4$，求 D.

解： 设 $D = |a_{ij}|\ (i, j = 1, 2, 3, 4)$，$a_{ij}$ 的代数余子式为 $A_{ij}(i, j = 1, 2, 3, 4)$.

将行列式 D 按第三列展开，有

$$\begin{aligned} D &= a_{13}A_{13} + a_{23}A_{23} + a_{33}A_{33} + a_{43}A_{43} \\ &= (-1)\times(-1)^{1+3}\times 5 + 2\times(-1)^{2+3}\times 3 + 0\times(-1)^{3+3}\times(-7) \\ &\quad + 1\times(-1)^{4+3}\times 4 = -5-6-4 = -15 \end{aligned}$$

28. 求四阶行列式 $D=\begin{vmatrix}1 & 0 & 4 & 0\\ 2 & -1 & -1 & 2\\ 0 & -6 & 0 & 0\\ 2 & 4 & -1 & 2\end{vmatrix}$ 的第四行各元素的代数余子式之和，即求 $A_{41}+A_{42}+A_{43}+A_{44}$ 之值(其中 A_{4j} $(j=1,2,3,4)$ 为 D 的第四行第 j 列元素的代数余子式).

解: 构造行列式

$$D_1=\begin{vmatrix}1 & 0 & 4 & 0\\ 2 & -1 & -1 & 2\\ 0 & -6 & 0 & 0\\ 1 & 1 & 1 & 1\end{vmatrix}$$

D 与 D_1 前三行相同，所以 D 与 D_1 的第四行各元素的代数余子式相同.

将 D_1 按第四行展开，有

$$D_1=1\times A_{41}+1\times A_{42}+1\times A_{43}+1\times A_{44}=A_{41}+A_{42}+A_{43}+A_{44}$$

将 D_1 按第三行展开，有

$$D_1=-6\times(-1)^{3+2}\begin{vmatrix}1 & 4 & 0\\ 2 & -1 & 2\\ 1 & 1 & 1\end{vmatrix}=-18$$

所以可得 $A_{41}+A_{42}+A_{43}+A_{44}=-18$.

29. 设 A_{1j} $(j=1,2,3,4)$ 为行列式 $D=\begin{vmatrix}a & b & c & d\\ d & c & b & b\\ b & b & b & b\\ c & d & a & d\end{vmatrix}$ 的第一行第 j 列元素的代数余子式，证明 $A_{11}+A_{12}+A_{13}+A_{14}=0$.

证: 构造行列式 $D_1=\begin{vmatrix}1 & 1 & 1 & 1\\ d & c & a & b\\ b & b & b & b\\ c & d & a & d\end{vmatrix}$.

D 与 D_1 只有第一行不同，其他三行均相同，所以 D 与 D_1 的第一行各元素的代数余子式相同.

将 D_1 按第一行展开，有

$$D_1=1\times A_{11}+1\times A_{12}+1\times A_{13}+1\times A_{14}=A_{11}+A_{12}+A_{13}+A_{14}$$

但 D_1 的第一行与第三行对应元素成比例，故结果为零.

所以可得 $A_{11}+A_{12}+A_{13}+A_{14}=0$.

注释: 第 28、29 题，如果按定义由行列式直接求所求的代数余子式，然后求和，将十分麻烦. 要根据行列式的元素的代数余子式与该元素本身的数值无关，只与元素所在的位置有关且上面两题给定的行列式都有一定的特点来解题，第 28 题中行列式的第三行只有一个元素非零，容易计算所构造的行列式的值，第 29 题中的行列式第三行的元素全相等，且与所构造的行列式的第一行成比例，因此所构造的行列式的值为零. 基于这些特点，用上面

构造新行列式 D_1 的方法来求解会比较简单.

30. 按第三列展开下列行列式，并计算其值：

(1) $\begin{vmatrix} 1 & 0 & a & 1 \\ 0 & -1 & b & -1 \\ -1 & -1 & c & -1 \\ -1 & 1 & d & 0 \end{vmatrix}$　　(2) $\begin{vmatrix} 1 & 2 & 3 & 4 \\ 2 & 3 & 4 & 1 \\ 3 & 4 & 1 & 2 \\ 4 & 1 & 2 & 3 \end{vmatrix}$

(3) $\begin{vmatrix} a_{11} & a_{12} & a_{13} & a_{14} & a_{15} \\ a_{21} & a_{22} & a_{23} & a_{24} & a_{25} \\ a_{31} & a_{32} & 0 & 0 & 0 \\ a_{41} & a_{42} & 0 & 0 & 0 \\ a_{51} & a_{52} & 0 & 0 & 0 \end{vmatrix}$

解：(1) $\begin{vmatrix} 1 & 0 & a & 1 \\ 0 & -1 & b & -1 \\ -1 & -1 & c & -1 \\ -1 & 1 & d & 0 \end{vmatrix}$

$$= (-1)^{1+3}a\begin{vmatrix} 0 & -1 & -1 \\ -1 & -1 & -1 \\ -1 & 1 & 0 \end{vmatrix} + (-1)^{2+3}b\begin{vmatrix} 1 & 0 & 1 \\ -1 & -1 & -1 \\ -1 & 1 & 0 \end{vmatrix}$$

$$+ (-1)^{3+3}c\begin{vmatrix} 1 & 0 & 1 \\ 0 & -1 & -1 \\ -1 & 1 & 0 \end{vmatrix} + (-1)^{4+3}d\begin{vmatrix} 1 & 0 & 1 \\ 0 & -1 & -1 \\ -1 & -1 & -1 \end{vmatrix}$$

$$= a\times 1 - b\times(-1) + c\times 0 - d\times(-1) = a+b+d$$

(2) $\begin{vmatrix} 1 & 2 & 3 & 4 \\ 2 & 3 & 4 & 1 \\ 3 & 4 & 1 & 2 \\ 4 & 1 & 2 & 3 \end{vmatrix} = 10\begin{vmatrix} 1 & 2 & 1 & 4 \\ 2 & 3 & 1 & 1 \\ 3 & 4 & 1 & 2 \\ 4 & 1 & 1 & 3 \end{vmatrix}$

（左边行列式第 1、2、4 列各 $\times 1$ 加到第 3 列；右边行列式第 1 行 $\times(-1)$ 分别加到第 2、3、4 行）

$$= 10\begin{vmatrix} 1 & 2 & 1 & 4 \\ 1 & 1 & 0 & -3 \\ 2 & 2 & 0 & -2 \\ 3 & -1 & 0 & -1 \end{vmatrix} = 10\begin{vmatrix} 1 & 1 & -3 \\ 2 & 2 & -2 \\ 3 & -1 & -1 \end{vmatrix} = 160$$

(3) $\begin{vmatrix} a_{11} & a_{12} & a_{13} & a_{14} & a_{15} \\ a_{21} & a_{22} & a_{23} & a_{24} & a_{25} \\ a_{31} & a_{32} & 0 & 0 & 0 \\ a_{41} & a_{42} & 0 & 0 & 0 \\ a_{51} & a_{52} & 0 & 0 & 0 \end{vmatrix} = (-1)^{1+3}a_{13}\begin{vmatrix} a_{21} & a_{22} & a_{24} & a_{25} \\ a_{31} & a_{32} & 0 & 0 \\ a_{41} & a_{42} & 0 & 0 \\ a_{51} & a_{52} & 0 & 0 \end{vmatrix}$

$$+(-1)^{2+3}a_{23}\begin{vmatrix} a_{11} & a_{12} & a_{14} & a_{15} \\ a_{31} & a_{32} & 0 & 0 \\ a_{41} & a_{42} & 0 & 0 \\ a_{51} & a_{52} & 0 & 0 \end{vmatrix}$$

$$=(-1)^{1+3}a_{13}(-1)^{1+3}a_{24}\begin{vmatrix} a_{31} & a_{32} & 0 \\ a_{41} & a_{42} & 0 \\ a_{51} & a_{52} & 0 \end{vmatrix}+(-1)^{2+3}a_{23}(-1)^{1+3}a_{14}\begin{vmatrix} a_{31} & a_{32} & 0 \\ a_{41} & a_{42} & 0 \\ a_{51} & a_{52} & 0 \end{vmatrix}$$

$$=0-0=0$$

注释:第 30 题指定按第三列展开，那么只能根据要求按第三列展开. 一般情况下，当展开一个行列式时，要选择零元素较多的行(列) 展开，而且先利用行列式性质将行列式某行(列) 化为只有一个非零元素再展开.

31. 计算行列式:

$$\begin{vmatrix} 1 & 2 & -1 & 0 \\ -1 & 4 & 5 & -1 \\ 2 & 3 & 1 & 3 \\ 3 & 1 & -2 & 0 \end{vmatrix}$$

解:

$$\begin{vmatrix} 1 & 2 & -1 & 0 \\ -1 & 4 & 5 & -1 \\ 2 & 3 & 1 & 3 \\ 3 & 1 & -2 & 0 \end{vmatrix} \begin{matrix} \\ \times 3 \\ \leftarrow \\ \\ \end{matrix} = \begin{vmatrix} 1 & 2 & -1 & 0 \\ -1 & 4 & 5 & -1 \\ -1 & 15 & 16 & 0 \\ 3 & 1 & -2 & 0 \end{vmatrix} \quad \text{(按第四列展开)}$$

$$=(-1)^{2+4}(-1)\begin{vmatrix} 1 & 2 & -1 \\ -1 & 15 & 16 \\ 3 & 1 & -2 \end{vmatrix}=-92$$

32. 计算行列式:

$$\begin{vmatrix} 1 & 2 & 3 & 4 & \cdots & n \\ 1 & 1 & 2 & 3 & \cdots & n-1 \\ 1 & x & 1 & 2 & \cdots & n-2 \\ 1 & x & x & 1 & \cdots & n-3 \\ \vdots & \vdots & \vdots & \vdots & & \vdots \\ 1 & x & x & x & \cdots & 2 \\ 1 & x & x & x & \cdots & 1 \end{vmatrix}$$

解:

$$\begin{vmatrix} 1 & 2 & 3 & 4 & \cdots & n \\ 1 & 1 & 2 & 3 & \cdots & n-1 \\ 1 & x & 1 & 2 & \cdots & n-2 \\ 1 & x & x & 1 & \cdots & n-3 \\ \vdots & \vdots & \vdots & \vdots & & \vdots \\ 1 & x & x & x & \cdots & 2 \\ 1 & x & x & x & \cdots & 1 \end{vmatrix} \begin{matrix} \leftarrow \\ \times(-1) \\ \times(-1) \\ \times(-1) \\ \vdots \\ \leftarrow \\ \times(-1) \end{matrix}$$

$$=\begin{vmatrix} 0 & 1 & 1 & 1 & \cdots & 1 \\ 0 & 1-x & 1 & 1 & \cdots & 1 \\ 0 & 0 & 1-x & 1 & \cdots & 1 \\ \vdots & \vdots & \vdots & \vdots & & \vdots \\ 0 & 0 & 0 & 0 & \cdots & 1 \\ 1 & x & x & x & \cdots & 1 \end{vmatrix} \quad \text{(按第一列展开)}$$

$$=(-1)^{n+1}\begin{vmatrix} 1 & 1 & 1 & \cdots & 1 & 1 \\ 1-x & 1 & 1 & \cdots & 1 & 1 \\ 0 & 1-x & 1 & \cdots & 1 & 1 \\ \vdots & \vdots & \vdots & & \vdots & \vdots \\ 0 & 0 & 0 & \cdots & 1-x & 1 \end{vmatrix} \begin{matrix} \\ \times(-1) \\ \times(-1) \\ \vdots \\ \times(-1) \end{matrix}$$

$$=(-1)^{n+1}\begin{vmatrix} x & 0 & 0 & \cdots & 0 & 0 \\ 1-x & x & 0 & \cdots & 0 & 0 \\ 0 & 1-x & x & \cdots & 0 & 0 \\ \vdots & \vdots & \vdots & & \vdots & \vdots \\ 0 & 0 & 0 & \cdots & 1-x & 1 \end{vmatrix}$$

$$=(-1)^{n+1}x^{n-2}$$

33. 计算 n 阶行列式:

$$\begin{vmatrix} a & b & 0 & \cdots & 0 & 0 \\ 0 & a & b & \cdots & 0 & 0 \\ 0 & 0 & a & \cdots & 0 & 0 \\ \vdots & \vdots & \vdots & & \vdots & \vdots \\ b & 0 & 0 & \cdots & 0 & a \end{vmatrix}$$

解: 按第一列展开.

$$\begin{vmatrix} a & b & 0 & \cdots & 0 & 0 \\ 0 & a & b & \cdots & 0 & 0 \\ 0 & 0 & a & \cdots & 0 & 0 \\ \vdots & \vdots & \vdots & & \vdots & \vdots \\ b & 0 & 0 & \cdots & 0 & a \end{vmatrix}$$

$$=a\begin{vmatrix} a & b & \cdots & 0 & 0 \\ 0 & a & \cdots & 0 & 0 \\ \vdots & \vdots & & \vdots & \vdots \\ 0 & 0 & \cdots & a & b \\ 0 & 0 & \cdots & 0 & a \end{vmatrix}+(-1)^{n+1}b\begin{vmatrix} b & 0 & \cdots & 0 & 0 \\ a & b & \cdots & 0 & 0 \\ \vdots & \vdots & & \vdots & \vdots \\ 0 & 0 & \cdots & b & 0 \\ 0 & 0 & \cdots & a & b \end{vmatrix}$$

$$=a\cdot a^{n-1}+(-1)^{n+1}b\cdot b^{n-1}=a^n+(-1)^{n+1}b^n$$

注释: 一般地,在计算数值行列式时,可利用行列式性质,把行列式的某行(列)化为仅有一个非零元,然后按该行(列)展开,转化为较低阶的行列式,逐次进行以简化计算,如第 31 题.

当行列式的元素含有字母时,则应观察行列式的结构,可按上面的方法处理,也可直接按含零元素较多的行(列)展开,如第 33 题. 在许多情形下,可能还需进行适当的变换,才能求得结果.

34. 解方程 $\begin{vmatrix} 1 & 2 & 1 & 1 \\ 1 & x & 2 & 3 \\ 0 & 0 & x & 2 \\ 0 & 0 & 2 & x \end{vmatrix} = 0.$

解：
$$\begin{vmatrix} 1 & 2 & 1 & 1 \\ 1 & x & 2 & 3 \\ 0 & 0 & x & 2 \\ 0 & 0 & 2 & x \end{vmatrix} \begin{matrix} \times(-1) \\ \leftarrow \\ \\ \\ \end{matrix} = \begin{vmatrix} 1 & 2 & 1 & 1 \\ 0 & x-2 & 1 & 2 \\ 0 & 0 & x & 2 \\ 0 & 0 & 2 & x \end{vmatrix} = \begin{vmatrix} x-2 & 1 & 2 \\ 0 & x & 2 \\ 0 & 2 & x \end{vmatrix}$$

$$= (x-2)(x^2-4) = 0$$

解之得 $x_{1,2} = 2$，$x_3 = -2$.

注释：给定的矩阵方程中的矩阵展开后是一个 x 的一元三次方程，有一个二重根.

35. 求实数 x，y 的值，使之满足 $\begin{vmatrix} 1+x & 1 & 1 & 1 \\ 1 & 1-x & 1 & 1 \\ 1 & 1 & 1+y & 1 \\ 1 & 1 & 1 & 1-y \end{vmatrix} = 0.$

解：
$$\begin{vmatrix} 1+x & 1 & 1 & 1 \\ 1 & 1-x & 1 & 1 \\ 1 & 1 & 1+y & 1 \\ 1 & 1 & 1 & 1-y \end{vmatrix} \begin{matrix} \leftarrow \\ \times(-1) \\ \leftarrow \\ \times(-1) \end{matrix} = \begin{vmatrix} x & x & 0 & 0 \\ 1 & 1-x & 1 & 1 \\ 0 & 0 & y & y \\ 1 & 1 & 1 & 1-y \end{vmatrix}$$
$$\begin{matrix} \times(-1) \uparrow & & \times(-1) \uparrow \end{matrix}$$

$$= \begin{vmatrix} x & 0 & 0 & 0 \\ 1 & -x & 1 & 0 \\ 0 & 0 & y & 0 \\ 1 & 0 & 1 & -y \end{vmatrix} = x\begin{vmatrix} -x & 1 & 0 \\ 0 & y & 0 \\ 0 & 1 & -y \end{vmatrix} = x(xy^2) = x^2y^2$$

因 x，y 为实数，所以只有当 $x=0$ 或 $y=0$ 时，$\begin{vmatrix} 1+x & 1 & 1 & 1 \\ 1 & 1-x & 1 & 1 \\ 1 & 1 & 1+y & 1 \\ 1 & 1 & 1 & 1-y \end{vmatrix} = 0.$

故得 $x=0$ 或 $y=0$.

36. 计算行列式：

$$\begin{vmatrix} 1 & 1 & 1 & 1 \\ -1 & 2 & 1 & 3 \\ 1 & 4 & 1 & 9 \\ -1 & 8 & 1 & 27 \end{vmatrix}$$

解：方法 1　用范德蒙行列式的结论.

$$\begin{vmatrix} 1 & 1 & 1 & 1 \\ -1 & 2 & 1 & 3 \\ 1 & 4 & 1 & 9 \\ -1 & 8 & 1 & 27 \end{vmatrix} = \begin{vmatrix} 1 & 1 & 1 & 1 \\ -1 & 2 & 1 & 3 \\ (-1)^2 & 2^2 & 1^2 & 3^2 \\ (-1)^3 & 2^3 & 1^3 & 3^3 \end{vmatrix}$$

$= [2-(-1)][1-(-1)][3-(-1)](1-2)(3-2)(3-1)$
$= 3\times 2\times 4\times (-1)\times 1\times 2 = -48$

方法 2　用行列式性质.

$$\begin{vmatrix} 1 & 1 & 1 & 1 \\ -1 & 2 & 1 & 3 \\ 1 & 4 & 1 & 9 \\ -1 & 8 & 1 & 27 \end{vmatrix} \begin{matrix} \times 1 \quad \times(-1) \quad \times 1 \end{matrix} = \begin{vmatrix} 1 & 1 & 1 & 1 \\ 0 & 3 & 2 & 4 \\ 0 & 3 & 0 & 8 \\ 0 & 9 & 2 & 28 \end{vmatrix} \begin{matrix} \times(-1) \quad \times(-3) \end{matrix}$$

$$= \begin{vmatrix} 1 & 1 & 1 & 1 \\ 0 & 3 & 2 & 4 \\ 0 & 0 & -2 & 4 \\ 0 & 0 & -4 & 16 \end{vmatrix} \times(-2) = \begin{vmatrix} 1 & 1 & 1 & 1 \\ 0 & 3 & 2 & 4 \\ 0 & 0 & -2 & 4 \\ 0 & 0 & 0 & 8 \end{vmatrix}$$

$= 1\times 3\times (-2)\times 8 = -48$

37. 证明 $\begin{vmatrix} a+b & x+b & x+a \\ x & a & b \\ x^2 & a^2 & b^2 \end{vmatrix} = (x+a+b)(a-x)(b-x)(b-a)$.

证: $\begin{vmatrix} a+b & x+b & x+a \\ x & a & b \\ x^2 & a^2 & b^2 \end{vmatrix} \times 1 = \begin{vmatrix} x+a+b & x+a+b & x+a+b \\ x & a & b \\ x^2 & a^2 & b^2 \end{vmatrix}$

$= (x+a+b)\begin{vmatrix} 1 & 1 & 1 \\ x & a & b \\ x^2 & a^2 & b^2 \end{vmatrix}$　(利用范德蒙行列式的结论)

$= (x+a+b)(a-x)(b-x)(b-a)$

38. 用逆推法证明

$$D_5 = \begin{vmatrix} 1-a & a & 0 & 0 & 0 \\ -1 & 1-a & a & 0 & 0 \\ 0 & -1 & 1-a & a & 0 \\ 0 & 0 & -1 & 1-a & a \\ 0 & 0 & 0 & -1 & 1-a \end{vmatrix} = 1-a+a^2-a^3+a^4-a^5$$

证: 与 D_5 结构相同的二、三、四阶行列式，分别记作 D_2，D_3，D_4.

$$D_5 = \begin{vmatrix} 1-a & a & 0 & 0 & 0 \\ -1 & 1-a & a & 0 & 0 \\ 0 & -1 & 1-a & a & 0 \\ 0 & 0 & -1 & 1-a & a \\ 0 & 0 & 0 & -1 & 1-a \end{vmatrix} \begin{matrix} \\ \times 1 \\ \times 1 \\ \times 1 \\ \times 1 \end{matrix}$$

$$= \begin{vmatrix} -a & 0 & 0 & 0 & 1 \\ -1 & 1-a & a & 0 & 0 \\ 0 & -1 & 1-a & a & 0 \\ 0 & 0 & -1 & 1-a & a \\ 0 & 0 & 0 & -1 & 1-a \end{vmatrix}$$　(按第一行展开)

$$=-a\begin{vmatrix}1-a & a & 0 & 0\\ -1 & 1-a & a & 0\\ 0 & -1 & 1-a & a\\ 0 & 0 & -1 & 1-a\end{vmatrix}+\begin{vmatrix}-1 & 1-a & a & 0\\ 0 & -1 & 1-a & a\\ 0 & 0 & -1 & 1-a\\ 0 & 0 & 0 & -1\end{vmatrix}$$

$$=-aD_4+1=1-aD_4$$

同理 $D_4=1-aD_3$，$D_3=1-aD_2$，而 $D_2=\begin{vmatrix}1-a & a\\ -1 & 1-a\end{vmatrix}=1-a+a^2$

所以 $D_5=1-aD_4=1-a(1-aD_3)=1-a[1-a(1-aD_2)]$

$$=1-a+a^2-a^3(1-a+a^2)=1-a+a^2-a^3+a^4-a^5$$

39. 用数学归纳法证明：

$$D_n=\begin{vmatrix}1+a_1^2 & a_1a_2 & \cdots & a_1a_n\\ a_2a_1 & 1+a_2^2 & \cdots & a_2a_n\\ \vdots & \vdots & & \vdots\\ a_na_1 & a_na_2 & \cdots & 1+a_n^2\end{vmatrix}=1+a_1^2+a_2^2+\cdots+a_n^2$$

证：当 $n=1$ 时，$D_1=1+a_1^2$，命题成立.

当 $n=2$ 时，$D_2=(1+a_1^2)(1+a_2^2)-a_1^2a_2^2=1+a_1^2+a_2^2$，命题成立.

设 $D_{n-1}=1+a_1^2+a_2^2+\cdots+a_{n-1}^2$，则

$$D_n=\begin{vmatrix}1+a_1^2 & a_1a_2 & \cdots & a_1a_n\\ a_2a_1 & 1+a_2^2 & \cdots & a_2a_n\\ \vdots & \vdots & & \vdots\\ a_na_1 & a_na_2 & \cdots & 1+a_n^2\end{vmatrix}$$

$$=\begin{vmatrix}a_1^2 & a_1a_2 & \cdots & a_1a_n\\ a_2a_1 & 1+a_2^2 & \cdots & a_2a_n\\ \vdots & \vdots & & \vdots\\ a_na_1 & a_na_2 & \cdots & 1+a_n^2\end{vmatrix}+\begin{vmatrix}1 & a_1a_2 & \cdots & a_1a_n\\ 0 & 1+a_2^2 & \cdots & a_2a_n\\ \vdots & \vdots & & \vdots\\ 0 & a_na_2 & \cdots & 1+a_n^2\end{vmatrix}$$

$$=a_1^2\begin{vmatrix}1 & a_2 & \cdots & a_n\\ a_2 & 1+a_2^2 & \cdots & a_2a_n\\ \vdots & \vdots & & \vdots\\ a_n & a_na_2 & \cdots & 1+a_n^2\end{vmatrix}+\begin{vmatrix}1+a_2^2 & a_2a_3 & \cdots & a_2a_n\\ a_3a_2 & 1+a_3^2 & \cdots & a_3a_n\\ \vdots & \vdots & & \vdots\\ a_na_2 & a_na_3 & \cdots & 1+a_n^2\end{vmatrix}$$

$\times(-a_2)$ … $\times(-a_n)$

$$=a_1^2\begin{vmatrix}1 & 0 & \cdots & 0\\ a_2 & 1 & \cdots & 0\\ \vdots & \vdots & & \vdots\\ a_n & 0 & \cdots & 1\end{vmatrix}+1+a_2^2+a_3^2+\cdots+a_n^2=1+a_1^2+a_2^2+a_3^2+\cdots+a_n^2$$

命题成立.

※**40.** 用拉普拉斯定理求行列式 $\begin{vmatrix} 3 & 2 & 1 & 1 \\ 0 & 4 & 0 & 2 \\ 2 & 0 & 1 & 1 \\ 0 & 1 & 0 & 2 \end{vmatrix}$ 的值.

解: $\begin{vmatrix} 3 & 2 & 1 & 1 \\ 0 & 4 & 0 & 2 \\ 2 & 0 & 1 & 1 \\ 0 & 1 & 0 & 2 \end{vmatrix} = -\begin{vmatrix} 0 & 1 & 0 & 2 \\ 0 & 4 & 0 & 2 \\ 2 & 0 & 1 & 1 \\ 3 & 2 & 1 & 1 \end{vmatrix} = \begin{vmatrix} 0 & 0 & 1 & 2 \\ 0 & 0 & 4 & 2 \\ 2 & 1 & 0 & 1 \\ 3 & 1 & 2 & 1 \end{vmatrix}$

$$= \begin{vmatrix} 1 & 2 \\ 4 & 2 \end{vmatrix} \times (-1)^{1+2+3+4} \begin{vmatrix} 2 & 1 \\ 3 & 1 \end{vmatrix} = -6 \times (-1) = 6$$

(因为 $\begin{vmatrix} 0 & 1 \\ 0 & 4 \end{vmatrix} = 0$, $\begin{vmatrix} 0 & 2 \\ 0 & 2 \end{vmatrix} = 0$)

※**41.** 用拉普拉斯定理证明 $\begin{vmatrix} a_{11} & a_{12} & 0 & 0 \\ a_{21} & a_{22} & 0 & 0 \\ * & * & b_{11} & b_{12} \\ * & * & b_{21} & b_{22} \end{vmatrix} = \begin{vmatrix} a_{11} & a_{12} \\ a_{21} & a_{22} \end{vmatrix} \begin{vmatrix} b_{11} & b_{12} \\ b_{21} & b_{22} \end{vmatrix}$ (其中 * 为任意数).

证: 因为 $\begin{vmatrix} a_{11} & 0 \\ a_{21} & 0 \end{vmatrix} = 0$, $\begin{vmatrix} a_{12} & 0 \\ a_{22} & 0 \end{vmatrix} = 0$, 所以

$$\begin{vmatrix} a_{11} & a_{12} & 0 & 0 \\ a_{21} & a_{22} & 0 & 0 \\ * & * & b_{11} & b_{12} \\ * & * & b_{21} & b_{22} \end{vmatrix} = \begin{vmatrix} a_{11} & a_{12} \\ a_{21} & a_{22} \end{vmatrix} \times (-1)^{1+2+1+2} \begin{vmatrix} b_{11} & b_{12} \\ b_{21} & b_{22} \end{vmatrix}$$

$$= \begin{vmatrix} a_{11} & a_{12} \\ a_{21} & a_{22} \end{vmatrix} \cdot \begin{vmatrix} b_{11} & b_{12} \\ b_{21} & b_{22} \end{vmatrix}$$

42. 用克莱姆法则解下列线性方程组:

(1) $\begin{cases} 2x + 5y = 1 \\ 3x + 7y = 2 \end{cases}$　　(2) $\begin{cases} 4x_1 + 5x_2 = 0 \\ 3x_1 - 7x_2 = 0 \end{cases}$

(3) $\begin{cases} x + y - 2z = -3 \\ 5x - 2y + 7z = 22 \\ 2x - 5y + 4z = 4 \end{cases}$　　(4) $\begin{cases} bx - ay + 2ab = 0 \\ -2cy + 3bz - bc = 0 \\ cx + az = 0 \end{cases}$ (其中 $a, b, c \neq 0$)

(5) $\begin{cases} x_1 = 0.5x_1 + 0.3x_2 + 0.4x_3 + 10 \\ x_2 = 0.4x_1 + 0.5x_3 + 20 \\ x_3 = 0.2x_1 + 0.1x_2 + 12 \end{cases}$

(6) $\begin{cases} 2x_1 + x_2 - 5x_3 + x_4 = 8 \\ x_1 - 3x_2 - 6x_4 = 9 \\ 2x_2 - x_3 + 2x_4 = -5 \\ x_1 + 4x_2 - 7x_3 + 6x_4 = 0 \end{cases}$

(7) $\begin{cases}2x_1+3x_2+11x_3+5x_4=6\\ x_1+x_2+5x_3+2x_4=2\\ 2x_1+x_2+3x_3+4x_4=2\\ x_1+x_2+3x_3+4x_4=2\end{cases}$

(8) $\begin{cases}x_1+x_2+x_3+x_4=0\\ x_2+x_3+x_4+x_5=0\\ x_1+2x_2+3x_3=2\\ x_2+2x_3+3x_4=-2\\ x_3+2x_4+3x_5=2\end{cases}$

解：(1) $\begin{cases}2x+5y=1\\ 3x+7y=2\end{cases}$

$$D=\begin{vmatrix}2&5\\3&7\end{vmatrix}=-1,\quad D_1=\begin{vmatrix}1&5\\2&7\end{vmatrix}=-3,\quad D_2=\begin{vmatrix}2&1\\3&2\end{vmatrix}=1$$

因为 $D\neq 0$，所以方程组有唯一解，即

$$x=\frac{D_1}{D}=\frac{-3}{-1}=3,\quad y=\frac{D_2}{D}=\frac{1}{-1}=-1$$

(2) $\begin{cases}4x_1+5x_2=0\\ 3x_1-7x_2=0\end{cases}$

$$D=\begin{vmatrix}4&5\\3&-7\end{vmatrix}=-43,\quad D_1=\begin{vmatrix}0&5\\0&-7\end{vmatrix}=0,\quad D_2=\begin{vmatrix}4&0\\3&0\end{vmatrix}=0$$

因为 $D\neq 0$，所以方程组仅有零解，即

$$x_1=\frac{D_1}{D}=0,\quad x_2=\frac{D_2}{D}=0$$

(3) $\begin{cases}x+y-2z=-3\\ 5x-2y+7z=22\\ 2x-5y+4z=4\end{cases}$

$$D=\begin{vmatrix}1&1&-2\\5&-2&7\\2&-5&4\end{vmatrix}=63,\qquad D_1=\begin{vmatrix}-3&1&-2\\22&-2&7\\4&-5&4\end{vmatrix}=63,$$

$$D_2=\begin{vmatrix}1&-3&-2\\5&22&7\\2&4&4\end{vmatrix}=126,\quad D_3=\begin{vmatrix}1&1&-3\\5&-2&22\\2&-5&4\end{vmatrix}=189$$

因为 $D\neq 0$，所以方程组有唯一解，即

$$x=\frac{D_1}{D}=\frac{63}{63}=1,\ y=\frac{D_2}{D}=\frac{126}{63}=2,\ z=\frac{D_3}{D}=\frac{189}{63}=3$$

(4) $\begin{cases}bx-ay+2ab=0\\ -2cy+3bz-bc=0\\ cx+az=0\end{cases}$

$$D=\begin{vmatrix} b & -a & 0 \\ 0 & -2c & 3b \\ c & 0 & a \end{vmatrix}=-5abc, \quad D_1=\begin{vmatrix} -2ab & -a & 0 \\ bc & -2c & 3b \\ 0 & 0 & a \end{vmatrix}=5a^2bc,$$

$$D_2=\begin{vmatrix} b & -2ab & 0 \\ 0 & bc & 3b \\ c & 0 & a \end{vmatrix}=-5ab^2c, D_3=\begin{vmatrix} b & -a & -2ab \\ 0 & -2c & bc \\ c & 0 & 0 \end{vmatrix}=-5abc^2$$

因为 $D\neq 0$，所以方程组有唯一解，即

$$x=\frac{D_1}{D}=\frac{5a^2bc}{-5abc}=-a,\ y=\frac{D_2}{D}=\frac{-5ab^2c}{-5abc}=b,\ z=\frac{D_3}{D}=\frac{-5abc^2}{-5abc}=c$$

(5) $\begin{cases} x_1=0.5x_1+0.3x_2+0.4x_3+10 \\ x_2=0.4x_1+0.5x_3+20 \\ x_3=0.2x_1+0.1x_2+12 \end{cases}$

整理方程，可得

$$\begin{cases} 5x_1-3x_2-4x_3=100 \\ -4x_1+10x_2-5x_3=200 \\ -2x_1-x_2+10x_3=120 \end{cases}$$

$$D=\begin{vmatrix} 5 & -3 & -4 \\ -4 & 10 & -5 \\ -2 & -1 & 10 \end{vmatrix}=229, \quad D_1=\begin{vmatrix} 100 & -3 & -4 \\ 200 & 10 & -5 \\ 120 & -1 & 10 \end{vmatrix}=22\,900,$$

$$D_2=\begin{vmatrix} 5 & 100 & -4 \\ -4 & 200 & -5 \\ -2 & 120 & 10 \end{vmatrix}=18\,320, \quad D_3=\begin{vmatrix} 5 & -3 & 100 \\ -4 & 10 & 200 \\ -2 & -1 & 120 \end{vmatrix}=9\,160$$

因为 $D\neq 0$，所以方程组有唯一解，即

$$x_1=\frac{D_1}{D}=100,\ x_2=\frac{D_2}{D}=80,\ x_3=\frac{D_3}{D}=40$$

(6) $\begin{cases} 2x_1+x_2-5x_3+x_4=8 \\ x_1-3x_2-6x_4=9 \\ 2x_2-x_3+2x_4=-5 \\ x_1+4x_2-7x_3+6x_4=0 \end{cases}$

$$D=\begin{vmatrix} 2 & 1 & -5 & 1 \\ 1 & -3 & 0 & -6 \\ 0 & 2 & -1 & 2 \\ 1 & 4 & -7 & 6 \end{vmatrix}=27,\ D_1=\begin{vmatrix} 8 & 1 & -5 & 1 \\ 9 & -3 & 0 & -6 \\ -5 & 2 & -1 & 2 \\ 0 & 4 & -7 & 6 \end{vmatrix}=81,$$

$$D_2=\begin{vmatrix} 2 & 8 & -5 & 1 \\ 1 & 9 & 0 & -6 \\ 0 & -5 & -1 & 2 \\ 1 & 0 & -7 & 6 \end{vmatrix}=-108,\ D_3=\begin{vmatrix} 2 & 1 & 8 & 1 \\ 1 & -3 & 9 & -6 \\ 0 & 2 & -5 & 2 \\ 1 & 4 & 0 & 6 \end{vmatrix}=-27,$$

$$D_4=\begin{vmatrix}2&1&-5&8\\1&-3&0&9\\0&2&-1&-5\\1&4&-7&0\end{vmatrix}=27$$

因为 $D\neq 0$,所以方程组有唯一解，即

$$x_1=\frac{D_1}{D}=\frac{81}{27}=3,\ x_2=\frac{D_2}{D}=\frac{-108}{27}=-4,\ x_3=\frac{D_3}{D}=\frac{-27}{27}=-1,$$

$$x_4=\frac{D_4}{D}=\frac{27}{27}=1$$

(7) $\begin{cases}2x_1+3x_2+11x_3+5x_4=6\\ x_1+\ x_2+\ 5x_3+2x_4=2\\ 2x_1+\ x_2+\ 3x_3+4x_4=2\\ x_1+\ x_2+\ 3x_3+4x_4=2\end{cases}$

$$D=\begin{vmatrix}2&3&11&5\\1&1&5&2\\2&1&3&4\\1&1&3&4\end{vmatrix}=10,$$

$$D_1=\begin{vmatrix}6&3&11&5\\2&1&5&2\\2&1&3&4\\2&1&3&4\end{vmatrix}=0,\quad D_2=\begin{vmatrix}2&6&11&5\\1&2&5&2\\2&2&3&4\\1&2&3&4\end{vmatrix}=20,$$

$$D_3=\begin{vmatrix}2&3&6&5\\1&1&2&2\\2&1&2&4\\1&1&2&4\end{vmatrix}=0,\quad D_4=\begin{vmatrix}2&3&11&6\\1&1&5&2\\2&1&3&2\\1&1&3&2\end{vmatrix}=0$$

因为 $D\neq 0$，所以方程组有唯一解，即

$$x_1=\frac{D_1}{D}=\frac{0}{10}=0,\ x_2=\frac{D_2}{D}=\frac{20}{10}=2,\ x_3=\frac{D_3}{D}=\frac{0}{10}=0,$$

$$x_4=\frac{D_4}{D}=\frac{0}{10}=0$$

(8) $\begin{cases}x_1+\ x_2+\ x_3+\ x_4=0\\ x_2+\ x_3+\ x_4+\ x_5=0\\ x_1+2x_2+3x_3=2\\ x_2+2x_3+3x_4=-2\\ x_3+2x_4+3x_5=2\end{cases}$

$$D=\begin{vmatrix}1&1&1&1&0\\0&1&1&1&1\\1&2&3&0&0\\0&1&2&3&0\\0&0&1&2&3\end{vmatrix}=16,\quad D_1=\begin{vmatrix}0&1&1&1&0\\0&1&1&1&1\\2&2&3&0&0\\-2&1&2&3&0\\2&0&1&2&3\end{vmatrix}=16,$$

$$D_2=\begin{vmatrix}1&0&1&1&0\\0&0&1&1&1\\1&2&3&0&0\\0&-2&2&3&0\\0&2&1&2&3\end{vmatrix}=-16,\quad D_3=\begin{vmatrix}1&1&0&1&0\\0&1&0&1&1\\1&2&2&0&0\\0&1&-2&3&0\\0&0&2&2&3\end{vmatrix}=16,$$

$$D_4=\begin{vmatrix}1&1&1&0&0\\0&1&1&0&1\\1&2&3&2&0\\0&1&2&-2&0\\0&0&1&2&3\end{vmatrix}=-16,\quad D_5=\begin{vmatrix}1&1&1&1&0\\0&1&1&1&0\\1&2&3&0&2\\0&1&2&3&-2\\0&0&1&2&2\end{vmatrix}=16$$

因为 $D\neq 0$，所以方程组有唯一解，即

$$x_1=\frac{D_1}{D}=\frac{16}{16}=1,\ x_2=\frac{D_2}{D}=\frac{-16}{16}=-1,\ x_3=\frac{D_3}{D}=\frac{16}{16}=1,$$

$$x_4=\frac{D_4}{D}=\frac{-16}{16}=-1,\ x_5=\frac{D_5}{D}=\frac{16}{16}=1$$

43. 计算下列方程组的系数行列式，并验证所给的数是方程组的解：

(1) $$\begin{cases}2x_1-3x_2+4x_3-3x_4=0\\3x_1-x_2+11x_3-13x_4=0\\4x_1+5x_2-7x_3-2x_4=0\\13x_1-25x_2+x_3+11x_4=0\end{cases}$$

$x_1=x_2=x_3=x_4=c$ （c 为任意常数）

(2) $$\begin{cases}x_1+2x_2+3x_3-x_4=3\\3x_1+2x_2+x_3+x_4=5\\5x_1+5x_2+2x_3=10\\2x_1+3x_2+x_3-x_4=5\end{cases}$$

$x_1=1-c$，$x_2=1+c$，$x_3=0$，$x_4=c$ （c 为任意常数）

解：(1) $$D=\begin{vmatrix}2&-3&4&-3\\3&-1&11&-13\\4&5&-7&-2\\13&-25&1&11\end{vmatrix}=\begin{vmatrix}0&-3&4&-3\\0&-1&11&-13\\0&5&-7&-2\\0&-25&1&11\end{vmatrix}=0$$

（第2、3、4列分别 $\times 1$ 加到第1列）

将 $x_1=x_2=x_3=x_4=c$ 代入给定方程组，有

$$\begin{cases}2c-3c+4c-3c=0\\3c-c+11c-13c=0\\4c+5c-7c-2c=0\\13c-25c+c+11c=0\end{cases}$$

可见 $x_1=x_2=x_3=x_4=c$（c 为任意常数）满足给定方程组，是给定方程组的解.

$$(2)D=\begin{vmatrix}1&2&3&-1\\3&2&1&1\\5&5&2&0\\2&3&1&-1\end{vmatrix}\xrightarrow{r_4+r_2\times 1}=\begin{vmatrix}1&2&3&-1\\3&2&1&1\\5&5&2&0\\5&5&2&0\end{vmatrix}=0$$

将 $x_1=1-c$，$x_2=1+c$，$x_3=0$，$x_4=c$ 代入给定方程组，有

$$\begin{cases}(1-c)+2(1+c)+3\times 0-c=3\\3(1-c)+2(1+c)+0+c=5\\5(1-c)+5(1+c)+2\times 0=10\\2(1-c)+3(1+c)+0-c=5\end{cases}$$

可见 $x_1=1-c$，$x_2=1+c$，$x_3=0$，$x_4=c$ 满足给定方程组，是给定方程组的解.

44. 判断齐次线性方程组

$$\begin{cases}2x_1+2x_2-\ x_3=0\\x_1-2x_2+4x_3=0\\5x_1+8x_2-2x_3=0\end{cases}$$

是否仅有零解.

解：方程组的系数行列式

$$D=\begin{vmatrix}2&2&-1\\1&-2&4\\5&8&-2\end{vmatrix}=-30\neq 0$$

由克莱姆法则可知，给定方程组仅有零解.

注释：方程个数和未知数个数相同的齐次线性方程组仅有零解的充分必要条件是系数行列式 $D\neq 0$.

45. 如果齐次线性方程组

$$\begin{cases}kx+\ y+z=0\\x+ky-z=0\\2x-\ y+z=0\end{cases}$$

有非零解，k 应取何值？

解：$D=\begin{vmatrix}k&1&1\\1&k&-1\\2&-1&1\end{vmatrix}=(k-4)(k+1)$

若齐次线性方程组有非零解，则系数行列式 $D=0$，即 $(k-4)(k+1)=0$. 解之得 $k=4$ 或 $k=-1$.

46. k 取何值时，齐次线性方程组

$$\begin{cases}kx+\ y-z=0\\x+ky-z=0\\2x-\ y+z=0\end{cases}$$

仅有零解？

解: $D=\begin{vmatrix} k & 1 & -1 \\ 1 & k & -1 \\ 2 & -1 & 1 \end{vmatrix}=(k+2)(k-1)$

要使齐次线性方程组仅有零解，则系数行列式 $D\neq 0$，即 $(k+2)(k-1)\neq 0$，从而 $k\neq 1$ 且 $k\neq -2$.

所以，当 $k\neq 1$ 且 $k\neq -2$ 时，给定的齐次线性方程组仅有零解.

注释：我们讨论的是 n 个未知数、n 个方程的线性方程组

$$\begin{cases} a_{11}x_1+a_{12}x_2+\cdots+a_{1n}x_n=b_1 \\ a_{21}x_1+a_{22}x_2+\cdots+a_{2n}x_n=b_2 \\ \quad\cdots\cdots \\ a_{n1}x_1+a_{n2}x_2+\cdots+a_{nn}x_n=b_n \end{cases} \tag{Ⅰ}$$

$$\begin{cases} a_{11}x_1+a_{12}x_2+\cdots+a_{1n}x_n=0 \\ a_{21}x_1+a_{22}x_2+\cdots+a_{2n}x_n=0 \\ \quad\cdots\cdots \\ a_{n1}x_1+a_{n2}x_2+\cdots+a_{nn}x_n=0 \end{cases} \tag{Ⅱ}$$

当 b_1, b_2, $\cdots$, b_n 不全为零时，(Ⅰ)称为非齐次线性方程组，当 b_1, b_2, $\cdots$, b_n 全为零时，(Ⅱ)称为齐次线性方程组.

系数行列式为 $D=\begin{vmatrix} a_{11} & a_{12} & \cdots & a_{1n} \\ a_{21} & a_{22} & \cdots & a_{2n} \\ \vdots & \vdots & & \vdots \\ a_{n1} & a_{n2} & \cdots & a_{nn} \end{vmatrix}$.

对方程组(Ⅰ)，(Ⅱ)的解，有下列结论：

(1) 若(Ⅰ)的系数行列式 $D\neq 0$，则(Ⅰ)一定有解，且只有唯一解.

(2) 若(Ⅰ)无解或不止一个解，则(Ⅰ)的系数行列式 $D=0$.

(3) 若(Ⅱ)的系数行列式 $D\neq 0$，则(Ⅱ)仅有零解.

(4) 若(Ⅱ)有非零解，则(Ⅱ)的系数行列式 $D=0$.

在第三章还将得出，若(Ⅱ)的系数行列式 $D=0$，则(Ⅱ)有非零解.

(B)

1. 行列式 $\begin{vmatrix} k-1 & 2 \\ 2 & k-1 \end{vmatrix}\neq 0$ 的充分条件是[　　].

(A) $k\neq -1$　　(B) $k\neq 3$

(C) $k\neq -1$ 且 $k\neq 3$　　(D) $k\neq -1$ 或 $k\neq 3$

解: $\begin{vmatrix} k-1 & 2 \\ 2 & k-1 \end{vmatrix}=(k+1)(k-3)$

当 $k\neq -1$ 且 $k\neq 3$ 时 $(k+1)(k-3)\neq 0$，即 $\begin{vmatrix} k-1 & 2 \\ 2 & k-1 \end{vmatrix}\neq 0$. 所以

$\begin{vmatrix} k-1 & 2 \\ 2 & k-1 \end{vmatrix} \neq 0$ 的充分条件是 $k \neq -1$ 且 $k \neq 3$.

故本题应选(C).

注释:(A)、(B)、(D) 均是 $\begin{vmatrix} k-1 & 2 \\ 2 & k-1 \end{vmatrix} \neq 0$ 的必要条件,非充分条件.

2. 行列式 $\begin{vmatrix} k & 2 & 1 \\ 2 & k & 0 \\ 1 & -1 & 1 \end{vmatrix} = 0$ 的充分必要条件是[　　].

(A) $k=-2$　　(B) $k=3$

(C) $k\neq -2$ 且 $k \neq 3$　　(D) $k=-2$ 或 $k=3$

解: $\begin{vmatrix} k & 2 & 1 \\ 2 & k & 0 \\ 1 & -1 & 1 \end{vmatrix} = (k+2)(k-3)$

当且仅当 $k=-2$ 或 $k=3$ 时,$(k+2)(k-3)=0$,即 $\begin{vmatrix} k & 2 & 1 \\ 2 & k & 0 \\ 1 & -1 & 1 \end{vmatrix} = 0$. 所以"$k=-2$ 或 $k=3$"是 $\begin{vmatrix} k & 2 & 1 \\ 2 & k & 0 \\ 1 & -1 & 1 \end{vmatrix} = 0$ 的充分必要条件.

故本题应选(D).

注释:(A)、(B) 均为 $\begin{vmatrix} k & 2 & 1 \\ 2 & k & 0 \\ 1 & -1 & 1 \end{vmatrix} = 0$ 的充分条件,非必要条件.

3. 若 $\begin{vmatrix} \lambda_1 & 0 & 2 \\ 3 & 1 & \lambda_2 \\ 1 & 0 & 1 \end{vmatrix} = 0$,则 λ_1,λ_2 必须满足[　　].

(A) $\lambda_1 = 2$,$\lambda_2 = 0$　　(B) $\lambda_1 = \lambda_2 = 2$

(C) $\lambda_1 = 2$,λ_2 可为任意数　　(D) λ_1,λ_2 均可为任意数

解: $\begin{vmatrix} \lambda_1 & 0 & 2 \\ 3 & 1 & \lambda_2 \\ 1 & 0 & 1 \end{vmatrix} = \lambda_1 - 2$

若要 $\begin{vmatrix} \lambda_1 & 0 & 2 \\ 3 & 1 & \lambda_2 \\ 1 & 0 & 1 \end{vmatrix} = 0$,必须 $\lambda_1 - 2 = 0$,即 $\lambda_1 = 2$,λ_2 可为任意数.

故本题应选(C).

4. 下列选项中为五级偶排列的是[　　].

(A) 12435　　(B) 54321

(C) 32514　　　　(D) 54231

解：(A) 因为 $N(12435)=1$，所以 12435 为奇排列，(B) 因为 $N(54321)=10$，所以 54321 为偶排列，故本题应选(B).

因 $N(32514)=5$，$N(54231)=9$，故(C)、(D) 中的排列均为奇排列.

5. 四元素乘积 $a_{i1}a_{24}a_{43}a_{k2}$ 是四阶行列式 $|a_{ij}|(i, j=1, 2, 3, 4)$ 中的一项，i，k 的取值及该项前应冠以的符号，有下列四种可能情况：

(1) $i=3$，$k=1$，前面冠以正号

(2) $i=3$，$k=1$，前面冠以负号

(3) $i=1$，$k=3$，前面冠以正号

(4) $i=1$，$k=3$，前面冠以负号

选项正确的是[　　].

(A) (1)，(3) 正确　　　　(B) (1)，(4) 正确

(C) (2)，(3) 正确　　　　(D) (2)，(4) 正确

解：如果 $i=3$，$k=1$，那么 $a_{31}a_{24}a_{43}a_{12}$ 前面应冠以 $(-1)^{N(3241)+N(1432)}=(-1)^{4+3}=(-1)^7=-1$，所以 $a_{31}a_{24}a_{43}a_{12}$ 前面应冠以负号，因此(1) 不正确，(2) 正确.

如果 $i=1$，$k=3$，那么 $a_{11}a_{24}a_{43}a_{32}$ 前面应冠以 $(-1)^{N(1243)+N(1432)}=(-1)^{1+3}=(-1)^4=1$，所以 $a_{11}a_{24}a_{43}a_{32}$ 前面应冠以正号，因此(3) 正确，(4) 不正确.

故本题应选(C).

6. 下列选项中是五阶行列式 $|a_{ij}|(i, j=1, 2, \cdots, 5)$ 中的一项的是[　　].

(A) $a_{12}a_{31}a_{23}a_{45}a_{34}$　　　　(B) $-a_{31}a_{22}a_{43}a_{14}a_{55}$

(C) $-a_{13}a_{21}a_{34}a_{42}a_{51}$　　　　(D) $a_{12}a_{21}a_{55}a_{43}a_{34}$

解：(A) 中的连乘积有两个元素来自第三行，故不是 $|a_{ij}|$ 中的项. (C) 中的连乘积有两个元素来自第一列，故不是 $|a_{ij}|$ 中的项.

(B) $N(32415)=4$，$a_{31}a_{22}a_{43}a_{14}a_{55}$ 前面应冠以正号. 故 $-a_{31}a_{22}a_{43}a_{14}a_{55}$ 不是 $|a_{ij}|$ 中的项.

(D) $N(12543)+N(21534)=3+3=6$，$a_{12}a_{21}a_{55}a_{43}a_{34}$ 前应冠以正号.

$a_{12}a_{21}a_{55}a_{43}a_{34}$ 是 $|a_{ij}|$ 中的一项，故本题应选(D).

7. 下列选项中不属于五阶行列式 $|a_{ij}|(i, j=1, 2, \cdots, 5)$ 中的一项的是[　　].

(A) $a_{11}a_{23}a_{32}a_{45}a_{54}$　　　　(B) $-a_{51}a_{12}a_{43}a_{34}a_{25}$

(C) $-a_{13}a_{52}a_{34}a_{21}a_{45}$　　　　(D) $a_{55}a_{44}a_{33}a_{22}a_{11}$

解：四个选项中的五个元素均来自不同行不同列，故是否为 $|a_{ij}|$ 中的项取决于前面冠以的符号是否正确.

(A) $N(13254)=2$，该项前面应冠以正号，故 $a_{11}a_{23}a_{32}a_{45}a_{54}$ 是 $|a_{ij}|$ 中的一项.

(B) $N(51432)=7$，该项前面应冠以负号，故 $-a_{51}a_{12}a_{43}a_{34}a_{25}$ 是 $|a_{ij}|$ 中的一项.

(C) $N(15324)+N(32415)=4+4=8$，该项前面应冠以正号，故 $-a_{13}a_{52}a_{34}a_{21}a_{45}$ 不是 $|a_{ij}|$ 中的一项.

故本题应选(C).

容易验证(D) 中的项是 $|a_{ij}|$ 中的一项.

8. 若行列式 $D=\begin{vmatrix} a_{11} & a_{12} & a_{13} \\ a_{21} & a_{22} & a_{23} \\ a_{31} & a_{32} & a_{33} \end{vmatrix}=1$，则行列式 $D_1=\begin{vmatrix} 4a_{11} & 2a_{11}-3a_{12} & a_{13} \\ 4a_{21} & 2a_{21}-3a_{22} & a_{23} \\ 4a_{31} & 2a_{31}-3a_{32} & a_{33} \end{vmatrix}=$[ ].

(A) -12　　(B) 12

(C) -24　　(D) 24

解：
$$D_1=\begin{vmatrix} 4a_{11} & 2a_{11}-3a_{12} & a_{13} \\ 4a_{21} & 2a_{21}-3a_{22} & a_{23} \\ 4a_{31} & 2a_{31}-3a_{32} & a_{33} \end{vmatrix}$$
$$=4\begin{vmatrix} a_{11} & 2a_{11} & a_{13} \\ a_{21} & 2a_{21} & a_{23} \\ a_{31} & 2a_{31} & a_{33} \end{vmatrix}+4\begin{vmatrix} a_{11} & -3a_{12} & a_{13} \\ a_{21} & -3a_{22} & a_{23} \\ a_{31} & -3a_{32} & a_{33} \end{vmatrix}$$
$$=4\times 0+4\times(-3)\begin{vmatrix} a_{11} & a_{12} & a_{13} \\ a_{21} & a_{22} & a_{33} \\ a_{31} & a_{32} & a_{33} \end{vmatrix}=-12$$

故本题应选(A).

9. 设行列式 $D=\begin{vmatrix} a_{11} & a_{12} & a_{13} \\ a_{21} & a_{22} & a_{23} \\ a_{31} & a_{32} & a_{33} \end{vmatrix}$，则行列式

$$\begin{vmatrix} a_{11} & 3a_{11}-2a_{12} & 4a_{13}-a_{11} \\ -3a_{21} & -9a_{21}+6a_{22} & -12a_{23}+3a_{21} \\ a_{31} & 3a_{31}-2a_{32} & 4a_{33}-a_{31} \end{vmatrix}=[\quad].$$

(A) $12D$　　(B) $24D$　　(C) $-24D$　　(D) $-36D$

解：
$$\begin{vmatrix} a_{11} & 3a_{11}-2a_{12} & 4a_{13}-a_{11} \\ -3a_{21} & -9a_{21}+6a_{22} & -12a_{23}+3a_{21} \\ a_{31} & 3a_{31}-2a_{32} & 4a_{33}-a_{31} \end{vmatrix}=\begin{vmatrix} a_{11} & -2a_{12} & 4a_{13} \\ -3a_{21} & 6a_{22} & -12a_{23} \\ a_{31} & -2a_{32} & 4a_{33} \end{vmatrix}$$

（第 1 列 $\times(-3)$ 加到第 2 列；第 1 列 $\times 1$ 加到第 3 列）

$$=-3\begin{vmatrix} a_{11} & -2a_{12} & 4a_{13} \\ a_{21} & -2a_{22} & 4a_{23} \\ a_{31} & -2a_{32} & 4a_{33} \end{vmatrix}=-3\times(-2)\times 4\begin{vmatrix} a_{11} & a_{12} & a_{13} \\ a_{21} & a_{22} & a_{23} \\ a_{31} & a_{32} & a_{33} \end{vmatrix}=24D$$

故本题应选(B).

10. 若三阶行列式 $\begin{vmatrix} a_1 & a_2 & a_3 \\ 2b_1-a_1 & 2b_2-a_2 & 2b_3-a_3 \\ c_1 & c_2 & c_3 \end{vmatrix}=6$，则行列式 $\begin{vmatrix} a_1 & a_2 & a_3 \\ b_1 & b_2 & b_3 \\ c_1 & c_2 & c_3 \end{vmatrix}=$[ ].

(A) 3　　(B) -3　　(C) 6　　(D) -6

解：
$$\begin{vmatrix} a_1 & a_2 & a_3 \\ 2b_1-a_1 & 2b_2-a_2 & 2b_3-a_3 \\ c_1 & c_2 & c_3 \end{vmatrix}\xrightarrow{\text{第1行}\times 1\text{加到第2行}}=\begin{vmatrix} a_1 & a_2 & a_3 \\ 2b_1 & 2b_2 & 2b_3 \\ c_1 & c_2 & c_3 \end{vmatrix}=2\begin{vmatrix} a_1 & a_2 & a_3 \\ b_1 & b_2 & b_3 \\ c_1 & c_2 & c_3 \end{vmatrix}=6$$

所以 $\begin{vmatrix} a_1 & a_2 & a_3 \\ b_1 & b_2 & b_3 \\ c_1 & c_2 & c_3 \end{vmatrix} = \frac{6}{2} = 3.$

故本题应选(A).

11. 设 $D = \begin{vmatrix} a_{11} & a_{12} & a_{13} \\ a_{21} & a_{22} & a_{23} \\ a_{31} & a_{32} & a_{33} \end{vmatrix} \neq 0$，且有

$$D_1 = \begin{vmatrix} a_{11} & a_{12}+2a_{11} & a_{13} \\ a_{21} & a_{22}+2a_{21} & a_{23} \\ a_{31} & a_{32}+2a_{31} & a_{33} \end{vmatrix},\ D_2 = \begin{vmatrix} a_{11} & a_{12}-2a_{11} & a_{13} \\ a_{21} & a_{22}-2a_{21} & a_{23} \\ a_{31} & a_{32}-2a_{31} & a_{33} \end{vmatrix}$$

$$D_3 = \begin{vmatrix} a_{11} & a_{11}-a_{12} & a_{13} \\ a_{21} & a_{21}-a_{22} & a_{23} \\ a_{31} & a_{31}-a_{32} & a_{33} \end{vmatrix},\ D_4 = \begin{vmatrix} a_{11} & a_{12} & a_{12}+2a_{13} \\ a_{21} & a_{22} & a_{22}+2a_{23} \\ a_{31} & a_{32} & a_{32}+2a_{33} \end{vmatrix}$$

下列选项中判断正确的是[　　].

(A) 只有 $D_1 = D$　　(B) $D_1 = D$，$D_2 = D$

(C) D_1，D_2，D_3 均等于 D　　(D) D_1，D_2，D_3，D_4 均等于 D

解：根据行列式的性质，有

$$D_1 = D,\ D_2 = D,\ D_3 = -D,\ D_4 = 2D$$

故本题应选(B).

注释：将行列式的第 j 行(列)乘以 k 加于第 i 行(列)上($i \neq j$)，行列式的值不变，若将行列式第 j 行(列)加于乘以 k 的第 i 行(列)上，所得行列式的值为原行列式的值乘以 k.

12. 设 $\begin{vmatrix} 0 & 0 & 0 & 1 \\ 0 & 0 & a & 0 \\ 0 & 2 & 0 & 0 \\ 1 & 0 & 0 & a \end{vmatrix} = -1$，则 $a =$[　　].

(A) $-\frac{1}{2}$　　(B) $\frac{1}{2}$　　(C) -1　　(D) 1

解： $\begin{vmatrix} 0 & 0 & 0 & 1 \\ 0 & 0 & a & 0 \\ 0 & 2 & 0 & 0 \\ 1 & 0 & 0 & a \end{vmatrix} \times(-a) = \begin{vmatrix} 0 & 0 & 0 & 1 \\ 0 & 0 & a & 0 \\ 0 & 2 & 0 & 0 \\ 1 & 0 & 0 & 0 \end{vmatrix} = (-1)^{\frac{4\times3}{2}} 2a = 2a$

由题设可知 $2a = -1$，所以 $a = -\frac{1}{2}$，故本题应选(A).

13. n 阶行列式 $\begin{vmatrix} 1 & 1 & 1 & \cdots & 1 \\ 1 & 0 & 1 & \cdots & 1 \\ 1 & 1 & 0 & \cdots & 1 \\ \vdots & \vdots & \vdots & & \vdots \\ 1 & 1 & 1 & \cdots & 0 \end{vmatrix} =$[　　].

(A) 1　　(B) -1　　(C) $(-1)^{n-1}$　　(D) $(-1)^n$

解： $$\begin{vmatrix} 1 & 1 & 1 & \cdots & 1 \\ 1 & 0 & 1 & \cdots & 1 \\ 1 & 1 & 0 & \cdots & 1 \\ \vdots & \vdots & \vdots & & \vdots \\ 1 & 1 & 1 & \cdots & 0 \end{vmatrix} \times(-1) \cdots = \begin{vmatrix} 1 & 1 & 1 & \cdots & 1 \\ 0 & -1 & 0 & \cdots & 0 \\ 0 & 0 & -1 & \cdots & 0 \\ \vdots & \vdots & \vdots & & \vdots \\ 0 & 0 & 0 & \cdots & -1 \end{vmatrix}$$

$= (-1)^{n-1}$

故本题应选(C).

14. 行列式 $\begin{vmatrix} a_1 & 0 & 0 & a_2 \\ 0 & a_3 & a_4 & 0 \\ 0 & a_5 & a_6 & 0 \\ a_7 & 0 & 0 & a_8 \end{vmatrix}$ 中元素 a_7 的代数余子式为[　　].

(A) $a_2a_3a_6 - a_2a_4a_5$　　(B) $a_2a_4a_5 - a_2a_3a_6$

(C) $a_1a_3a_6 - a_2a_4a_5$　　(D) $a_3a_6a_8 - a_4a_5a_8$

解： 给定行列式中 a_7 的代数余子式为

$$(-1)^{4+1}\begin{vmatrix} 0 & 0 & a_2 \\ a_3 & a_4 & 0 \\ a_5 & a_6 & 0 \end{vmatrix} = -(a_2a_3a_6 - a_2a_4a_5) = a_2a_4a_5 - a_2a_3a_6$$

故本题应选(B).

15. $\begin{vmatrix} 0 & 0 & \cdots & 0 & -a_1 \\ 0 & 0 & \cdots & -a_2 & 0 \\ \vdots & \vdots & & \vdots & \vdots \\ 0 & -a_{n-1} & \cdots & 0 & 0 \\ -a_n & 0 & \cdots & 0 & 0 \end{vmatrix} =$ [　　].

(A) $a_1a_2\cdots a_n$　　(B) $(-1)^n a_1a_2\cdots a_n$

(C) $(-1)^{\frac{n(n-1)}{2}} a_1a_2\cdots a_n$　　(D) $(-1)^{\frac{n(n+1)}{2}} a_1a_2\cdots a_n$

解： $$\begin{vmatrix} 0 & 0 & \cdots & 0 & -a_1 \\ 0 & 0 & \cdots & -a_2 & 0 \\ \vdots & \vdots & & \vdots & \vdots \\ 0 & -a_{n-1} & \cdots & 0 & 0 \\ -a_n & 0 & \cdots & 0 & 0 \end{vmatrix} = (-1)^{\frac{n(n-1)}{2}}(-a_1)(-a_2)\cdots(-a_n)$$

$= (-1)^{\frac{n(n-1)}{2}}(-1)^n a_1a_2\cdots a_n = (-1)^{\frac{n(n-1)}{2}+n} a_1a_2\cdots a_n$

$= (-1)^{\frac{n(n+1)}{2}} a_1a_2\cdots a_n$

故本题应选(D).

16. 下列 n $(n>2)$ 阶行列式中，其值不一定等于 -1 的是[　　].

(A) $\begin{vmatrix} 0 & 1 & 0 & \cdots & 0 & 0 \\ 1 & 0 & 0 & \cdots & 0 & 0 \\ 0 & 0 & 1 & \cdots & 0 & 0 \\ \vdots & \vdots & \vdots & & \vdots & \vdots \\ 0 & 0 & 0 & \cdots & 0 & 1 \end{vmatrix}$　　(B) $\begin{vmatrix} 0 & 0 & \cdots & 0 & 1 \\ 0 & 0 & \cdots & 1 & 0 \\ \vdots & \vdots & & \vdots & \vdots \\ 0 & 1 & \cdots & 0 & 0 \\ 1 & 0 & \cdots & 0 & 0 \end{vmatrix}$

(C) $\begin{vmatrix} 1 & 0 & 0 & \cdots & 0 & 0 \\ 0 & 1 & 0 & \cdots & 0 & 0 \\ 0 & 0 & 1 & \cdots & 0 & 0 \\ \vdots & \vdots & \vdots & & \vdots & \vdots \\ 0 & 0 & 0 & \cdots & 0 & 1 \\ 0 & 0 & 0 & \cdots & 1 & 0 \end{vmatrix}$　　(D) $\begin{vmatrix} 1 & 0 & 0 & \cdots & 0 & 0 \\ 0 & 0 & 1 & \cdots & 0 & 0 \\ 0 & 1 & 0 & \cdots & 0 & 0 \\ \vdots & \vdots & \vdots & & \vdots & \vdots \\ 0 & 0 & 0 & \cdots & 1 & 0 \\ 0 & 0 & 0 & \cdots & 0 & 1 \end{vmatrix}$

解：(A) $\begin{vmatrix} 0 & 1 & 0 & \cdots & 0 & 0 \\ 1 & 0 & 0 & \cdots & 0 & 0 \\ 0 & 0 & 1 & \cdots & 0 & 0 \\ \vdots & \vdots & \vdots & & \vdots & \vdots \\ 0 & 0 & 0 & \cdots & 0 & 1 \end{vmatrix} = -\begin{vmatrix} 1 & 0 & \cdots & 0 & 0 \\ 0 & 1 & \cdots & 0 & 0 \\ \vdots & \vdots & & \vdots & \vdots \\ 0 & 0 & \cdots & 0 & 1 \end{vmatrix} = -1$

(B) $\begin{vmatrix} 0 & 0 & \cdots & 0 & 1 \\ 0 & 0 & \cdots & 1 & 0 \\ \vdots & \vdots & & \vdots & \vdots \\ 0 & 1 & \cdots & 0 & 0 \\ 1 & 0 & \cdots & 0 & 0 \end{vmatrix} = (-1)^{\frac{n(n-1)}{2}}$，不一定等于$-1$，例如$\begin{vmatrix} 0 & 0 & 0 & 1 \\ 0 & 0 & 1 & 0 \\ 0 & 1 & 0 & 0 \\ 1 & 0 & 0 & 0 \end{vmatrix} = 1$.

故本题应选(B).

(C) $\begin{vmatrix} 1 & 0 & 0 & \cdots & 0 & 0 \\ 0 & 1 & 0 & \cdots & 0 & 0 \\ 0 & 0 & 1 & \cdots & 0 & 0 \\ \vdots & \vdots & \vdots & & \vdots & \vdots \\ 0 & 0 & 0 & \cdots & 0 & 1 \\ 0 & 0 & 0 & \cdots & 1 & 0 \end{vmatrix} = \begin{vmatrix} 0 & 1 \\ 1 & 0 \end{vmatrix} = -1$

(D) $\begin{vmatrix} 1 & 0 & 0 & \cdots & 0 & 0 \\ 0 & 0 & 1 & \cdots & 0 & 0 \\ 0 & 1 & 0 & \cdots & 0 & 0 \\ \vdots & \vdots & \vdots & & \vdots & \vdots \\ 0 & 0 & 0 & \cdots & 1 & 0 \\ 0 & 0 & 0 & \cdots & 0 & 1 \end{vmatrix} = \begin{vmatrix} 0 & 1 & \cdots & 0 & 0 \\ 1 & 0 & \cdots & 0 & 0 \\ \vdots & \vdots & & \vdots & \vdots \\ 0 & 0 & \cdots & 1 & 0 \\ 0 & 0 & \cdots & 0 & 1 \end{vmatrix}$

$= -\begin{vmatrix} 1 & 0 & \cdots & 0 & 0 \\ 0 & 1 & \cdots & 0 & 0 \\ \vdots & \vdots & & \vdots & \vdots \\ 0 & 0 & \cdots & 1 & 0 \\ 0 & 0 & \cdots & 0 & 1 \end{vmatrix} = -1$

17. 行列式 $\begin{vmatrix} a & 0 & b & 0 \\ 0 & x & 0 & y \\ c & 0 & d & 0 \\ 0 & u & 0 & v \end{vmatrix}=$[　　].

(A) $abcd-xyuv$　　　　(B) $adxv-bcyu$

(C) $(ad-bc)(xv-yu)$　　　　(D) $(ab-cd)(xy-uv)$

解: $\begin{vmatrix} a & 0 & b & 0 \\ 0 & x & 0 & y \\ c & 0 & d & 0 \\ 0 & u & 0 & v \end{vmatrix}=a\begin{vmatrix} x & 0 & y \\ 0 & d & 0 \\ u & 0 & v \end{vmatrix}+c\begin{vmatrix} 0 & b & 0 \\ x & 0 & y \\ u & 0 & v \end{vmatrix}$

$=a(xdv-ydu)+c(byu-bxv)$

$=adxv-adyu+bcyu-bcxv$

$=ad(xv-yu)-bc(xv-yu)$

$=(ad-bc)(xv-yu)$

故本题应选(C).

18. $f(x)=\begin{vmatrix} 1 & -1 & 1 & x-1 \\ 1 & -1 & x+1 & -1 \\ 1 & x-1 & 1 & -1 \\ x+1 & -1 & 1 & -1 \end{vmatrix}$，则 $f(x)=0$ 有[　　].

(A) 四个不同的根　　　　(B) 三个不同的根(其中有一个二重根)

(C) 两个不同的二重根　　　　(D) 一个四重根

解: $$f(x)=\begin{array}{c}\begin{vmatrix} 1 & -1 & 1 & x-1 \\ 1 & -1 & x+1 & -1 \\ 1 & x-1 & 1 & -1 \\ x+1 & -1 & 1 & -1 \end{vmatrix} \\ \begin{array}{cccc} \uparrow & \times 1 & \times 1 & \times 1 \end{array}\end{array}=\begin{vmatrix} x & -1 & 1 & x-1 \\ x & -1 & x+1 & -1 \\ x & x-1 & 1 & -1 \\ x & -1 & 1 & -1 \end{vmatrix}$$

$$=x\begin{array}{c}\begin{vmatrix} 1 & -1 & 1 & x-1 \\ 1 & -1 & x+1 & -1 \\ 1 & x-1 & 1 & -1 \\ 1 & -1 & 1 & -1 \end{vmatrix} \\ \begin{array}{cccc} \times 1,\ \times(-1),\ \times 1 & \uparrow & \uparrow & \uparrow \end{array}\end{array}$$

$$=x\begin{vmatrix} 1 & 0 & 0 & x \\ 1 & 0 & x & 0 \\ 1 & x & 0 & 0 \\ 1 & 0 & 0 & 0 \end{vmatrix}=-x\begin{vmatrix} 0 & 0 & x \\ 0 & x & 0 \\ x & 0 & 0 \end{vmatrix}=x^4$$

$f(x)=0$ 即 $x^4=0$，得 $x=0$ 为四重根，故本题应选(D).

19. 给定 4 个行列式：

(1) $\begin{vmatrix} 0 & 1 & 0 & 1 \\ 1 & 0 & 1 & 0 \\ 0 & 1 & 0 & 0 \\ 0 & 0 & 1 & 1 \end{vmatrix}$　　(2) $\begin{vmatrix} 0 & 0 & 1 & 0 \\ 0 & 1 & 0 & 0 \\ 0 & 0 & 0 & 1 \\ 1 & 0 & 0 & 0 \end{vmatrix}$

(3) $\begin{vmatrix} -3 & 1 & 4 & -2 \\ 1 & 0 & -1 & 0 \\ 2 & 1 & 0 & -3 \\ 0 & -2 & 1 & 1 \end{vmatrix}$　　(4) $\begin{vmatrix} 1 & 2 & 2 & 201 \\ -1 & 3 & 3 & 299 \\ -2 & 2 & 1 & 98 \\ 3 & 5 & 1 & 103 \end{vmatrix}$

与 3 个数值(a) -1，(b) 1，(c) 0.

将行列式与其相等的数值用线连接起来，连线正确的是[　　].

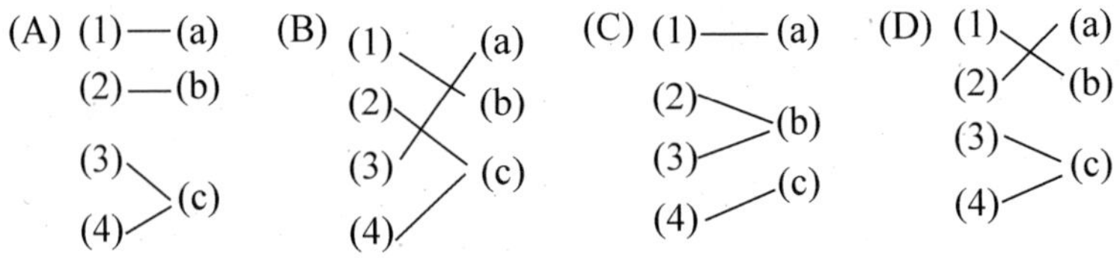

(A) (1)—(a)
(2)—(b)
(3)
(4)
(c)
(B) (1)
(2)
(3)
(4)
(a)
(b)
(c)
(C) (1)—(a)
(2)
(3)
(b)
(4)
(c)
(D) (1)
(2)
(a)
(b)
(3)
(4)
(c)

解：(1) $\begin{vmatrix} 0 & 1 & 0 & 1 \\ 1 & 0 & 1 & 0 \\ 0 & 1 & 0 & 0 \\ 0 & 0 & 1 & 1 \end{vmatrix}=-\begin{vmatrix} 1 & 0 & 1 \\ 1 & 0 & 0 \\ 0 & 1 & 1 \end{vmatrix}=-1$

(2) $\begin{vmatrix} 0 & 0 & 1 & 0 \\ 0 & 1 & 0 & 0 \\ 0 & 0 & 0 & 1 \\ 1 & 0 & 0 & 0 \end{vmatrix}=-\begin{vmatrix} 0 & 1 & 0 \\ 1 & 0 & 0 \\ 0 & 0 & 1 \end{vmatrix}=1$

(3) $\begin{vmatrix} -3 & 1 & 4 & -2 \\ 1 & 0 & -1 & 0 \\ 2 & 1 & 0 & -3 \\ 0 & -2 & 1 & 1 \end{vmatrix}=\begin{vmatrix} 0 & 1 & 4 & -2 \\ 0 & 0 & 1 & 0 \\ 0 & 1 & 0 & -3 \\ 0 & -2 & 1 & 1 \end{vmatrix}=0$

$$\begin{array}{cccc} & \times 1 & \times 1 & \times 1 \end{array}$$

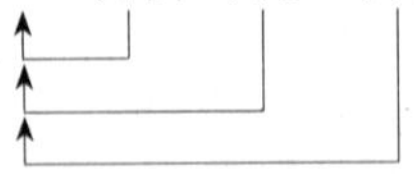

(4) $\begin{vmatrix} 1 & 2 & 2 & 201 \\ -1 & 3 & 3 & 299 \\ -2 & 2 & 1 & 98 \\ 3 & 5 & 1 & 103 \end{vmatrix}=\begin{vmatrix} 1 & 2 & 2 & 200+1 \\ -1 & 3 & 3 & 300-1 \\ -2 & 2 & 1 & 100-2 \\ 3 & 5 & 1 & 100+3 \end{vmatrix}$

$$=\begin{vmatrix} 1 & 2 & 2 & 200 \\ -1 & 3 & 3 & 300 \\ -2 & 2 & 1 & 100 \\ 3 & 5 & 1 & 100 \end{vmatrix}+\begin{vmatrix} 1 & 2 & 2 & 1 \\ -1 & 3 & 3 & -1 \\ -2 & 2 & 1 & -2 \\ 3 & 5 & 1 & 3 \end{vmatrix}=0+0=0$$

故本题应选(A).

20. 如果线性方程组 $\begin{cases}2x+ky=c_1\\kx+2y=c_2\end{cases}$ (c_1，c_2 为不等于零的常数)有唯一解，则 k 必须满足[　　].

(A) $k=0$　　(B) $k=-2$ 或 $k=2$

(C) $k\neq-2$ 或 $k\neq 2$　　(D) $k\neq-2$ 且 $k\neq 2$

解: $D=\begin{vmatrix}2&k\\k&2\end{vmatrix}=4-k^2$

给定方程组有唯一解，则 $D\neq 0$，所以 $k\neq\pm 2$，即 $k\neq-2$ 且 $k\neq 2$.

故本题应选(D).

21. $k=0$ 是第 20 题中方程组有唯一解的[　　].

(A) 充分条件　　(B) 必要条件

(C) 充分必要条件　　(D) 无关条件

解: 因 $k=0$ 满足 $k\neq\pm 2$，$D=4\neq 0$，故方程组有唯一解，所以 $k=0$ 是第 20 题中方程组有唯一解的充分条件，但不是必要条件.

故本题应选(A).

22. 如果 $\begin{vmatrix}a_{11}&a_{12}\\a_{21}&a_{22}\end{vmatrix}=1$，则方程组 $\begin{cases}a_{11}x_1-a_{12}x_2+b_1=0\\a_{21}x_1-a_{22}x_2+b_2=0\end{cases}$ 的解是[　　].

(A) $x_1=\begin{vmatrix}b_1&a_{12}\\b_2&a_{22}\end{vmatrix}$，$x_2=\begin{vmatrix}a_{11}&b_1\\a_{21}&b_2\end{vmatrix}$

(B) $x_1=-\begin{vmatrix}b_1&a_{12}\\b_2&a_{22}\end{vmatrix}$，$x_2=\begin{vmatrix}a_{11}&b_1\\a_{21}&b_2\end{vmatrix}$

(C) $x_1=\begin{vmatrix}b_1&a_{12}\\b_2&a_{22}\end{vmatrix}$，$x_2=-\begin{vmatrix}a_{11}&b_1\\a_{21}&b_2\end{vmatrix}$

(D) $x_1=-\begin{vmatrix}b_1&a_{12}\\b_2&a_{22}\end{vmatrix}$，$x_2=-\begin{vmatrix}a_{11}&b_1\\a_{21}&b_2\end{vmatrix}$

解: $\begin{cases}a_{11}x_1-a_{12}x_2=-b_1\\a_{21}x_1-a_{22}x_2=-b_2\end{cases}$

系数行列式 $D=\begin{vmatrix}a_{11}&-a_{12}\\a_{21}&-a_{22}\end{vmatrix}=-\begin{vmatrix}a_{11}&a_{12}\\a_{21}&a_{22}\end{vmatrix}=-1$

$$D_1=\begin{vmatrix}-b_1&-a_{12}\\-b_2&-a_{22}\end{vmatrix}=\begin{vmatrix}b_1&a_{12}\\b_2&a_{22}\end{vmatrix}$$

$$D_2=\begin{vmatrix}a_{11}&-b_1\\a_{21}&-b_2\end{vmatrix}=-\begin{vmatrix}a_{11}&b_1\\a_{21}&b_2\end{vmatrix}$$

那么　$x_1=\dfrac{D_1}{D}=\dfrac{\begin{vmatrix}b_1&a_{12}\\b_2&a_{22}\end{vmatrix}}{-1}=-\begin{vmatrix}b_1&a_{12}\\b_2&a_{22}\end{vmatrix}$

$$x_2=\frac{D_2}{D}=\frac{-\begin{vmatrix}a_{11}&b_1\\a_{21}&b_2\end{vmatrix}}{-1}=\begin{vmatrix}a_{11}&b_1\\a_{21}&b_2\end{vmatrix}$$

故本题应选(B).

23. 若齐次线性方程组 $\begin{cases}2x_1-x_2+x_3=0\\x_1+kx_2-x_3=0\\kx_1+x_2+x_3=0\end{cases}$ 有非零解，则 k 必须满足[　　].

(A) $k=4$　　(B) $k=-1$

(C) $k\neq-1$ 且 $k\neq4$　　(D) $k=-1$ 或 $k=4$

解: $D=\begin{vmatrix}2&-1&1\\1&k&-1\\k&1&1\end{vmatrix}=-(k+1)(k-4)$

给定方程组有非零解，则 $D=0$，即 $(k+1)(k-4)=0$，从而 $k=-1$ 或 $k=4$.

故本题应选(D).

24. 若第 23 题中的齐次线性方程组仅有零解，则 k 必须满足[　　].

(A) $k=4$　　(B) $k=-1$

(C) $k\neq-1$ 且 $k\neq4$　　(D) $k\neq-1$ 或 $k\neq4$

解: 给定方程组仅有零解，则 $D\neq0$，即$(k+1)(k-4)\neq0$，从而 $k\neq-1$ 且 $k\neq4$.

故本题应选(C).

(二) 参考题(附解答)

(A)

1. 求由数码 1, 2, …, n, $n+1$, …, $2n$ 构成的一个排列 $2n$, 1, $2n-1$, 2, …, $n+1$, n 的逆序数.

解: 1 前面有一个比 1 大的数码 $2n$，所以 $k_1=1$；2 前面有两个比 2 大的数码 $2n$, $2n-1$，所以 $k_2=2$；…；n 前面有 n 个比 n 大的数码 $2n$, $2n-1$, …, $2n-(n-1)=n+1$，所以 $k_n=n$；$n+1$ 前面有 $n-1$ 个比 $n+1$ 大的数码 $2n$, $2n-1$, …, $2n-(n-2)=n+2$，所以 $k_{n+1}=n-1$；$n+2$ 前面有 $n-2$ 个比 $n+2$ 大的数码 $2n$, $2n-1$, …, $2n-(n-3)=n+3$，所以 $k_{n+2}=n-2$；…；$2n$ 前面有 $n-n=0$ 个比 $2n$ 大的数码，所以 $k_{2n}=0$. 因此

$$\begin{aligned}&N(2n,1,2n-1,2,\cdots,n+1,n)\\&=1+2+\cdots+n+(n-1)+(n-2)+\cdots+(n-n)\\&=1+2+\cdots+n+n\cdot n-(1+2+\cdots+n)=n^2\end{aligned}$$

2. 设 $N(j_1j_2\cdots j_n)=k$，求 $N(j_nj_{n-1}\cdots j_2j_1)$.

解: 在 n 级排列 $j_1j_2\cdots j_n$ 中任取两个数，共有 $\frac{n(n-1)}{2}$ 种取法，每一种取法中的两个数

或顺序或逆序，故顺序数与逆序数总和为$\frac{n(n-1)}{2}$. 已知$N(j_1j_2\cdots j_n)=k$即逆序数为k，那么$j_1j_2\cdots j_n$的顺序数为$\frac{n(n-1)}{2}-k$，而$j_1j_2\cdots j_n$的顺序数恰是$j_nj_{n-1}\cdots j_1$的逆序数，故$j_nj_{n-1}\cdots j_1$的逆序数$N(j_nj_{n-1}\cdots j_1)=\frac{n(n-1)}{2}-k$.

3. 写出四阶行列式$|a_{ij}|$（$i,j=1,2,3,4$）中包含因子a_{23}且前面冠以正号的所有项.

解： 设所有包含a_{23}的项为$a_{1i}a_{23}a_{3j}a_{4k}$，i，j，k可以取1，2，4三个数.

若$i=1$，$j=4$，$k=2$，$N(1342)=2$，所以$a_{11}a_{23}a_{34}a_{42}$为$|a_{ij}|$中包含a_{23}且前面冠以正号的项.

若$i=2$，$j=1$，$k=4$，$N(2314)=2$，所以$a_{12}a_{23}a_{31}a_{44}$为$|a_{ij}|$中包含a_{23}且前面冠以正号的项.

若$i=4$，$j=2$，$k=1$，$N(4321)=6$，所以$a_{14}a_{23}a_{32}a_{41}$为$|a_{ij}|$中包含a_{23}且前面冠以正号的项.

除以上三项外尚有$a_{11}a_{23}a_{32}a_{44}$，$a_{12}a_{23}a_{34}a_{41}$和$a_{14}a_{23}a_{31}a_{42}$为$|a_{ij}|$中包含a_{23}但前面冠以负号的项.

4. 用行列式定义，求多项式$f(x)=\begin{vmatrix} x & -1 & 0 & x \\ 2 & 2 & 3 & x \\ -7 & 10 & 4 & 3 \\ 1 & -7 & 1 & x \end{vmatrix}$中的常数项.

解： 设$|a_{ij}|=\begin{vmatrix} x & -1 & 0 & x \\ 2 & 2 & 3 & x \\ -7 & 10 & 4 & 3 \\ 1 & -7 & 1 & x \end{vmatrix}$（$i,j=1,2,3,4$）.

求多项式$f(x)$中的常数项，即求$|a_{ij}|$展开式中不含x的非零常数项.

在$|a_{ij}|$中第四列只有a_{34}不含x，因此所求项必含元素a_{34}，第一行必取a_{12}，第二行可取a_{21}及a_{23}(因第二列及第四列已取). 除元素a_{12}，a_{34}外，若第二行取a_{21}，则第四行必取a_{43}；若第二行取a_{23}，则第四行必取a_{41}. 因此不含x的非零常数项只有两项，即$(-1)^{N(2143)}a_{12}a_{21}a_{34}a_{43}$及$(-1)^{N(2341)}a_{12}a_{23}a_{34}a_{41}$.

于是得到所要求的$f(x)$的常数项为

$$\begin{aligned}&(-1)^{N(2143)}(-1)\times2\times3\times1+(-1)^{N(2341)}(-1)\times3\times3\times1\\&=-6+9=3\end{aligned}$$

5. 计算行列式$\begin{vmatrix} 1 & 1 & 1 & \cdots & 1 \\ 1 & 2 & 0 & \cdots & 0 \\ 1 & 0 & 3 & \cdots & 0 \\ \vdots & \vdots & \vdots & & \vdots \\ 1 & 0 & 0 & \cdots & n \end{vmatrix}$.

解：
$$\begin{vmatrix} 1 & 1 & 1 & \cdots & 1 \\ 1 & 2 & 0 & \cdots & 0 \\ 1 & 0 & 3 & \cdots & 0 \\ \vdots & \vdots & \vdots & & \vdots \\ 1 & 0 & 0 & \cdots & n \end{vmatrix} = \begin{vmatrix} 1-\sum_{j=2}^{n}\frac{1}{j} & 1 & 1 & \cdots & 1 \\ 0 & 2 & 0 & \cdots & 0 \\ 0 & 0 & 3 & \cdots & 0 \\ \vdots & \vdots & \vdots & & \vdots \\ 0 & 0 & 0 & \cdots & n \end{vmatrix}$$
$$\times\left(\frac{-1}{2}\right) \quad \times\left(-\frac{1}{3}\right) \quad \cdots \quad \times\left(-\frac{1}{n}\right)$$

$$= n!\left(1-\sum_{j=2}^{n}\frac{1}{j}\right)$$

6. 计算行列式 $\begin{vmatrix} a_1-b & a_2 & \cdots & a_n \\ a_1 & a_2-b & \cdots & a_n \\ \vdots & \vdots & & \vdots \\ a_1 & a_2 & \cdots & a_n-b \end{vmatrix}$.

解：
$$\begin{vmatrix} a_1-b & a_2 & \cdots & a_n \\ a_1 & a_2-b & \cdots & a_n \\ \vdots & \vdots & & \vdots \\ a_1 & a_2 & \cdots & a_n-b \end{vmatrix} = \begin{vmatrix} \sum_{i=1}^{n}a_i-b & a_2 & \cdots & a_n \\ \sum_{i=1}^{n}a_i-b & a_2-b & \cdots & a_n \\ \vdots & \vdots & & \vdots \\ \sum_{i=1}^{n}a_i-b & a_2 & \cdots & a_n-b \end{vmatrix}$$
$$\times 1 \quad \cdots \quad \times 1$$

$$= \left(\sum_{i=1}^{n}a_i-b\right)\begin{vmatrix} 1 & a_2 & \cdots & a_n \\ 1 & a_2-b & \cdots & a_n \\ \vdots & \vdots & & \vdots \\ 1 & a_2 & \cdots & a_n-b \end{vmatrix} \times(-1) \cdots$$

$$= \left(\sum_{i=1}^{n}a_i-b\right)\begin{vmatrix} 1 & a_2 & \cdots & a_n \\ 0 & -b & \cdots & 0 \\ \vdots & \vdots & & \vdots \\ 0 & 0 & \cdots & -b \end{vmatrix} = \left(\sum_{i=1}^{n}a_i-b\right)(-1)^{n-1}b^{n-1}$$

7. 计算 n 阶行列式 $\begin{vmatrix} a & 0 & 0 & \cdots & 0 & 1 \\ 0 & a & 0 & \cdots & 0 & 0 \\ \vdots & \vdots & \vdots & & \vdots & \vdots \\ 0 & 0 & 0 & \cdots & a & 0 \\ 1 & 0 & 0 & \cdots & 0 & a \end{vmatrix}$.

解：$\begin{vmatrix} a & 0 & 0 & \cdots & 0 & 1 \\ 0 & a & 0 & \cdots & 0 & 0 \\ \vdots & \vdots & \vdots & & \vdots & \vdots \\ 0 & 0 & 0 & \cdots & a & 0 \\ 1 & 0 & 0 & \cdots & 0 & a \end{vmatrix}$ （按第一列展开）

$$= a\begin{vmatrix} a & 0 & \cdots & 0 & 0 \\ 0 & a & \cdots & 0 & 0 \\ \vdots & \vdots & & \vdots & \vdots \\ 0 & 0 & \cdots & a & 0 \\ 0 & 0 & \cdots & 0 & a \end{vmatrix} + (-1)^{n+1}\begin{vmatrix} 0 & 0 & \cdots & 0 & 1 \\ a & 0 & \cdots & 0 & 0 \\ \vdots & \vdots & & \vdots & \vdots \\ 0 & 0 & \cdots & a & 0 \end{vmatrix}$$ （第二个行列式按第一行展开）

$$= a^n + (-1)^{n+1}(-1)^{1+n-1}\begin{vmatrix} a & 0 & \cdots & 0 \\ 0 & a & \cdots & 0 \\ \vdots & \vdots & & \vdots \\ 0 & 0 & \cdots & a \end{vmatrix} = a^n + (-1)^{2n+1}a^{n-2}$$

$$= a^n - a^{n-2} = a^{n-2}(a^2-1)$$

8. 证明 $\begin{vmatrix} a_0 & -1 & 0 & \cdots & 0 & 0 & 0 \\ a_1 & x & -1 & \cdots & 0 & 0 & 0 \\ a_2 & 0 & x & \cdots & 0 & 0 & 0 \\ \vdots & \vdots & \vdots & & \vdots & \vdots & \vdots \\ a_{n-2} & 0 & 0 & \cdots & 0 & x & -1 \\ a_{n-1} & 0 & 0 & \cdots & 0 & 0 & x \end{vmatrix} = a_0x^{n-1} + a_1x^{n-2} + \cdots + a_{n-2}x + a_{n-1}$.

证：$\begin{vmatrix} a_0 & -1 & 0 & \cdots & 0 & 0 & 0 \\ a_1 & x & -1 & \cdots & 0 & 0 & 0 \\ a_2 & 0 & x & \cdots & 0 & 0 & 0 \\ \vdots & \vdots & \vdots & & \vdots & \vdots & \vdots \\ a_{n-2} & 0 & 0 & \cdots & 0 & x & -1 \\ a_{n-1} & 0 & 0 & \cdots & 0 & 0 & x \end{vmatrix}$ （将第一行乘 x 加于第二行，将新的第二行乘 x 加于第三行，…，将新的第 $n-1$ 行乘 x 加于第 n 行）

$$= \begin{vmatrix} a_0 & -1 & 0 & 0 & \cdots & 0 \\ a_0x + a_1 & 0 & -1 & 0 & \cdots & 0 \\ a_0x^2 + a_1x + a_2 & 0 & 0 & -1 & \cdots & 0 \\ \vdots & \vdots & \vdots & \vdots & & \vdots \\ a_0x^{n-2} + a_1x^{n-3} + \cdots + a_{n-2} & 0 & 0 & 0 & \cdots & -1 \\ a_0x^{n-1} + a_1x^{n-2} + \cdots + a_{n-2}x + a_{n-1} & 0 & 0 & 0 & \cdots & 0 \end{vmatrix}$$ （按第 n 行展开）

$$= (-1)^{n+1}(a_0x^{n-1} + a_1x^{n-2} + \cdots + a_{n-2}x + a_{n-1})\begin{vmatrix} -1 & 0 & 0 & \cdots & 0 \\ 0 & -1 & 0 & \cdots & 0 \\ 0 & 0 & -1 & \cdots & 0 \\ \vdots & \vdots & \vdots & & \vdots \\ 0 & 0 & 0 & \cdots & -1 \end{vmatrix}$$

$$=(-1)^{n+1}(-1)^{n-1}(a_0x^{n-1}+a_1x^{n-2}+\cdots+a_{n-2}x+a_{n-1})$$
$$=a_0x^{n-1}+a_1x^{n-2}+\cdots+a_{n-2}x+a_{n-1}$$

9. 证明

$$\begin{vmatrix} x & -1 & 0 & \cdots & 0 & 0 \\ 0 & x & -1 & \cdots & 0 & 0 \\ \vdots & \vdots & \vdots & & \vdots & \vdots \\ 0 & 0 & 0 & & x & -1 \\ a_n & a_{n-1} & a_{n-2} & \cdots & a_2 & a_1+x \end{vmatrix} = a_n+a_{n-1}x+a_{n-2}x^2+\cdots+a_1x^{n-1}+x^n$$

证:
$$\begin{vmatrix} x & -1 & 0 & \cdots & 0 & 0 \\ 0 & x & -1 & \cdots & 0 & 0 \\ \vdots & \vdots & \vdots & & \vdots & \vdots \\ 0 & 0 & 0 & & x & -1 \\ a_n & a_{n-1} & a_{n-2} & \cdots & a_2 & a_1+x \end{vmatrix}$$

(从第 n 列起，后一列乘 x 加于前一列，即第 n 列乘 x 加于第 $n-1$ 列，新的第 $n-1$ 列乘 x 加于第 $n-2$ 列，…，新的第二列乘 x 加于第一列. 为书写方便，将第 n 行元素用 $A_i(i=1, 2, \cdots, n)$ 表示. 按第一列展开)

$$=\begin{vmatrix} 0 & -1 & 0 & \cdots & 0 & 0 \\ 0 & 0 & -1 & \cdots & 0 & 0 \\ \vdots & \vdots & \vdots & & \vdots & \vdots \\ 0 & 0 & 0 & \cdots & 0 & -1 \\ A_n & A_{n-1} & A_{n-2} & \cdots & A_2 & A_1 \end{vmatrix}$$

$$=(-1)^{n+1}A_n\begin{vmatrix} -1 & 0 & \cdots & 0 & 0 \\ 0 & -1 & \cdots & 0 & 0 \\ \vdots & \vdots & & \vdots & \vdots \\ 0 & 0 & \cdots & 0 & -1 \end{vmatrix}=(-1)^{n+1}(-1)^{n-1}A_n=A_n$$

其中 $A_1=a_1+x$

$A_2=a_2+A_1x=a_2+(a_1+x)x=a_2+a_1x+x^2$

$A_3=a_3+A_2x=a_3+(a_2+a_1x+x^2)x=a_3+a_2x+a_1x^2+x^3$

……

$A_n=a_n+A_{n-1}x=a_n+a_{n-1}x+a_{n-2}x^2+\cdots+a_1x^{n-1}+x^n$

所以给定行列式等于 $a_n+a_{n-1}x+a_{n-2}x^2+\cdots+a_1x^{n-1}+x^n$.

10. 解方程

$$\begin{vmatrix} 1 & x & y & z \\ x & 1 & 0 & 0 \\ y & 0 & 1 & 0 \\ z & 0 & 0 & 1 \end{vmatrix}=1 \qquad (\text{其中 } x, y, z \text{ 均为实数})$$

解： $\begin{vmatrix}1 & x & y & z\\ x & 1 & 0 & 0\\ y & 0 & 1 & 0\\ z & 0 & 0 & 1\end{vmatrix}=\begin{vmatrix}1-x^2-y^2-z^2 & x & y & z\\ 0 & 1 & 0 & 0\\ 0 & 0 & 1 & 0\\ 0 & 0 & 0 & 1\end{vmatrix}$

$\times(-x)\times(-y)\times(-z)$

$$=(1-x^2-y^2-z^2)\begin{vmatrix}1 & 0 & 0\\ 0 & 1 & 0\\ 0 & 0 & 1\end{vmatrix}=1-(x^2+y^2+z^2)$$

给定行列式方程化为 $1-(x^2+y^2+z^2)=1$，即 $x^2+y^2+z^2=0$，由于 x，y，z 为实数，于是得出 $x=y=z=0$.

11. 给定行列式 $|a_{ij}|=\begin{vmatrix}1 & 1 & 1 & 0 & 1\\ 0 & 1 & 3 & 0 & 2\\ 1 & 0 & 3 & 1 & 4\\ 2 & 2 & 2 & 0 & 3\\ 3 & 2 & 1 & 0 & 4\end{vmatrix}$，$A_{ij}$ 为元素 a_{ij} 的代数余子式（i，$j=1$，2，…，5），求：

(1) $|a_{ij}|$ (2) A_{34} (3) $A_{32}+3A_{33}+2A_{35}$ (4) A_{15} (5) $A_{11}+A_{12}+A_{13}$

解：(1) $|a_{ij}|=\begin{vmatrix}1 & 1 & 1 & 0 & 1\\ 0 & 1 & 3 & 0 & 2\\ 1 & 0 & 3 & 1 & 4\\ 2 & 2 & 2 & 0 & 3\\ 3 & 2 & 1 & 0 & 4\end{vmatrix}$ （按第四列展开）

$$=-\begin{vmatrix}1 & 1 & 1 & 1\\ 0 & 1 & 3 & 2\\ 2 & 2 & 2 & 3\\ 3 & 2 & 1 & 4\end{vmatrix}\begin{matrix}\times(-2)\\ \\ \leftarrow\\ \\ \end{matrix}=-\begin{vmatrix}1 & 1 & 1 & 1\\ 0 & 1 & 3 & 2\\ 0 & 0 & 0 & 1\\ 3 & 2 & 1 & 4\end{vmatrix}$$

$$=\begin{vmatrix}1 & 1 & 1\\ 0 & 1 & 3\\ 3 & 2 & 1\end{vmatrix}=1$$

(2) 将 $|a_{ij}|$ 按第四列展开：$|a_{ij}|=A_{34}=1$.

(3) $A_{32}+3A_{33}+2A_{35}$ 是行列式 $|a_{ij}|$ 的第二行元素乘以第三行对应元素的代数余子式，故有

$$A_{32}+3A_{33}+2A_{35}=0$$

(4),(5) 将$|a_{ij}|$按第一行展开，有

$$A_{11}+A_{12}+A_{13}+A_{15}=1 \qquad ①$$

再根据$|a_{ij}|$的第四行元素乘以第一行对应元素的代数余子式，结果为零，有

$$2A_{11}+2A_{12}+2A_{13}+3A_{15}=0 \qquad ②$$

式①，②联立，即$\begin{cases}(A_{11}+A_{12}+A_{13})+A_{15}=1\\2(A_{11}+A_{12}+A_{13})+3A_{15}=0\end{cases}$得$A_{15}=-2$，$A_{11}+A_{12}+A_{13}=3$.

12. 设 n 阶行列式$D_n=\begin{vmatrix}2&1&0&\cdots&0&0\\1&2&1&\cdots&0&0\\0&1&2&\cdots&0&0\\\vdots&\vdots&\vdots&&\vdots&\vdots\\0&0&0&\cdots&1&2\end{vmatrix}$ $(n=1, 2, \cdots)$.

(1) 证明 D_1，D_2，…，D_n，… 是一个等差数列.

(2) 求 D_n.

解：(1)$D_n=\begin{vmatrix}2&1&0&\cdots&0&0\\1&2&1&\cdots&0&0\\0&1&2&\cdots&0&0\\\vdots&\vdots&\vdots&&\vdots&\vdots\\0&0&0&\cdots&1&2\end{vmatrix}$ （按第一行展开）

$$=2\begin{vmatrix}2&1&\cdots&0&0\\1&2&\cdots&0&0\\\vdots&\vdots&&\vdots&\vdots\\0&0&\cdots&1&2\end{vmatrix}-\begin{vmatrix}1&1&0&\cdots&0&0\\0&2&1&\cdots&0&0\\0&1&2&\cdots&0&0\\\vdots&\vdots&\vdots&&\vdots&\vdots\\0&0&0&\cdots&1&2\end{vmatrix}$$ （按第一列展开第二个行列式）

$$=2D_{n-1}-\begin{vmatrix}2&1&\cdots&0&0\\1&2&\cdots&0&0\\\vdots&\vdots&&\vdots&\vdots\\0&0&\cdots&1&2\end{vmatrix}=2D_{n-1}-D_{n-2}$$

于是可得 $D_n=2D_{n-1}-D_{n-2}$，即 $D_n-D_{n-1}=D_{n-1}-D_{n-2}$. 这说明 D_1，D_2，…，D_n，… 是一个等差数列.

(2) $D_1=2$，$D_2=\begin{vmatrix}2&1\\1&2\end{vmatrix}=3=D_1+1$，

$$D_3=\begin{vmatrix}2&1&0\\1&2&1\\0&1&2\end{vmatrix}=4=D_2+1, \cdots\cdots$$

于是可知等差数列的首项为 2，等差是 1，所以可得 $D_n=n+1$.

13. 设 a, b, c 是互不相等的数，讨论方程组$\begin{cases}x+y+z=a+b+c\\ax+by+cz=a^2+b^2+c^2\\bcx+acy+abz=3abc\end{cases}$的解，如只有唯

一解，求其解.

解：
$$D=\begin{array}{c}\begin{vmatrix}1&1&1\\ a&b&c\\ bc&ac&ab\end{vmatrix}\\ \times(-1)\quad\uparrow\quad\uparrow\end{array}=\begin{vmatrix}1&0&0\\ a&b-a&c-a\\ bc&c(a-b)&b(a-c)\end{vmatrix}$$
$$=\begin{vmatrix}b-a&c-a\\ c(a-b)&b(a-c)\end{vmatrix}$$
$$=(a-b)(b-c)(c-a)$$

由题设 a，b，c 互不相等，即 $a\neq b$，$b\neq c$，$c\neq a$，所以 $D\neq 0$. 方程组有唯一解.

可以求出

$$D_1=a(a-b)(b-c)(c-a),\ D_2=b(a-b)(b-c)(c-a),$$
$$D_3=c(a-b)(b-c)(c-a)$$

根据克莱姆法则可得 $x=a$，$y=b$，$z=c$.

注释：本题中，从给定方程组很容易观察出 $x=a$，$y=b$，$z=c$ 满足方程，因 $D\neq 0$，方程组只有唯一解，因此这组解就是方程组的解.

14. a，b 满足什么条件时线性方程组 $\begin{cases}ax_1+ax_2+bx_3=1\\ ax_1+bx_2+ax_3=1\\ bx_1+ax_2+ax_3=1\end{cases}$ 有唯一解？并求其解.

解：
$$D=\begin{vmatrix}a&a&b\\ a&b&a\\ b&a&a\end{vmatrix}=a^2b+a^2b+a^2b-b^3-a^3-a^3$$
$$=3a^2b-b^3-2a^3=-(a-b)^2(2a+b)$$

当 $a\neq b$ 且 $a\neq-\dfrac{b}{2}$ 时 $D\neq 0$，此时给定方程组有唯一解.

$$D_1=\begin{vmatrix}1&a&b\\ 1&b&a\\ 1&a&a\end{vmatrix}=ab+a^2+ab-b^2-a^2-a^2=-(a-b)^2$$
$$D_2=-(a-b)^2,\ D_3=-(a-b)^2$$

所以在 $a\neq b$ 且 $a\neq-\dfrac{b}{2}$ 的条件下，有

$$x_1=x_2=x_3=\frac{1}{2a+b}$$

(B)

1. 若行列式 $\begin{vmatrix}x_1&x_2&x_3\\ c&a&b\\ b&c&a\end{vmatrix}=a^3+b^3+c^3-3abc$，则 x_1，x_2，x_3 分别为[　　].

(A) c，a，b　　　　(B) b，c，a

(C) a, b, c　　　　　　　　　　(D) b, a, c

解: $\begin{vmatrix} x_1 & x_2 & x_3 \\ c & a & b \\ b & c & a \end{vmatrix} = a^2x_1 + b^2x_2 + c^2x_3 - abx_3 - bcx_1 - cax_2$

根据题设有 $a^2x_1 + b^2x_2 + c^2x_3 - abx_3 - bcx_1 - cax_2 = a^3 + b^3 + c^3 - 3abc$. 对比上面的等式两端，观察可得，当 $x_1 = a$, $x_2 = b$, $x_3 = c$ 时满足上述要求.

故本题应选(C).

2. $a_{12}a_{2i}a_{35}a_{4j}a_{5k}$ 是五阶行列式 $|a_{ij}|$ $(i, j = 1, 2, \cdots, 5)$ 中前面冠以负号的项，那么 i, j, k 的值可以是[　　].

(A) $i = 1, j = 4, k = 3$　　　　　　(B) $i = 4, j = 1, k = 3$

(C) $i = 3, j = 1, k = 4$　　　　　　(D) $i = 4, j = 3, k = 1$

解: (A) 若 $i = 1$, $j = 4$, $k = 3$，则该项为 $a_{12}a_{21}a_{35}a_{44}a_{53}$，因 $N(21543) = 4$，该项前面应冠以正号.

(B) 若 $i = 4$, $j = 1$, $k = 3$，则该项为 $a_{12}a_{24}a_{35}a_{41}a_{53}$，因 $N(24513) = 5$，该项前面应冠以负号.

故本题应选(B).

容易验证(C), (D) 中项的前面均应冠以正号.

3. 已知 $f(x) = \begin{vmatrix} x & 1 & 1 & 2 \\ 1 & x & 1 & -1 \\ 3 & 2 & x & 1 \\ 1 & 1 & 2x & 1 \end{vmatrix}$，那么 $f(x)$ 中 x^3 项的系数是[　　].

(A) 1　　　　(B) -1　　　　(C) 2　　　　(D) -2

解: $f(x)$ 是一个 x 的多项式函数，最高次幂是 x^3，根据行列式的定义可知，在行列式展开式中，含 x^3 的项只有两项，即 $(-1)^{N(1234)}a_{11}a_{22}a_{33}a_{44} = x \cdot x \cdot x \cdot 1 = x^3$ 和 $(-1)^{N(1243)}a_{11}a_{22}a_{34}a_{43} = (-1)x \cdot x \cdot 2x \cdot 1 = -2x^3$，故 $f(x)$ 中 x^3 项的系数为 $1 + (-2) = -1$.

故本题应选(B).

4. 有四个行列式

(1) $D_1 = \begin{vmatrix} 1 & 0 & \cdots & 0 & 0 \\ 0 & 2 & \cdots & 0 & 0 \\ \vdots & \vdots & & \vdots & \vdots \\ 0 & 0 & \cdots & n-1 & 0 \\ 0 & 0 & \cdots & 0 & n \end{vmatrix}$, (2) $D_2 = \begin{vmatrix} 0 & 0 & \cdots & 0 & 1 \\ 0 & 0 & \cdots & 2 & 0 \\ \vdots & \vdots & & \vdots & \vdots \\ 0 & n-1 & \cdots & 0 & 0 \\ n & 0 & \cdots & 0 & 0 \end{vmatrix}$,

(3) $D_3 = \begin{vmatrix} 0 & 1 & 0 & \cdots & 0 \\ 0 & 0 & 2 & \cdots & 0 \\ \vdots & \vdots & \vdots & & \vdots \\ 0 & 0 & 0 & \cdots & n-1 \\ n & 0 & 0 & \cdots & 0 \end{vmatrix}$, (4) $D_4 = \begin{vmatrix} 0 & \cdots & 0 & 1 & 0 \\ 0 & \cdots & 2 & 0 & 0 \\ \vdots & & \vdots & \vdots & \vdots \\ n-1 & \cdots & 0 & 0 & 0 \\ 0 & \cdots & 0 & 0 & n \end{vmatrix}$

及四个结果

(a) $n!$　　(b) $(-1)^{n-1}n!$　　(c) $(-1)^{\frac{n(n-1)}{2}}n!$　　(d) $(-1)^{\frac{(n-1)(n-2)}{2}}n!$

将行列式与其相应的结果用线连接起来，连线正确的选项是[　　].

(A) (1)—(a)　(2)(b)　(3)(c)　(4)—(d)

(B) (1)(a)　(2)(b)　(3)(c)　(4)(d)

(C) (1)(a)　(2)(b)　(3)(c)　(4)(d)

(D) (1)(a)　(2)(b)　(3)—(c)　(4)—(d)

解： D_1, D_2, D_3, D_4 中都只有一个非零项，这一项元素的连乘积为 $1\times2\times3\times\cdots\times n=n!$. 下面讨论在不同行列式中该项前面应冠以的符号.

设行标按自然顺序排列，该项符号取决于列标的逆序数.

D_1 中 $N(123\cdots n)=0$，故 $D_1=(-1)^0 n!=n!$，对应(a).

D_2 中 $N(n, n-1, \cdots, 2, 1)=\dfrac{n(n-1)}{2}$，故 $D_2=(-1)^{\frac{n(n-1)}{2}}n!$，对应(c).

D_3 中 $N(234\cdots n1)=n-1$，故 $D_3=(-1)^{n-1}n!$，对应(b).

D_4 中 $N(n-1, n-2, \cdots, 1, n)=n-2+n-3+\cdots+2+1=\dfrac{(n-1)(n-2)}{2}$，故 $D_4=(-1)^{\frac{(n-1)(n-2)}{2}}n!$，对应(d).

选项(A)连线正确，故本题应选(A).

5. 已知多项式

$$f(x)=\begin{vmatrix} a_{11}+x & a_{12}+x & a_{13}+x & a_{14}+x \\ a_{21}+x & a_{22}+x & a_{23}+x & a_{24}+x \\ a_{31}+x & a_{32}+x & a_{33}+x & a_{34}+x \\ a_{41}+x & a_{42}+x & a_{43}+x & a_{44}+x \end{vmatrix}$$

则 $f(x)$ 的次数至多是[　　].

(A) 4　　(B) 3　　(C) 2　　(D) 1

解：

$$f(x)=\begin{vmatrix} a_{11}+x & a_{12}+x & a_{13}+x & a_{14}+x \\ a_{21}+x & a_{22}+x & a_{23}+x & a_{24}+x \\ a_{31}+x & a_{32}+x & a_{33}+x & a_{34}+x \\ a_{41}+x & a_{42}+x & a_{43}+x & a_{44}+x \end{vmatrix}$$

$\times(-1)$

$$=\begin{vmatrix} a_{11}+x & a_{12}-a_{11} & a_{13}-a_{11} & a_{14}-a_{11} \\ a_{21}+x & a_{22}-a_{21} & a_{23}-a_{21} & a_{24}-a_{21} \\ a_{31}+x & a_{32}-a_{31} & a_{33}-a_{31} & a_{34}-a_{31} \\ a_{41}+x & a_{42}-a_{41} & a_{43}-a_{41} & a_{44}-a_{41} \end{vmatrix}$$

只有第一列含有 x，其他列均为常数，展开行列式，每项只能取行列式第一列中一个元素，故展开后得出的 $f(x)$ 的次数至多为一次.

故本题应选(D).

6. 设四阶行列式 $D=|a_{ij}|(i, j=1, 2, 3, 4)$，则行列式

$$D_1=\begin{vmatrix} a_{11} & \frac{1}{2}a_{12} & \frac{1}{4}a_{13} & \frac{1}{8}a_{14} \\ 2a_{21} & a_{22} & \frac{1}{2}a_{23} & \frac{1}{4}a_{24} \\ 4a_{31} & 2a_{32} & a_{33} & \frac{1}{2}a_{34} \\ 8a_{41} & 4a_{42} & 2a_{43} & a_{44} \end{vmatrix}=[\quad].$$

(A) D　　(B) $2D$　　(C) $8D$　　(D) $\frac{D}{8}$

解: $D_1=\begin{vmatrix} a_{11} & \frac{1}{2}a_{12} & \frac{1}{4}a_{13} & \frac{1}{8}a_{14} \\ 2a_{21} & a_{22} & \frac{1}{2}a_{23} & \frac{1}{4}a_{24} \\ 4a_{31} & 2a_{32} & a_{33} & \frac{1}{2}a_{34} \\ 8a_{41} & 4a_{42} & 2a_{43} & a_{44} \end{vmatrix}$

从第一列提出 8，从第二列提出 4，从第三列提出 2，放到行列式符号外，于是

$$D_1=8\times 4\times 2\begin{vmatrix} \frac{1}{8}a_{11} & \frac{1}{8}a_{12} & \frac{1}{8}a_{13} & \frac{1}{8}a_{14} \\ \frac{1}{4}a_{21} & \frac{1}{4}a_{22} & \frac{1}{4}a_{23} & \frac{1}{4}a_{24} \\ \frac{1}{2}a_{31} & \frac{1}{2}a_{32} & \frac{1}{2}a_{33} & \frac{1}{2}a_{34} \\ a_{41} & a_{42} & a_{43} & a_{44} \end{vmatrix}$$

从第一行提出$\frac{1}{8}$，从第二行提出$\frac{1}{4}$，从第三行提出$\frac{1}{2}$，放到行列式符号外，于是

$$D_1=8\times 4\times 2\times\frac{1}{8}\times\frac{1}{4}\times\frac{1}{2}\begin{vmatrix} a_{11} & a_{12} & a_{13} & a_{14} \\ a_{21} & a_{22} & a_{23} & a_{24} \\ a_{31} & a_{32} & a_{33} & a_{34} \\ a_{41} & a_{42} & a_{43} & a_{44} \end{vmatrix}=D$$

故本题应选(A).

7. 设 $D=|a_{ij}|(i, j=1, 2, \cdots, n)$，下列选项中的行列式其值不一定为零的是[　　].

(A) $a_{ij}=0\quad(j=1, 2, \cdots, n)$

(B) $a_{ik}=a_{jk}\quad(i\neq j, k=1, 2, \cdots, n)$

(C) $a_{ki}=ca_{ki}\quad(i\neq j, k=1, 2, \cdots, n$, c 为不等于零的常数)

(D) $a_{ii}=0\quad(i=1, 2, \cdots, n)$

解：(A) D 中第 i 行元素全为 0，$D=0$.

(B) D 中第 i 行与第 j 行对应元素相等，$D=0$.

(C) D 中第 i 列与第 j 列对应元素成比例，$D=0$.

(D) D 中主对角线上元素全为零，D 不一定为零，例如 $\begin{vmatrix}0&0&1\\1&0&1\\1&1&0\end{vmatrix}=1\neq 0$.

故本题应选(D).

8. 设 $\boldsymbol{A}_j$ 表示四阶行列式 $|a_{ij}|$ $(i,j=1,2,3,4)$ 的第 j 列 $(j=1,2,3,4)$，已知 $|a_{ij}|=-2$，那么 $|\boldsymbol{A}_3-2\boldsymbol{A}_1,3\boldsymbol{A}_2,\boldsymbol{A}_1,-\boldsymbol{A}_4|=$[　　].

(A) 3　　(B)6　　(C) -6　　(D) -2

解：$|\boldsymbol{A}_3-2\boldsymbol{A}_1,3\boldsymbol{A}_2,\boldsymbol{A}_1,-\boldsymbol{A}_4|=|\boldsymbol{A}_3,3\boldsymbol{A}_2,\boldsymbol{A}_1,-\boldsymbol{A}_4|$ （第3列 $\times 2$ 加到第1列）

$=3\times(-1)|\boldsymbol{A}_3,\boldsymbol{A}_2,\boldsymbol{A}_1,\boldsymbol{A}_4|=-(-3)|\boldsymbol{A}_1,\boldsymbol{A}_2,\boldsymbol{A}_3,\boldsymbol{A}_4|$ （交换第1列与第3列）

$=3|a_{ij}|=3\times(-2)=-6$

故本题应选(C).

9. 行列式 $\begin{vmatrix}1&1&1&\cdots&1\\1&1-k_1&1&\cdots&1\\1&1&2-k_2&\cdots&1\\\vdots&\vdots&\vdots&&\vdots\\1&1&1&\cdots&n-1-k_{n-1}\end{vmatrix}\neq 0$ 的充分必要条件是[　　].

(A) $k_1\neq 1$ 且 $k_2\neq 2\cdots$ 且 $k_{n-1}\neq n-1$

(B) $k_1\neq 0$ 且 $k_2\neq 1\cdots$ 且 $k_{n-1}\neq n-2$

(C) $k_1=0$ 且 $k_2=1\cdots$ 且 $k_{n-1}=n-2$

(D) $k_1\neq 0$ 或 $k_2\neq 1\cdots$ 或 $k_{n-1}\neq n-2$

解：$\begin{vmatrix}1&1&1&\cdots&1\\1&1-k_1&1&\cdots&1\\1&1&2-k_2&\cdots&1\\\vdots&\vdots&\vdots&&\vdots\\1&1&1&\cdots&n-1-k_{n-1}\end{vmatrix}$ （第1行 $\times(-1)$ 分别加到其余各行）

$=\begin{vmatrix}1&1&1&\cdots&1\\0&-k_1&0&\cdots&0\\0&0&1-k_2&\cdots&0\\\vdots&\vdots&\vdots&&\vdots\\0&0&0&\cdots&n-2-k_{n-1}\end{vmatrix}$

$=-k_1(1-k_2)\cdots(n-2-k_{n-1})$

当且仅当 $k_1\neq 0$ 且 $k_2\neq 1\cdots$ 且 $k_{n-1}\neq n-2$ 时给定行列式不等于零.

故本题应选(B).

10. 设 $f(x)=\begin{vmatrix} x-2 & x-1 & x-2 & x-3 \\ 2x-2 & 2x-1 & 2x-2 & 2x-3 \\ 3x-3 & 3x-2 & 4x-5 & 3x-5 \\ 4x & 4x-3 & 5x-7 & 4x-3 \end{vmatrix}$，则方程 $f(x)=0$ 的根的个数为[　　].

(A) 4 个　　(B) 3 个　　(C) 2 个　　(D) 1 个

解:
$$f(x)=\begin{vmatrix} x-2 & x-1 & x-2 & x-3 \\ 2x-2 & 2x-1 & 2x-2 & 2x-3 \\ 3x-3 & 3x-2 & 4x-5 & 3x-5 \\ 4x & 4x-3 & 5x-7 & 4x-3 \end{vmatrix}$$
×(−1)

$$=\begin{vmatrix} x-2 & 1 & 0 & -1 \\ 2x-2 & 1 & 0 & -1 \\ 3x-3 & 1 & x-2 & -2 \\ 4x & -3 & x-7 & -3 \end{vmatrix} \times(-1)$$

$$=\begin{vmatrix} -x & 0 & 0 & 0 \\ 2x-2 & 1 & 0 & -1 \\ 3x-3 & 1 & x-2 & -2 \\ 4x & -3 & x-7 & -3 \end{vmatrix}$$

$$=-x\begin{vmatrix} 1 & 0 & -1 \\ 1 & x-2 & -2 \\ -3 & x-7 & -3 \end{vmatrix}=-x\begin{vmatrix} 1 & 0 & 0 \\ 1 & x-2 & -1 \\ -3 & x-7 & -6 \end{vmatrix}$$
×1

$$=-x\begin{vmatrix} x-2 & -1 \\ x-7 & -6 \end{vmatrix}=5x(x-1)$$

解 $f(x)=5x(x-1)=0$ 可得 $x=0$，$x=1$，$f(x)$ 有两个根.

故本题应选(C).

11. 有四个 $f(x)$：

(1) $f(x)=\begin{vmatrix} a & -a & a & x-a \\ a & -a & x+a & -a \\ a & x-a & a & -a \\ x+a & -a & a & -a \end{vmatrix}$

(2) $f(x)=\begin{vmatrix} a_1+x & a_2+x & a_3+x \\ b_1+x & b_2+x & b_3+x \\ c_1+x & c_3+x & c_3+x \end{vmatrix}$

(3) $f(x)=\begin{vmatrix} x & 1 & 1 & 2 \\ 1 & x & 1 & -1 \\ 3 & 2 & x & 1 \\ 1 & 1 & 2x & 1 \end{vmatrix}$ (4) $f(x)=\begin{vmatrix} x-2 & x-1 & x-2 & x-3 \\ 2x-2 & 2x-1 & 2x-2 & 2x-3 \\ 3x-3 & 3x-2 & 4x-5 & 3x-5 \\ 4x & 4x-3 & 5x-7 & 4x-3 \end{vmatrix}$

及四个 $f(x)$ 的最高次项的次数:(a) 1 (b) 2 (c) 3 (d) 4.

将 $f(x)$ 与它的最高次项的次数用线连接起来，连线正确的选项是[ ].

(A) (1)—(a)　(2)—(b)　(3)—(c)　(4)—(d)

(B) (1) (2) (3) (4)　(a) (b) (c) (d)

(C) (1) (2) (3) (4)　(a) (b) (c) (d)

(D) (1) (2) (3) (4)　(a) (b) (c) (d)

解: (1) $f(x)=\begin{vmatrix} a & -a & a & x-a \\ a & -a & x+a & -a \\ a & x-a & a & -a \\ x+a & -a & a & -a \end{vmatrix}$ （第2、3、4列分别 $\times 1$ 加到第1列）

$=\begin{vmatrix} x & -a & a & x-a \\ x & -a & x+a & -a \\ x & x-a & a & -a \\ x & -a & a & -a \end{vmatrix}$ （第1行 $\times(-1)$ 分别加到第2、3、4行）

$=\begin{vmatrix} x & -a & a & x-a \\ 0 & 0 & x & -x \\ 0 & x & 0 & -x \\ 0 & 0 & 0 & -x \end{vmatrix}=x\begin{vmatrix} 0 & x & -x \\ x & 0 & -x \\ 0 & 0 & -x \end{vmatrix}=xx^3=x^4$

故(1) 中 $f(x)$ 对应(d).

(2) $f(x)=\begin{vmatrix} a_1+x & a_2+x & a_3+x \\ b_1+x & b_2+x & b_3+x \\ c_1+x & c_2+x & c_3+x \end{vmatrix}=\begin{vmatrix} a_1+x & a_2-a_1 & a_3-a_1 \\ b_1+x & b_2-b_1 & b_3-b_1 \\ c_1+x & c_2-c_1 & c_3-c_1 \end{vmatrix}$ （第1列 $\times(-1)$ 分别加到第2、3列）

按第一列展开，$f(x)$ 为一次多项式，故(2) 中 $f(x)$ 对应(a).

(3) $f(x)=\begin{vmatrix} x & 1 & 1 & 2 \\ 1 & x & 1 & -1 \\ 3 & 2 & x & 1 \\ 1 & 1 & 2x & 1 \end{vmatrix}$. 由行列式定义，可以判断 $f(x)$ 为三次多项式，故(3) 中 $f(x)$ 对应(c).

(4) $f(x)=\begin{vmatrix} x-2 & x-1 & x-2 & x-3 \\ 2x-2 & 2x-1 & 2x-2 & 2x-3 \\ 3x-3 & 3x-2 & 4x-5 & 3x-5 \\ 4x & 4x-3 & 5x-7 & 4x-3 \end{vmatrix}$为二次多项式(见本章参考题(B)第10题)，故(4)中 $f(x)$ 对应(b).

(D) 连线正确，故本题应选(D).

12. 若齐次线性方程组$\begin{cases} ax_1+x_2=0 \\ 2x_1+ax_2+2x_3=0 \\ x_2+ax_3=0 \end{cases}$仅有零解，则 a 可以等于[　　].

(A) 0　　(B) 1　　(C) 2　　(D) -2

解: $D=\begin{vmatrix} a & 1 & 0 \\ 2 & a & 2 \\ 0 & 1 & a \end{vmatrix}=a^3-4a=a(a^2-4)$

若给定方程组仅有零解，则系数行列式 $D\neq 0$，即 $a\neq 0$ 且 $a\neq\pm 2$，因此(A)，(C)，(D) 均不能选. 只有选 $a=1$，才有 $D\neq 0$，此时方程组仅有零解.

故本题应选(B).

13. 若上题中的方程组有非零解，则 a 必须等于[　　].

(A) 0　　(B) 1　　(C) 2 或 -2　　(D) 0 或 2 或 -2

解: 若给定方程组有非零解，则系数行列式 $D=0$，即 $a=0$ 或 $a=\pm 2$.

故本题应选(D).

注释: 不选(A) 或(C)，因为 $a=0$ 或 $a=\pm 2$ 均是方程组有非零解的充分条件，非必要条件.

14. 若线性方程组$\begin{cases} kx_1+3x_4=0 \\ kx_2+2x_3=0 \\ 2x_2+kx_3=0 \\ 3x_1+kx_4=0 \end{cases}$有非零解，则 k 应满足[　　].

(A) $k\neq 2$ 且 $k\neq -2$ 且 $k\neq 3$ 且 $k\neq -3$

(B) $k\neq 2$ 或 $k\neq -2$ 或 $k\neq 3$ 或 $k\neq -3$

(C) $k^2\neq 4$ 或 $k^2\neq 9$

(D) $k=2$ 或 $k=-2$ 或 $k=3$ 或 $k=-3$

解: $D=\begin{vmatrix} k & 0 & 0 & 3 \\ 0 & k & 2 & 0 \\ 0 & 2 & k & 0 \\ 3 & 0 & 0 & k \end{vmatrix}=k\begin{vmatrix} k & 2 & 0 \\ 2 & k & 0 \\ 0 & 0 & k \end{vmatrix}-3\begin{vmatrix} 0 & 0 & 3 \\ k & 2 & 0 \\ 2 & k & 0 \end{vmatrix}$

$=(k^2-4)(k^2-9)$

给定方程组有非零解，则 $D=0$，从而 k 满足 $k=2$ 或 $k=-2$ 或 $k=3$ 或 $k=-3$，故本题应选(D).

15. 若上题中的方程组仅有零解，则 k 应满足[　　].

(A) $k \neq 2$ 且 $k \neq -2$ 且 $k \neq 3$ 且 $k \neq -3$

(B) $k \neq 2$ 或 $k \neq -2$ 或 $k \neq 3$ 或 $k \neq -3$

(C) $k^2 \neq 4$ 或 $k^2 \neq 9$

(D) $k = 2$ 或 $k = -2$ 或 $k = 3$ 或 $k = -3$

解: 若方程组仅有零解，则 $D \neq 0$，因此有 $k \neq 2$ 且 $k \neq -2$ 且 $k \neq 3$ 且 $k \neq -3$. 故本题应选(A).

16. 讨论齐次线性方程组 $\begin{cases} 2ax_1 + cx_2 = 0 \\ bx_2 + ax_3 = 0 \\ -bx_1 + cx_3 = 0 \end{cases}$ 的解，下面结论中不正确的是[ ].

(A) 当 $a = 0$ 或 $b = 0$ 或 $c = 0$ 时有非零解

(B) 当 $a = 0$ 且 $b = 0$ 且 $c = 0$ 时有非零解

(C) 当 $a \neq 0$ 且 $b \neq 0$ 且 $c \neq 0$ 时仅有零解

(D) 当 $a \neq 0$ 或 $b \neq 0$ 或 $c \neq 0$ 时仅有零解

解: $D = \begin{vmatrix} 2a & c & 0 \\ 0 & b & a \\ -b & 0 & c \end{vmatrix} = abc$

(A) 当 $a = 0$ 或 $b = 0$ 或 $c = 0$ 时，$D = 0$，方程组有非零解，故(A) 正确.

(B) 当 $a = 0$ 且 $b = 0$ 且 $c = 0$ 时，$D = 0$，方程组有非零解，故(B) 正确.

(C) 当 $a \neq 0$ 且 $b \neq 0$ 且 $c \neq 0$ 时，$D \neq 0$，方程组仅有零解，故(C) 正确.

(D) 当 $a \neq 0$ 或 $b \neq 0$ 或 $c \neq 0$ 时，D 可能等于零，可能不等于零，故不能得出仅有零解的结论.

故本题应选(D).

17. 若齐次线性方程组 $\begin{cases} x_1 + ax_2 + bx_3 + cx_4 = 0 \\ ax_1 + x_2 = 0 \\ bx_1 + x_3 = 0 \\ cx_1 + x_4 = 0 \end{cases}$ 仅有零解，a，b，c 必须满足[ ].

(A) $a = 0$ 且 $b = 0$ 且 $c = 0$　　(B) $a \neq 0$ 且 $b \neq 0$ 且 $c \neq 0$

(C) $a^2 + b^2 + c^2 = 1$　　(D) $a^2 + b^2 + c^2 \neq 1$

解: $D = \begin{vmatrix} 1 & a & b & c \\ a & 1 & 0 & 0 \\ b & 0 & 1 & 0 \\ c & 0 & 0 & 1 \end{vmatrix} = -c\begin{vmatrix} a & b & c \\ 1 & 0 & 0 \\ 0 & 1 & 0 \end{vmatrix} + \begin{vmatrix} 1 & a & b \\ a & 1 & 0 \\ b & 0 & 1 \end{vmatrix} = 1 - (a^2 + b^2 + c^2)$

若给定方程组仅有零解，则 $D \neq 0$，即 $a^2 + b^2 + c^2 \neq 1$.

故本题应选(D).

注释: 在第 17 题中，(A) 当 $a = b = c = 0$ 时 $D \neq 0$，给定方程组仅有零解，但 $a = 0$ 且 $b = 0$ 且 $c = 0$ 是给定方程组仅有零解的充分条件，而不是必要条件.

(B) $a \neq 0$ 且 $b \neq 0$ 且 $c \neq 0$，既非给定方程组仅有零解的充分条件也非必要条件.

(C) 当且仅当 $a^2+b^2+c^2=1$ 时 $D=0$，故 $a^2+b^2+c^2=1$ 是给定方程组有非零解的充分必要条件.

18. 关于齐次线性方程组 $\begin{cases} \quad ax_2+bx_3+cx_4=0 \\ ax_1+x_2 \qquad\qquad\quad =0 \\ bx_1 \qquad +x_3 \qquad =0 \\ cx_1 \qquad\qquad +x_4=0 \end{cases}$ (a, b, c 为实数)，解的下列四种结论：

(1) 当 a, b, c 全为零时，仅有零解

(2) 当 a, b, c 全为零时，有非零解

(3) 当 a, b, c 不全为零时，仅有零解

(4) 当 a, b, c 全不为零时，有非零解

判断正确的选项是[　　].

(A) (1), (3) 正确　　　　(B) (2), (3) 正确

(C) (2), (4) 正确　　　　(D) (2), (3), (4) 正确

解：$D=\begin{vmatrix} 0 & a & b & c \\ a & 1 & 0 & 0 \\ b & 0 & 1 & 0 \\ c & 0 & 0 & 1 \end{vmatrix}=-a\begin{vmatrix} a & 0 & 0 \\ b & 1 & 0 \\ c & 0 & 1 \end{vmatrix}+\begin{vmatrix} 0 & b & c \\ b & 1 & 0 \\ c & 0 & 1 \end{vmatrix}$

$=-(a^2+b^2+c^2)$

(1), (2)：当 a, b, c 全为零时，$a^2+b^2+c^2=0$，$D=0$，给定方程组有非零解，故(1)错，(2) 正确.

(3), (4)：当 a, b, c 不全为零或全不为零时，$a^2+b^2+c^2 \neq 0$，$D \neq 0$，给定方程组仅有零解，故(3) 正确，(4) 错.

故本题应选(B).

第二章　矩　　阵

（一）习题解答与注释

(A)

1. 计算：

(1) $\begin{pmatrix} 1 & 6 & 4 \\ -4 & 2 & 8 \end{pmatrix}+\begin{pmatrix} -2 & 0 & 1 \\ 2 & -3 & 4 \end{pmatrix}$　　(2) $\begin{pmatrix} 1 & 2 \\ 0 & 1 \end{pmatrix}-\begin{pmatrix} 2 & -2 \\ 0 & 3 \end{pmatrix}$

(3) $2\begin{pmatrix} 1 & 0 \\ 0 & 0 \end{pmatrix}+4\begin{pmatrix} 0 & 1 \\ 0 & 0 \end{pmatrix}+6\begin{pmatrix} 0 & 0 \\ 1 & 0 \end{pmatrix}+8\begin{pmatrix} 0 & 0 \\ 0 & 1 \end{pmatrix}$

(4) $a\begin{pmatrix} 2 & 0 \\ 0 & 1 \\ 3 & -1 \end{pmatrix}-b\begin{pmatrix} 0 & 4 \\ 2 & -1 \\ 1 & 5 \end{pmatrix}+c\begin{pmatrix} 3 & 1 \\ -1 & 0 \\ 8 & 0 \end{pmatrix}$

解：(1) $\begin{pmatrix} 1 & 6 & 4 \\ -4 & 2 & 8 \end{pmatrix}+\begin{pmatrix} -2 & 0 & 1 \\ 2 & -3 & 4 \end{pmatrix}=\begin{pmatrix} 1-2 & 6+0 & 4+1 \\ -4+2 & 2-3 & 8+4 \end{pmatrix}$

$$=\begin{pmatrix} -1 & 6 & 5 \\ -2 & -1 & 12 \end{pmatrix}$$

(2) $\begin{pmatrix} 1 & 2 \\ 0 & 1 \end{pmatrix}-\begin{pmatrix} 2 & -2 \\ 0 & 3 \end{pmatrix}=\begin{pmatrix} 1-2 & 2-(-2) \\ 0-0 & 1-3 \end{pmatrix}=\begin{pmatrix} -1 & 4 \\ 0 & -2 \end{pmatrix}$

(3) $2\begin{pmatrix} 1 & 0 \\ 0 & 0 \end{pmatrix}+4\begin{pmatrix} 0 & 1 \\ 0 & 0 \end{pmatrix}+6\begin{pmatrix} 0 & 0 \\ 1 & 0 \end{pmatrix}+8\begin{pmatrix} 0 & 0 \\ 0 & 1 \end{pmatrix}$

$$=\begin{pmatrix} 2 & 0 \\ 0 & 0 \end{pmatrix}+\begin{pmatrix} 0 & 4 \\ 0 & 0 \end{pmatrix}+\begin{pmatrix} 0 & 0 \\ 6 & 0 \end{pmatrix}+\begin{pmatrix} 0 & 0 \\ 0 & 8 \end{pmatrix}=\begin{pmatrix} 2 & 4 \\ 6 & 8 \end{pmatrix}$$

(4) $a\begin{pmatrix} 2 & 0 \\ 0 & 1 \\ 3 & -1 \end{pmatrix}-b\begin{pmatrix} 0 & 4 \\ 2 & -1 \\ 1 & 5 \end{pmatrix}+c\begin{pmatrix} 3 & 1 \\ -1 & 0 \\ 8 & 0 \end{pmatrix}$

$$=\begin{pmatrix} 2a & 0 \\ 0 & a \\ 3a & -a \end{pmatrix}-\begin{pmatrix} 0 & 4b \\ 2b & -b \\ b & 5b \end{pmatrix}+\begin{pmatrix} 3c & c \\ -c & 0 \\ 8c & 0 \end{pmatrix}$$

$$=\begin{pmatrix} 2a+3c & -4b+c \\ -2b-c & a+b \\ 3a-b+8c & -a-5b \end{pmatrix}$$

2. 设

$$\boldsymbol{A}=\begin{pmatrix}1&2&1&2\\2&1&2&1\\1&2&3&4\end{pmatrix},\ \boldsymbol{B}=\begin{pmatrix}4&3&2&1\\-2&1&-2&1\\0&-1&0&-1\end{pmatrix}$$

(1) 求 $3\boldsymbol{A}-\boldsymbol{B}$.

(2) 求 $2\boldsymbol{A}+3\boldsymbol{B}$.

(3) 若 $\boldsymbol{X}$ 满足 $\boldsymbol{A}+\boldsymbol{X}=\boldsymbol{B}$, 求 $\boldsymbol{X}$.

(4) 若 $\boldsymbol{Y}$ 满足 $(2\boldsymbol{A}-\boldsymbol{Y})+2(\boldsymbol{B}-\boldsymbol{Y})=\boldsymbol{O}$, 求 $\boldsymbol{Y}$.

解: (1) $3\boldsymbol{A}-\boldsymbol{B}=3\begin{pmatrix}1&2&1&2\\2&1&2&1\\1&2&3&4\end{pmatrix}-\begin{pmatrix}4&3&2&1\\-2&1&-2&1\\0&-1&0&-1\end{pmatrix}$

$$=\begin{pmatrix}3&6&3&6\\6&3&6&3\\3&6&9&12\end{pmatrix}-\begin{pmatrix}4&3&2&1\\-2&1&-2&1\\0&-1&0&-1\end{pmatrix}=\begin{pmatrix}-1&3&1&5\\8&2&8&2\\3&7&9&13\end{pmatrix}$$

(2) $2\boldsymbol{A}+3\boldsymbol{B}=2\begin{pmatrix}1&2&1&2\\2&1&2&1\\1&2&3&4\end{pmatrix}+3\begin{pmatrix}4&3&2&1\\-2&1&-2&1\\0&-1&0&-1\end{pmatrix}$

$$=\begin{pmatrix}2&4&2&4\\4&2&4&2\\2&4&6&8\end{pmatrix}+\begin{pmatrix}12&9&6&3\\-6&3&-6&3\\0&-3&0&-3\end{pmatrix}$$

$$=\begin{pmatrix}14&13&8&7\\-2&5&-2&5\\2&1&6&5\end{pmatrix}$$

(3) 由 $\boldsymbol{A}+\boldsymbol{X}=\boldsymbol{B}$, 有 $\boldsymbol{X}=\boldsymbol{B}-\boldsymbol{A}$.

$$\boldsymbol{X}-\boldsymbol{B}-\boldsymbol{A}-\begin{pmatrix}4&3&2&1\\-2&1&-2&1\\0&-1&0&-1\end{pmatrix}-\begin{pmatrix}1&2&1&2\\2&1&2&1\\1&2&3&4\end{pmatrix}$$

$$=\begin{pmatrix}3&1&1&-1\\-4&0&-4&0\\-1&-3&-3&-5\end{pmatrix}$$

(4) 由 $(2\boldsymbol{A}-\boldsymbol{Y})+2(\boldsymbol{B}-\boldsymbol{Y})=\boldsymbol{O}$ 有 $2\boldsymbol{A}-\boldsymbol{Y}+2\boldsymbol{B}-2\boldsymbol{Y}=\boldsymbol{O}$, 于是

$$\boldsymbol{Y}=\frac{2}{3}(\boldsymbol{A}+\boldsymbol{B})=\frac{2}{3}\left(\begin{pmatrix}1&2&1&2\\2&1&2&1\\1&2&3&4\end{pmatrix}+\begin{pmatrix}4&3&2&1\\-2&1&-2&1\\0&-1&0&-1\end{pmatrix}\right)$$

$$=\frac{2}{3}\begin{pmatrix}5&5&3&3\\0&2&0&2\\1&1&3&3\end{pmatrix}=\begin{pmatrix}\frac{10}{3}&\frac{10}{3}&2&2\\0&\frac{4}{3}&0&\frac{4}{3}\\\frac{2}{3}&\frac{2}{3}&2&2\end{pmatrix}$$

3. 设

$$\boldsymbol{A}=\begin{pmatrix}x&0\\7&y\end{pmatrix},\ \boldsymbol{B}=\begin{pmatrix}u&v\\y&2\end{pmatrix},\ \boldsymbol{C}=\begin{pmatrix}3&-4\\x&v\end{pmatrix}$$

且 $\boldsymbol{A}+2\boldsymbol{B}-\boldsymbol{C}=\boldsymbol{O}$，求 x，y，u，v 的值.

解： 由 $\boldsymbol{A}+2\boldsymbol{B}-\boldsymbol{C}=\boldsymbol{O}$，有

$$\begin{pmatrix}x&0\\7&y\end{pmatrix}+2\begin{pmatrix}u&v\\y&2\end{pmatrix}-\begin{pmatrix}3&-4\\x&v\end{pmatrix}=\begin{pmatrix}0&0\\0&0\end{pmatrix}$$

即
$$\begin{pmatrix}x+2u-3&2v+4\\7+2y-x&y+4-v\end{pmatrix}=\begin{pmatrix}0&0\\0&0\end{pmatrix}$$

于是有 $\begin{cases}x+2u-3=0\\2v+4=0\\7+2y-x=0\\y+4-v=0\end{cases}$，解之得 $x=-5$，$y=-6$，$u=4$，$v=-2$.

4. 设 $\boldsymbol{A}=\begin{pmatrix}1&0\\2&1\end{pmatrix}$，$\boldsymbol{B}=\begin{pmatrix}1&1\\3&0\end{pmatrix}$，$\boldsymbol{C}=\begin{pmatrix}-1&0\\1&-1\end{pmatrix}$，$\boldsymbol{I}=\begin{pmatrix}1&0\\0&1\end{pmatrix}$，且 $a\boldsymbol{A}+b\boldsymbol{B}+c\boldsymbol{C}=\boldsymbol{I}$，求 a，b，c 的值.

解： 由 $a\boldsymbol{A}+b\boldsymbol{B}+c\boldsymbol{C}=\boldsymbol{I}$，有

$$a\begin{pmatrix}1&0\\2&1\end{pmatrix}+b\begin{pmatrix}1&1\\3&0\end{pmatrix}+c\begin{pmatrix}-1&0\\1&-1\end{pmatrix}=\begin{pmatrix}1&0\\0&1\end{pmatrix}$$

即
$$\begin{pmatrix}a+b-c&b\\2a+3b+c&a-c\end{pmatrix}=\begin{pmatrix}1&0\\0&1\end{pmatrix}$$

于是有 $\begin{cases}a+b-c=1\\b=0\\2a+3b+c=0\\a-c=1\end{cases}$，解之得 $a=\dfrac{1}{3}$，$b=0$，$c=-\dfrac{2}{3}$.

注释：(1) 要求参与相加减的各矩阵行数相同，列数也相同，否则不能进行加(减) 法，或说加(减) 法不可行. “和(差) 矩阵”与参与加(减) 的矩阵行数相同，列数相同.

(2) 数乘矩阵，“积矩阵”与参与运算的矩阵行数相同，列数相同.

(3) 第 3、4 题两题运算的结果表现为两个矩阵相等的矩阵等式，两个 $m\times n$ 矩阵相等，按定义即 $m\times n$ 个对应元素相等，等价于 $m\times n$ 个等式，解之即可.

(4) 数乘n阶矩阵与数乘由该矩阵元素按原顺序构成的n阶行列式是两个根本不同的概念. 数乘矩阵，按数乘矩阵的定义，是用该数乘矩阵的每一个元素；而数乘行列式，是用该数乘行列式的某一行或某一列.

5. 计算：

(1) $\begin{pmatrix}3&-2\\5&-4\end{pmatrix}\begin{pmatrix}3&4\\2&5\end{pmatrix}$　　　(2) $\begin{pmatrix}1&2&3\\-2&1&2\end{pmatrix}\begin{pmatrix}1&2&0\\0&1&1\\3&0&-1\end{pmatrix}$

(3) $\begin{pmatrix}1\\2\\3\end{pmatrix}(1\ \ 2\ \ 3)$ 与 $(1\ \ 2\ \ 3)\begin{pmatrix}1\\2\\3\end{pmatrix}$ (4) $\begin{pmatrix}1&2\\0&1\end{pmatrix}\begin{pmatrix}3&1\\0&3\end{pmatrix}$ 与 $\begin{pmatrix}3&1\\0&3\end{pmatrix}\begin{pmatrix}1&2\\0&1\end{pmatrix}$

(5) $\begin{pmatrix}1&0&1\\0&1&0\end{pmatrix}\begin{pmatrix}1&0\\5&1\\6&3\end{pmatrix}$ 与 $\begin{pmatrix}1&0&1\\0&1&0\end{pmatrix}\begin{pmatrix}4&0\\5&1\\3&3\end{pmatrix}$

(6) $\begin{pmatrix}1&2&3\\2&4&6\\3&6&9\end{pmatrix}\begin{pmatrix}-1&-2&-4\\-1&-2&-4\\1&2&4\end{pmatrix}$

(7) $\begin{pmatrix}3&1&2&-1\\0&3&1&0\end{pmatrix}\begin{pmatrix}1&0&5\\0&2&0\\1&0&1\\0&3&0\end{pmatrix}\begin{pmatrix}-1&0\\1&5\\0&2\end{pmatrix}$

解：(1) $\begin{pmatrix}3&-2\\5&-4\end{pmatrix}\begin{pmatrix}3&4\\2&5\end{pmatrix}=\begin{pmatrix}3\times3+(-2)\times2&3\times4+(-2)\times5\\5\times3+(-4)\times2&5\times4+(-4)\times5\end{pmatrix}=\begin{pmatrix}5&2\\7&0\end{pmatrix}$

(2) $\begin{pmatrix}1&2&3\\-2&1&2\end{pmatrix}\begin{pmatrix}1&2&0\\0&1&1\\3&0&-1\end{pmatrix}=\begin{pmatrix}10&4&-1\\4&-3&-1\end{pmatrix}$

(3) $\begin{pmatrix}1\\2\\3\end{pmatrix}(1\ \ 2\ \ 3)=\begin{pmatrix}1&2&3\\2&4&6\\3&6&9\end{pmatrix}$，$(1\ \ 2\ \ 3)\begin{pmatrix}1\\2\\3\end{pmatrix}=14$

(4) $\begin{pmatrix}1&2\\0&1\end{pmatrix}\begin{pmatrix}3&1\\0&3\end{pmatrix}=\begin{pmatrix}3&7\\0&3\end{pmatrix}$，$\begin{pmatrix}3&1\\0&3\end{pmatrix}\begin{pmatrix}1&2\\0&1\end{pmatrix}=\begin{pmatrix}3&7\\0&3\end{pmatrix}$

(5) $\begin{pmatrix}1&0&1\\0&1&0\end{pmatrix}\begin{pmatrix}1&0\\5&1\\6&3\end{pmatrix}=\begin{pmatrix}7&3\\5&1\end{pmatrix}$，$\begin{pmatrix}1&0&1\\0&1&0\end{pmatrix}\begin{pmatrix}4&0\\5&1\\3&3\end{pmatrix}=\begin{pmatrix}7&3\\5&1\end{pmatrix}$

(6) $\begin{pmatrix}1&2&3\\2&4&6\\3&6&9\end{pmatrix}\begin{pmatrix}-1&-2&-4\\-1&-2&-4\\1&2&4\end{pmatrix}=\begin{pmatrix}0&0&0\\0&0&0\\0&0&0\end{pmatrix}$

(7) $\begin{pmatrix}3&1&2&-1\\0&3&1&0\end{pmatrix}\begin{pmatrix}1&0&5\\0&2&0\\1&0&1\\0&3&0\end{pmatrix}\begin{pmatrix}-1&0\\1&5\\0&2\end{pmatrix}$

$=\begin{pmatrix}5&-1&17\\1&6&1\end{pmatrix}\begin{pmatrix}-1&0\\1&5\\0&2\end{pmatrix}=\begin{pmatrix}-6&29\\5&32\end{pmatrix}$

注释：关于矩阵乘法，注意下列问题：

(1) 两矩阵相乘时左边矩阵的列数必须与右边矩阵的行数相等，矩阵乘法才可以进行，否则矩阵乘法不可行.

(2)“乘积矩阵”的行数等于左边矩阵的行数，“乘积矩阵”的列数等于右边矩阵的列数.

(3)“乘积矩阵”第 i 行第 j 列的元素等于左边矩阵第 i 行各元素与右边矩阵第 j 列各对应元素乘积的总和.

(4) 矩阵乘法不满足交换律，见题(3).

有时即使 $\boldsymbol{AB}$ 可行，$\boldsymbol{BA}$ 也不见得可行，见题(2).

设 $\boldsymbol{A}=\begin{pmatrix}1 & 2 & 3\\ -2 & 1 & 2\end{pmatrix}$，$\boldsymbol{B}=\begin{pmatrix}1 & 2 & 0\\ 0 & 1 & 1\\ 3 & 0 & -1\end{pmatrix}$.

$\boldsymbol{AB}$ 可行，但 $\boldsymbol{BA}$ 不可行，因 $\boldsymbol{B}$ 的列数不等于 $\boldsymbol{A}$ 的行数.

但也不是任意两矩阵相乘均不可交换，如题(4) 中两矩阵相乘可交换. 但作为运算律，矩阵乘法不满足交换律.

(5) 矩阵乘法不满足消去律，见题(5).

设 $\boldsymbol{A}=\begin{pmatrix}1 & 0 & 1\\ 0 & 1 & 0\end{pmatrix}$，$\boldsymbol{B}=\begin{pmatrix}1 & 0\\ 5 & 1\\ 6 & 3\end{pmatrix}$，$\boldsymbol{C}=\begin{pmatrix}4 & 0\\ 5 & 1\\ 3 & 3\end{pmatrix}$，有 $\boldsymbol{AB}=\boldsymbol{AC}$，但 $\boldsymbol{B}\neq\boldsymbol{C}$，故由 $\boldsymbol{AB}=\boldsymbol{AC}$，且 $\boldsymbol{A}\neq\boldsymbol{O}$，一般不见得能推出 $\boldsymbol{B}=\boldsymbol{C}$. 在 §2.5 之后，我们将看到在一定条件下，若 $\boldsymbol{AB}=\boldsymbol{AC}$，且 $\boldsymbol{A}\neq\boldsymbol{O}$，则必有 $\boldsymbol{B}=\boldsymbol{C}$，但作为运算律，矩阵乘法不满足消去律.

(6) 两个非零矩阵相乘的结果可能是零矩阵，见题(6).

(7) 若干个矩阵相乘，“乘积矩阵”的行数等于最左边矩阵的行数，其列数等于最右边矩阵的列数，见题(7).

6. 设 $\boldsymbol{A}=\begin{pmatrix}a_{11} & a_{12} & a_{13} & a_{14}\\ a_{21} & a_{22} & a_{23} & a_{24}\\ a_{31} & a_{32} & a_{33} & a_{34}\end{pmatrix}$，计算：

(1) $\begin{pmatrix}1 & 0 & 0\\ 0 & 1 & 0\\ 0 & 0 & 1\end{pmatrix}\boldsymbol{A}$ (2) $\begin{pmatrix}0 & 0 & 1\\ 0 & 1 & 0\\ 1 & 0 & 0\end{pmatrix}\boldsymbol{A}$ (3) $\boldsymbol{A}\begin{pmatrix}1 & 0 & 0 & 0\\ 0 & 1 & 0 & 0\\ 0 & 0 & 1 & 0\\ 0 & 0 & 0 & 1\end{pmatrix}$

(4) $\begin{pmatrix}1 & 0 & 0\\ 0 & 0 & 1\\ 0 & 1 & 0\end{pmatrix}\boldsymbol{A}$ (5) $\boldsymbol{A}\begin{pmatrix}1 & 0 & 0 & 0\\ 0 & 1 & 0 & 0\\ 0 & 0 & k & 0\\ 0 & 0 & 0 & 1\end{pmatrix}$ (6) $\begin{pmatrix}k & 0 & 0\\ 0 & 1 & 0\\ 0 & 0 & 1\end{pmatrix}\boldsymbol{A}$

(7) $\begin{pmatrix}1 & 0 & 0\\ l & 1 & 0\\ 0 & 0 & 1\end{pmatrix}\boldsymbol{A}$

解：(1) $\begin{pmatrix}1&0&0\\0&1&0\\0&0&1\end{pmatrix}\boldsymbol{A}=\begin{pmatrix}1&0&0\\0&1&0\\0&0&1\end{pmatrix}\begin{pmatrix}a_{11}&a_{12}&a_{13}&a_{14}\\a_{21}&a_{22}&a_{23}&a_{24}\\a_{31}&a_{32}&a_{33}&a_{34}\end{pmatrix}$

$$=\begin{pmatrix}a_{11}&a_{12}&a_{13}&a_{14}\\a_{21}&a_{22}&a_{23}&a_{24}\\a_{31}&a_{32}&a_{33}&a_{34}\end{pmatrix}=\boldsymbol{A}$$

(2) $\begin{pmatrix}0&0&1\\0&1&0\\1&0&0\end{pmatrix}\boldsymbol{A}=\begin{pmatrix}0&0&1\\0&1&0\\1&0&0\end{pmatrix}\begin{pmatrix}a_{11}&a_{12}&a_{13}&a_{14}\\a_{21}&a_{22}&a_{23}&a_{24}\\a_{31}&a_{32}&a_{33}&a_{34}\end{pmatrix}=\begin{pmatrix}a_{31}&a_{32}&a_{33}&a_{34}\\a_{21}&a_{22}&a_{23}&a_{24}\\a_{11}&a_{12}&a_{13}&a_{14}\end{pmatrix}$

(3) $\boldsymbol{A}\begin{pmatrix}1&0&0&0\\0&1&0&0\\0&0&1&0\\0&0&0&1\end{pmatrix}=\begin{pmatrix}a_{11}&a_{12}&a_{13}&a_{14}\\a_{21}&a_{22}&a_{23}&a_{24}\\a_{31}&a_{32}&a_{33}&a_{34}\end{pmatrix}\begin{pmatrix}1&0&0&0\\0&1&0&0\\0&0&1&0\\0&0&0&1\end{pmatrix}$

$$=\begin{pmatrix}a_{11}&a_{12}&a_{13}&a_{14}\\a_{21}&a_{22}&a_{23}&a_{24}\\a_{31}&a_{32}&a_{33}&a_{34}\end{pmatrix}=\boldsymbol{A}$$

(4) $\begin{pmatrix}1&0&0\\0&0&1\\0&1&0\end{pmatrix}\boldsymbol{A}=\begin{pmatrix}1&0&0\\0&0&1\\0&1&0\end{pmatrix}\begin{pmatrix}a_{11}&a_{12}&a_{13}&a_{14}\\a_{21}&a_{22}&a_{23}&a_{24}\\a_{31}&a_{32}&a_{33}&a_{34}\end{pmatrix}$

$$=\begin{pmatrix}a_{11}&a_{12}&a_{13}&a_{14}\\a_{31}&a_{32}&a_{33}&a_{34}\\a_{21}&a_{22}&a_{23}&a_{24}\end{pmatrix}$$

(5) $\boldsymbol{A}\begin{pmatrix}1&0&0&0\\0&1&0&0\\0&0&k&0\\0&0&0&1\end{pmatrix}=\begin{pmatrix}a_{11}&a_{12}&a_{13}&a_{14}\\a_{21}&a_{22}&a_{23}&a_{24}\\a_{31}&a_{32}&a_{33}&a_{34}\end{pmatrix}\begin{pmatrix}1&0&0&0\\0&1&0&0\\0&0&k&0\\0&0&0&1\end{pmatrix}$

$$=\begin{pmatrix}a_{11}&a_{12}&ka_{13}&a_{14}\\a_{21}&a_{22}&ka_{23}&a_{24}\\a_{31}&a_{32}&ka_{33}&a_{34}\end{pmatrix}$$

(6) $\begin{pmatrix}k&0&0\\0&1&0\\0&0&1\end{pmatrix}\boldsymbol{A}=\begin{pmatrix}k&0&0\\0&1&0\\0&0&1\end{pmatrix}\begin{pmatrix}a_{11}&a_{12}&a_{13}&a_{14}\\a_{21}&a_{22}&a_{23}&a_{24}\\a_{31}&a_{32}&a_{33}&a_{34}\end{pmatrix}$

$$=\begin{pmatrix}ka_{11}&ka_{12}&ka_{13}&ka_{14}\\a_{21}&a_{22}&a_{23}&a_{24}\\a_{31}&a_{32}&a_{33}&a_{34}\end{pmatrix}$$

(7) $\begin{pmatrix}1&0&0\\l&1&0\\0&0&1\end{pmatrix}\boldsymbol{A}=\begin{pmatrix}1&0&0\\l&1&0\\0&0&1\end{pmatrix}\begin{pmatrix}a_{11}&a_{12}&a_{13}&a_{14}\\a_{21}&a_{22}&a_{23}&a_{24}\\a_{31}&a_{32}&a_{33}&a_{34}\end{pmatrix}$

$$=\begin{pmatrix} a_{11} & a_{12} & a_{13} & a_{14} \\ la_{11}+a_{21} & la_{12}+a_{22} & la_{13}+a_{23} & la_{14}+a_{24} \\ a_{31} & a_{32} & a_{33} & a_{34} \end{pmatrix}$$

7. 用矩阵乘法求连续施行下列线性变换的结果：

$$\begin{cases} x_1 = y_1 - y_2 + 2y_3 \\ x_2 = y_1 + 3y_2 \\ x_3 = 4y_2 - y_3 \end{cases}, \quad \begin{cases} y_1 = z_1 + z_3 \\ y_2 = 2z_2 - 5z_3 \\ y_3 = 3z_1 + 7z_2 \end{cases}$$

解：将题中给定的线性变换表示成矩阵形式

$$\begin{pmatrix} x_1 \\ x_2 \\ x_3 \end{pmatrix} = \begin{pmatrix} 1 & -1 & 2 \\ 1 & 3 & 0 \\ 0 & 4 & -1 \end{pmatrix}\begin{pmatrix} y_1 \\ y_2 \\ y_3 \end{pmatrix} \tag{1}$$

$$\begin{pmatrix} y_1 \\ y_2 \\ y_3 \end{pmatrix} = \begin{pmatrix} 1 & 0 & 1 \\ 0 & 2 & -5 \\ 3 & 7 & 0 \end{pmatrix}\begin{pmatrix} z_1 \\ z_2 \\ z_3 \end{pmatrix} \tag{2}$$

将式(2) 中的 $\begin{pmatrix} y_1 \\ y_2 \\ y_3 \end{pmatrix}$ 代入式(1) 中，从而有

$$\begin{pmatrix} x_1 \\ x_2 \\ x_3 \end{pmatrix} = \begin{pmatrix} 1 & -1 & 2 \\ 1 & 3 & 0 \\ 0 & 4 & -1 \end{pmatrix}\begin{pmatrix} 1 & 0 & 1 \\ 0 & 2 & -5 \\ 3 & 7 & 0 \end{pmatrix}\begin{pmatrix} z_1 \\ z_2 \\ z_3 \end{pmatrix}$$

$$= \begin{pmatrix} 7 & 12 & 6 \\ 1 & 6 & -14 \\ -3 & 1 & -20 \end{pmatrix}\begin{pmatrix} z_1 \\ z_2 \\ z_3 \end{pmatrix} = \begin{pmatrix} 7z_1 + 12z_2 + 6z_3 \\ z_1 + 6z_2 - 14z_3 \\ -3z_1 + z_2 - 20z_3 \end{pmatrix}$$

即
$$\begin{cases} x_1 = 7z_1 + 12z_2 + 6z_3 \\ x_2 = z_1 + 6z_2 - 14z_3 \\ x_3 = -3z_1 + z_2 - 20z_3 \end{cases}$$

将下列第 8 ～ 10 题用矩阵表示，并用矩阵的运算求出各题要求的结果.

8. 某厂生产五种产品，1 ～ 3 月份的生产数量及产品的单位价格如表 2—1(教材中表 2—5)所示：

表 2—1(教材中表 2—5)

产品 / 产量 / 月份	Ⅰ	Ⅱ	Ⅲ	Ⅳ	Ⅴ
1	50	30	25	10	5
2	30	60	25	20	10
3	50	60	0	25	5
单位价格(单位：万元)	0.95	1.2	2.35	3	5.2

(1) 作矩阵 $\boldsymbol{A}=(a_{ij})_{3\times5}$，$a_{ij}$ 表示 i 月份生产 j 种产品的数量；$\boldsymbol{B}=(b_j)_{5\times1}$，$b_j$ 表示 j 种产品的单位价格；计算该厂各月份的总产值.

(2) 作矩阵 $\boldsymbol{A}^{\mathrm{T}}=(a_{ji})_{5\times 3}$，$a_{ji}$ 表示 i 月份生产 j 种产品的数量；$\boldsymbol{B}^{\mathrm{T}}=(b_j)_{1\times 5}$，$b_j$ 表示 j 种产品的单位价格；计算该厂各月份的总产值.

解：(1) $\boldsymbol{A}=\begin{pmatrix}50&30&25&10&5\\30&60&25&20&10\\50&60&0&25&5\end{pmatrix}$，$\boldsymbol{B}=\begin{pmatrix}0.95\\1.2\\2.35\\3\\5.2\end{pmatrix}$

各月份总产值矩阵是

$$\boldsymbol{AB}=\begin{pmatrix}50&30&25&10&5\\30&60&25&20&10\\50&60&0&25&5\end{pmatrix}\begin{pmatrix}0.95\\1.2\\2.35\\3\\5.2\end{pmatrix}=\begin{pmatrix}198.25\\271.25\\220.5\end{pmatrix}$$

即该厂 1，2，3 月份的总产值分别是 198.25，271.25，220.5.

(2) $\boldsymbol{A}^{\mathrm{T}}=\begin{pmatrix}50&30&50\\30&60&60\\25&25&0\\10&20&25\\5&10&5\end{pmatrix}$，$\boldsymbol{B}^{\mathrm{T}}=(0.95\quad 1.2\quad 2.35\quad 3\quad 5.2)$

各月份总产值矩阵是

$$\boldsymbol{B}^{\mathrm{T}}\boldsymbol{A}^{\mathrm{T}}=(0.95\quad 1.2\quad 2.35\quad 3\quad 5.2)\begin{pmatrix}50&30&50\\30&60&60\\25&25&0\\10&20&25\\5&10&5\end{pmatrix}$$

$$=(198.25\quad 271.25\quad 220.5)$$

即该厂 1，2，3 月份的总产值分别是 198.25，271.25，220.5.

9. 某两种合金均含有某三种金属，其成分如表 2—2(教材中表 2—6) 所示：

表 2—2(教材中表 2—6)

含量比例 金属 / 合金	Ⅰ	Ⅱ	Ⅲ
甲	0.8	0.1	0.1
乙	0.4	0.3	0.3

现有甲种合金 30 吨，乙种合金 20 吨，求三种金属的数量.

解：用矩阵 $\boldsymbol{A}$ 表示甲、乙两种合金的 Ⅰ、Ⅱ、Ⅲ 三种金属的含量，用矩阵 $\boldsymbol{B}$ 表示甲、乙两种合金的数量，则有

$$\boldsymbol{A}=\begin{pmatrix}0.8&0.1&0.1\\0.4&0.3&0.3\end{pmatrix},\quad \boldsymbol{B}=(30\quad 20)$$

那么三种金属的数量为 $\boldsymbol{BA}=(30\quad 20)\begin{pmatrix}0.8&0.1&0.1\\0.4&0.3&0.3\end{pmatrix}=(32\quad 9\quad 9)$，即 Ⅰ，Ⅱ，Ⅲ 三

种金属的数量分别是 32 吨，9 吨，9 吨.

10. 四个工厂均能生产甲、乙、丙三种产品，其单位成本如表 2—3(教材中表 2—7)所示：

表 2—3(教材中表 2—7)

单位成本 工厂 \ 产品	甲	乙	丙
Ⅰ	3	5	6
Ⅱ	2	4	8
Ⅲ	4	5	5
Ⅳ	4	3	7

现要生产产品甲 600 件，产品乙 500 件，产品丙 200 件，问由哪个工厂生产成本最低？

解： 四个工厂、三种产品的单位成本矩阵用 $\boldsymbol{A}$ 表示，则

$$\boldsymbol{A}=\begin{pmatrix}3&5&6\\2&4&8\\4&5&5\\4&3&7\end{pmatrix}$$

三种产品的数量矩阵用 $\boldsymbol{B}$ 表示，则

$$\boldsymbol{B}=\begin{pmatrix}600\\500\\200\end{pmatrix}$$

那么四个工厂的生产成本矩阵为

$$\boldsymbol{AB}=\begin{pmatrix}3&5&6\\2&4&8\\4&5&5\\4&3&7\end{pmatrix}\begin{pmatrix}600\\500\\200\end{pmatrix}=\begin{pmatrix}5\,500\\4\,800\\5\,900\\5\,300\end{pmatrix}$$

从四个工厂的生产成本来看，工厂 Ⅱ 的生产成本最低.

11. 甲，乙，丙三个书店均销售时下最畅销的四本书 A，B，C，D. 在某一段时间内，统计了其销售量及价格，见表 2—4(教材中表 2—8).

表 2—4(教材中表 2—8)

销售量(百本) 书店 \ 书	A	B	C	D
甲	3	4	6	3
乙	3	5	5	4
丙	5	6	4	5
价格(元 / 本)	25	30	10	20

试计算在此统计期间内，在这四本书的销售上哪家书店收入最多？哪本书总销售收入最多？

解： 设三个书店的销售量矩阵为 $\boldsymbol{A}$，四本书的价格矩阵为 $\boldsymbol{P}$，那么有

$$A=\begin{pmatrix}3&4&6&3\\3&5&5&4\\5&6&4&5\end{pmatrix},\quad P=\begin{pmatrix}25\\30\\10\\20\end{pmatrix}$$

则三书店收入矩阵为 $\boldsymbol{AP}$

$$AP=\begin{pmatrix}3&4&6&3\\3&5&5&4\\5&6&4&5\end{pmatrix}\begin{pmatrix}25\\30\\10\\20\end{pmatrix}=\begin{pmatrix}75+120+60+60\\75+150+50+80\\125+180+40+100\end{pmatrix}=\begin{pmatrix}315\\355\\445\end{pmatrix}$$

可以看出，丙书店收入最多，为 44 500 元.

设四本书的收入矩阵为 $\boldsymbol{B}$，由题设可知

$$B=\begin{pmatrix}(3+3+5)\times 25\\(4+5+6)\times 30\\(6+5+4)\times 10\\(3+4+5)\times 20\end{pmatrix}=\begin{pmatrix}275\\450\\150\\240\end{pmatrix}$$

B 书收入最多，为 45 000 元.

12. 解下列矩阵方程，求出未知矩阵 $\boldsymbol{X}$.

(1) $\begin{pmatrix}2&5\\1&3\end{pmatrix}X=\begin{pmatrix}4&-6\\2&1\end{pmatrix}$

(2) $X\begin{pmatrix}1&1&-1\\2&1&0\\1&-1&1\end{pmatrix}=\begin{pmatrix}1&1&3\\4&3&2\\1&2&5\end{pmatrix}$

(3) $\begin{pmatrix}1&1&-1\\-2&1&1\\1&1&1\end{pmatrix}X=\begin{pmatrix}2\\3\\6\end{pmatrix}$

解：(1) 由给定方程可知 $\boldsymbol{X}$ 应为 2×2 矩阵.

设 $X=\begin{pmatrix}x_{11}&x_{12}\\x_{21}&x_{22}\end{pmatrix}$，那么有

$$\begin{pmatrix}2&5\\1&3\end{pmatrix}\begin{pmatrix}x_{11}&x_{12}\\x_{21}&x_{22}\end{pmatrix}=\begin{pmatrix}4&-6\\2&1\end{pmatrix}$$

即
$$\begin{pmatrix}2x_{11}+5x_{21}&2x_{12}+5x_{22}\\x_{11}+3x_{21}&x_{12}+3x_{22}\end{pmatrix}=\begin{pmatrix}4&-6\\2&1\end{pmatrix}$$

从而有
$$\begin{cases}2x_{11}+5x_{21}=4\\x_{11}+3x_{21}=2\end{cases}\quad 及\quad \begin{cases}2x_{12}+5x_{22}=-6\\x_{12}+3x_{22}=1\end{cases}$$

解之得 $x_{11}=2,\ x_{12}=-23,\ x_{21}=0,\ x_{22}=8$

于是可得 $X=\begin{pmatrix}2&-23\\0&8\end{pmatrix}$

(2) 由给定方程可知 $\boldsymbol{X}$ 应为 3×3 矩阵.

设 $\boldsymbol{X}=\begin{pmatrix} x_{11} & x_{12} & x_{13} \\ x_{21} & x_{22} & x_{23} \\ x_{31} & x_{32} & x_{33} \end{pmatrix}$，那么有

$$\begin{pmatrix} x_{11} & x_{12} & x_{13} \\ x_{21} & x_{22} & x_{23} \\ x_{31} & x_{32} & x_{33} \end{pmatrix}\begin{pmatrix} 1 & 1 & -1 \\ 2 & 1 & 0 \\ 1 & -1 & 1 \end{pmatrix}=\begin{pmatrix} 1 & 1 & 3 \\ 4 & 3 & 2 \\ 1 & 2 & 5 \end{pmatrix}$$

即
$$\begin{pmatrix} x_{11}+2x_{12}+x_{13} & x_{11}+x_{12}-x_{13} & -x_{11}+x_{13} \\ x_{21}+2x_{22}+x_{23} & x_{21}+x_{22}-x_{23} & -x_{21}+x_{23} \\ x_{31}+2x_{32}+x_{33} & x_{31}+x_{32}-x_{33} & -x_{31}+x_{33} \end{pmatrix}=\begin{pmatrix} 1 & 1 & 3 \\ 4 & 3 & 2 \\ 1 & 2 & 5 \end{pmatrix}$$

从而有
$$\begin{cases} x_{11}+2x_{12}+x_{13}=1 \\ x_{11}+x_{12}-x_{13}=1 \\ -x_{11}+x_{13}=3 \end{cases},\quad \begin{cases} x_{21}+2x_{22}+x_{23}=4 \\ x_{21}+x_{22}-x_{23}=3 \\ -x_{21}+x_{23}=2 \end{cases}\quad 及\quad \begin{cases} x_{31}+2x_{32}+x_{33}=1 \\ x_{31}+x_{32}-x_{33}=2 \\ -x_{31}+x_{33}=5 \end{cases}$$

解之得 $x_{11}=-5$，$x_{12}=4$，$x_{13}=-2$，$x_{21}=-4$，$x_{22}=5$，$x_{23}=-2$，$x_{31}=-9$，$x_{32}=7$，$x_{33}=-4$. 于是可得

$$\boldsymbol{X}=\begin{pmatrix} -5 & 4 & -2 \\ -4 & 5 & -2 \\ -9 & 7 & -4 \end{pmatrix}$$

(3) 由给定方程可知 $\boldsymbol{X}$ 应为 3×1 矩阵.

设 $\boldsymbol{X}=\begin{pmatrix} x_1 \\ x_2 \\ x_3 \end{pmatrix}$，那么有

$$\begin{pmatrix} 1 & 1 & -1 \\ -2 & 1 & 1 \\ 1 & 1 & 1 \end{pmatrix}\begin{pmatrix} x_1 \\ x_2 \\ x_3 \end{pmatrix}=\begin{pmatrix} 2 \\ 3 \\ 6 \end{pmatrix}$$

即
$$\begin{pmatrix} x_1+x_2-x_3 \\ -2x_1+x_2+x_3 \\ x_1+x_2+x_3 \end{pmatrix}=\begin{pmatrix} 2 \\ 3 \\ 6 \end{pmatrix}$$

从而有
$$\begin{cases} x_1+x_2-x_3=2 \\ -2x_1+x_2+x_3=3 \\ x_1+x_2+x_3=6 \end{cases}$$

解之得 $x_1=1$，$x_2=3$，$x_3=2$，于是可得 $\boldsymbol{X}=\begin{pmatrix} 1 \\ 3 \\ 2 \end{pmatrix}$.

13. 设 $\begin{pmatrix} a & 2 & -1 \\ -1 & 0 & 1 \\ 0 & 3 & -2 \end{pmatrix}\begin{pmatrix} 3 \\ b \\ a \end{pmatrix}=\begin{pmatrix} a \\ b \\ -7 \end{pmatrix}$，求 a，b 的值.

解: $\begin{pmatrix} a & 2 & -1 \\ -1 & 0 & 1 \\ 0 & 3 & -2 \end{pmatrix}\begin{pmatrix} 3 \\ b \\ a \end{pmatrix} = \begin{pmatrix} 3a+2b-a \\ -3+a \\ 3b-2a \end{pmatrix} = \begin{pmatrix} a \\ b \\ -7 \end{pmatrix}$

从而有 $\begin{cases} 2a+2b=a \\ -3+a=b \\ 3b-2a=-7 \end{cases}$，即 $\begin{cases} a+2b=0 \\ a-b=3 \\ 2a-3b=7 \end{cases}$

解之得 $a=2$，$b=-1$.

14. 设 $\boldsymbol{A}=\begin{pmatrix} 1 & 1 \\ 0 & 1 \end{pmatrix}$，求所有与 $\boldsymbol{A}$ 可交换的矩阵.

解: 设与 $\boldsymbol{A}$ 可交换的矩阵为 $\boldsymbol{B}=\begin{pmatrix} a & b \\ c & d \end{pmatrix}$，那么

$$\boldsymbol{AB}=\begin{pmatrix} 1 & 1 \\ 0 & 1 \end{pmatrix}\begin{pmatrix} a & b \\ c & d \end{pmatrix}=\begin{pmatrix} a+c & b+d \\ c & d \end{pmatrix}$$

$$\boldsymbol{BA}=\begin{pmatrix} a & b \\ c & d \end{pmatrix}\begin{pmatrix} 1 & 1 \\ 0 & 1 \end{pmatrix}=\begin{pmatrix} a & a+b \\ c & c+d \end{pmatrix}$$

由 $\boldsymbol{AB}=\boldsymbol{BA}$，有

$$\begin{cases} a+c=a \\ b+d=a+b \\ c=c \\ c+d=d \end{cases}，即 \begin{cases} c=0 \\ d=a \end{cases}$$

可见与 $\boldsymbol{A}=\begin{pmatrix} 1 & 1 \\ 0 & 1 \end{pmatrix}$ 可交换的矩阵为 $\begin{pmatrix} a & b \\ 0 & a \end{pmatrix}$ (a，b 为任意常数).

注释: 与矩阵 $\begin{pmatrix} 1 & 1 \\ 0 & 1 \end{pmatrix}$ 可交换的矩阵不止一个. 只要满足形式为 $\begin{pmatrix} a & b \\ 0 & a \end{pmatrix}$ (其中 a，b 为任意数) 的矩阵均与 $\begin{pmatrix} 1 & 1 \\ 0 & 1 \end{pmatrix}$ 可交换.

15. 用矩阵 $\boldsymbol{A}=\begin{pmatrix} 1 & 1 \\ 0 & 3 \end{pmatrix}$，$\boldsymbol{B}=\begin{pmatrix} 1 & 0 \\ 2 & 1 \end{pmatrix}$，验证 $(\boldsymbol{AB})^{\mathrm{T}}=\boldsymbol{B}^{\mathrm{T}}\boldsymbol{A}^{\mathrm{T}}$.

证: $\boldsymbol{AB}=\begin{pmatrix} 1 & 1 \\ 0 & 3 \end{pmatrix}\begin{pmatrix} 1 & 0 \\ 2 & 1 \end{pmatrix}=\begin{pmatrix} 3 & 1 \\ 6 & 3 \end{pmatrix}$，$(\boldsymbol{AB})^{\mathrm{T}}=\begin{pmatrix} 3 & 6 \\ 1 & 3 \end{pmatrix}$

$\boldsymbol{A}^{\mathrm{T}}=\begin{pmatrix} 1 & 0 \\ 1 & 3 \end{pmatrix}$，$\boldsymbol{B}^{\mathrm{T}}=\begin{pmatrix} 1 & 2 \\ 0 & 1 \end{pmatrix}$，$\boldsymbol{B}^{\mathrm{T}}\boldsymbol{A}^{\mathrm{T}}=\begin{pmatrix} 1 & 2 \\ 0 & 1 \end{pmatrix}\begin{pmatrix} 1 & 0 \\ 1 & 3 \end{pmatrix}=\begin{pmatrix} 3 & 6 \\ 1 & 3 \end{pmatrix}$

可见 $(\boldsymbol{AB})^{\mathrm{T}}=\boldsymbol{B}^{\mathrm{T}}\boldsymbol{A}^{\mathrm{T}}$.

注释: 矩阵的转置满足下列运算律: (1) $(\boldsymbol{A}^{\mathrm{T}})^{\mathrm{T}}=\boldsymbol{A}$，(2) $(\boldsymbol{A}+\boldsymbol{B})^{\mathrm{T}}=\boldsymbol{A}^{\mathrm{T}}+\boldsymbol{B}^{\mathrm{T}}$，(3) $(k\boldsymbol{A})^{\mathrm{T}}=k\boldsymbol{A}^{\mathrm{T}}$，(4) $(\boldsymbol{AB})^{\mathrm{T}}=\boldsymbol{B}^{\mathrm{T}}\boldsymbol{A}^{\mathrm{T}}$. (1)，(2)，(3) 均显然成立，要特别注意(4). 一般地，$(\boldsymbol{AB})^{\mathrm{T}}\neq\boldsymbol{A}^{\mathrm{T}}\boldsymbol{B}^{\mathrm{T}}$，而 $(\boldsymbol{AB})^{\mathrm{T}}=\boldsymbol{B}^{\mathrm{T}}\boldsymbol{A}^{\mathrm{T}}$.

16. 已知 $\boldsymbol{A}=(a_{ij})$ 为 n 阶矩阵，写出：

(1) $\boldsymbol{A}^2$ 的第 k 行第 l 列的元素；

(2) $\boldsymbol{A}\boldsymbol{A}^{\mathrm{T}}$ 的第 k 行第 l 列的元素；

(3) $\boldsymbol{A}^{\mathrm{T}}\boldsymbol{A}$ 的第 k 行第 l 列的元素.

解： (1) $\boldsymbol{A}^2$ 的第 k 行第 l 列元素是 $\boldsymbol{A}$ 的第 k 行各元素与 $\boldsymbol{A}$ 的第 l 列各对应元素的乘积之和，即

$$(a_{k1}\ a_{k2}\ \cdots\ a_{kn})\begin{pmatrix}a_{1l}\\a_{2l}\\\vdots\\a_{nl}\end{pmatrix}=\sum_{j=1}^{n}a_{kj}a_{jl}$$

(2) $\boldsymbol{A}\boldsymbol{A}^{\mathrm{T}}$ 的第 k 行第 l 列元素是 $\boldsymbol{A}$ 的第 k 行各元素与 $\boldsymbol{A}^{\mathrm{T}}$ 的第 l 列(即 $\boldsymbol{A}$ 的第 l 行) 各对应元素的乘积之和，即

$$(a_{k1}\ a_{k2}\ \cdots\ a_{kn})\begin{pmatrix}a_{l1}\\a_{l2}\\\vdots\\a_{ln}\end{pmatrix}=\sum_{j=1}^{n}a_{kj}a_{lj}$$

(3) $\boldsymbol{A}^{\mathrm{T}}\boldsymbol{A}$ 的第 k 行第 l 列元素是 $\boldsymbol{A}^{\mathrm{T}}$ 的第 k 行(即 $\boldsymbol{A}$ 的第 k 列) 各元素与 $\boldsymbol{A}$ 的第 l 列各对应元素的乘积之和，即

$$(a_{1k}\ a_{2k}\ \cdots\ a_{nk})\begin{pmatrix}a_{1l}\\a_{2l}\\\vdots\\a_{nl}\end{pmatrix}=\sum_{i=1}^{n}a_{ik}a_{il}$$

17. 计算下列矩阵的幂 (其中 n 为正整数)：

(1) $\begin{pmatrix}1&1&1\\0&1&1\\0&0&1\end{pmatrix}^2$　　(2) $\begin{pmatrix}1&-2\\3&4\end{pmatrix}^3$　　(3) $\begin{pmatrix}1&1\\0&0\end{pmatrix}^n$

(4) $\begin{pmatrix}1&1\\0&1\end{pmatrix}^n$　　(5) $\begin{pmatrix}1&1\\1&1\end{pmatrix}^n$　　(6) $\begin{pmatrix}a&0&0\\0&b&0\\0&0&c\end{pmatrix}^n$

(7) $\begin{pmatrix}0&0&0\\a&0&0\\b&c&0\end{pmatrix}^5$

解： (1) $\begin{pmatrix}1&1&1\\0&1&1\\0&0&1\end{pmatrix}^2=\begin{pmatrix}1&1&1\\0&1&1\\0&0&1\end{pmatrix}\begin{pmatrix}1&1&1\\0&1&1\\0&0&1\end{pmatrix}=\begin{pmatrix}1&2&3\\0&1&2\\0&0&1\end{pmatrix}$

(2) $\begin{pmatrix}1&-2\\3&4\end{pmatrix}^3=\begin{pmatrix}1&-2\\3&4\end{pmatrix}\begin{pmatrix}1&-2\\3&4\end{pmatrix}\begin{pmatrix}1&-2\\3&4\end{pmatrix}$

$$=\begin{pmatrix}-5 & -10\\ 15 & 10\end{pmatrix}\begin{pmatrix}1 & -2\\ 3 & 4\end{pmatrix}=\begin{pmatrix}-35 & -30\\ 45 & 10\end{pmatrix}$$

(3) $\begin{pmatrix}1 & 1\\ 0 & 0\end{pmatrix}^2=\begin{pmatrix}1 & 1\\ 0 & 0\end{pmatrix}\begin{pmatrix}1 & 1\\ 0 & 0\end{pmatrix}=\begin{pmatrix}1 & 1\\ 0 & 0\end{pmatrix}$

$$\begin{pmatrix}1 & 1\\ 0 & 0\end{pmatrix}^3=\begin{pmatrix}1 & 1\\ 0 & 0\end{pmatrix}^2\begin{pmatrix}1 & 1\\ 0 & 0\end{pmatrix}=\begin{pmatrix}1 & 1\\ 0 & 0\end{pmatrix}\begin{pmatrix}1 & 1\\ 0 & 0\end{pmatrix}=\begin{pmatrix}1 & 1\\ 0 & 0\end{pmatrix}$$

……

所以 $\begin{pmatrix}1 & 1\\ 0 & 0\end{pmatrix}^n=\begin{pmatrix}1 & 1\\ 0 & 0\end{pmatrix}$

(4) $\begin{pmatrix}1 & 1\\ 0 & 1\end{pmatrix}^2=\begin{pmatrix}1 & 1\\ 0 & 1\end{pmatrix}\begin{pmatrix}1 & 1\\ 0 & 1\end{pmatrix}=\begin{pmatrix}1 & 2\\ 0 & 1\end{pmatrix}$

用数学归纳法，设 $\begin{pmatrix}1 & 1\\ 0 & 1\end{pmatrix}^{n-1}=\begin{pmatrix}1 & n-1\\ 0 & 1\end{pmatrix}$，则

$$\begin{pmatrix}1 & 1\\ 0 & 1\end{pmatrix}^n=\begin{pmatrix}1 & 1\\ 0 & 1\end{pmatrix}^{n-1}\begin{pmatrix}1 & 1\\ 0 & 1\end{pmatrix}=\begin{pmatrix}1 & n-1\\ 0 & 1\end{pmatrix}\begin{pmatrix}1 & 1\\ 0 & 1\end{pmatrix}=\begin{pmatrix}1 & n\\ 0 & 1\end{pmatrix}$$

故 $\begin{pmatrix}1 & 1\\ 0 & 1\end{pmatrix}^n=\begin{pmatrix}1 & n\\ 0 & 1\end{pmatrix}$

(5) $\begin{pmatrix}1 & 1\\ 1 & 1\end{pmatrix}^2=\begin{pmatrix}1 & 1\\ 1 & 1\end{pmatrix}\begin{pmatrix}1 & 1\\ 1 & 1\end{pmatrix}=\begin{pmatrix}2 & 2\\ 2 & 2\end{pmatrix}=2\begin{pmatrix}1 & 1\\ 1 & 1\end{pmatrix}$

用数学归纳法，设 $\begin{pmatrix}1 & 1\\ 1 & 1\end{pmatrix}^{n-1}=2^{n-2}\begin{pmatrix}1 & 1\\ 1 & 1\end{pmatrix}$，那么

$$\begin{pmatrix}1 & 1\\ 1 & 1\end{pmatrix}^n=\begin{pmatrix}1 & 1\\ 1 & 1\end{pmatrix}^{n-1}\begin{pmatrix}1 & 1\\ 1 & 1\end{pmatrix}=2^{n-2}\begin{pmatrix}1 & 1\\ 1 & 1\end{pmatrix}\begin{pmatrix}1 & 1\\ 1 & 1\end{pmatrix}=2^{n-1}\begin{pmatrix}1 & 1\\ 1 & 1\end{pmatrix}$$

故 $\begin{pmatrix}1 & 1\\ 1 & 1\end{pmatrix}^n=2^{n-1}\begin{pmatrix}1 & 1\\ 1 & 1\end{pmatrix}$

(6) $\begin{pmatrix}a & 0 & 0\\ 0 & b & 0\\ 0 & 0 & c\end{pmatrix}^2=\begin{pmatrix}a & 0 & 0\\ 0 & b & 0\\ 0 & 0 & c\end{pmatrix}\begin{pmatrix}a & 0 & 0\\ 0 & b & 0\\ 0 & 0 & c\end{pmatrix}=\begin{pmatrix}a^2 & 0 & 0\\ 0 & b^2 & 0\\ 0 & 0 & c^2\end{pmatrix}$

用数学归纳法，设 $\begin{pmatrix}a & 0 & 0\\ 0 & b & 0\\ 0 & 0 & c\end{pmatrix}^{n-1}=\begin{pmatrix}a^{n-1} & 0 & 0\\ 0 & b^{n-1} & 0\\ 0 & 0 & c^{n-1}\end{pmatrix}$，那么

$$\begin{pmatrix}a & 0 & 0\\ 0 & b & 0\\ 0 & 0 & c\end{pmatrix}^n=\begin{pmatrix}a & 0 & 0\\ 0 & b & 0\\ 0 & 0 & c\end{pmatrix}^{n-1}\begin{pmatrix}a & 0 & 0\\ 0 & b & 0\\ 0 & 0 & c\end{pmatrix}$$

$$=\begin{pmatrix}a^{n-1}&0&0\\0&b^{n-1}&0\\0&0&c^{n-1}\end{pmatrix}\begin{pmatrix}a&0&0\\0&b&0\\0&0&c\end{pmatrix}=\begin{pmatrix}a^n&0&0\\0&b^n&0\\0&0&c^n\end{pmatrix}$$

故
$$\begin{pmatrix}a&0&0\\0&b&0\\0&0&c\end{pmatrix}^n=\begin{pmatrix}a^n&0&0\\0&b^n&0\\0&0&c^n\end{pmatrix}.$$

(7) $$\begin{pmatrix}0&0&0\\a&0&0\\b&c&0\end{pmatrix}^2=\begin{pmatrix}0&0&0\\a&0&0\\b&c&0\end{pmatrix}\begin{pmatrix}0&0&0\\a&0&0\\b&c&0\end{pmatrix}=\begin{pmatrix}0&0&0\\0&0&0\\ac&0&0\end{pmatrix}$$

$$\begin{pmatrix}0&0&0\\a&0&0\\b&c&0\end{pmatrix}^3=\begin{pmatrix}0&0&0\\a&0&0\\b&c&0\end{pmatrix}^2\begin{pmatrix}0&0&0\\a&0&0\\b&c&0\end{pmatrix}=\begin{pmatrix}0&0&0\\0&0&0\\ac&0&0\end{pmatrix}\begin{pmatrix}0&0&0\\a&0&0\\b&c&0\end{pmatrix}=\begin{pmatrix}0&0&0\\0&0&0\\0&0&0\end{pmatrix}$$

$$\begin{pmatrix}0&0&0\\a&0&0\\b&c&0\end{pmatrix}^4=\begin{pmatrix}0&0&0\\a&0&0\\b&c&0\end{pmatrix}^3\begin{pmatrix}0&0&0\\a&0&0\\b&c&0\end{pmatrix}=\begin{pmatrix}0&0&0\\0&0&0\\0&0&0\end{pmatrix}\begin{pmatrix}0&0&0\\a&0&0\\b&c&0\end{pmatrix}=\begin{pmatrix}0&0&0\\0&0&0\\0&0&0\end{pmatrix}$$

$$\begin{pmatrix}0&0&0\\a&0&0\\b&c&0\end{pmatrix}^5=\begin{pmatrix}0&0&0\\a&0&0\\b&c&0\end{pmatrix}^4\begin{pmatrix}0&0&0\\a&0&0\\b&c&0\end{pmatrix}=\begin{pmatrix}0&0&0\\0&0&0\\0&0&0\end{pmatrix}\begin{pmatrix}0&0&0\\a&0&0\\b&c&0\end{pmatrix}=\begin{pmatrix}0&0&0\\0&0&0\\0&0&0\end{pmatrix}$$

18. 已知 $\boldsymbol{A}=\begin{pmatrix}1&0&3\\0&2&1\\0&0&1\end{pmatrix}$，$\boldsymbol{B}=\begin{pmatrix}1&0&0\\0&2&1\\3&0&1\end{pmatrix}$，求：

(1) $(\boldsymbol{A}+\boldsymbol{B})(\boldsymbol{A}-\boldsymbol{B})$　　　　(2) $\boldsymbol{A}^2-\boldsymbol{B}^2$

解：(1) $\boldsymbol{A}+\boldsymbol{B}=\begin{pmatrix}2&0&3\\0&4&2\\3&0&2\end{pmatrix}$，　$\boldsymbol{A}-\boldsymbol{B}=\begin{pmatrix}0&0&3\\0&0&0\\-3&0&0\end{pmatrix}$

$$(\boldsymbol{A}+\boldsymbol{B})(\boldsymbol{A}-\boldsymbol{B})=\begin{pmatrix}2&0&3\\0&4&2\\3&0&2\end{pmatrix}\begin{pmatrix}0&0&3\\0&0&0\\-3&0&0\end{pmatrix}=\begin{pmatrix}-9&0&6\\-6&0&0\\-6&0&9\end{pmatrix}$$

(2) $\boldsymbol{A}^2=\begin{pmatrix}1&0&6\\0&4&3\\0&0&1\end{pmatrix}$，$\boldsymbol{B}^2=\begin{pmatrix}1&0&0\\3&4&3\\6&0&1\end{pmatrix}$

$$\boldsymbol{A}^2-\boldsymbol{B}^2=\begin{pmatrix}0&0&6\\-3&0&0\\-6&0&0\end{pmatrix}$$

注释：从第 18 题中可以看到 $\boldsymbol{A}^2-\boldsymbol{B}^2\neq(\boldsymbol{A}+\boldsymbol{B})(\boldsymbol{A}-\boldsymbol{B})$.

19. 设矩阵 $\boldsymbol{A}=\begin{pmatrix}1&1\\-1&0\end{pmatrix}$，$\boldsymbol{B}=\begin{pmatrix}1&-1\\-1&1\end{pmatrix}$，求 $(\boldsymbol{AB})^2$ 与 $\boldsymbol{A}^2\boldsymbol{B}^2$.

解：$\boldsymbol{AB}=\begin{pmatrix}1&1\\-1&0\end{pmatrix}\begin{pmatrix}1&-1\\-1&1\end{pmatrix}=\begin{pmatrix}0&0\\-1&1\end{pmatrix}$

$$(\boldsymbol{AB})^2=(\boldsymbol{AB})(\boldsymbol{AB})=\begin{pmatrix}0&0\\-1&1\end{pmatrix}\begin{pmatrix}0&0\\-1&1\end{pmatrix}=\begin{pmatrix}0&0\\-1&1\end{pmatrix}$$

$$\boldsymbol{A}^2=\begin{pmatrix}1&1\\-1&0\end{pmatrix}\begin{pmatrix}1&1\\-1&0\end{pmatrix}=\begin{pmatrix}0&1\\-1&-1\end{pmatrix}$$

$$\boldsymbol{B}^2=\begin{pmatrix}1&-1\\-1&1\end{pmatrix}\begin{pmatrix}1&-1\\-1&1\end{pmatrix}=\begin{pmatrix}2&-2\\-2&2\end{pmatrix}$$

$$\boldsymbol{A}^2\boldsymbol{B}^2=\begin{pmatrix}0&1\\-1&-1\end{pmatrix}\begin{pmatrix}2&-2\\-2&2\end{pmatrix}=\begin{pmatrix}-2&2\\0&0\end{pmatrix}$$

注释: 从第 19 题中可以看到$(\boldsymbol{AB})^2\neq\boldsymbol{A}^2\boldsymbol{B}^2$.

20. 设有 n 阶矩阵 $\boldsymbol{A}$ 与 $\boldsymbol{B}$,证明$(\boldsymbol{A}+\boldsymbol{B})(\boldsymbol{A}-\boldsymbol{B})=\boldsymbol{A}^2-\boldsymbol{B}^2$ 的充要条件是$\boldsymbol{AB}=\boldsymbol{BA}$.

证: $(\boldsymbol{A}+\boldsymbol{B})(\boldsymbol{A}-\boldsymbol{B})=\boldsymbol{A}^2+\boldsymbol{BA}-\boldsymbol{AB}-\boldsymbol{B}^2$ $\qquad(*)$

必要条件:若$(\boldsymbol{A}+\boldsymbol{B})(\boldsymbol{A}-\boldsymbol{B})=\boldsymbol{A}^2-\boldsymbol{B}^2$,则由式($*$)必有 $\boldsymbol{BA}-\boldsymbol{AB}=\boldsymbol{O}$, 即 $\boldsymbol{AB}=\boldsymbol{BA}$.

充分条件:若 $\boldsymbol{AB}=\boldsymbol{BA}$,则由式($*$)必有$(\boldsymbol{A}+\boldsymbol{B})(\boldsymbol{A}-\boldsymbol{B})=\boldsymbol{A}^2-\boldsymbol{B}^2$.

注释: $\boldsymbol{A}$, $\boldsymbol{B}$ 为 n 阶矩阵时

(1) 因矩阵乘法不满足交换律,故一般地,有

$$(\boldsymbol{A}\pm\boldsymbol{B})^2\neq\boldsymbol{A}^2\pm2\boldsymbol{AB}+\boldsymbol{B}^2,\ \boldsymbol{A}^2-\boldsymbol{B}^2\neq(\boldsymbol{A}+\boldsymbol{B})(\boldsymbol{A}-\boldsymbol{B})$$

只有当 $\boldsymbol{AB}=\boldsymbol{BA}$ 时,上述等式才成立.

(2) 一般地,有

$$(\boldsymbol{AB})^k\neq\boldsymbol{A}^k\boldsymbol{B}^k\qquad(k\text{ 为正整数})$$

21. 设 $\boldsymbol{A}$ 为三阶矩阵,若已知$|\boldsymbol{A}|=m$,求$|-m\boldsymbol{A}|$.

解: $|-m\boldsymbol{A}|=(-m)^3|\boldsymbol{A}|=(-m)^3m=-m^4$

22. 设 $\boldsymbol{A}$ 为 n 阶矩阵,若已知$|\boldsymbol{A}|=m$,求$|2|\boldsymbol{A}|\boldsymbol{A}^{\mathrm{T}}|$.

解: $|2|\boldsymbol{A}|\boldsymbol{A}^{\mathrm{T}}|=2^nm^n|\boldsymbol{A}^{\mathrm{T}}|=2^nm^n m=2^nm^{n+1}$

23. 证明数量矩阵与同阶矩阵相乘,满足交换律,且乘积等于数量矩阵中的数乘该矩阵.

证: 设 $\boldsymbol{A}$ 为 n 阶矩阵,$\boldsymbol{I}$ 为 n 阶单位矩阵,$k\neq0$,$k\boldsymbol{I}$ 为 n 阶数量矩阵.

单位矩阵与同阶矩阵相乘可交换,即

$$\boldsymbol{IA}=\boldsymbol{AI}=\boldsymbol{A}$$

那么 $\quad(k\boldsymbol{I})\boldsymbol{A}=k(\boldsymbol{IA})=k\boldsymbol{A}$

$\qquad\boldsymbol{A}(k\boldsymbol{I})=k(\boldsymbol{AI})=k\boldsymbol{A}$

因此有 $\quad(k\boldsymbol{I})\boldsymbol{A}=\boldsymbol{A}(k\boldsymbol{I})=k\boldsymbol{A}$

即 $k\boldsymbol{I}$ 与 $\boldsymbol{A}$ 相乘可交换,且乘积等于 $k\boldsymbol{A}$.

于是可得,数量矩阵与同阶矩阵相乘满足交换律,且乘积等于数量矩阵中的数乘该矩阵.

24. 已知 $\boldsymbol{A}=\begin{pmatrix}2&3\\1&4\end{pmatrix}$, $\boldsymbol{B}=\begin{pmatrix}0&1\\1&0\end{pmatrix}$,求 $\boldsymbol{B}^{10}\boldsymbol{AB}^{11}$.

解: $\boldsymbol{B}\cdot\boldsymbol{B}=\boldsymbol{B}^2=\begin{pmatrix}0&1\\1&0\end{pmatrix}\begin{pmatrix}0&1\\1&0\end{pmatrix}=\begin{pmatrix}1&0\\0&1\end{pmatrix}=\boldsymbol{I}$

那么 $$B^{10}AB^{11}=(B^2)^5A(B^2)^5B=I^5AI^5B=AB$$

$$=\begin{pmatrix}2&3\\1&4\end{pmatrix}\begin{pmatrix}0&1\\1&0\end{pmatrix}=\begin{pmatrix}3&2\\4&1\end{pmatrix}$$

25. 设 $f(x)=ax^2+bx+c$，$\boldsymbol{A}$ 为 n 阶矩阵，$\boldsymbol{I}$ 为 n 阶单位矩阵. 定义 $f(\boldsymbol{A})=a\boldsymbol{A}^2+b\boldsymbol{A}+c\boldsymbol{I}$.

(1) 已知 $f(x)=x^2-x-1$，$\boldsymbol{A}=\begin{pmatrix}3&1&1\\3&1&2\\1&-1&0\end{pmatrix}$，求 $f(\boldsymbol{A})$.

(2) 已知 $f(x)=x^2-5x+3$，$\boldsymbol{A}=\begin{pmatrix}2&-1\\-3&3\end{pmatrix}$，求 $f(\boldsymbol{A})$.

解：(1) $f(\boldsymbol{A})=\boldsymbol{A}^2-\boldsymbol{A}-\boldsymbol{I}=\begin{pmatrix}3&1&1\\3&1&2\\1&-1&0\end{pmatrix}^2-\begin{pmatrix}3&1&1\\3&1&2\\1&-1&0\end{pmatrix}-\begin{pmatrix}1&0&0\\0&1&0\\0&0&1\end{pmatrix}$

$$=\begin{pmatrix}13&3&5\\14&2&5\\0&0&-1\end{pmatrix}-\begin{pmatrix}3&1&1\\3&1&2\\1&-1&0\end{pmatrix}-\begin{pmatrix}1&0&0\\0&1&0\\0&0&1\end{pmatrix}=\begin{pmatrix}9&2&4\\11&0&3\\-1&1&-2\end{pmatrix}$$

(2) $f(\boldsymbol{A})=\boldsymbol{A}^2-5\boldsymbol{A}+3\boldsymbol{I}=\begin{pmatrix}2&-1\\-3&3\end{pmatrix}^2-5\begin{pmatrix}2&-1\\-3&3\end{pmatrix}+3\begin{pmatrix}1&0\\0&1\end{pmatrix}$

$$=\begin{pmatrix}7&-5\\-15&12\end{pmatrix}-\begin{pmatrix}10&-5\\-15&15\end{pmatrix}+\begin{pmatrix}3&0\\0&3\end{pmatrix}=\begin{pmatrix}0&0\\0&0\end{pmatrix}$$

注释：第 24 题中 $f(\boldsymbol{A})$ 为矩阵多项式，若给定矩阵 $\boldsymbol{A}$，求 $f(\boldsymbol{A})$，即求给定 $f(\boldsymbol{A})$ 矩阵多项式结构中有关矩阵 $\boldsymbol{A}$ 的运算.

26. 验证：

(1) 设 $\boldsymbol{A}=\begin{pmatrix}1&1\\1&1\end{pmatrix}$，用 $\boldsymbol{A}$ 验证：

$$(2\boldsymbol{A}^2-\boldsymbol{A}+\boldsymbol{I})(\boldsymbol{A}-\boldsymbol{I})=(\boldsymbol{A}-\boldsymbol{I})(2\boldsymbol{A}^2-\boldsymbol{A}+\boldsymbol{I})$$

(2) 设 $\boldsymbol{A}=\begin{pmatrix}1&1\\1&1\end{pmatrix}$，$\boldsymbol{B}=\begin{pmatrix}1&1\\0&1\end{pmatrix}$，用 $\boldsymbol{A}$，$\boldsymbol{B}$ 验证：

$$\boldsymbol{A}^2(\boldsymbol{B}+\boldsymbol{I})\neq(\boldsymbol{B}+\boldsymbol{I})\boldsymbol{A}^2$$

证：(1) $\boldsymbol{A}^2=\begin{pmatrix}2&2\\2&2\end{pmatrix}$

$$(2\boldsymbol{A}^2-\boldsymbol{A}+\boldsymbol{I})(\boldsymbol{A}-\boldsymbol{I})=\begin{pmatrix}4&3\\3&4\end{pmatrix}\begin{pmatrix}0&1\\1&0\end{pmatrix}=\begin{pmatrix}3&4\\4&3\end{pmatrix}$$

$$(\boldsymbol{A}-\boldsymbol{I})(2\boldsymbol{A}^2-\boldsymbol{A}+\boldsymbol{I})=\begin{pmatrix}0&1\\1&0\end{pmatrix}\begin{pmatrix}4&3\\3&4\end{pmatrix}=\begin{pmatrix}3&4\\4&3\end{pmatrix}$$

可见 $$(2\boldsymbol{A}^2-\boldsymbol{A}+\boldsymbol{I})(\boldsymbol{A}-\boldsymbol{I})=(\boldsymbol{A}-\boldsymbol{I})(2\boldsymbol{A}^2-\boldsymbol{A}+\boldsymbol{I})$$

注释：题 (1) 中的结论对任意的 n 阶矩阵 $\boldsymbol{A}$ 均成立.

因为 $(2A^2-A+I)(A-I)=2A^3-A^2+A-2A^2+A-I=2A^3-3A^2+2A-I$

$(A-I)(2A^2-A+I)=2A^3-2A^2-A^2+A+A-I=2A^3-3A^2+2A-I$

所以 $(2A^2-A+I)(A-I)=(A-I)(2A^2-A+I)$

(2) $A^2=\begin{pmatrix}2&2\\2&2\end{pmatrix}$, $B+I=\begin{pmatrix}2&1\\0&2\end{pmatrix}$

$$A^2(B+I)=\begin{pmatrix}2&2\\2&2\end{pmatrix}\begin{pmatrix}2&1\\0&2\end{pmatrix}=\begin{pmatrix}4&6\\4&6\end{pmatrix}$$

$$(B+I)A^2=\begin{pmatrix}2&1\\0&2\end{pmatrix}\begin{pmatrix}2&2\\2&2\end{pmatrix}=\begin{pmatrix}6&6\\4&4\end{pmatrix}$$

可见 $A^2(B+I)\neq(B+I)A^2$

注释: 事实上

$$A^2(B+I)=A^2B+A^2I=A^2B+A^2$$
$$(B+I)A^2=BA^2+IA^2=BA^2+A^2$$

一般情况下, $A^2B\neq BA^2$, 所以 $A^2(B+I)\neq(B+I)A^2$.

注释: 若已知 $f(x)$, $g(x)$ 都是 x 的多项式, A 是 n 阶矩阵, 则

$f(A)g(A)=g(A)f(A)$ (见题(1))

若 A, B 都是 n 阶矩阵, 则一般情况下, $f(A)g(B)\neq g(B)f(A)$. (见题(2))

27. 设 A, B 均为 n 阶矩阵, 且 $A=\frac{1}{2}(B+I)$, 证明: $A^2=A$, 当且仅当 $B^2=I$.

证: 当 $B^2=I$ 时, 由 $A=\frac{1}{2}(B+I)$ 有

$$A^2=\left(\frac{1}{2}(B+I)\right)^2=\frac{1}{4}(B^2+2B+I)=\frac{1}{4}(I+2B+I)$$
$$=\frac{1}{2}(B+I)=A$$

当 $A^2=A$ 时, 由 $A=\frac{1}{2}(B+I)$ 有

$$\left(\frac{1}{2}(B+I)\right)^2=\frac{1}{2}(B+I)$$

即 $\frac{1}{4}(B^2+2B+I)=\frac{1}{2}(B+I)$

整理得 $B^2=I$

28. 设 $A=\begin{pmatrix}a_{11}&a_{12}&a_{13}\\&a_{22}&a_{23}\\&&a_{33}\end{pmatrix}$, $B=\begin{pmatrix}b_{11}&b_{12}&b_{13}\\&b_{22}&b_{23}\\&&b_{33}\end{pmatrix}$, 验证 aA (a 为常数), $A+B$, AB 仍为同阶同结构的上三角形矩阵.

证: $aA=a\begin{pmatrix}a_{11}&a_{12}&a_{13}\\&a_{22}&a_{23}\\&&a_{33}\end{pmatrix}=\begin{pmatrix}a\,a_{11}&a\,a_{12}&a\,a_{13}\\&a\,a_{22}&a\,a_{23}\\&&a\,a_{33}\end{pmatrix}$

$$\boldsymbol{A}+\boldsymbol{B}=\begin{pmatrix}a_{11}&a_{12}&a_{13}\\&a_{22}&a_{23}\\&&a_{33}\end{pmatrix}+\begin{pmatrix}b_{11}&b_{12}&b_{13}\\&b_{22}&b_{23}\\&&b_{33}\end{pmatrix}$$

$$=\begin{pmatrix}a_{11}+b_{11}&a_{12}+b_{12}&a_{13}+b_{13}\\&a_{22}+b_{22}&a_{23}+b_{23}\\&&a_{33}+b_{33}\end{pmatrix}$$

$$\boldsymbol{AB}=\begin{pmatrix}a_{11}&a_{12}&a_{13}\\&a_{22}&a_{23}\\&&a_{33}\end{pmatrix}\begin{pmatrix}b_{11}&b_{12}&b_{13}\\&b_{22}&b_{23}\\&&b_{33}\end{pmatrix}$$

$$=\begin{pmatrix}a_{11}b_{11}&a_{11}b_{12}+a_{12}b_{22}&a_{11}b_{13}+a_{12}b_{23}+a_{13}b_{33}\\&a_{22}b_{22}&a_{22}b_{23}+a_{23}b_{33}\\&&a_{33}b_{33}\end{pmatrix}$$

可见，$a\boldsymbol{A}$，$\boldsymbol{A}+\boldsymbol{B}$，$\boldsymbol{AB}$ 仍是与 $\boldsymbol{A}$ 和 $\boldsymbol{B}$ 同阶同结构的上三角形矩阵.

29. 证明：对任意 $m\times n$ 矩阵 $\boldsymbol{A}$，$\boldsymbol{A}^{\mathrm{T}}\boldsymbol{A}$ 及 $\boldsymbol{A}\boldsymbol{A}^{\mathrm{T}}$ 都是对称矩阵.

证: 由转置矩阵的性质，有

$$(\boldsymbol{A}^{\mathrm{T}}\boldsymbol{A})^{\mathrm{T}}=\boldsymbol{A}^{\mathrm{T}}(\boldsymbol{A}^{\mathrm{T}})^{\mathrm{T}}=\boldsymbol{A}^{\mathrm{T}}\boldsymbol{A}$$

及

$$(\boldsymbol{A}\boldsymbol{A}^{\mathrm{T}})^{\mathrm{T}}=(\boldsymbol{A}^{\mathrm{T}})^{\mathrm{T}}\boldsymbol{A}^{\mathrm{T}}=\boldsymbol{A}\boldsymbol{A}^{\mathrm{T}}$$

根据对称矩阵的定义，$\boldsymbol{A}^{\mathrm{T}}\boldsymbol{A}$ 及 $\boldsymbol{A}\boldsymbol{A}^{\mathrm{T}}$ 都是对称矩阵.

30. 设 $\boldsymbol{A}$，$\boldsymbol{B}$ 均为 n 阶反对称矩阵(即 $\boldsymbol{A}^{\mathrm{T}}=-\boldsymbol{A}$，$\boldsymbol{B}^{\mathrm{T}}=-\boldsymbol{B}$)，证明当且仅当 $\boldsymbol{AB}=-\boldsymbol{BA}$ 时，$\boldsymbol{AB}$ 是反对称矩阵.

证: 设 $\boldsymbol{A}$，$\boldsymbol{B}$ 是 n 阶反对称矩阵，则有

$$\boldsymbol{A}^{\mathrm{T}}=-\boldsymbol{A},\ \boldsymbol{B}^{\mathrm{T}}=-\boldsymbol{B}$$

若 $\boldsymbol{AB}=-\boldsymbol{BA}$，则有

$$(\boldsymbol{AB})^{\mathrm{T}}=\boldsymbol{B}^{\mathrm{T}}\boldsymbol{A}^{\mathrm{T}}=-\boldsymbol{B}(-\boldsymbol{A})=\boldsymbol{BA}=-\boldsymbol{AB}$$

即 $\boldsymbol{AB}$ 是反对称矩阵.

若 $\boldsymbol{AB}$ 是反对称矩阵，则有

$$(\boldsymbol{AB})^{\mathrm{T}}=-\boldsymbol{AB}$$

即 $\boldsymbol{AB}=-(\boldsymbol{AB})^{\mathrm{T}}=-\boldsymbol{B}^{\mathrm{T}}\boldsymbol{A}^{\mathrm{T}}=-(-\boldsymbol{B})(-\boldsymbol{A})=-\boldsymbol{BA}$.

31. 证明：对任意的 n 阶矩阵 $\boldsymbol{A}$，$\boldsymbol{A}+\boldsymbol{A}^{\mathrm{T}}$ 为对称矩阵，$\boldsymbol{A}-\boldsymbol{A}^{\mathrm{T}}$ 为反对称矩阵.

证: $(\boldsymbol{A}+\boldsymbol{A}^{\mathrm{T}})^{\mathrm{T}}=\boldsymbol{A}^{\mathrm{T}}+(\boldsymbol{A}^{\mathrm{T}})^{\mathrm{T}}=\boldsymbol{A}^{\mathrm{T}}+\boldsymbol{A}=\boldsymbol{A}+\boldsymbol{A}^{\mathrm{T}}$

所以 $\boldsymbol{A}+\boldsymbol{A}^{\mathrm{T}}$ 为对称矩阵.

$$(\boldsymbol{A}-\boldsymbol{A}^{\mathrm{T}})^{\mathrm{T}}=\boldsymbol{A}^{\mathrm{T}}-(\boldsymbol{A}^{\mathrm{T}})^{\mathrm{T}}=\boldsymbol{A}^{\mathrm{T}}-\boldsymbol{A}=-(\boldsymbol{A}-\boldsymbol{A}^{\mathrm{T}})$$

所以 $\boldsymbol{A}-\boldsymbol{A}^{\mathrm{T}}$ 为反对称矩阵.

32. 按指定分块的方法，用分块矩阵乘法求下列矩阵的乘积.

(1) $\left(\begin{array}{cc:c}1&-2&0\\-1&1&1\\\hdashline 0&3&2\end{array}\right)\left(\begin{array}{c:c}0&1\\1&0\\\hdashline 0&-1\end{array}\right)$　　(2) $\left(\begin{array}{ccc}2&1&-1\\\hdashline 3&0&-2\\\hdashline 1&-1&1\end{array}\right)\left(\begin{array}{c:c:c}1&1&0\\0&0&-1\\-1&2&1\end{array}\right)$

(3) $\begin{pmatrix} a & 0 & 0 & 0 \\ 0 & a & 0 & 0 \\ 1 & 0 & b & 0 \\ 0 & 1 & 0 & b \end{pmatrix}\begin{pmatrix} 1 & 0 & c & 0 \\ 0 & 1 & 0 & c \\ 0 & 0 & d & 0 \\ 0 & 0 & 0 & d \end{pmatrix}$

解: (1) 令 $\boldsymbol{C}=\begin{pmatrix} 1 & -2 & 0 \\ -1 & 1 & 1 \\ 0 & 3 & 2 \end{pmatrix}\begin{pmatrix} 0 & 1 \\ 1 & 0 \\ 0 & -1 \end{pmatrix}=\begin{pmatrix} \boldsymbol{A}_{11} & \boldsymbol{A}_{12} \\ \boldsymbol{A}_{21} & \boldsymbol{A}_{22} \end{pmatrix}\begin{pmatrix} \boldsymbol{B}_{11} & \boldsymbol{B}_{12} \\ \boldsymbol{B}_{21} & \boldsymbol{B}_{22} \end{pmatrix}$

$$=\begin{pmatrix} \boldsymbol{C}_{11} & \boldsymbol{C}_{12} \\ \boldsymbol{C}_{21} & \boldsymbol{C}_{22} \end{pmatrix}$$

那么 $\boldsymbol{C}_{11}=\boldsymbol{A}_{11}\boldsymbol{B}_{11}+\boldsymbol{A}_{12}\boldsymbol{B}_{21}=\begin{pmatrix} 1 & -2 \\ -1 & 1 \end{pmatrix}\begin{pmatrix} 0 \\ 1 \end{pmatrix}+\begin{pmatrix} 0 \\ 1 \end{pmatrix}\times 0$

$$=\begin{pmatrix} -2 \\ 1 \end{pmatrix}+\begin{pmatrix} 0 \\ 0 \end{pmatrix}=\begin{pmatrix} -2 \\ 1 \end{pmatrix}$$

$$\boldsymbol{C}_{12}=\boldsymbol{A}_{11}\boldsymbol{B}_{12}+\boldsymbol{A}_{12}\boldsymbol{B}_{22}=\begin{pmatrix} 1 & -2 \\ -1 & 1 \end{pmatrix}\begin{pmatrix} 1 \\ 0 \end{pmatrix}+\begin{pmatrix} 0 \\ 1 \end{pmatrix}(-1)=\begin{pmatrix} 1 \\ -1 \end{pmatrix}+\begin{pmatrix} 0 \\ -1 \end{pmatrix}$$

$$=\begin{pmatrix} 1 \\ -2 \end{pmatrix}$$

$$\boldsymbol{C}_{21}=\boldsymbol{A}_{21}\boldsymbol{B}_{11}+\boldsymbol{A}_{22}\boldsymbol{B}_{21}=(0\quad 3)\begin{pmatrix} 0 \\ 1 \end{pmatrix}+2\times 0=3$$

$$\boldsymbol{C}_{22}=\boldsymbol{A}_{21}\boldsymbol{B}_{12}+\boldsymbol{A}_{22}\boldsymbol{B}_{22}=(0\quad 3)\begin{pmatrix} 1 \\ 0 \end{pmatrix}+2\times(-1)=0+(-2)=-2$$

所以 $\boldsymbol{C}=\begin{pmatrix} \boldsymbol{C}_{11} & \boldsymbol{C}_{12} \\ \boldsymbol{C}_{21} & \boldsymbol{C}_{22} \end{pmatrix}=\begin{pmatrix} -2 & 1 \\ 1 & -2 \\ 3 & -2 \end{pmatrix}$

即 $\begin{pmatrix} 1 & -2 & 0 \\ -1 & 1 & 1 \\ 0 & 3 & 2 \end{pmatrix}\begin{pmatrix} 0 & 1 \\ 1 & 0 \\ 0 & -1 \end{pmatrix}=\begin{pmatrix} -2 & 1 \\ 1 & -2 \\ 3 & -2 \end{pmatrix}$

(2) 令 $\boldsymbol{C}=\begin{pmatrix} 2 & 1 & -1 \\ 3 & 0 & -2 \\ 1 & -1 & 1 \end{pmatrix}\begin{pmatrix} 1 & 1 & 0 \\ 0 & 0 & -1 \\ -1 & 2 & 1 \end{pmatrix}=\begin{pmatrix} \boldsymbol{A}_{11} \\ \boldsymbol{A}_{21} \\ \boldsymbol{A}_{31} \end{pmatrix}(\boldsymbol{B}_{11}\quad \boldsymbol{B}_{12}\quad \boldsymbol{B}_{13})$

$$=\begin{pmatrix} \boldsymbol{C}_{11} & \boldsymbol{C}_{12} & \boldsymbol{C}_{13} \\ \boldsymbol{C}_{21} & \boldsymbol{C}_{22} & \boldsymbol{C}_{23} \\ \boldsymbol{C}_{31} & \boldsymbol{C}_{32} & \boldsymbol{C}_{33} \end{pmatrix}$$

那么 $\boldsymbol{C}_{11}=\boldsymbol{A}_{11}\boldsymbol{B}_{11}=(2\quad 1\quad -1)\begin{pmatrix} 1 \\ 0 \\ -1 \end{pmatrix}=3$

$$C_{12}=A_{11}B_{12}=(2\quad 1\quad -1)\begin{pmatrix}1\\0\\2\end{pmatrix}=0$$

$$C_{13}=A_{11}B_{13}=(2\quad 1\quad -1)\begin{pmatrix}0\\-1\\1\end{pmatrix}=-2$$

$$C_{21}=A_{21}B_{11}=(3\quad 0\quad -2)\begin{pmatrix}1\\0\\-1\end{pmatrix}=5$$

$$C_{22}=A_{21}B_{12}=(3\quad 0\quad -2)\begin{pmatrix}1\\0\\2\end{pmatrix}=-1$$

$$C_{23}=A_{21}B_{13}=(3\quad 0\quad -2)\begin{pmatrix}0\\-1\\1\end{pmatrix}=-2$$

$$C_{31}=A_{31}B_{11}=(1\quad -1\quad 1)\begin{pmatrix}1\\0\\-1\end{pmatrix}=0$$

$$C_{32}=A_{31}B_{12}=(1\quad -1\quad 1)\begin{pmatrix}1\\0\\2\end{pmatrix}=3$$

$$C_{33}=A_{31}B_{13}=(1\quad -1\quad 1)\begin{pmatrix}0\\-1\\1\end{pmatrix}=2$$

所以 $$C=\begin{pmatrix}C_{11}&C_{12}&C_{13}\\C_{21}&C_{22}&C_{23}\\C_{31}&C_{32}&C_{33}\end{pmatrix}=\begin{pmatrix}3&0&-2\\5&-1&-2\\0&3&2\end{pmatrix}$$

即 $$\begin{pmatrix}2&1&-1\\3&0&-2\\1&-1&1\end{pmatrix}\begin{pmatrix}1&1&0\\0&0&-1\\-1&2&1\end{pmatrix}=\begin{pmatrix}3&0&-2\\5&-1&-2\\0&3&2\end{pmatrix}$$

(3) 令 $$X=\left(\begin{array}{cc:cc}a&0&0&0\\0&a&0&0\\\hdashline 1&0&b&0\\0&1&0&b\end{array}\right)\left(\begin{array}{cc:cc}1&0&c&0\\0&1&0&c\\\hdashline 0&0&d&0\\0&0&0&d\end{array}\right)=\begin{pmatrix}A&O\\I&B\end{pmatrix}\begin{pmatrix}I&C\\O&D\end{pmatrix}=\begin{pmatrix}X_{11}&X_{12}\\X_{21}&X_{22}\end{pmatrix}$$

那么 $$X_{11}=AI=\begin{pmatrix}a&0\\0&a\end{pmatrix}$$

$$X_{12}=AC=\begin{pmatrix}a&0\\0&a\end{pmatrix}\begin{pmatrix}c&0\\0&c\end{pmatrix}=\begin{pmatrix}ac&0\\0&ac\end{pmatrix}$$

$$X_{21}=I=\begin{pmatrix}1&0\\0&1\end{pmatrix}$$

$$X_{22}=C+BD=\begin{pmatrix}c&0\\0&c\end{pmatrix}+\begin{pmatrix}b&0\\0&b\end{pmatrix}\begin{pmatrix}d&0\\0&d\end{pmatrix}=\begin{pmatrix}c&0\\0&c\end{pmatrix}+\begin{pmatrix}bd&0\\0&bd\end{pmatrix}$$

$$=\begin{pmatrix}c+bd&0\\0&c+bd\end{pmatrix}$$

所以 $$X=\begin{pmatrix}X_{11}&X_{12}\\X_{21}&X_{22}\end{pmatrix}=\left(\begin{array}{cc:cc}a&0&ac&0\\0&a&0&ac\\\hdashline 1&0&c+bd&0\\0&1&0&c+bd\end{array}\right)$$

即 $$\begin{pmatrix}a&0&0&0\\0&a&0&0\\1&0&b&0\\0&1&0&b\end{pmatrix}\begin{pmatrix}1&0&c&0\\0&1&0&c\\0&0&d&0\\0&0&0&d\end{pmatrix}=\begin{pmatrix}a&0&ac&0\\0&a&0&ac\\1&0&c+bd&0\\0&1&0&c+bd\end{pmatrix}$$

注释: 题(3)按如下写法更简便

$$\left(\begin{array}{cc:cc}a&0&0&0\\0&a&0&0\\\hdashline 1&0&b&0\\0&1&0&b\end{array}\right)\left(\begin{array}{cc:cc}1&0&c&0\\0&1&0&c\\\hdashline 0&0&d&0\\0&0&0&d\end{array}\right)=\left(\begin{array}{c:c}aI&O\\\hdashline I&bI\end{array}\right)\left(\begin{array}{c:c}I&cI\\\hdashline O&dI\end{array}\right)$$

$$=\begin{pmatrix}aI&acI\\I&cI+bdI\end{pmatrix}=\begin{pmatrix}a&0&ac&0\\0&a&0&ac\\1&0&c+bd&0\\0&1&0&c+bd\end{pmatrix}$$

33. 设有矩阵$A=\begin{pmatrix}-1&0&2&0\\0&-1&0&2\\0&0&4&3\end{pmatrix}$, $B=\begin{pmatrix}2&0&-1\\1&1&0\\0&1&0\\0&0&1\end{pmatrix}$, 用分块矩阵乘法求 AB.

解: 按如下方法分块. 设$A=\left(\begin{array}{cc:cc}-1&0&2&0\\0&-1&0&2\\\hdashline 0&0&4&3\end{array}\right)=\begin{pmatrix}-I&2I\\O&A_1\end{pmatrix}$, 其中$A_1=(4\quad 3)$.

$$B=\left(\begin{array}{c:cc}2&0&-1\\1&1&0\\\hdashline 0&1&0\\0&0&1\end{array}\right)=\begin{pmatrix}B_1&B_2\\O&I\end{pmatrix}$$, 其中 $B_1=\begin{pmatrix}2\\1\end{pmatrix}$, $B_2=\begin{pmatrix}0&-1\\1&0\end{pmatrix}$, 那么

$$AB=\begin{pmatrix}-I&2I\\O&A_1\end{pmatrix}\begin{pmatrix}B_1&B_2\\O&I\end{pmatrix}=\begin{pmatrix}-B_1&-B_2+2I\\O&A_1\end{pmatrix}$$

其中 $$-B_2+2I=\begin{pmatrix}0&1\\-1&0\end{pmatrix}+\begin{pmatrix}2&0\\0&2\end{pmatrix}=\begin{pmatrix}2&1\\-1&2\end{pmatrix}$$

所以可得 $\boldsymbol{AB}=\begin{pmatrix}-2&2&1\\-1&-1&2\\0&4&3\end{pmatrix}$.

注释：分块矩阵运算时，以所分子块为元素，因此要求所分的子块的行数与列数使运算可以进行.

34. 设 $\boldsymbol{A}$ 为 3×3 矩阵，且 $|\boldsymbol{A}|=1$，把 $\boldsymbol{A}$ 按列分块为 $\boldsymbol{A}=(\boldsymbol{A}_1,\boldsymbol{A}_2,\boldsymbol{A}_3)$，求 $|\boldsymbol{A}_3, 4\boldsymbol{A}_1, -2\boldsymbol{A}_2-\boldsymbol{A}_3|$.

解：$|\boldsymbol{A}_3, 4\boldsymbol{A}_1, -2\boldsymbol{A}_2-\boldsymbol{A}_3|=-|4\boldsymbol{A}_1, \boldsymbol{A}_3, -2\boldsymbol{A}_2-\boldsymbol{A}_3|$

$$=(-1)\times(-1)|4\boldsymbol{A}_1, -2\boldsymbol{A}_2-\boldsymbol{A}_3, \boldsymbol{A}_3|=|4\boldsymbol{A}_1, -2\boldsymbol{A}_2, \boldsymbol{A}_3|$$

$\times 1$

$$=4\times(-2)|\boldsymbol{A}_1, \boldsymbol{A}_2, \boldsymbol{A}_3|=-8|\boldsymbol{A}|=-8\times 1=-8$$

35. 判断下列矩阵是否可逆，如可逆，求其逆矩阵.

(1) $\begin{pmatrix}2&1\\3&4\end{pmatrix}$　　(2) $\begin{pmatrix}a&b\\c&d\end{pmatrix}(ad-bc\neq 0)$

(3) $\begin{pmatrix}1&0&0\\1&2&0\\1&2&3\end{pmatrix}$　　(4) $\begin{pmatrix}2&2&3\\1&-1&0\\-1&2&1\end{pmatrix}$

(5) $\begin{pmatrix}1&2&3&4\\0&1&2&3\\0&0&1&2\\0&0&0&1\end{pmatrix}$　　(6) $\begin{pmatrix}a_1&&&\\&a_2&&\\&&\ddots&\\&&&a_n\end{pmatrix}(a_i\neq 0,\ i=1, 2, \cdots, n)$

解：(1) $\begin{vmatrix}2&1\\3&4\end{vmatrix}=5\neq 0$，所以 $\begin{pmatrix}2&1\\3&4\end{pmatrix}$ 可逆. 可以求得

$$\begin{pmatrix}2&1\\3&4\end{pmatrix}^{-1}=\frac{1}{5}\begin{pmatrix}4&-1\\-3&2\end{pmatrix}=\begin{pmatrix}\frac{4}{5}&-\frac{1}{5}\\-\frac{3}{5}&\frac{2}{5}\end{pmatrix}$$

(2) $\begin{vmatrix}a&b\\c&d\end{vmatrix}=ad-bc\neq 0$，所以 $\begin{pmatrix}a&b\\c&d\end{pmatrix}$ 可逆. 可以求得

$$\begin{vmatrix}a&b\\c&d\end{vmatrix}^{-1}=\frac{1}{ad-bc}\begin{pmatrix}d&-b\\-c&a\end{pmatrix}=\begin{pmatrix}\frac{d}{ad-bc}&\frac{-b}{ad-bc}\\\frac{-c}{ad-bc}&\frac{a}{ad-bc}\end{pmatrix}$$

(3) $\begin{vmatrix}1&0&0\\1&2&0\\1&2&3\end{vmatrix}=6\neq 0$，所以 $\begin{pmatrix}1&0&0\\1&2&0\\1&2&3\end{pmatrix}$ 可逆.

设 $\boldsymbol{A}=\begin{pmatrix}1&0&0\\1&2&0\\1&2&3\end{pmatrix}$，$|\boldsymbol{A}|=6$.

$$A_{11}=\begin{vmatrix}2&0\\2&3\end{vmatrix}=6,\quad A_{12}=-\begin{vmatrix}1&0\\1&3\end{vmatrix}=-3,\quad A_{13}=\begin{vmatrix}1&2\\1&2\end{vmatrix}=0$$

$$A_{21}=-\begin{vmatrix}0&0\\2&3\end{vmatrix}=0,\quad A_{22}=\begin{vmatrix}1&0\\1&3\end{vmatrix}=3,\quad A_{23}=-\begin{vmatrix}1&0\\1&2\end{vmatrix}=-2$$

$$A_{31}=\begin{vmatrix}0&0\\2&0\end{vmatrix}=0,\quad A_{32}=-\begin{vmatrix}1&0\\1&0\end{vmatrix}=0,\quad A_{33}=\begin{vmatrix}1&0\\1&2\end{vmatrix}=2$$

可以求得 $\begin{pmatrix}1&0&0\\1&2&0\\1&2&3\end{pmatrix}^{-1}=\dfrac{1}{6}\begin{pmatrix}6&0&0\\-3&3&0\\0&-2&2\end{pmatrix}=\begin{pmatrix}1&0&0\\-\dfrac{1}{2}&\dfrac{1}{2}&0\\0&-\dfrac{1}{3}&\dfrac{1}{3}\end{pmatrix}$.

(4) $\begin{vmatrix}2&2&3\\1&-1&0\\-1&2&1\end{vmatrix}=-1\neq 0$，所以 $\begin{pmatrix}2&2&3\\1&-1&0\\-1&2&1\end{pmatrix}$ 可逆.

设 $\boldsymbol{A}=\begin{pmatrix}2&2&3\\1&-1&0\\-1&2&1\end{pmatrix}$，$|\boldsymbol{A}|=-1$

$$A_{11}=-1,\ A_{12}=-1,\ A_{13}=1$$
$$A_{21}=4,\quad A_{22}=5,\quad A_{23}=-6$$
$$A_{31}=3,\quad A_{32}=3,\quad A_{33}=-4$$

可以求得 $\begin{pmatrix}2&2&3\\1&-1&0\\-1&2&1\end{pmatrix}^{-1}=\dfrac{1}{-1}\begin{pmatrix}-1&4&3\\-1&5&3\\1&-6&-4\end{pmatrix}=\begin{pmatrix}1&-4&-3\\1&-5&-3\\-1&6&4\end{pmatrix}$.

(5) $\begin{vmatrix}1&2&3&4\\0&1&2&3\\0&0&1&2\\0&0&0&1\end{vmatrix}=1\neq 0$，所以 $\begin{pmatrix}1&2&3&4\\0&1&2&3\\0&0&1&2\\0&0&0&1\end{pmatrix}$ 可逆.

设 $\boldsymbol{A}=\begin{pmatrix}1&2&3&4\\0&1&2&3\\0&0&1&2\\0&0&0&1\end{pmatrix}$，$|\boldsymbol{A}|=1$

$$A_{11}=1,\quad A_{12}=0,\quad A_{13}=0,\quad A_{14}=0$$
$$A_{21}=-2,\ A_{22}=1,\quad A_{23}=0,\quad A_{24}=0$$
$$A_{31}=1,\quad A_{32}=-2,\ A_{33}=1,\quad A_{34}=0$$
$$A_{41}=0,\quad A_{42}=1,\quad A_{43}=-2,\ A_{44}=1$$

可以求得 $\begin{pmatrix}1&2&3&4\\0&1&2&3\\0&0&1&2\\0&0&0&1\end{pmatrix}^{-1}=\begin{pmatrix}1&-2&1&0\\0&1&-2&1\\0&0&1&-2\\0&0&0&1\end{pmatrix}$.

(6) $\begin{vmatrix}a_1&&&\\&a_2&&\\&&\ddots&\\&&&a_n\end{vmatrix}=a_1a_2\cdots a_n\neq 0$，所以 $\begin{pmatrix}a_1&&&\\&a_2&&\\&&\ddots&\\&&&a_n\end{pmatrix}$ 可逆.

设 $A=\begin{pmatrix} a_1 & & & \\ & a_2 & & \\ & & \ddots & \\ & & & a_n \end{pmatrix}$，$|A|=a_1a_2\cdots a_n$

$$A_{11}=\begin{vmatrix} a_2 & & & \\ & a_3 & & \\ & & \ddots & \\ & & & a_n \end{vmatrix}=a_2a_3\cdots a_n,\ A_{22}=\begin{vmatrix} a_1 & & & \\ & a_3 & & \\ & & \ddots & \\ & & & a_n \end{vmatrix}=a_1a_3\cdots a_n$$

……

$$A_{nn}=\begin{vmatrix} a_1 & & & \\ & a_2 & & \\ & & \ddots & \\ & & & a_{n-1} \end{vmatrix}=a_1a_2\cdots a_{n-1}$$

其他代数余子式 $A_{ij}=0$，$i\neq j$. 可以求得

$$A^{-1}=\frac{1}{a_1a_2\cdots a_n}\begin{pmatrix} a_2a_3\cdots a_n & & & \\ & a_1a_3\cdots a_n & & \\ & & \ddots & \\ & & & a_1a_2\cdots a_{n-1} \end{pmatrix}$$

$$=\begin{pmatrix} \frac{1}{a_1} & & & \\ & \frac{1}{a_2} & & \\ & & \ddots & \\ & & & \frac{1}{a_n} \end{pmatrix}$$

36. 当 a 为何值时，矩阵 $A=\begin{pmatrix} a & -1 & 1 \\ 0 & 1 & 2 \\ 1 & 0 & 3 \end{pmatrix}$ 可逆，并在可逆时，求 A^{-1}.

解： $|A|=\begin{vmatrix} a & -1 & 1 \\ 0 & 1 & 2 \\ 1 & 0 & 3 \end{vmatrix}=3a-2-1=3(a-1)$

当 $a\neq 1$ 时 $|A|\neq 0$，此时 A 可逆.

$A_{11}=3$，$A_{12}=2$，$A_{13}=-1$

$A_{21}=3$，$A_{22}=3a-1$，$A_{23}=-1$

$A_{31}=-3$，$A_{32}=-2a$，$A_{33}=a$

可以求得 $A^{-1}=\frac{1}{3(a-1)}\begin{pmatrix} 3 & 3 & -3 \\ 2 & 3a-1 & -2a \\ -1 & -1 & a \end{pmatrix}$ $(a\neq 1)$.

37. 讨论矩阵 $A=\begin{pmatrix} -1 & 0 & 1 \\ a & 3 & b \\ 2 & 0 & -2 \end{pmatrix}$ 的可逆性.

解: $|\boldsymbol{A}|=\begin{vmatrix}-1 & 0 & 1\\ a & 3 & b\\ 2 & 0 & -2\end{vmatrix}=6-6=0$

$|\boldsymbol{A}|=0$, $\boldsymbol{A}$ 为奇异矩阵, 故不论 a, b 为何值, $\boldsymbol{A}$ 均不可逆.

注释: n 阶矩阵 $\boldsymbol{A}$ 可逆的充分必要条件是 $\boldsymbol{A}$ 非奇异, 即 $|\boldsymbol{A}|\neq 0$.

38. 用分块矩阵求矩阵 $\begin{pmatrix}2 & 1 & 0 & 0\\ 1 & 1 & 0 & 0\\ 0 & 0 & 2 & 5\\ 0 & 0 & 1 & 3\end{pmatrix}$ 的逆矩阵.

解: 用下列方法将给定矩阵分块.

$$\left(\begin{array}{cc:cc}2 & 1 & 0 & 0\\ 1 & 1 & 0 & 0\\ \hdashline 0 & 0 & 2 & 5\\ 0 & 0 & 1 & 3\end{array}\right)=\begin{pmatrix}\boldsymbol{A} & \boldsymbol{O}\\ \boldsymbol{O} & \boldsymbol{B}\end{pmatrix}, \text{其中 } \boldsymbol{A}=\begin{pmatrix}2 & 1\\ 1 & 1\end{pmatrix}, \boldsymbol{B}=\begin{pmatrix}2 & 5\\ 1 & 3\end{pmatrix}.$$

$|\boldsymbol{A}|=1\neq 0$, $|\boldsymbol{B}|=1\neq 0$, 所以 $\boldsymbol{A}$, $\boldsymbol{B}$ 均可逆, 可以求出 $\boldsymbol{A}^{-1}=\begin{pmatrix}1 & -1\\ -1 & 2\end{pmatrix}$, $\boldsymbol{B}^{-1}=\begin{pmatrix}3 & -5\\ -1 & 2\end{pmatrix}$, 于是可得

$$\begin{pmatrix}2 & 1 & 0 & 0\\ 1 & 1 & 0 & 0\\ 0 & 0 & 2 & 5\\ 0 & 0 & 1 & 3\end{pmatrix}=\begin{pmatrix}\boldsymbol{A} & \boldsymbol{O}\\ \boldsymbol{O} & \boldsymbol{B}\end{pmatrix}^{-1}=\begin{pmatrix}\boldsymbol{A}^{-1} & \boldsymbol{O}\\ \boldsymbol{O} & \boldsymbol{B}^{-1}\end{pmatrix}=\begin{pmatrix}1 & -1 & 0 & 0\\ -1 & 2 & 0 & 0\\ 0 & 0 & 3 & -5\\ 0 & 0 & -1 & 2\end{pmatrix}$$

39. 按下列不同的分块方法, 求下列矩阵的逆矩阵.

(1) $\left(\begin{array}{cc:cc}1 & 2 & 3 & 4\\ 0 & 1 & 2 & 3\\ \hdashline 0 & 0 & 1 & 2\\ 0 & 0 & 0 & 1\end{array}\right)$　　(2) $\left(\begin{array}{ccc:c}1 & 2 & 3 & 4\\ 0 & 1 & 2 & 3\\ 0 & 0 & 1 & 2\\ \hdashline 0 & 0 & 0 & 1\end{array}\right)$

解: (1) $\left(\begin{array}{cc:cc}1 & 2 & 3 & 4\\ 0 & 1 & 2 & 3\\ \hdashline 0 & 0 & 1 & 2\\ 0 & 0 & 0 & 1\end{array}\right)=\begin{pmatrix}\boldsymbol{A} & \boldsymbol{C}\\ \boldsymbol{O} & \boldsymbol{B}\end{pmatrix}$, 其中 $\boldsymbol{A}=\begin{pmatrix}1 & 2\\ 0 & 1\end{pmatrix}$, $\boldsymbol{B}=\begin{pmatrix}1 & 2\\ 0 & 1\end{pmatrix}$, $\boldsymbol{C}=\begin{pmatrix}3 & 4\\ 2 & 3\end{pmatrix}$,

$|\boldsymbol{A}|\neq 0$, $|\boldsymbol{B}|\neq 0$, $\boldsymbol{A}$, $\boldsymbol{B}$ 可逆.

根据 $\begin{pmatrix}\boldsymbol{A} & \boldsymbol{C}\\ \boldsymbol{O} & \boldsymbol{B}\end{pmatrix}^{-1}=\begin{pmatrix}\boldsymbol{A}^{-1} & -\boldsymbol{A}^{-1}\boldsymbol{C}\boldsymbol{B}^{-1}\\ \boldsymbol{O} & \boldsymbol{B}^{-1}\end{pmatrix}$, 可以求出

$$\boldsymbol{A}^{-1}=\begin{pmatrix}1 & -2\\ 0 & 1\end{pmatrix}, \quad \boldsymbol{B}^{-1}=\begin{pmatrix}1 & -2\\ 0 & 1\end{pmatrix}$$

$$-A^{-1}CB^{-1}=-\begin{pmatrix}1&-2\\0&1\end{pmatrix}\begin{pmatrix}3&4\\2&3\end{pmatrix}\begin{pmatrix}1&-2\\0&1\end{pmatrix}=\begin{pmatrix}1&0\\-2&1\end{pmatrix}$$

于是可得 $\begin{pmatrix}A&C\\O&B\end{pmatrix}^{-1}=\begin{pmatrix}1&-2&1&0\\0&1&-2&1\\0&0&1&-2\\0&0&0&1\end{pmatrix}$

即 $$\begin{pmatrix}1&2&3&4\\0&1&2&3\\0&0&1&2\\0&0&0&1\end{pmatrix}^{-1}=\begin{pmatrix}1&-2&1&0\\0&1&-2&1\\0&0&1&-2\\0&0&0&1\end{pmatrix}$$

(2) $\left(\begin{array}{ccc|c}1&2&3&4\\0&1&2&3\\0&0&1&2\\\hline 0&0&0&1\end{array}\right)=\begin{pmatrix}A&C\\O&B\end{pmatrix}$

其中 $A=\begin{pmatrix}1&2&3\\0&1&2\\0&0&1\end{pmatrix}$，$B=(1)$，$C=\begin{pmatrix}4\\3\\2\end{pmatrix}$.

$|A|\neq 0$，$|B|\neq 0$，A，B 均可逆.

根据 $\begin{pmatrix}A&C\\O&B\end{pmatrix}^{-1}=\begin{pmatrix}A^{-1}&-A^{-1}CB^{-1}\\O&B^{-1}\end{pmatrix}$，可以求出

$$A^{-1}=\begin{pmatrix}1&-2&1\\0&1&-2\\0&0&1\end{pmatrix},\ B^{-1}=(1)$$

$$-A^{-1}CB^{-1}=-\begin{pmatrix}1&-2&1\\0&1&-2\\0&0&1\end{pmatrix}\begin{pmatrix}4\\3\\2\end{pmatrix}\cdot(1)=\begin{pmatrix}0\\1\\-2\end{pmatrix}$$

于是可得 $\begin{pmatrix}A&C\\O&B\end{pmatrix}^{-1}=\begin{pmatrix}1&-2&1&0\\0&1&-2&1\\0&0&1&-2\\0&0&0&1\end{pmatrix}$，即

$$\begin{pmatrix}1&2&3&4\\0&1&2&3\\0&0&1&2\\0&0&0&1\end{pmatrix}^{-1}=\begin{pmatrix}1&-2&1&0\\0&1&-2&1\\0&0&1&-2\\0&0&0&1\end{pmatrix}$$

40. 用分块矩阵求矩阵 $\begin{pmatrix}4&0&0&0&0\\0&1&2&0&0\\0&1&1&0&0\\0&0&0&3&1\\0&0&0&5&2\end{pmatrix}$ 的逆矩阵.

解：用下列方法将给定矩阵分块.

$$\left(\begin{array}{c:cc:cc}4 & 0 & 0 & 0 & 0\\ \hdashline 0 & 1 & 2 & 0 & 0\\ 0 & 1 & 1 & 0 & 0\\ \hdashline 0 & 0 & 0 & 3 & 1\\ 0 & 0 & 0 & 5 & 2\end{array}\right)=\begin{pmatrix}\boldsymbol{A}_1 & \boldsymbol{O} & \boldsymbol{O}\\ \boldsymbol{O} & \boldsymbol{A}_2 & \boldsymbol{O}\\ \boldsymbol{O} & \boldsymbol{O} & \boldsymbol{A}_3\end{pmatrix}$$

其中 $\boldsymbol{A}_1=(4)$，$\boldsymbol{A}_2=\begin{pmatrix}1 & 2\\ 1 & 1\end{pmatrix}$，$\boldsymbol{A}_3=\begin{pmatrix}3 & 1\\ 5 & 2\end{pmatrix}$，显然 $\boldsymbol{A}_1$，$\boldsymbol{A}_2$，$\boldsymbol{A}_3$ 均可逆，可以求出

$$\boldsymbol{A}_1^{-1}=\left(\frac{1}{4}\right),\quad \boldsymbol{A}_2^{-1}=\begin{pmatrix}-1 & 2\\ 1 & -1\end{pmatrix},\quad \boldsymbol{A}_3^{-1}=\begin{pmatrix}2 & -1\\ -5 & 3\end{pmatrix}$$

于是可得 $\begin{pmatrix}4 & 0 & 0 & 0 & 0\\ 0 & 1 & 2 & 0 & 0\\ 0 & 1 & 1 & 0 & 0\\ 0 & 0 & 0 & 3 & 1\\ 0 & 0 & 0 & 5 & 2\end{pmatrix}^{-1}=\begin{pmatrix}\boldsymbol{A}_1^{-1} & \boldsymbol{O} & \boldsymbol{O}\\ \boldsymbol{O} & \boldsymbol{A}_2^{-1} & \boldsymbol{O}\\ \boldsymbol{O} & \boldsymbol{O} & \boldsymbol{A}_3^{-1}\end{pmatrix}=\begin{pmatrix}\frac{1}{4} & 0 & 0 & 0 & 0\\ 0 & -1 & 2 & 0 & 0\\ 0 & 1 & -1 & 0 & 0\\ 0 & 0 & 0 & 2 & -1\\ 0 & 0 & 0 & -5 & 3\end{pmatrix}$

注释：用分块矩阵求逆矩阵，常用到以下类型.

设 $\boldsymbol{A}$，$\boldsymbol{B}$，$\boldsymbol{A}_1$，$\boldsymbol{A}_2$，…，$\boldsymbol{A}_n$ 可逆

$$\begin{pmatrix}\boldsymbol{A} & \boldsymbol{O}\\ \boldsymbol{O} & \boldsymbol{B}\end{pmatrix}^{-1}=\begin{pmatrix}\boldsymbol{A}^{-1} & \boldsymbol{O}\\ \boldsymbol{O} & \boldsymbol{B}^{-1}\end{pmatrix},\ \begin{pmatrix}\boldsymbol{O} & \boldsymbol{A}\\ \boldsymbol{B} & \boldsymbol{O}\end{pmatrix}^{-1}=\begin{pmatrix}\boldsymbol{O} & \boldsymbol{B}^{-1}\\ \boldsymbol{A}^{-1} & \boldsymbol{O}\end{pmatrix}$$

$$\begin{pmatrix}\boldsymbol{A} & \boldsymbol{C}\\ \boldsymbol{O} & \boldsymbol{B}\end{pmatrix}^{-1}=\begin{pmatrix}\boldsymbol{A}^{-1} & -\boldsymbol{A}^{-1}\boldsymbol{C}\boldsymbol{B}^{-1}\\ \boldsymbol{O} & \boldsymbol{B}^{-1}\end{pmatrix},\ \begin{pmatrix}\boldsymbol{A} & \boldsymbol{O}\\ \boldsymbol{C} & \boldsymbol{B}\end{pmatrix}^{-1}=\begin{pmatrix}\boldsymbol{A}^{-1} & \boldsymbol{O}\\ -\boldsymbol{B}^{-1}\boldsymbol{C}\boldsymbol{A}^{-1} & \boldsymbol{B}^{-1}\end{pmatrix}$$

$$\begin{pmatrix}\boldsymbol{O} & \boldsymbol{A}\\ \boldsymbol{B} & \boldsymbol{C}\end{pmatrix}^{-1}=\begin{pmatrix}-\boldsymbol{B}^{-1}\boldsymbol{C}\boldsymbol{A}^{-1} & \boldsymbol{B}^{-1}\\ \boldsymbol{A}^{-1} & \boldsymbol{O}\end{pmatrix},\ \begin{pmatrix}\boldsymbol{C} & \boldsymbol{A}\\ \boldsymbol{B} & \boldsymbol{O}\end{pmatrix}^{-1}=\begin{pmatrix}\boldsymbol{O} & \boldsymbol{B}^{-1}\\ \boldsymbol{A}^{-1} & -\boldsymbol{A}^{-1}\boldsymbol{C}\boldsymbol{B}^{-1}\end{pmatrix}$$

$$\begin{pmatrix}\boldsymbol{A}_1 & & & \\ & \boldsymbol{A}_2 & & \\ & & \ddots & \\ & & & \boldsymbol{A}_n\end{pmatrix}^{-1}=\begin{pmatrix}\boldsymbol{A}_1^{-1} & & & \\ & \boldsymbol{A}_2^{-1} & & \\ & & \ddots & \\ & & & \boldsymbol{A}_n^{-1}\end{pmatrix}$$

41. 用逆矩阵解矩阵方程：

(1) $\begin{pmatrix}2 & 5\\ 1 & 3\end{pmatrix}\boldsymbol{X}=\begin{pmatrix}4 & -6\\ 2 & 1\end{pmatrix}$

(2) $\boldsymbol{X}\begin{pmatrix}1 & 1 & -1\\ 2 & 1 & 0\\ 1 & -1 & 1\end{pmatrix}=\begin{pmatrix}1 & 1 & 3\\ 4 & 3 & 2\\ 1 & 2 & 5\end{pmatrix}$

(3) $\begin{pmatrix}1 & 1 & -1\\ -2 & 1 & 1\\ 1 & 1 & 1\end{pmatrix}\boldsymbol{X}=\begin{pmatrix}2\\ 3\\ 6\end{pmatrix}$

解：(1) $\begin{vmatrix}2 & 5\\ 1 & 3\end{vmatrix}\neq 0$，所以 $\begin{pmatrix}2 & 5\\ 1 & 3\end{pmatrix}$ 可逆.

可以求出$\begin{pmatrix}2 & 5\\1 & 3\end{pmatrix}^{-1}=\begin{pmatrix}3 & -5\\-1 & 2\end{pmatrix}$

于是可得 $\boldsymbol{X}=\begin{pmatrix}2 & 5\\1 & 3\end{pmatrix}^{-1}\begin{pmatrix}4 & -6\\2 & 1\end{pmatrix}=\begin{pmatrix}3 & -5\\-1 & 2\end{pmatrix}\begin{pmatrix}4 & -6\\2 & 1\end{pmatrix}=\begin{pmatrix}2 & -23\\0 & 8\end{pmatrix}$

(2) $\begin{vmatrix}1 & 1 & -1\\2 & 1 & 0\\1 & -1 & 1\end{vmatrix}=2\neq 0$，所以$\begin{pmatrix}1 & 1 & -1\\2 & 1 & 0\\1 & -1 & 1\end{pmatrix}$可逆，可以求出

$$\begin{pmatrix}1 & 1 & -1\\2 & 1 & 0\\1 & -1 & 1\end{pmatrix}^{-1}=\frac{1}{2}\begin{pmatrix}1 & 0 & 1\\-2 & 2 & -2\\-3 & 2 & -1\end{pmatrix}=\begin{pmatrix}\frac{1}{2} & 0 & \frac{1}{2}\\-1 & 1 & -1\\-\frac{3}{2} & 1 & -\frac{1}{2}\end{pmatrix}$$

于是可得 $\boldsymbol{X}=\begin{pmatrix}1 & 1 & 3\\4 & 3 & 2\\1 & 2 & 5\end{pmatrix}\begin{pmatrix}1 & 1 & -1\\2 & 1 & 0\\1 & -1 & 1\end{pmatrix}^{-1}=\begin{pmatrix}1 & 1 & 3\\4 & 3 & 2\\1 & 2 & 5\end{pmatrix}\begin{pmatrix}\frac{1}{2} & 0 & \frac{1}{2}\\-1 & 1 & -1\\-\frac{3}{2} & 1 & -\frac{1}{2}\end{pmatrix}$

$$=\begin{pmatrix}-5 & 4 & -2\\-4 & 5 & -2\\-9 & 7 & -4\end{pmatrix}$$

(3) $\begin{vmatrix}1 & 1 & -1\\-2 & 1 & 1\\1 & 1 & 1\end{vmatrix}=6\neq 0$，所以$\begin{pmatrix}1 & 1 & -1\\-2 & 1 & 1\\1 & 1 & 1\end{pmatrix}$可逆.

可以求出$\begin{pmatrix}1 & 1 & -1\\-2 & 1 & 1\\1 & 1 & 1\end{pmatrix}^{-1}=\begin{pmatrix}0 & -\frac{1}{3} & \frac{1}{3}\\\frac{1}{2} & \frac{1}{3} & \frac{1}{6}\\-\frac{1}{2} & 0 & \frac{1}{2}\end{pmatrix}$

于是可得 $\boldsymbol{X}=\begin{pmatrix}1 & 1 & -1\\-2 & 1 & 1\\1 & 1 & 1\end{pmatrix}^{-1}\begin{pmatrix}2\\3\\6\end{pmatrix}=\begin{pmatrix}0 & -\frac{1}{3} & \frac{1}{3}\\\frac{1}{2} & \frac{1}{3} & \frac{1}{6}\\-\frac{1}{2} & 0 & \frac{1}{2}\end{pmatrix}\begin{pmatrix}2\\3\\6\end{pmatrix}=\begin{pmatrix}1\\3\\2\end{pmatrix}$

42. 解矩阵方程 $\boldsymbol{AX}+\boldsymbol{B}=\boldsymbol{X}$，其中 $\boldsymbol{A}=\begin{pmatrix}0 & 1 & 0\\-1 & 1 & 1\\-1 & 0 & -1\end{pmatrix}$，$\boldsymbol{B}=\begin{pmatrix}1 & -1\\2 & 0\\5 & -3\end{pmatrix}$.

解：由 $\boldsymbol{AX}+\boldsymbol{B}=\boldsymbol{X}$，有

$$(\boldsymbol{A}-\boldsymbol{I})\boldsymbol{X}=-\boldsymbol{B}$$

$$A-I=\begin{pmatrix}-1&1&0\\-1&0&1\\-1&0&-2\end{pmatrix},\ |A-I|=\begin{vmatrix}-1&1&0\\-1&0&1\\-1&0&-2\end{vmatrix}=-3\neq 0$$

所以 $A-I$ 可逆.

可以求出 $(A-I)^{-1}=-\frac{1}{3}\begin{pmatrix}0&2&1\\-3&2&1\\0&-1&1\end{pmatrix}$. 由 $(A-I)X=-B$, 有

$$X=-(A-I)^{-1}B=\frac{1}{3}\begin{pmatrix}0&2&1\\-3&2&1\\0&-1&1\end{pmatrix}\begin{pmatrix}1&-1\\2&0\\5&-3\end{pmatrix}=\begin{pmatrix}3&-1\\2&0\\1&-1\end{pmatrix}$$

于是得出 $X=\begin{pmatrix}3&-1\\2&0\\1&-1\end{pmatrix}$

注释: 用逆矩阵解矩阵方程有以下常用结论. 设 A, B 可逆.

若 $AX=B$, 则有 $X=A^{-1}B$.

若 $XA=B$, 则有 $X=BA^{-1}$.

若 $AXB=C$, 则有 $X=A^{-1}CB^{-1}$.

43. 设矩阵 $A=\begin{pmatrix}1&0&-1\\1&3&0\\0&2&1\end{pmatrix}$, X 为三阶矩阵, 且满足矩阵方程 $AX+I=A^2+X$, 求矩阵 X.

解: 由 $AX+I=A^2+X$, 有 $AX-X=A^2-I$, 即

$$(A-I)X=A^2-I$$

$$A-I=\begin{pmatrix}1&0&-1\\1&3&0\\0&2&1\end{pmatrix}-\begin{pmatrix}1&0&0\\0&1&0\\0&0&1\end{pmatrix}=\begin{pmatrix}0&0&-1\\1&2&0\\0&2&0\end{pmatrix}$$

$$|A-I|=\begin{vmatrix}0&0&-1\\1&2&0\\0&2&0\end{vmatrix}=-2\neq 0, \text{因此 } A-I \text{ 可逆.}$$

由 $(A-I)X=A^2-I$ 可得

$$X=(A-I)^{-1}(A-I)(A+I)=A+I$$

于是可以求出 $X=\begin{pmatrix}1&0&-1\\1&3&0\\0&2&1\end{pmatrix}+\begin{pmatrix}1&0&0\\0&1&0\\0&0&1\end{pmatrix}=\begin{pmatrix}2&0&-1\\1&4&0\\0&2&2\end{pmatrix}$.

44. 设 A, B, C 为同阶矩阵, 且 C 非奇异, 满足 $C^{-1}AC=B$, 求证: $C^{-1}A^mC=B^m$ (m 是正整数).

证: 因 $B=C^{-1}AC$, 于是可得

$$\begin{aligned}B^m=(C^{-1}AC)^m&=\underbrace{(C^{-1}AC)(C^{-1}AC)\cdots(C^{-1}AC)}_{m个}\\&=C^{-1}A(CC^{-1})A(CC^{-1})\cdots(CC^{-1})AC\\&=C^{-1}AIAI\cdots IAC\\&=C^{-1}\underbrace{AA\cdots A}_{m个}C=C^{-1}A^mC\end{aligned}$$

45. 若 $A^k=O$ （k 是正整数），求证：$(I-A)^{-1}=I+A+A^2+\cdots+A^{k-1}$.

证： $(I-A)(I+A+A^2+\cdots+A^{k-1})$

$=I+A+A^2+\cdots+A^{k-1}-A-A^2-\cdots-A^k$

$=I-A^k$

因 $A^k=O$，从而有$(I-A)(I+A+A^2+\cdots+A^{k-1})=I$. 所以

$$(I-A)^{-1}=I+A+A^2+\cdots+A^{k-1}$$

46. 若 n 阶矩阵 A 满足 $A^2-2A-4I=O$，试证 $A+I$ 可逆，并求$(A+I)^{-1}$.

证： 由 $A^2-2A-4I=O$，有

$$A^2-2A-3I=I，即 (A+I)(A-3I)=I$$

由此可知 $A+I$ 可逆，且 $(A+I)^{-1}=A-3I$.

47. 若 n 阶矩阵 A 满足 $A^3=3A(A-I)$，试证 $I-A$ 可逆，并求$(I-A)^{-1}$.

证： 由 $A^3=3A(A-I)$ 有 $3A^2-3A-A^3=O$，即 $I-3A+3A^2-A^3=I$，从而有$(I-A)^3=I$，亦即 $(I-A)(I-A)^2=I$，由此可知 $I-A$ 可逆，且$(I-A)^{-1}=(I-A)^2$.

48. 已知矩阵 $A=\begin{pmatrix}1&1&-1\\0&1&1\\0&0&-1\end{pmatrix}$，$B$ 为三阶矩阵，且满足 $A^2-AB=I$，求矩阵 B.

解： $|A|=\begin{vmatrix}1&1&-1\\0&1&1\\0&0&-1\end{vmatrix}=-1\neq0$，所以 A 可逆，可以求出 $A^{-1}=\begin{pmatrix}1&-1&-2\\0&1&1\\0&0&-1\end{pmatrix}$.

由 $A^2-AB=I$ 有 $A(A-B)=I$，可知 $A^{-1}=A-B$，从而有 $B=A-A^{-1}$，所以可得

$$B=A-A^{-1}=\begin{pmatrix}1&1&-1\\0&1&1\\0&0&-1\end{pmatrix}-\begin{pmatrix}1&-1&-2\\0&1&1\\0&0&-1\end{pmatrix}=\begin{pmatrix}0&2&1\\0&0&0\\0&0&0\end{pmatrix}$$

49. 已知矩阵 $A=\begin{pmatrix}3&-1&0\\0&4&5\\2&1&2\end{pmatrix}$，$B$ 为三阶矩阵，且满足 $A^2+3B=AB+9I$，求矩阵 B.

解： 由 $A^2+3B=AB+9I$ 有

$$A^2-9I=AB-3B$$

从而有 $(A-3I)(A+3I)=(A-3I)B$

$$A-3I=\begin{pmatrix}3&-1&0\\0&4&5\\2&1&2\end{pmatrix}-\begin{pmatrix}3&0&0\\0&3&0\\0&0&3\end{pmatrix}=\begin{pmatrix}0&-1&0\\0&1&5\\2&1&-1\end{pmatrix}$$

$$|\boldsymbol{A}-3\boldsymbol{I}|=\begin{vmatrix}0&-1&0\\0&1&5\\2&1&-1\end{vmatrix}=-10\neq 0\text{，故 }\boldsymbol{A}-3\boldsymbol{I}\text{ 可逆. 于是有}$$

$$(\boldsymbol{A}-3\boldsymbol{I})^{-1}(\boldsymbol{A}-3\boldsymbol{I})(\boldsymbol{A}+3\boldsymbol{I})=(\boldsymbol{A}-3\boldsymbol{I})^{-1}(\boldsymbol{A}-3\boldsymbol{I})\boldsymbol{B}$$

即 $$\boldsymbol{B}=\boldsymbol{A}+3\boldsymbol{I}$$

所以可得 $\boldsymbol{B}=\begin{pmatrix}3&-1&0\\0&4&5\\2&1&2\end{pmatrix}+\begin{pmatrix}3&0&0\\0&3&0\\0&0&3\end{pmatrix}=\begin{pmatrix}6&-1&0\\0&7&5\\2&1&5\end{pmatrix}$

50. 设 $\boldsymbol{A}$ 是 $n\ (n\geqslant 2)$ 阶可逆矩阵，$\boldsymbol{A}^*$ 是 $\boldsymbol{A}$ 的伴随矩阵，证明：(1) $(\boldsymbol{A}^*)^{-1}=(\boldsymbol{A}^{-1})^*$. (2) $(\boldsymbol{A}^*)^*=|\boldsymbol{A}|^{n-2}\boldsymbol{A}$.

证：(1) 由 $\boldsymbol{A}^{-1}=\dfrac{1}{|\boldsymbol{A}|}\boldsymbol{A}^*$ 有

$$\boldsymbol{A}^*=|\boldsymbol{A}|\boldsymbol{A}^{-1}$$

那么 $$(\boldsymbol{A}^*)^{-1}=(|\boldsymbol{A}|\boldsymbol{A}^{-1})^{-1}=\frac{1}{|\boldsymbol{A}|}(\boldsymbol{A}^{-1})^{-1}=\frac{1}{|\boldsymbol{A}|}\boldsymbol{A}$$

$$(\boldsymbol{A}^{-1})^*=|\boldsymbol{A}^{-1}|(\boldsymbol{A}^{-1})^{-1}=\frac{1}{|\boldsymbol{A}|}\boldsymbol{A}$$

所以 $$(\boldsymbol{A}^{-1})^*=(\boldsymbol{A}^*)^{-1}$$

(2) 因 $\boldsymbol{A}$ 可逆，故 $|\boldsymbol{A}|\neq 0$，且 $\boldsymbol{A}^*=|\boldsymbol{A}|\boldsymbol{A}^{-1}$. 因此 $|\boldsymbol{A}^*|=||\boldsymbol{A}|\boldsymbol{A}^{-1}|=|\boldsymbol{A}|^n|\boldsymbol{A}^{-1}|=|\boldsymbol{A}|^{n-1}\neq 0$，所以 $\boldsymbol{A}^*$ 可逆，将 $\boldsymbol{A}^*=|\boldsymbol{A}|\boldsymbol{A}^{-1}$ 中的 $\boldsymbol{A}$ 处换为 $\boldsymbol{A}^*$，则有 $(\boldsymbol{A}^*)^*=|\boldsymbol{A}^*|(\boldsymbol{A}^*)^{-1}$.

从(1)中可以得出 $(\boldsymbol{A}^*)^{-1}=\dfrac{1}{|\boldsymbol{A}|}\boldsymbol{A}$，于是有

$$(\boldsymbol{A}^*)^*=|\boldsymbol{A}^*|\frac{1}{|\boldsymbol{A}|}\boldsymbol{A}=|\boldsymbol{A}|^{n-1}\frac{1}{|\boldsymbol{A}|}\boldsymbol{A}=|\boldsymbol{A}|^{n-2}\boldsymbol{A}$$

注释：注意下面一些关系不要混淆.

(1) $\boldsymbol{A}^{-1}=\dfrac{1}{|\boldsymbol{A}|}\boldsymbol{A}^*$ (2) $\boldsymbol{A}^*=|\boldsymbol{A}|\boldsymbol{A}^{-1}$ (3) $(\boldsymbol{A}^{-1})^*=\dfrac{1}{|\boldsymbol{A}|}\boldsymbol{A}$

(4) $(\boldsymbol{A}^*)^{-1}=\dfrac{1}{|\boldsymbol{A}|}\boldsymbol{A}$ (5) $(\boldsymbol{A}^*)^*=|\boldsymbol{A}|^{n-2}\boldsymbol{A}$ (6) $|\boldsymbol{A}^*|=\boldsymbol{A}^{n-1}$

(7) $|\boldsymbol{A}^{-1}|=\dfrac{1}{|\boldsymbol{A}|}$ (8) $(k\boldsymbol{A})^{-1}=\dfrac{1}{k}\boldsymbol{A}^{-1}\ (k\neq 0)$

51. 设 $\boldsymbol{A}$，$\boldsymbol{B}$ 均为 n 阶可逆矩阵，证明：$(\boldsymbol{AB})^*=\boldsymbol{B}^*\boldsymbol{A}^*$.

证：$\boldsymbol{A}$，$\boldsymbol{B}$ 可逆，由逆矩阵的性质知 $\boldsymbol{AB}$ 可逆，那么根据 $\boldsymbol{XX}^*=|\boldsymbol{X}|\boldsymbol{I}$（$\boldsymbol{X}$ 为 n 阶可逆矩阵）有

$$(\boldsymbol{AB})(\boldsymbol{AB})^*=|\boldsymbol{AB}|\boldsymbol{I}$$

所以
$$\begin{aligned}(\boldsymbol{AB})^*&=(\boldsymbol{AB})^{-1}|\boldsymbol{AB}|\boldsymbol{I}=|\boldsymbol{AB}|(\boldsymbol{AB})^{-1}\\&=|\boldsymbol{A}||\boldsymbol{B}|\boldsymbol{B}^{-1}\boldsymbol{A}^{-1}=|\boldsymbol{B}|\boldsymbol{B}^{-1}|\boldsymbol{A}|\boldsymbol{A}^{-1}\\&=|\boldsymbol{B}|\frac{\boldsymbol{B}^*}{|\boldsymbol{B}|}|\boldsymbol{A}|\frac{\boldsymbol{A}^*}{|\boldsymbol{A}|}=\boldsymbol{B}^*\boldsymbol{A}^*\end{aligned}$$

52. 设 $\boldsymbol{A}$ 为三阶矩阵，且 $|\boldsymbol{A}|=\dfrac{1}{2}$，求 $|(3\boldsymbol{A})^{-1}-2\boldsymbol{A}^*|$ 的值.

解：$(3\boldsymbol{A})^{-1}=\dfrac{1}{3}\boldsymbol{A}^{-1}$，$\boldsymbol{A}^{*}=|\boldsymbol{A}|\boldsymbol{A}^{-1}$

于是 $$|(3\boldsymbol{A})^{-1}-2\boldsymbol{A}^{*}|=\left|\frac{1}{3}\boldsymbol{A}^{-1}-2|\boldsymbol{A}|\boldsymbol{A}^{-1}\right|=\left|\frac{1}{3}\boldsymbol{A}^{-1}-2\times\frac{1}{2}\boldsymbol{A}^{-1}\right|$$

$$=\left|-\frac{2}{3}\boldsymbol{A}^{-1}\right|=\left(-\frac{2}{3}\right)^{3}|\boldsymbol{A}^{-1}|=-\frac{8}{27}\frac{1}{|\boldsymbol{A}|}=-\frac{16}{27}$$

注释：第51题的解法是将所求行列式符号内所含的$\boldsymbol{A}^{*}$根据$\boldsymbol{A}^{*}=|\boldsymbol{A}|\boldsymbol{A}^{-1}$化为$\boldsymbol{A}^{-1}$的关系式求解. 也可以将$\boldsymbol{A}^{-1}$根据$\boldsymbol{A}^{-1}=\dfrac{1}{|\boldsymbol{A}|}\boldsymbol{A}^{*}$化为$\boldsymbol{A}^{*}$的关系式求解，做法如下：

$$|(3\boldsymbol{A})^{-1}-2\boldsymbol{A}^{*}|=\left|\frac{2}{3}\boldsymbol{A}^{*}-2\boldsymbol{A}^{*}\right|=\left|-\frac{4}{3}\boldsymbol{A}^{*}\right|=\left(-\frac{4}{3}\right)^{3}|\boldsymbol{A}^{*}|$$

$$=-\frac{64}{27}|\boldsymbol{A}|^{3-1}=-\frac{64}{27}\frac{1}{4}=-\frac{16}{27}$$

53. 设$\boldsymbol{A}$，$\boldsymbol{B}$为三阶矩阵，且$|\boldsymbol{A}|=2$，$|\boldsymbol{B}|=3$，求$|-2(\boldsymbol{A}^{\mathrm{T}}\boldsymbol{B}^{-1})^{-1}|$.

解：$|-2(\boldsymbol{A}^{\mathrm{T}}\boldsymbol{B}^{-1})^{-1}|=(-2)^{3}|(\boldsymbol{A}^{\mathrm{T}}\boldsymbol{B}^{-1})^{-1}|=-8|(\boldsymbol{B}^{-1})^{-1}(\boldsymbol{A}^{\mathrm{T}})^{-1}|$

$$=-8|\boldsymbol{B}(\boldsymbol{A}^{-1})^{\mathrm{T}}|=-8|\boldsymbol{B}|\,|\boldsymbol{A}^{-1}|=-8\times3\times\frac{1}{2}=-12$$

54. 用初等变换将下列矩阵化为矩阵$\boldsymbol{D}=\begin{pmatrix}\boldsymbol{I}_r & \boldsymbol{O}\\ \boldsymbol{O} & \boldsymbol{O}\end{pmatrix}$的标准形式.

(1) $\begin{pmatrix}1&-1\\3&2\end{pmatrix}$　　(2) $\begin{pmatrix}0&-1\\3&2\end{pmatrix}$　　(3) $\begin{pmatrix}1&-1&2\\3&2&1\\1&-2&0\end{pmatrix}$

(4) $\begin{pmatrix}1&-1&2\\3&-3&1\\-2&2&-4\end{pmatrix}$　　(5) $\begin{pmatrix}1&-1&2\\3&-3&1\end{pmatrix}$　　(6) $\begin{pmatrix}1&3\\-1&-3\\2&1\end{pmatrix}$

解：(1) $$\begin{pmatrix}1&-1\\3&2\end{pmatrix}\begin{matrix}\times(-3)\\ \leftarrow\end{matrix}\longrightarrow\begin{pmatrix}1&-1\\0&5\end{pmatrix}\begin{matrix}\\ \times\frac{1}{5}\end{matrix}\longrightarrow\begin{pmatrix}1&-1\\0&1\end{pmatrix}\begin{matrix}\leftarrow\\ \times1\end{matrix}\longrightarrow\begin{pmatrix}1&0\\0&1\end{pmatrix}$$

(2) $$\begin{pmatrix}0&-1\\3&2\end{pmatrix}\begin{matrix}\leftarrow\\ \leftarrow\end{matrix}\longrightarrow\begin{pmatrix}3&2\\0&-1\end{pmatrix}\begin{matrix}\leftarrow\\ \times2\end{matrix}\longrightarrow\begin{pmatrix}3&0\\0&-1\end{pmatrix}\begin{matrix}\times\frac{1}{3}\\ \times(-1)\end{matrix}\longrightarrow\begin{pmatrix}1&0\\0&1\end{pmatrix}$$

(3) $$\begin{pmatrix}1&-1&2\\3&2&1\\1&-2&0\end{pmatrix}\begin{matrix}\times(-3)\ \times(-1)\\ \leftarrow\\ \leftarrow\end{matrix}\longrightarrow\begin{pmatrix}1&-1&2\\0&5&-5\\0&-1&-2\end{pmatrix}\begin{matrix}\leftarrow\\ \times\frac{1}{5}\\ \times(-1)\end{matrix}$$

$$\longrightarrow\begin{pmatrix}1&0&4\\0&1&-1\\0&-1&-2\end{pmatrix}\begin{matrix}\\ \times1\\ \leftarrow\end{matrix}\longrightarrow\begin{pmatrix}1&0&4\\0&1&-1\\0&0&-3\end{pmatrix}\begin{matrix}\\ \\ \times\left(-\frac{1}{3}\right)\end{matrix}$$

$$\longrightarrow\begin{pmatrix}1&0&4\\0&1&-1\\0&0&1\end{pmatrix}\begin{matrix}\leftarrow\\ \leftarrow\\ \times1\ \times(-4)\end{matrix}\longrightarrow\begin{pmatrix}1&0&0\\0&1&0\\0&0&1\end{pmatrix}$$

(4) $\begin{pmatrix}1&-1&2\\3&-3&1\\-2&2&-4\end{pmatrix}$ $\times(-3)$ $\times 2$ $\to \begin{pmatrix}1&-1&2\\0&0&-5\\0&0&0\end{pmatrix}$ $\times 1$ $\times(-2)$

$\to \begin{pmatrix}1&0&0\\0&0&-5\\0&0&0\end{pmatrix} \to \begin{pmatrix}1&0&0\\0&-5&0\\0&0&0\end{pmatrix} \times\left(-\frac{1}{5}\right) \to \begin{pmatrix}1&0&0\\0&1&0\\0&0&0\end{pmatrix}$

(5) $\begin{pmatrix}1&-1&2\\3&-3&1\end{pmatrix}$ $\times(-3)$ $= \begin{pmatrix}1&-1&2\\0&0&-5\end{pmatrix}$ $\times 1$ $\times(-2)$

$\to \begin{pmatrix}1&0&0\\0&0&-5\end{pmatrix} \to \begin{pmatrix}1&0&0\\0&-5&0\end{pmatrix} \to \begin{pmatrix}1&0&0\\0&1&0\end{pmatrix}$

$\times(-\frac{1}{5})$

(6) $\begin{pmatrix}1&3\\-1&-3\\2&1\end{pmatrix}$ $\times 1$ $\times(-2)$ $\to \begin{pmatrix}1&3\\0&0\\0&-5\end{pmatrix} \to \begin{pmatrix}1&0\\0&0\\0&-5\end{pmatrix}$

$\times(-3)$

$\to \begin{pmatrix}1&0\\0&-5\\0&0\end{pmatrix} \times(-\frac{1}{5}) \to \begin{pmatrix}1&0\\0&1\\0&0\end{pmatrix}$

注释：所谓矩阵的标准形$\begin{pmatrix}\boldsymbol{I}_r&\boldsymbol{O}\\\boldsymbol{O}&\boldsymbol{O}\end{pmatrix}$，指矩阵的第一行到第 r 行以及第一列到第 r 列交叉的左上角为单位矩阵，其他元素皆为 0，任何矩阵均可通过初等变换化为标准形.

55. 用初等变换判定下列矩阵是否可逆，如可逆，求其逆矩阵.

(1) $\begin{pmatrix}2&2&3\\1&-1&0\\-1&2&1\end{pmatrix}$　　(2) $\begin{pmatrix}a&b\\c&d\end{pmatrix}$　$(ad-bc\neq 0)$

(3) $\begin{pmatrix}1&1&1&1\\-1&1&1&1\\-1&-1&1&1\\-1&-1&-1&1\end{pmatrix}$　　(4) $\begin{pmatrix}1&3&-5&7\\0&1&2&3\\0&0&1&2\\0&0&0&1\end{pmatrix}$

(5) $\begin{pmatrix} a_1 & & & \\ & a_2 & & \\ & & \ddots & \\ & & & a_n \end{pmatrix}$ $(a_i \neq 0,\ i=1,\ 2,\ \cdots,\ n)$

(6) $\begin{pmatrix} 0 & a_1 & 0 & \cdots & 0 \\ 0 & 0 & a_2 & \cdots & 0 \\ \vdots & \vdots & \vdots & & \vdots \\ 0 & 0 & 0 & \cdots & a_{n-1} \\ a_n & 0 & 0 & \cdots & 0 \end{pmatrix}$ $(a_i \neq 0,\ i=1,\ 2,\ \cdots,\ n)$

(7) $\begin{pmatrix} 1 & 0 & 3 & 1 \\ 0 & 1 & 6 & 2 \\ 0 & 0 & 3 & 1 \\ 1 & -1 & 0 & 0 \end{pmatrix}$

注释：用初等变换判断 n 阶矩阵 $\boldsymbol{A}$ 是否可逆，如可逆，求 $\boldsymbol{A}^{-1}$ 的方法是：将 $\boldsymbol{A}$ 与同阶单位矩阵 $\boldsymbol{I}$ 合成 $n\times 2n$ 矩阵 $(\boldsymbol{A} \vdots \boldsymbol{I})$，对其作仅限于行的初等行变换，若能将 $\boldsymbol{A}$ 化为 $\boldsymbol{I}$，则 $\boldsymbol{I}$ 即化为 $\boldsymbol{A}^{-1}$，若 $\boldsymbol{A}$ 不能化为 $\boldsymbol{I}$，则 $\boldsymbol{A}$ 不可逆，因此采用上述方法，既能判断 $\boldsymbol{A}$ 是否可逆，且如果可逆，同时也就求出了 $\boldsymbol{A}^{-1}$.

解：(1) $\left(\begin{array}{ccc:ccc} 2 & 2 & 3 & 1 & 0 & 0 \\ 1 & -1 & 0 & 0 & 1 & 0 \\ -1 & 2 & 1 & 0 & 0 & 1 \end{array}\right)$

$\longrightarrow \left(\begin{array}{ccc:ccc} 1 & -1 & 0 & 0 & 1 & 0 \\ 2 & 2 & 3 & 1 & 0 & 0 \\ -1 & 2 & 1 & 0 & 0 & 1 \end{array}\right) \begin{matrix} \times(-2),\ \times 1 \\ \\ \\ \end{matrix}$

$\longrightarrow \left(\begin{array}{ccc:ccc} 1 & -1 & 0 & 0 & 1 & 0 \\ 0 & 4 & 3 & 1 & -2 & 0 \\ 0 & 1 & 1 & 0 & 1 & 1 \end{array}\right)$

$\longrightarrow \left(\begin{array}{ccc:ccc} 1 & -1 & 0 & 0 & 1 & 0 \\ 0 & 1 & 1 & 0 & 1 & 1 \\ 0 & 4 & 3 & 1 & -2 & 0 \end{array}\right) \begin{matrix} \\ \times 1,\ \times(-4) \\ \\ \end{matrix}$

$\longrightarrow \left(\begin{array}{ccc:ccc} 1 & 0 & 1 & 0 & 2 & 1 \\ 0 & 1 & 1 & 0 & 1 & 1 \\ 0 & 0 & -1 & 1 & -6 & -4 \end{array}\right) \begin{matrix} \\ \\ \times 1 \end{matrix}$

$\longrightarrow \left(\begin{array}{ccc:ccc} 1 & 0 & 0 & 1 & -4 & -3 \\ 0 & 1 & 0 & 1 & -5 & -3 \\ 0 & 0 & -1 & 1 & -6 & -4 \end{array}\right) \begin{matrix} \\ \\ \times(-1) \end{matrix} \longrightarrow \left(\begin{array}{ccc:ccc} 1 & 0 & 0 & 1 & -4 & -3 \\ 0 & 1 & 0 & 1 & -5 & -3 \\ 0 & 0 & 1 & -1 & 6 & 4 \end{array}\right)$

所以给定矩阵可逆，而且可得 $\begin{pmatrix} 2 & 2 & 3 \\ 1 & -1 & 0 \\ -1 & 2 & 1 \end{pmatrix}^{-1} = \begin{pmatrix} 1 & -4 & -3 \\ 1 & -5 & -3 \\ -1 & 6 & 4 \end{pmatrix}$.

(2) $\left(\begin{array}{cc:cc} a & b & 1 & 0 \\ c & d & 0 & 1 \end{array}\right) \times \frac{1}{a} \longrightarrow \left(\begin{array}{cc:cc} 1 & \frac{b}{a} & \frac{1}{a} & 0 \\ c & d & 0 & 1 \end{array}\right) \times(-c)$

$$\longrightarrow \left(\begin{array}{cc:cc} 1 & \frac{b}{a} & \frac{1}{a} & 0 \\ 0 & \frac{ad-bc}{a} & -\frac{c}{a} & 1 \end{array}\right) \times \frac{a}{ad-bc}$$

$$\longrightarrow \left(\begin{array}{cc:cc} 1 & \frac{b}{a} & \frac{1}{a} & 0 \\ 0 & 1 & -\frac{c}{ad-bc} & \frac{a}{ad-bc} \end{array}\right) \times\left(-\frac{b}{a}\right)$$

$$\longrightarrow \left(\begin{array}{cc:cc} 1 & 0 & \frac{d}{ad-bc} & \frac{-b}{ad-bc} \\ 0 & 1 & \frac{-c}{ad-bc} & \frac{a}{ad-bc} \end{array}\right)$$

所以给定矩阵可逆，而且可得$\begin{pmatrix} a & b \\ c & d \end{pmatrix}^{-1} = \begin{pmatrix} \frac{d}{ad-bc} & \frac{-b}{ad-bc} \\ \frac{-c}{ad-bc} & \frac{a}{ad-bc} \end{pmatrix}$.

(3) $\left(\begin{array}{cccc:cccc} 1 & 1 & 1 & 1 & 1 & 0 & 0 & 0 \\ -1 & 1 & 1 & 1 & 0 & 1 & 0 & 0 \\ -1 & -1 & 1 & 1 & 0 & 0 & 1 & 0 \\ -1 & -1 & -1 & 1 & 0 & 0 & 0 & 1 \end{array}\right) \times 1$

$$\longrightarrow \left(\begin{array}{cccc:cccc} 1 & 1 & 1 & 1 & 1 & 0 & 0 & 0 \\ 0 & 2 & 2 & 2 & 1 & 1 & 0 & 0 \\ 0 & 0 & 2 & 2 & 1 & 0 & 1 & 0 \\ 0 & 0 & 0 & 2 & 1 & 0 & 0 & 1 \end{array}\right) \begin{array}{l} \\ \times\left(-\frac{1}{2}\right) \\ \times(-1) \\ \times(-1) \end{array}$$

$$\longrightarrow \left(\begin{array}{cccc:cccc} 1 & 0 & 0 & 0 & \frac{1}{2} & -\frac{1}{2} & 0 & 0 \\ 0 & 2 & 0 & 0 & 0 & 1 & -1 & 0 \\ 0 & 0 & 2 & 0 & 0 & 0 & 1 & -1 \\ 0 & 0 & 0 & 2 & 1 & 0 & 0 & 1 \end{array}\right) \begin{array}{l} \\ \times\frac{1}{2} \\ \times\frac{1}{2} \\ \times\frac{1}{2} \end{array}$$

$$\longrightarrow \left(\begin{array}{cccc:cccc} 1 & 0 & 0 & 0 & \frac{1}{2} & -\frac{1}{2} & 0 & 0 \\ 0 & 1 & 0 & 0 & 0 & \frac{1}{2} & -\frac{1}{2} & 0 \\ 0 & 0 & 1 & 0 & 0 & 0 & \frac{1}{2} & -\frac{1}{2} \\ 0 & 0 & 0 & 1 & \frac{1}{2} & 0 & 0 & \frac{1}{2} \end{array}\right)$$

所以给定矩阵可逆，而且可得 $\begin{pmatrix} 1 & 1 & 1 & 1 \\ -1 & 1 & 1 & 1 \\ -1 & -1 & 1 & 1 \\ -1 & -1 & -1 & 1 \end{pmatrix}^{-1} = \begin{pmatrix} \frac{1}{2} & -\frac{1}{2} & 0 & 0 \\ 0 & \frac{1}{2} & -\frac{1}{2} & 0 \\ 0 & 0 & \frac{1}{2} & -\frac{1}{2} \\ \frac{1}{2} & 0 & 0 & \frac{1}{2} \end{pmatrix}$.

(4) $\left(\begin{array}{cccc:cccc} 1 & 3 & -5 & 7 & 1 & 0 & 0 & 0 \\ 0 & 1 & 2 & 3 & 0 & 1 & 0 & 0 \\ 0 & 0 & 1 & 2 & 0 & 0 & 1 & 0 \\ 0 & 0 & 0 & 1 & 0 & 0 & 0 & 1 \end{array}\right) \begin{matrix} \\ \\ \\ \times(-2)\ \times(-3)\ \times(-7) \end{matrix}$

$\longrightarrow \left(\begin{array}{cccc:cccc} 1 & 3 & -5 & 0 & 1 & 0 & 0 & -7 \\ 0 & 1 & 2 & 0 & 0 & 1 & 0 & -3 \\ 0 & 0 & 1 & 0 & 0 & 0 & 1 & -2 \\ 0 & 0 & 0 & 1 & 0 & 0 & 0 & 1 \end{array}\right) \begin{matrix} \\ \\ \times(-2)\ \times 5 \\ \\ \end{matrix}$

$\longrightarrow \left(\begin{array}{cccc:cccc} 1 & 3 & 0 & 0 & 1 & 0 & 5 & -17 \\ 0 & 1 & 0 & 0 & 0 & 1 & -2 & 1 \\ 0 & 0 & 1 & 0 & 0 & 0 & 1 & -2 \\ 0 & 0 & 0 & 1 & 0 & 0 & 0 & 1 \end{array}\right) \begin{matrix} \\ \times(-3) \\ \\ \\ \end{matrix}$

$\longrightarrow \left(\begin{array}{cccc:cccc} 1 & 0 & 0 & 0 & 1 & -3 & 11 & -20 \\ 0 & 1 & 0 & 0 & 0 & 1 & -2 & 1 \\ 0 & 0 & 1 & 0 & 0 & 0 & 1 & -2 \\ 0 & 0 & 0 & 1 & 0 & 0 & 0 & 1 \end{array}\right)$

所以给定矩阵可逆，而且可得 $\begin{pmatrix} 1 & 3 & -5 & 7 \\ 0 & 1 & 2 & 3 \\ 0 & 0 & 1 & 2 \\ 0 & 0 & 0 & 1 \end{pmatrix}^{-1} = \begin{pmatrix} 1 & -3 & 11 & -20 \\ 0 & 1 & -2 & 1 \\ 0 & 0 & 1 & -2 \\ 0 & 0 & 0 & 1 \end{pmatrix}$.

(5) $\left(\begin{array}{cccc:cccc} a_1 & 0 & \cdots & 0 & 1 & 0 & \cdots & 0 \\ 0 & a_2 & \cdots & 0 & 0 & 1 & \cdots & 0 \\ \vdots & \vdots & & \vdots & \vdots & \vdots & & \vdots \\ 0 & 0 & \cdots & a_n & 0 & 0 & \cdots & 1 \end{array}\right) \begin{matrix} \times\frac{1}{a_1} \\ \times\frac{1}{a_2} \\ \\ \times\frac{1}{a_n} \end{matrix}$

$\longrightarrow \left(\begin{array}{cccc:cccc} 1 & 0 & \cdots & 0 & \frac{1}{a_1} & 0 & \cdots & 0 \\ 0 & 1 & \cdots & 0 & 0 & \frac{1}{a_2} & \cdots & 0 \\ \vdots & \vdots & & \vdots & \vdots & \vdots & & \vdots \\ 0 & 0 & \cdots & 1 & 0 & 0 & \cdots & \frac{1}{a_n} \end{array}\right)$

所以给定矩阵可逆，而且可得 $\begin{pmatrix} a_1 & & & \\ & a_2 & & \\ & & \ddots & \\ & & & a_n \end{pmatrix}^{-1} = \begin{pmatrix} \frac{1}{a_1} & & & \\ & \frac{1}{a_2} & & \\ & & \ddots & \\ & & & \frac{1}{a_n} \end{pmatrix}$.

(6) $$\left(\begin{array}{ccccc:cccccc} 0 & a_1 & 0 & \cdots & 0 & 1 & 0 & 0 & \cdots & 0 & 0 \\ 0 & 0 & a_2 & \cdots & 0 & 0 & 1 & 0 & \cdots & 0 & 0 \\ \vdots & \vdots & \vdots & & \vdots & \vdots & \vdots & \vdots & & \vdots & \vdots \\ 0 & 0 & 0 & \cdots & a_{n-1} & 0 & 0 & 0 & \cdots & 1 & 0 \\ a_n & 0 & 0 & \cdots & 0 & 0 & 0 & 0 & \cdots & 0 & 1 \end{array}\right)\begin{matrix} \times\frac{1}{a_1} \\ \times\frac{1}{a_2} \\ \vdots \\ \times\frac{1}{a_{n-1}} \\ \times\frac{1}{a_n} \end{matrix}$$

$$\longrightarrow \left(\begin{array}{ccccc:cccccc} 0 & 1 & 0 & \cdots & 0 & \frac{1}{a_1} & 0 & 0 & \cdots & 0 & 0 \\ 0 & 0 & 1 & \cdots & 0 & 0 & \frac{1}{a_2} & 0 & \cdots & 0 & 0 \\ \vdots & \vdots & \vdots & & \vdots & \vdots & \vdots & \vdots & & \vdots & \vdots \\ 0 & 0 & 0 & \cdots & 1 & 0 & 0 & 0 & \cdots & \frac{1}{a_{n-1}} & 0 \\ 1 & 0 & 0 & \cdots & 0 & 0 & 0 & 0 & \cdots & 0 & \frac{1}{a_n} \end{array}\right)$$

将第 n 行逐次与第 $n-1$ 行,第 $n-2$ 行，…，第一行互换，则

$$原式 \longrightarrow \left(\begin{array}{ccccc:ccccc} 1 & 0 & 0 & \cdots & 0 & 0 & 0 & \cdots & 0 & \frac{1}{a_n} \\ 0 & 1 & 0 & \cdots & 0 & \frac{1}{a_1} & 0 & \cdots & 0 & 0 \\ \vdots & \vdots & \vdots & & \vdots & \vdots & \vdots & & \vdots & \vdots \\ 0 & 0 & 0 & \cdots & 1 & 0 & 0 & \cdots & \frac{1}{a_{n-1}} & 0 \end{array}\right)$$

所以给定矩阵可逆，而且可得 $\begin{pmatrix} 0 & a_1 & 0 & \cdots & 0 \\ 0 & 0 & a_2 & \cdots & 0 \\ \vdots & \vdots & \vdots & & \vdots \\ 0 & 0 & 0 & \cdots & a_{n-1} \\ a_n & 0 & 0 & \cdots & 0 \end{pmatrix}^{-1} = \begin{pmatrix} 0 & 0 & \cdots & 0 & \frac{1}{a_n} \\ \frac{1}{a_1} & 0 & \cdots & 0 & 0 \\ \vdots & \vdots & & \vdots & \vdots \\ 0 & 0 & \cdots & \frac{1}{a_{n-1}} & 0 \end{pmatrix}$.

(7) $$\left(\begin{array}{cccc:cccc} 1 & 0 & 3 & 1 & 1 & 0 & 0 & 0 \\ 0 & 1 & 6 & 2 & 0 & 1 & 0 & 0 \\ 0 & 0 & 3 & 1 & 0 & 0 & 1 & 0 \\ 1 & -1 & 0 & 0 & 0 & 0 & 0 & 1 \end{array}\right)\begin{matrix} \times(-1) \\ \\ \\ \leftarrow \end{matrix}$$

$$\longrightarrow\left(\begin{array}{cccc:cccc}1&0&3&1&1&0&0&0\\0&1&6&2&0&1&0&0\\0&0&3&1&0&0&1&0\\0&-1&-3&-1&-1&0&0&1\end{array}\right)\begin{matrix}\\ \times 1\\ \\ \\ \end{matrix}$$

$$\longrightarrow\left(\begin{array}{cccc:cccc}1&0&3&1&1&0&0&0\\0&1&6&2&0&1&0&0\\0&0&3&1&0&0&1&0\\0&0&3&1&-1&1&0&1\end{array}\right)\begin{matrix}\\ \\ \times(-1)\\ \\ \end{matrix}$$

$$\longrightarrow\left(\begin{array}{cccc:cccc}1&0&3&1&1&0&0&0\\0&1&6&2&0&1&0&0\\0&0&3&1&0&0&1&0\\0&0&0&0&-1&1&-1&1\end{array}\right)$$

在所构造的分块矩阵$(A \vdots I)$中，子块A处第四行元素全为0，即A处不能化成单位矩阵I，故给定矩阵A不可逆，即$\begin{pmatrix}1&0&3&1\\0&1&6&2\\0&0&3&1\\1&-1&0&0\end{pmatrix}$不可逆.

注释: 设A为n阶矩阵，I为n阶单位矩阵. 用初等变换的方法，判断其是否可逆，如可逆，求其逆矩阵A^{-1}的方法如下：

构造$n\times 2n$分块矩阵$(A \vdots I)$，对$(A \vdots I)$施行一系列初等行变换，将子块A化为I，此时子块I就化为A^{-1}了，即

$$(A \vdots I)\xrightarrow{\text{初等行变换}}(I \vdots A^{-1})$$

注意: 对$(A \vdots I)$施行的一系列初等变换，只限于初等行变换，不得出现初等列变换.

如果子块A处出现一行元素全为零，则矩阵A不可逆.

同理构造$2n\times n$分块矩阵$\begin{pmatrix}A\\ \cdots\\ I\end{pmatrix}$，对$\begin{pmatrix}A\\ \cdots\\ I\end{pmatrix}$用施行一系列初等列变换的方法，亦可判断$A$是否可逆，如可逆，可求出其逆.

56. 用初等变换解下列矩阵方程$AX=B$.

(1) $A=\begin{pmatrix}4&1\\6&1\end{pmatrix}$，$B=\begin{pmatrix}5&4\\5&8\end{pmatrix}$

(2) $A=\begin{pmatrix}1&1&-1\\0&2&-5\\1&0&1\end{pmatrix}$，$B=\begin{pmatrix}1\\2\\3\end{pmatrix}$

解: 利用初等变换$(A \vdots B)\xrightarrow{\text{初等行变换}}(I \vdots A^{-1}B)=(I \vdots X)$

(1) $(\boldsymbol{A} \vdots \boldsymbol{B})=\begin{pmatrix}4 & 1 & \vdots & 5 & 4\\ 6 & 1 & \vdots & 5 & 8\end{pmatrix}\begin{matrix}\times\frac{1}{4}\\ \times\frac{1}{6}\end{matrix}\longrightarrow\begin{pmatrix}1 & \frac{1}{4} & \vdots & \frac{5}{4} & 1\\ 1 & \frac{1}{6} & \vdots & \frac{5}{6} & \frac{8}{6}\end{pmatrix}\times(-1)$

$\longrightarrow\begin{pmatrix}1 & \frac{1}{4} & \vdots & \frac{5}{4} & 1\\ 0 & -\frac{1}{12} & \vdots & -\frac{5}{12} & \frac{2}{6}\end{pmatrix}\times 3\longrightarrow\begin{pmatrix}1 & 0 & \vdots & 0 & 2\\ 0 & -\frac{1}{12} & \vdots & -\frac{5}{12} & \frac{2}{6}\end{pmatrix}\times(-12)$

$\longrightarrow\begin{pmatrix}1 & 0 & \vdots & 0 & 2\\ 0 & 1 & \vdots & 5 & -4\end{pmatrix}$

所以可得 $\boldsymbol{X}=\begin{pmatrix}0 & 2\\ 5 & -4\end{pmatrix}$.

(2) $(\boldsymbol{A} \vdots \boldsymbol{B})=\begin{pmatrix}1 & 1 & -1 & \vdots & 1\\ 0 & 2 & -5 & \vdots & 2\\ 1 & 0 & 1 & \vdots & 3\end{pmatrix}\times(-1)\longrightarrow\begin{pmatrix}1 & 1 & -1 & \vdots & 1\\ 0 & 2 & -5 & \vdots & 2\\ 0 & -1 & 2 & \vdots & 2\end{pmatrix}$

$\longrightarrow\begin{pmatrix}1 & 1 & -1 & \vdots & 1\\ 0 & -1 & 2 & \vdots & 2\\ 0 & 2 & -5 & \vdots & 2\end{pmatrix}\begin{matrix}\times 1 & \times 2\end{matrix}$

$\longrightarrow\begin{pmatrix}1 & 0 & 1 & \vdots & 3\\ 0 & -1 & 2 & \vdots & 2\\ 0 & 0 & -1 & \vdots & 6\end{pmatrix}\begin{matrix}\times 2 & \times 1\end{matrix}$

$\longrightarrow\begin{pmatrix}1 & 0 & 0 & \vdots & 9\\ 0 & -1 & 0 & \vdots & 14\\ 0 & 0 & -1 & \vdots & 6\end{pmatrix}\begin{matrix}\\ \times(-1)\\ \times(-1)\end{matrix}\longrightarrow\begin{pmatrix}1 & 0 & 0 & \vdots & 9\\ 0 & 1 & 0 & \vdots & -14\\ 0 & 0 & 1 & \vdots & -6\end{pmatrix}$

所以可得 $\boldsymbol{X}=\begin{pmatrix}9\\ -14\\ -6\end{pmatrix}$.

注释：用初等变换解矩阵方程 $\boldsymbol{AX}=\boldsymbol{B}$，如 $\boldsymbol{A}$ 可逆，则 $\boldsymbol{X}=\boldsymbol{A}^{-1}\boldsymbol{B}$.

构造分块矩阵 $(\boldsymbol{A} \vdots \boldsymbol{B})$，对 $(\boldsymbol{A} \vdots \boldsymbol{B})$ 施行一系列初等行变换，不得出现列变换，使子块 $\boldsymbol{A}$ 化为 $\boldsymbol{I}$，则子块 $\boldsymbol{B}$ 即化为 $\boldsymbol{A}^{-1}\boldsymbol{B}$ 了，于是就求出了矩阵方程的解 $\boldsymbol{X}=\boldsymbol{A}^{-1}\boldsymbol{B}$.

这是因为：若 $\boldsymbol{A}$ 是 n 阶可逆矩阵，对 $(\boldsymbol{A} \vdots \boldsymbol{B})$ 施以一系列初等行变换，则存在若干相应的初等矩阵 $\boldsymbol{P}_1,\boldsymbol{P}_2,\cdots,\boldsymbol{P}_t$，使

$$(\boldsymbol{A} \vdots \boldsymbol{B})\longrightarrow(\boldsymbol{P}_t\cdots\boldsymbol{P}_2\boldsymbol{P}_1\boldsymbol{A} \vdots \boldsymbol{P}_t\cdots\boldsymbol{P}_2\boldsymbol{P}_1\boldsymbol{B})$$
$$=(\boldsymbol{A}^{-1}\boldsymbol{A} \vdots \boldsymbol{A}^{-1}\boldsymbol{B})=(\boldsymbol{I} \vdots \boldsymbol{A}^{-1}\boldsymbol{B})=(\boldsymbol{I} \vdots \boldsymbol{X})$$

即 $$(\boldsymbol{A} \vdots \boldsymbol{B})\xrightarrow{\text{初等行变换}}(\boldsymbol{I} \vdots \boldsymbol{A}^{-1}\boldsymbol{B})=(\boldsymbol{I} \vdots \boldsymbol{X})$$

同理，可以解矩阵方程 $\boldsymbol{XA}=\boldsymbol{B}$.

构造分块矩阵$\begin{pmatrix} A \\ \cdots \\ B \end{pmatrix}$，对$\begin{pmatrix} A \\ \cdots \\ B \end{pmatrix}$施以一系列初等列变换，则有

$$\begin{pmatrix} A \\ \cdots \\ B \end{pmatrix} \xrightarrow{\text{初等列变换}} \begin{pmatrix} I \\ \cdots\cdots \\ BA^{-1} \end{pmatrix} = \begin{pmatrix} I \\ \cdots \\ X \end{pmatrix}$$

57. 设 $A = \begin{pmatrix} 3 & 0 & 1 \\ 1 & 1 & 0 \\ 0 & 1 & 4 \end{pmatrix}$，且满足 $AB = A + 2B$，求矩阵 B.

解： 由 $AB = A + 2B$ 可得$(A - 2I)B = A$. 如果 $A - 2I$ 可逆，则$B = (A - 2I)^{-1}A$.

$$A - 2I = \begin{pmatrix} 3 & 0 & 1 \\ 1 & 1 & 0 \\ 0 & 1 & 4 \end{pmatrix} - 2\begin{pmatrix} 1 & 0 & 0 \\ 0 & 1 & 0 \\ 0 & 0 & 1 \end{pmatrix} = \begin{pmatrix} 1 & 0 & 1 \\ 1 & -1 & 0 \\ 0 & 1 & 2 \end{pmatrix}$$

用初等变换判断 $A - 2I$ 是否可逆，如可逆，求$(A - 2I)^{-1}$.

$$(A - 2I \,\vdots\, I) = \left(\begin{array}{ccc:ccc} 1 & 0 & 1 & 1 & 0 & 0 \\ 1 & -1 & 0 & 0 & 1 & 0 \\ 0 & 1 & 2 & 0 & 0 & 1 \end{array}\right) \begin{matrix} \times(-1) \\ \\ \\ \end{matrix}$$

$$\longrightarrow \left(\begin{array}{ccc:ccc} 1 & 0 & 1 & 1 & 0 & 0 \\ 0 & -1 & -1 & -1 & 1 & 0 \\ 0 & 1 & 2 & 0 & 0 & 1 \end{array}\right) \begin{matrix} \\ \times 1 \\ \\ \end{matrix}$$

$$\longrightarrow \left(\begin{array}{ccc:ccc} 1 & 0 & 1 & 1 & 0 & 0 \\ 0 & -1 & -1 & -1 & 1 & 0 \\ 0 & 0 & 1 & -1 & 1 & 1 \end{array}\right) \begin{matrix} \\ \\ \times 1 \quad \times(-1) \end{matrix}$$

$$\longrightarrow \left(\begin{array}{ccc:ccc} 1 & 0 & 0 & 2 & -1 & -1 \\ 0 & -1 & 0 & -2 & 2 & 1 \\ 0 & 0 & 1 & -1 & 1 & 1 \end{array}\right) \begin{matrix} \\ \times(-1) \\ \\ \end{matrix}$$

$$\longrightarrow \left(\begin{array}{ccc:ccc} 1 & 0 & 0 & 2 & -1 & -1 \\ 0 & 1 & 0 & 2 & -2 & -1 \\ 0 & 0 & 1 & -1 & 1 & 1 \end{array}\right)$$

所以可得 $(A - 2I)^{-1} = \begin{pmatrix} 2 & -1 & -1 \\ 2 & -2 & -1 \\ -1 & 1 & 1 \end{pmatrix}$.

从而得出$B = (A - 2I)^{-1}A = \begin{pmatrix} 2 & -1 & -1 \\ 2 & -2 & -1 \\ -1 & 1 & 1 \end{pmatrix}\begin{pmatrix} 3 & 0 & 1 \\ 1 & 1 & 0 \\ 0 & 1 & 4 \end{pmatrix} = \begin{pmatrix} 5 & -2 & -2 \\ 4 & -3 & -2 \\ -2 & 2 & 3 \end{pmatrix}$.

58. 求下列矩阵的秩.

(1) $\begin{pmatrix} 1 & 2 & 3 & 4 \\ 1 & -2 & 4 & 5 \\ 1 & 10 & 1 & 2 \end{pmatrix}$ (2) $\begin{pmatrix} 0 & 1 & 1 & -1 & 2 \\ 0 & 2 & 2 & 2 & 0 \\ 0 & -1 & -1 & 1 & 1 \\ 1 & 1 & 0 & 0 & -1 \end{pmatrix}$

(3) $\begin{pmatrix}1 & -1 & 2 & 1 & 0\\ 2 & -2 & 4 & 2 & 0\\ 3 & 0 & 6 & -1 & 1\\ 0 & 3 & 0 & 0 & 1\end{pmatrix}$　　(4) $\begin{pmatrix}1 & 0 & 0 & 1 & 4\\ 0 & 1 & 0 & 2 & 5\\ 0 & 0 & 1 & 3 & 6\\ 1 & 2 & 3 & 14 & 32\\ 4 & 5 & 6 & 32 & 77\end{pmatrix}$

(5) $\begin{pmatrix}2 & 4 & 1 & 0\\ 1 & 0 & 3 & 2\\ -1 & 5 & -3 & 1\\ 0 & 1 & 0 & 2\end{pmatrix}$

解：设各题中给定矩阵为 $\boldsymbol{A}$.

(1) $\boldsymbol{A}=\begin{pmatrix}1 & 2 & 3 & 4\\ 1 & -2 & 4 & 5\\ 1 & 10 & 1 & 2\end{pmatrix}$ （第一行 $\times(-1)$ 分别加到第二行、第三行）

$\longrightarrow\begin{pmatrix}1 & 2 & 3 & 4\\ 0 & -4 & 1 & 1\\ 0 & 8 & -2 & -2\end{pmatrix}$ （第二行 $\times 2$ 加到第三行）$\longrightarrow\begin{pmatrix}1 & 2 & 3 & 4\\ 0 & -4 & 1 & 1\\ 0 & 0 & 0 & 0\end{pmatrix}$

所以 $\mathrm{r}(\boldsymbol{A})=2$.

(2) $\boldsymbol{A}=\begin{pmatrix}0 & 1 & 1 & -1 & 2\\ 0 & 2 & 2 & 2 & 0\\ 0 & -1 & -1 & 1 & 1\\ 1 & 1 & 0 & 0 & -1\end{pmatrix}$(第四行逐次与第三行、第二行、第一行交换)

$\longrightarrow\begin{pmatrix}1 & 1 & 0 & 0 & -1\\ 0 & 1 & 1 & -1 & 2\\ 0 & 2 & 2 & 2 & 0\\ 0 & -1 & -1 & 1 & 1\end{pmatrix}$ （第二行 $\times(-2)$ 加到第三行，$\times 1$ 加到第四行）

$\longrightarrow\begin{pmatrix}1 & 1 & 0 & 0 & -1\\ 0 & 1 & 1 & -1 & 2\\ 0 & 0 & 0 & 4 & -4\\ 0 & 0 & 0 & 0 & 3\end{pmatrix}$

所以 $\mathrm{r}(\boldsymbol{A})=4$.

(3) $\boldsymbol{A}=\begin{pmatrix}1 & -1 & 2 & 1 & 0\\ 2 & -2 & 4 & 2 & 0\\ 3 & 0 & 6 & -1 & 1\\ 0 & 3 & 0 & 0 & 1\end{pmatrix}$ （第一行 $\times(-2)$ 加到第二行，$\times(-3)$ 加到第三行）

$\longrightarrow\begin{pmatrix}1 & -1 & 2 & 1 & 0\\ 0 & 0 & 0 & 0 & 0\\ 0 & 3 & 0 & -4 & 1\\ 0 & 3 & 0 & 0 & 1\end{pmatrix}$ （第二行与第四行交换）$\longrightarrow\begin{pmatrix}1 & -1 & 2 & 1 & 0\\ 0 & 3 & 0 & 0 & 1\\ 0 & 3 & 0 & -4 & 1\\ 0 & 0 & 0 & 0 & 0\end{pmatrix}$ （第二行 $\times(-1)$ 加到第三行）

$$\to\begin{pmatrix}1&-1&2&1&0\\0&3&0&0&1\\0&0&0&-4&0\\0&0&0&0&0\end{pmatrix}$$

所以 $r(\boldsymbol{A})=3$.

(4) $$\boldsymbol{A}=\begin{pmatrix}1&0&0&1&4\\0&1&0&2&5\\0&0&1&3&6\\1&2&3&14&32\\4&5&6&32&77\end{pmatrix}$$
(第1行 ×(−1) 加到第4行，×(−4) 加到第5行)

$$\to\begin{pmatrix}1&0&0&1&4\\0&1&0&2&5\\0&0&1&3&6\\0&2&3&13&28\\0&5&6&28&61\end{pmatrix}$$
(第2行 ×(−2) 加到第4行，×(−5) 加到第5行)

$$\to\begin{pmatrix}1&0&0&1&4\\0&1&0&2&5\\0&0&1&3&6\\0&0&3&9&18\\0&0&6&18&36\end{pmatrix}$$
(第3行 ×(−3) 加到第4行，×(−6) 加到第5行)

$$\to\begin{pmatrix}1&0&0&1&4\\0&1&0&2&5\\0&0&1&3&6\\0&0&0&0&0\\0&0&0&0&0\end{pmatrix}$$

所以 $r(\boldsymbol{A})=3$.

(5) $$\boldsymbol{A}=\begin{pmatrix}2&4&1&0\\1&0&3&2\\-1&5&-3&1\\0&1&0&2\end{pmatrix}\to\begin{pmatrix}1&0&3&2\\2&4&1&0\\-1&5&-3&1\\0&1&0&2\end{pmatrix}$$
(交换第1、2行；然后第1行 ×(−2) 加到第2行，×1 加到第3行)

$$\to\begin{pmatrix}1&0&3&2\\0&4&-5&-4\\0&5&0&3\\0&1&0&2\end{pmatrix}\to\begin{pmatrix}1&0&3&2\\0&1&0&2\\0&5&0&3\\0&4&-5&-4\end{pmatrix}$$
(交换第2、4行；然后第2行 ×(−5) 加到第3行，×(−4) 加到第4行)

$$\to\begin{pmatrix}1&0&3&2\\0&1&0&2\\0&0&0&-7\\0&0&-5&-12\end{pmatrix}\to\begin{pmatrix}1&0&3&2\\0&1&0&2\\0&0&-5&-12\\0&0&0&-7\end{pmatrix}$$
(交换第3、4行)

所以 $r(\boldsymbol{A})=4$.

59. 已知矩阵 $\boldsymbol{A}=\begin{pmatrix}1&1&1\\1&2&1\\2&3&\lambda+1\end{pmatrix}$ 的秩 $\mathrm{r}(\boldsymbol{A})=2$，求 λ.

解： 方法 1 $\boldsymbol{A}=\begin{pmatrix}1&1&1\\1&2&1\\2&3&\lambda+1\end{pmatrix}\begin{matrix}\times(-1)\times(-2)\\ \leftarrow\\ \leftarrow\end{matrix}$

$$\longrightarrow\begin{pmatrix}1&1&1\\0&1&0\\0&1&\lambda-1\end{pmatrix}\begin{matrix}\\ \times(-1)\\ \leftarrow\end{matrix}\longrightarrow\begin{pmatrix}1&1&1\\0&1&0\\0&0&\lambda-1\end{pmatrix}$$

若 $\mathrm{r}(\boldsymbol{A})=2$，则必有一行元素全为零，第一、二行的元素不全为 0，故第三行元素应全为 0，因此 $\lambda=1$.

方法 2 $\begin{vmatrix}1&1\\1&2\end{vmatrix}=1\neq0$，二阶子式不全为 0，若 $\mathrm{r}(\boldsymbol{A})=2$，则必有 $\begin{vmatrix}1&1&1\\1&2&1\\2&3&\lambda+1\end{vmatrix}=0$. 而

$$\begin{vmatrix}1&1&1\\1&2&1\\2&3&\lambda+1\end{vmatrix}=\begin{vmatrix}1&1&0\\0&1&0\\0&0&\lambda-1\end{vmatrix}=\lambda-1$$

$|\boldsymbol{A}|=0$，则 $\lambda=1$.

故若 $\mathrm{r}(\boldsymbol{A})=2$，则 $\lambda=1$.

注释：(1) 用初等行变换求矩阵的秩，化给定矩阵为阶梯形矩阵，其非零行(元素不全为 0 的行)的行数即为矩阵的秩.

(2) 用子式求矩阵的秩，矩阵中不全为 0 的子式的最高阶数即为矩阵的秩. 设矩阵 $\boldsymbol{A}$ 中存在 r 阶子式不为零，而任何 $r+1$ 阶子式全为零，则 $\mathrm{r}(\boldsymbol{A})=r$.

60. 已知矩阵 $\boldsymbol{A}=\begin{pmatrix}1&1&1\\1&1&2\\a+1&2&3\end{pmatrix}$，问 a 为何值时，$\mathrm{r}(\boldsymbol{A})=2$；$a$ 为何值时，$\mathrm{r}(\boldsymbol{A})=3$.

解： $|\boldsymbol{A}|=\begin{vmatrix}1&1&1\\1&1&2\\a+1&2&3\end{vmatrix}=a-1$

当 $a=1$ 时 $|\boldsymbol{A}|=0$，且有 $\begin{vmatrix}1&1\\1&2\end{vmatrix}\neq0$，所以 $\mathrm{r}(\boldsymbol{A})=2$.

当 $a\neq1$ 时 $|\boldsymbol{A}|\neq0$，$\mathrm{r}(\boldsymbol{A})=3$.

61. 设 $\boldsymbol{A}=\begin{pmatrix}1&-1&2&1\\-1&a&2&1\\3&1&b&-1\end{pmatrix}$，$\mathrm{r}(\boldsymbol{A})=2$，求 a，b 的值.

解： $\boldsymbol{A}=\begin{pmatrix}1&-1&2&1\\-1&a&2&1\\3&1&b&-1\end{pmatrix}\begin{matrix}\times1\ \times(-3)\\ \leftarrow\\ \leftarrow\end{matrix}$

$$\longrightarrow\begin{pmatrix}1 & -1 & 2 & 1\\0 & a-1 & 4 & 2\\0 & 4 & b-6 & -4\end{pmatrix}\times 2 \longrightarrow\begin{pmatrix}1 & -1 & 2 & 1\\0 & a-1 & 4 & 2\\0 & 2a+2 & b+2 & 0\end{pmatrix}$$

第一、二行已不可能全为 0，若 $r(\boldsymbol{A})=2$，则第三行必全为 0，即必有 $2a+2=0$，$b+2=0$，即 $a=-1$，$b=-2$.

(B)

1. 有矩阵 $\boldsymbol{A}_{3\times 2}$，$\boldsymbol{B}_{2\times 3}$，$\boldsymbol{C}_{3\times 3}$，下列矩阵运算可行的是[　　].

(A) $\boldsymbol{AC}$　　(B) $\boldsymbol{ABC}$　　(C) $\boldsymbol{BAC}$　　(D) $\boldsymbol{AB}-\boldsymbol{BC}$

解：(A) $\boldsymbol{A}$ 的列数不等于 $\boldsymbol{C}$ 的行数，故 $\boldsymbol{AC}$ 不可行.

(B) $\boldsymbol{A}$ 的列数与 $\boldsymbol{B}$ 的行数相同，所以 $\boldsymbol{AB}$ 可行，$\boldsymbol{AB}$ 的列数为 3，与 $\boldsymbol{C}$ 的行数相同，故 $\boldsymbol{ABC}$ 可行.

故本题应选(B).

(C) $\boldsymbol{B}$ 的列数与 $\boldsymbol{A}$ 的行数相同，故 $\boldsymbol{BA}$ 可行. $\boldsymbol{BA}$ 的列数为 2，与 $\boldsymbol{C}$ 的行数 3 不同，故 $\boldsymbol{BAC}$ 不可行.

(D) $\boldsymbol{AB}$ 为 3×3 矩阵，$\boldsymbol{BC}$ 为 2×3 矩阵，故 $\boldsymbol{AB}-\boldsymbol{BC}$ 不可行.

2. $\boldsymbol{A}$，$\boldsymbol{B}$ 均为 n 阶矩阵，若 $(\boldsymbol{A}+\boldsymbol{B})(\boldsymbol{A}-\boldsymbol{B})=\boldsymbol{A}^2-\boldsymbol{B}^2$ 成立，则 $\boldsymbol{A}$，$\boldsymbol{B}$ 必须满足[　　].

(A) $\boldsymbol{A}=\boldsymbol{I}$ 或 $\boldsymbol{B}=\boldsymbol{I}$　　(B) $\boldsymbol{A}=\boldsymbol{O}$ 或 $\boldsymbol{B}=\boldsymbol{O}$

(C) $\boldsymbol{A}=\boldsymbol{B}$　　(D) $\boldsymbol{AB}=\boldsymbol{BA}$

解：$(\boldsymbol{A}+\boldsymbol{B})(\boldsymbol{A}-\boldsymbol{B})=\boldsymbol{A}^2+\boldsymbol{BA}-\boldsymbol{AB}-\boldsymbol{B}^2$

若 $(\boldsymbol{A}+\boldsymbol{B})(\boldsymbol{A}-\boldsymbol{B})=\boldsymbol{A}^2-\boldsymbol{B}^2$，则有 $\boldsymbol{BA}-\boldsymbol{AB}=\boldsymbol{O}$，即 $\boldsymbol{BA}=\boldsymbol{AB}$.

故本题应选(D).

注释：第 2 题中(A)，(B)，(C)，(D) 的条件均可使 $(\boldsymbol{A}+\boldsymbol{B})(\boldsymbol{A}-\boldsymbol{B})=\boldsymbol{A}^2-\boldsymbol{B}^2$ 成立，但(A)，(B)，(C) 中的条件只是该式成立的充分条件，非必要条件，只有(D) 中的条件是充分必要条件，第 2 题要求的是必要条件，故只能选(D).

3. 下列命题一定成立的是[　　].

(A) 若 $\boldsymbol{AB}=\boldsymbol{AC}$，则 $\boldsymbol{B}=\boldsymbol{C}$

(B) 若 $\boldsymbol{AB}=\boldsymbol{O}$，则 $\boldsymbol{A}=\boldsymbol{O}$ 或 $\boldsymbol{B}=\boldsymbol{O}$

(C) 若 $\boldsymbol{A}\neq\boldsymbol{O}$，则 $|\boldsymbol{A}|\neq 0$

(D) 若 $|\boldsymbol{A}|\neq 0$，则 $\boldsymbol{A}\neq\boldsymbol{O}$

解：(A) 反例：设 $\boldsymbol{A}=\begin{pmatrix}1 & 1\\1 & 1\end{pmatrix}$，$\boldsymbol{B}=\begin{pmatrix}2 & 1\\1 & 0\end{pmatrix}$，$\boldsymbol{C}=\begin{pmatrix}1 & 1\\2 & 0\end{pmatrix}$.

$$\boldsymbol{AB}=\begin{pmatrix}1 & 1\\1 & 1\end{pmatrix}\begin{pmatrix}2 & 1\\1 & 0\end{pmatrix}=\begin{pmatrix}3 & 1\\3 & 1\end{pmatrix},\ \boldsymbol{AC}=\begin{pmatrix}1 & 1\\1 & 1\end{pmatrix}\begin{pmatrix}1 & 1\\2 & 0\end{pmatrix}=\begin{pmatrix}3 & 1\\3 & 1\end{pmatrix}$$

$\boldsymbol{AB}=\boldsymbol{AC}$，但 $\boldsymbol{B}\neq\boldsymbol{C}$.

(B) 反例：设 $\boldsymbol{A}=\begin{pmatrix}1 & 0\\1 & 0\end{pmatrix}$，$\boldsymbol{B}=\begin{pmatrix}0 & 0\\1 & 1\end{pmatrix}$.

$\boldsymbol{AB}=\begin{pmatrix}1&0\\1&0\end{pmatrix}\begin{pmatrix}0&0\\1&1\end{pmatrix}=\begin{pmatrix}0&0\\0&0\end{pmatrix}$, $\boldsymbol{AB}=\boldsymbol{O}$, 但 $\boldsymbol{A}\neq\boldsymbol{O}$, $\boldsymbol{B}\neq\boldsymbol{O}$.

(C) 反例：设 $\boldsymbol{A}=\begin{pmatrix}1&0\\1&0\end{pmatrix}$, $\boldsymbol{A}\neq\boldsymbol{O}$, 但 $\begin{vmatrix}1&0\\1&0\end{vmatrix}=0$.

(D) 反证，若 $\boldsymbol{A}=\boldsymbol{O}$，则 $|\boldsymbol{A}|=0$，与 $|\boldsymbol{A}|\neq 0$ 矛盾，所以 $\boldsymbol{A}\neq\boldsymbol{O}$.

故本题应选(D).

4. 设 $\boldsymbol{A}$, $\boldsymbol{B}$, $\boldsymbol{C}$ 均为 n 阶矩阵，且 $\boldsymbol{AB}=\boldsymbol{BA}$, $\boldsymbol{AC}=\boldsymbol{CA}$，则 $\boldsymbol{ABC}=$[   ].

(A) $\boldsymbol{ACB}$　　(B) $\boldsymbol{CBA}$　　(C) $\boldsymbol{BCA}$　　(D) $\boldsymbol{CAB}$

解: $\boldsymbol{ABC}=(\boldsymbol{AB})\boldsymbol{C}=(\boldsymbol{BA})\boldsymbol{C}=\boldsymbol{B}(\boldsymbol{AC})=\boldsymbol{BCA}$

故本题应选(C).

5. 设 $\boldsymbol{A}=\begin{pmatrix}1&2\\4&3\end{pmatrix}$, $\boldsymbol{B}=\begin{pmatrix}x&1\\2&y\end{pmatrix}$，则 $\boldsymbol{A}$ 与 $\boldsymbol{B}$ 可交换的充分必要条件是[   ].

(A) $x-y=1$　　(B) $x-y=-1$　　(C) $x=y$　　(D) $x=2y$

解: $\boldsymbol{AB}=\begin{pmatrix}1&2\\4&3\end{pmatrix}\begin{pmatrix}x&1\\2&y\end{pmatrix}=\begin{pmatrix}x+4&1+2y\\4x+6&4+3y\end{pmatrix}$

$$\boldsymbol{BA}=\begin{pmatrix}x&1\\2&y\end{pmatrix}\begin{pmatrix}1&2\\4&3\end{pmatrix}=\begin{pmatrix}x+4&2x+3\\2+4y&4+3y\end{pmatrix}$$

$\boldsymbol{A}$ 与 $\boldsymbol{B}$ 可交换，即 $\boldsymbol{AB}=\boldsymbol{BA}$，那么应有

$$\begin{cases}x+4=x+4\\1+2y=2x+3\\4x+6=2+4y\\4+3y=4+3y\end{cases}$$，整理得 $x-y=-1$

当且仅当 $x-y=-1$ 时，$\boldsymbol{AB}=\boldsymbol{BA}$，故本题应选(B).

6. 满足矩阵方程 $\begin{pmatrix}1&2&0\\1&-1&2\\1&0&1\end{pmatrix}\boldsymbol{X}=\begin{pmatrix}2&1\\1&0\\0&2\end{pmatrix}$ 的矩阵 $\boldsymbol{X}=$[   ].

(A) $\begin{pmatrix}3\\2\\0\end{pmatrix}$　　(B) $\begin{pmatrix}-4&7\\3&-3\\4&-5\end{pmatrix}$　　(C) $\begin{pmatrix}1&2&3\\0&1&4\\1&-1&0\end{pmatrix}$　　(D) $\begin{pmatrix}2&0\\-1&3\\1&1\end{pmatrix}$

解: $\boldsymbol{X}$ 的行数必须等于 $\begin{pmatrix}1&2&0\\1&-1&2\\1&0&1\end{pmatrix}$ 的列数，故 $\boldsymbol{X}$ 的行数为 3，$\boldsymbol{X}$ 的列数必须等于 $\begin{pmatrix}2&1\\1&0\\0&2\end{pmatrix}$ 的列数，故 $\boldsymbol{X}$ 的列数为 2，因此 $\boldsymbol{X}$ 为 3×2 矩阵，因此可排除(A)与(C). 经验证 $\boldsymbol{X}=\begin{pmatrix}-4&7\\3&-3\\4&-5\end{pmatrix}$ 可使给定的矩阵方程成立，而 $\boldsymbol{X}=\begin{pmatrix}2&0\\-1&3\\1&1\end{pmatrix}$ 时矩阵方程不成立.

故本题应选(B).

7. 设$\boldsymbol{C}$是$m\times n$矩阵，若有矩阵$\boldsymbol{A}$，$\boldsymbol{B}$，使$\boldsymbol{AC}=\boldsymbol{C}^{\mathrm{T}}\boldsymbol{B}$，则$\boldsymbol{A}$的行数×列数为[　　].

(A) $m\times n$　　(B) $n\times m$　　(C) $m\times m$　　(D) $n\times n$

解： 由$\boldsymbol{AC}$乘法可行，可知$\boldsymbol{A}$的列数等于$\boldsymbol{C}$的行数，$\boldsymbol{C}$的行数为m，所以$\boldsymbol{A}$的列数为m.

$\boldsymbol{AC}$的行数等于$\boldsymbol{A}$的行数，$\boldsymbol{C}^{\mathrm{T}}\boldsymbol{B}$的行数等于$\boldsymbol{C}^{\mathrm{T}}$的行数，由$\boldsymbol{AC}=\boldsymbol{C}^{\mathrm{T}}\boldsymbol{B}$可得$\boldsymbol{A}$的行数等于$\boldsymbol{C}^{\mathrm{T}}$的行数，$\boldsymbol{C}$为$m\times n$矩阵，那么$\boldsymbol{C}^{\mathrm{T}}$为$n\times m$矩阵，即$\boldsymbol{C}^{\mathrm{T}}$的行数为$n$，于是可知$\boldsymbol{A}$的行数为$n$，故$\boldsymbol{A}$为$n\times m$矩阵.

故本题应选(B).

8. 设有矩阵$\boldsymbol{A}_{m\times l}$，$\boldsymbol{B}_{l\times n}$，$\boldsymbol{C}_{m\times n}$，则下列运算可行的是[　　].

(A) $\boldsymbol{ABC}$　　(B) $\boldsymbol{A}^{\mathrm{T}}\boldsymbol{CB}$　　(C) $\boldsymbol{ABC}^{\mathrm{T}}$　　(D) $\boldsymbol{CB}^{\mathrm{T}}\boldsymbol{A}$

解：(A) $\boldsymbol{A}_{m\times l}\boldsymbol{B}_{l\times n}$可行，但$(\boldsymbol{AB})_{m\times n}\boldsymbol{C}_{m\times n}$不可行.

(B) $\boldsymbol{A}^{\mathrm{T}}_{l\times m}\boldsymbol{C}_{m\times n}$可行，但$(\boldsymbol{A}^{\mathrm{T}}\boldsymbol{C})_{l\times n}\boldsymbol{B}_{l\times n}$不可行.

(C) $\boldsymbol{A}_{m\times l}\boldsymbol{B}_{l\times n}$可行，$(\boldsymbol{A}_{m\times l}\boldsymbol{B}_{l\times n})_{m\times n}\boldsymbol{C}^{\mathrm{T}}_{n\times m}$可行.

故本题应选(C).

(D) $\boldsymbol{C}_{m\times n}\boldsymbol{B}^{\mathrm{T}}_{n\times l}$可行，但$(\boldsymbol{C}_{m\times n}\boldsymbol{B}^{\mathrm{T}}_{n\times l})_{m\times l}\boldsymbol{A}_{m\times l}$不可行.

9. 设$\boldsymbol{A}$，$\boldsymbol{B}$均为n阶矩阵，下列关系一定成立的是[　　].

(A) $(\boldsymbol{AB})^2=\boldsymbol{A}^2\boldsymbol{B}^2$　　(B) $(\boldsymbol{AB})^{\mathrm{T}}=\boldsymbol{A}^{\mathrm{T}}\boldsymbol{B}^{\mathrm{T}}$

(C) $|\boldsymbol{A}+\boldsymbol{B}|=|\boldsymbol{A}|+|\boldsymbol{B}|$　　(D) $|\boldsymbol{AB}|=|\boldsymbol{BA}|$

解： 设$\boldsymbol{A}=\begin{pmatrix}1&0\\1&1\end{pmatrix}$，　$\boldsymbol{B}=\begin{pmatrix}1&0\\1&0\end{pmatrix}$.

(A) $\boldsymbol{A}^2=\begin{pmatrix}1&0\\2&1\end{pmatrix}$，$\boldsymbol{B}^2=\begin{pmatrix}1&0\\1&0\end{pmatrix}$，$\boldsymbol{AB}=\begin{pmatrix}1&0\\2&0\end{pmatrix}$

$\boldsymbol{A}^2\boldsymbol{B}^2=\begin{pmatrix}1&0\\3&0\end{pmatrix}$，$(\boldsymbol{AB})^2=\begin{pmatrix}1&0\\2&0\end{pmatrix}$. 可见$(\boldsymbol{AB})^2\neq\boldsymbol{A}^2\boldsymbol{B}^2$，否定(A).

(B) $\boldsymbol{A}^{\mathrm{T}}=\begin{pmatrix}1&1\\0&1\end{pmatrix}$，$\boldsymbol{B}^{\mathrm{T}}=\begin{pmatrix}1&1\\0&0\end{pmatrix}$，$\boldsymbol{A}^{\mathrm{T}}\boldsymbol{B}^{\mathrm{T}}=\begin{pmatrix}1&1\\0&0\end{pmatrix}$，$(\boldsymbol{AB})^{\mathrm{T}}=\begin{pmatrix}1&2\\0&0\end{pmatrix}$

可见，$(\boldsymbol{AB})^{\mathrm{T}}\neq\boldsymbol{A}^{\mathrm{T}}\boldsymbol{B}^{\mathrm{T}}$，否定(B).

(C) $|\boldsymbol{A}|=\begin{vmatrix}1&0\\1&1\end{vmatrix}=1$，$|\boldsymbol{B}|=\begin{vmatrix}1&0\\1&0\end{vmatrix}=0$，$|\boldsymbol{A}+\boldsymbol{B}|=\begin{vmatrix}2&0\\2&1\end{vmatrix}=2$，

$|\boldsymbol{A}|+|\boldsymbol{B}|=1+0=1$

可见$|\boldsymbol{A}+\boldsymbol{B}|\neq|\boldsymbol{A}|+|\boldsymbol{B}|$，否定(C).

(D) $|\boldsymbol{AB}|=|\boldsymbol{A}||\boldsymbol{B}|=|\boldsymbol{B}||\boldsymbol{A}|=|\boldsymbol{BA}|$

故本题应选(D).

10. 设$\boldsymbol{A}$为n阶矩阵，下列命题成立的是[　　].

(A) 若$\boldsymbol{A}^2=\boldsymbol{O}$，则$\boldsymbol{A}=\boldsymbol{O}$　　(B) 若$\boldsymbol{A}^2=\boldsymbol{A}$，则$\boldsymbol{A}=\boldsymbol{O}$或$\boldsymbol{A}=\boldsymbol{I}$

(C) 若$\boldsymbol{A}\neq\boldsymbol{O}$，则$|\boldsymbol{A}|\neq0$　　(D) 若$|\boldsymbol{A}|\neq0$，则$\boldsymbol{A}\neq\boldsymbol{O}$

解: (A) 反例：设 $\boldsymbol{A}=\begin{pmatrix}0&1\\0&0\end{pmatrix}$, $\boldsymbol{A}^2=\begin{pmatrix}0&1\\0&0\end{pmatrix}\begin{pmatrix}0&1\\0&0\end{pmatrix}=\begin{pmatrix}0&0\\0&0\end{pmatrix}$, 但 $\boldsymbol{A}\neq\boldsymbol{O}$.

(B) 反例：设 $\boldsymbol{A}=\begin{pmatrix}1&1\\0&0\end{pmatrix}$.

$$\boldsymbol{A}^2=\begin{pmatrix}1&1\\0&0\end{pmatrix}\begin{pmatrix}1&1\\0&0\end{pmatrix}=\begin{pmatrix}1&1\\0&0\end{pmatrix}=\boldsymbol{A},\ \text{但}\ \boldsymbol{A}\neq\boldsymbol{O},\ \boldsymbol{A}\neq\boldsymbol{I}$$

(C) 反例：设 $\boldsymbol{A}=\begin{pmatrix}1&1\\0&0\end{pmatrix}$, $\boldsymbol{A}\neq\boldsymbol{O}$, 但 $|\boldsymbol{A}|=\begin{vmatrix}1&1\\0&0\end{vmatrix}=0$.

(D) 证：若 $\boldsymbol{A}=\boldsymbol{O}$, 则 $|\boldsymbol{A}|=0$, 与假设 $|\boldsymbol{A}|\neq 0$ 不符合，故 $\boldsymbol{A}\neq\boldsymbol{O}$.

故本题应选(D).

11. $\boldsymbol{I}$ 为四阶单位矩阵，下列选项中的矩阵 $\boldsymbol{A}$, 不满足 $\boldsymbol{A}^2=\boldsymbol{I}$ 的是[　　].

(A) $\boldsymbol{A}=\begin{pmatrix}0&0&0&1\\0&0&1&0\\0&1&0&0\\1&0&0&0\end{pmatrix}$　　(B) $\boldsymbol{A}=\begin{pmatrix}0&0&1&0\\0&0&0&1\\1&0&0&0\\0&1&0&0\end{pmatrix}$

(C) $\boldsymbol{A}=\begin{pmatrix}0&1&0&0\\1&0&0&0\\0&0&-1&0\\0&0&0&-1\end{pmatrix}$　　(D) $\boldsymbol{A}=\begin{pmatrix}1&1&1&1\\1&1&1&1\\1&1&1&1\\1&1&1&1\end{pmatrix}$

解: (A) $\boldsymbol{A}^2=\begin{pmatrix}0&0&0&1\\0&0&1&0\\0&1&0&0\\1&0&0&0\end{pmatrix}\begin{pmatrix}0&0&0&1\\0&0&1&0\\0&1&0&0\\1&0&0&0\end{pmatrix}=\begin{pmatrix}1&0&0&0\\0&1&0&0\\0&0&1&0\\0&0&0&1\end{pmatrix}=\boldsymbol{I}$

(B) $\boldsymbol{A}^2=\begin{pmatrix}0&0&1&0\\0&0&0&1\\1&0&0&0\\0&1&0&0\end{pmatrix}\begin{pmatrix}0&0&1&0\\0&0&0&1\\1&0&0&0\\0&1&0&0\end{pmatrix}=\begin{pmatrix}1&0&0&0\\0&1&0&0\\0&0&1&0\\0&0&0&1\end{pmatrix}=\boldsymbol{I}$

(C) $\boldsymbol{A}^2=\begin{pmatrix}0&1&0&0\\1&0&0&0\\0&0&-1&0\\0&0&0&-1\end{pmatrix}\begin{pmatrix}0&1&0&0\\1&0&0&0\\0&0&-1&0\\0&0&0&-1\end{pmatrix}=\begin{pmatrix}1&0&0&0\\0&1&0&0\\0&0&1&0\\0&0&0&1\end{pmatrix}=\boldsymbol{I}$

(D) $\boldsymbol{A}^2=\begin{pmatrix}1&1&1&1\\1&1&1&1\\1&1&1&1\\1&1&1&1\end{pmatrix}\begin{pmatrix}1&1&1&1\\1&1&1&1\\1&1&1&1\\1&1&1&1\end{pmatrix}=\begin{pmatrix}4&4&4&4\\4&4&4&4\\4&4&4&4\\4&4&4&4\end{pmatrix}=4\boldsymbol{I}$

故本题应选(D).

12. 设 $\boldsymbol{A}$, $\boldsymbol{B}$, $\boldsymbol{C}$ 均为 n 阶矩阵，$\boldsymbol{I}$ 为 n 阶单位矩阵，则下列结论错误的是[　　].

(A) $\boldsymbol{I}-\boldsymbol{A}^2=(\boldsymbol{I}+\boldsymbol{A})(\boldsymbol{I}-\boldsymbol{A})$

(B) 如果 $\boldsymbol{A}^2=\boldsymbol{B}^2$，则 $\boldsymbol{A}=\boldsymbol{B}$ 或 $\boldsymbol{A}=-\boldsymbol{B}$

(C) $|(\boldsymbol{AB})^k|=|\boldsymbol{A}|^k|\boldsymbol{B}|^k$

(D) $|\boldsymbol{A}^{\mathrm{T}}+\boldsymbol{B}^{\mathrm{T}}|=|\boldsymbol{A}+\boldsymbol{B}|$

解: (A) 因 $\boldsymbol{I}$ 与 $\boldsymbol{A}$ 可交换，故 $(\boldsymbol{I}+\boldsymbol{A})(\boldsymbol{I}-\boldsymbol{A})=\boldsymbol{I}^2+\boldsymbol{AI}-\boldsymbol{IA}-\boldsymbol{A}^2=\boldsymbol{I}^2-\boldsymbol{A}^2$. (A) 正确.

(B) 反例：设 $\boldsymbol{A}=\begin{pmatrix}1&1\\-1&-1\end{pmatrix}$，$\boldsymbol{B}=\begin{pmatrix}2&2\\-2&-2\end{pmatrix}$，则 $\boldsymbol{A}^2=\begin{pmatrix}0&0\\0&0\end{pmatrix}$，$\boldsymbol{B}^2=\begin{pmatrix}0&0\\0&0\end{pmatrix}$，$\boldsymbol{A}^2=\boldsymbol{B}^2$ 但 $\boldsymbol{A}\neq\boldsymbol{B}$，$\boldsymbol{A}\neq-\boldsymbol{B}$. 故本题应选(B).

(C) $|(\boldsymbol{AB})^k|=|(\boldsymbol{AB})(\boldsymbol{AB})\cdots(\boldsymbol{AB})|=\underbrace{|\boldsymbol{AB}|\,|\boldsymbol{AB}|\cdots|\boldsymbol{AB}|}_{k\text{个}}=|\boldsymbol{A}|\cdot|\boldsymbol{B}|\cdot|\boldsymbol{A}|\cdot|\boldsymbol{B}|\cdots|\boldsymbol{A}|\cdot|\boldsymbol{B}|=|\boldsymbol{A}|^k\cdot|\boldsymbol{B}|^k$. (C) 正确.

(D) $|\boldsymbol{A}^{\mathrm{T}}+\boldsymbol{B}^{\mathrm{T}}|=|(\boldsymbol{A}+\boldsymbol{B})^{\mathrm{T}}|=|\boldsymbol{A}+\boldsymbol{B}|$. (D) 正确.

13. 设 $\boldsymbol{A}$ 为 n 阶可逆矩阵，下列结论错误的是[　　].

(A) $[(\boldsymbol{A}^{-1})^{-1}]^{\mathrm{T}}=[(\boldsymbol{A}^{\mathrm{T}})^{-1}]^{-1}$　　(B) $[(\boldsymbol{A}^{\mathrm{T}})^{\mathrm{T}}]^{-1}=[(\boldsymbol{A}^{-1})^{-1}]^{\mathrm{T}}$

(C) $(\boldsymbol{A}^k)^{-1}=(\boldsymbol{A}^{-1})^k$ (k 为正整数)　　(D) $|\boldsymbol{A}^{-1}|=|\boldsymbol{A}|^{-1}$

解: (A) $[(\boldsymbol{A}^{-1})^{-1}]^{\mathrm{T}}=\boldsymbol{A}^{\mathrm{T}}$，$[(\boldsymbol{A}^{\mathrm{T}})^{-1}]^{-1}=\boldsymbol{A}^{\mathrm{T}}$，(A) 成立.

(B) $[(\boldsymbol{A}^{\mathrm{T}})^{\mathrm{T}}]^{-1}=\boldsymbol{A}^{-1}$，$[(\boldsymbol{A}^{-1})^{-1}]^{\mathrm{T}}=\boldsymbol{A}^{\mathrm{T}}$，(B) 不成立.

故本题应选(B).

(C) $(\boldsymbol{A}^k)^{-1}=(\underbrace{\boldsymbol{AA}\cdots\boldsymbol{A}}_{k\text{个}})^{-1}=\underbrace{\boldsymbol{A}^{-1}\boldsymbol{A}^{-1}\cdots\boldsymbol{A}^{-1}}_{k\text{个}}=(\boldsymbol{A}^{-1})^k$，(C) 成立.

(D) $\boldsymbol{AA}^{-1}=\boldsymbol{I}$，$|\boldsymbol{AA}^{-1}|=|\boldsymbol{A}|\cdot|\boldsymbol{A}|^{-1}=1$，所以 $|\boldsymbol{A}^{-1}|=\dfrac{1}{|\boldsymbol{A}|}=|\boldsymbol{A}|^{-1}$，(D) 成立.

14. 设 $\boldsymbol{A}$ 为非零 n 阶矩阵，则下列矩阵中不是对称矩阵的是[　　].

(A) $\boldsymbol{AA}^{\mathrm{T}}$　　(B) $\boldsymbol{A}^{\mathrm{T}}\boldsymbol{A}$

(C) $\boldsymbol{A}-\boldsymbol{A}^{\mathrm{T}}$　　(D) $\boldsymbol{A}+\boldsymbol{A}^{\mathrm{T}}$

解: (A) $(\boldsymbol{AA}^{\mathrm{T}})^{\mathrm{T}}=(\boldsymbol{A}^{\mathrm{T}})^{\mathrm{T}}\boldsymbol{A}^{\mathrm{T}}=\boldsymbol{AA}^{\mathrm{T}}$，$\boldsymbol{AA}^{\mathrm{T}}$ 是对称矩阵.

(B) $(\boldsymbol{A}^{\mathrm{T}}\boldsymbol{A})^{\mathrm{T}}=\boldsymbol{A}^{\mathrm{T}}(\boldsymbol{A}^{\mathrm{T}})^{\mathrm{T}}=\boldsymbol{A}^{\mathrm{T}}\boldsymbol{A}$，$\boldsymbol{A}^{\mathrm{T}}\boldsymbol{A}$ 是对称矩阵.

(C) $(\boldsymbol{A}-\boldsymbol{A}^{\mathrm{T}})^{\mathrm{T}}=\boldsymbol{A}^{\mathrm{T}}-(\boldsymbol{A}^{\mathrm{T}})^{\mathrm{T}}=\boldsymbol{A}^{\mathrm{T}}-\boldsymbol{A}=-(\boldsymbol{A}-\boldsymbol{A}^{\mathrm{T}})$

$\boldsymbol{A}-\boldsymbol{A}^{\mathrm{T}}$ 不是对称矩阵. 故本题应选(C).

(D) $(\boldsymbol{A}+\boldsymbol{A}^{\mathrm{T}})^{\mathrm{T}}=\boldsymbol{A}^{\mathrm{T}}+(\boldsymbol{A}^{\mathrm{T}})^{\mathrm{T}}=\boldsymbol{A}^{\mathrm{T}}+\boldsymbol{A}=\boldsymbol{A}+\boldsymbol{A}^{\mathrm{T}}$，$\boldsymbol{A}+\boldsymbol{A}^{\mathrm{T}}$ 是对称矩阵.

15. 设 $\boldsymbol{A}$，$\boldsymbol{B}$，$\boldsymbol{C}$ 均为 n 阶矩阵，若由 $\boldsymbol{AB}=\boldsymbol{AC}$ 能推出 $\boldsymbol{B}=\boldsymbol{C}$，则 $\boldsymbol{A}$ 应满足[　　].

(A) $\boldsymbol{A}\neq\boldsymbol{O}$　　(B) $\boldsymbol{A}=\boldsymbol{O}$　　(C) $|\boldsymbol{A}|\neq0$　　(D) $|\boldsymbol{A}|=0$

解: (A) 反例：设 $\boldsymbol{A}=\begin{pmatrix}1&1\\0&0\end{pmatrix}$，$\boldsymbol{B}=\begin{pmatrix}1&0\\0&2\end{pmatrix}$，$\boldsymbol{C}=\begin{pmatrix}1&1\\0&1\end{pmatrix}$，$\boldsymbol{AB}=\begin{pmatrix}1&2\\0&0\end{pmatrix}$，$\boldsymbol{AC}=\begin{pmatrix}1&2\\0&0\end{pmatrix}$，$\boldsymbol{A}=\begin{pmatrix}1&1\\0&0\end{pmatrix}\neq\boldsymbol{O}$，$\boldsymbol{AB}=\boldsymbol{AC}$，但 $\boldsymbol{B}\neq\boldsymbol{C}$.

(B) 反例：设 $\boldsymbol{B}=\begin{pmatrix}1&2\\3&4\end{pmatrix}$，$\boldsymbol{C}=\begin{pmatrix}1&1\\0&1\end{pmatrix}$，$\boldsymbol{A}=\begin{pmatrix}0&0\\0&0\end{pmatrix}$，$\boldsymbol{AB}=\boldsymbol{AC}=\begin{pmatrix}0&0\\0&0\end{pmatrix}$，但 $\boldsymbol{B}\neq\boldsymbol{C}$.

(C) $|A|\neq 0$，则 A 可逆，那么有 $A^{-1}AB=A^{-1}AC$，即 $B=C$.
故本题应选(C).

(D) 反例：设 $A=\begin{pmatrix}0&0\\0&0\end{pmatrix}$，$B=\begin{pmatrix}1&2\\3&4\end{pmatrix}$，$C=\begin{pmatrix}2&1\\1&0\end{pmatrix}$，$|A|=0$，$AB=AC$ 但 $B\neq C$.

16. 矩阵 $A=\begin{pmatrix}1&4&0&2\\0&1&-1&x\\3&10&y&4\\2&7&1&3\end{pmatrix}$ 可逆的充分必要条件是[　　].

(A) $x\neq 1$ 或 $y\neq 2$　　(B) $x\neq 1$ 且 $y\neq 2$

(C) $x=1$ 或 $y=2$　　(D) $x=1$ 且 $y=2$

解： $|A|=\begin{vmatrix}1&4&0&2\\0&1&-1&x\\3&10&y&4\\2&7&1&3\end{vmatrix}$ （第1行 $\times(-3)$ 加到第3行，$\times(-2)$ 加到第4行）

$$=\begin{vmatrix}1&4&0&2\\0&1&-1&x\\0&-2&y&-2\\0&-1&1&-1\end{vmatrix}$$ （第2行 $\times 2$ 加到第3行，$\times 1$ 加到第4行）

$$=\begin{vmatrix}1&4&0&2\\0&1&-1&x\\0&0&y-2&2x-2\\0&0&0&x-1\end{vmatrix}=(y-2)(x-1)$$

矩阵 A 可逆的充分必要条件是 $|A|\neq 0$，当且仅当 $y\neq 2$ 且 $x\neq 1$ 时，$|A|\neq 0$.
故本题应选(B).

17. 设 A，B 为同阶可逆矩阵，则下列结论错误的是[　　].

(A) $(kA)^{-1}=k^{-1}A^{-1}$（k 为不等于零的数）

(B) $|A^{-1}|=|A|^{-1}$

(C) $A+B$ 可逆，且 $(A+B)^{-1}=A^{-1}+B^{-1}$

(D) $(A+B)$ 不一定可逆，即使 $A+B$ 可逆，一般地，$(A+B)^{-1}\neq A^{-1}+B^{-1}$

解： (A) $kA\cdot k^{-1}A^{-1}=k\cdot\dfrac{1}{k}AA^{-1}=1$，所以 $(kA)^{-1}=k^{-1}A^{-1}$，(A) 成立.

(B) 由 $AA^{-1}=I$ 有 $|A|\cdot|A^{-1}|=1$，所以 $|A^{-1}|=\dfrac{1}{|A|}=|A|^{-1}$，(B) 成立.

(C) 反例：$A=\begin{pmatrix}3&0\\0&1\end{pmatrix}$，$B=\begin{pmatrix}1&0\\0&-1\end{pmatrix}$，$|A|=3\neq 0$，$|B|=-1\neq 0$.

$A+B=\begin{pmatrix}3&0\\0&1\end{pmatrix}+\begin{pmatrix}1&0\\0&-1\end{pmatrix}=\begin{pmatrix}4&0\\0&0\end{pmatrix}$，$\begin{vmatrix}4&0\\0&0\end{vmatrix}=0$，$A+B$ 不可逆，所以即使 A，B 可逆，$A+B$ 也不一定可逆，(C) 不成立.

故本题应选(C).

(D) 由(C)知，$\boldsymbol{A}$，$\boldsymbol{B}$可逆时$\boldsymbol{A}+\boldsymbol{B}$不一定可逆，即使$\boldsymbol{A}+\boldsymbol{B}$可逆，例如，设$\boldsymbol{A}=\begin{pmatrix}3&0\\0&1\end{pmatrix}$，$\boldsymbol{B}=\begin{pmatrix}1&0\\0&2\end{pmatrix}$，那么$\boldsymbol{A}+\boldsymbol{B}=\begin{pmatrix}4&0\\0&3\end{pmatrix}$，因$\begin{vmatrix}4&0\\0&3\end{vmatrix}\neq 0$，$\boldsymbol{A}+\boldsymbol{B}$可逆，但$(\boldsymbol{A}+\boldsymbol{B})^{-1}=\frac{1}{12}\begin{pmatrix}3&0\\0&4\end{pmatrix}$. 而$\boldsymbol{A}^{-1}+\boldsymbol{B}^{-1}=\frac{1}{3}\begin{pmatrix}1&0\\0&3\end{pmatrix}+\frac{1}{2}\begin{pmatrix}2&0\\0&1\end{pmatrix}=\frac{1}{12}\begin{pmatrix}16&0\\0&18\end{pmatrix}$. 所以$(\boldsymbol{A}+\boldsymbol{B})^{-1}\neq\boldsymbol{A}^{-1}+\boldsymbol{B}^{-1}$，(D)成立.

18. 设$\boldsymbol{A}$，$\boldsymbol{B}$，$\boldsymbol{C}$均为n阶矩阵，$\boldsymbol{I}$为n阶单位矩阵，且$\boldsymbol{ABC}=\boldsymbol{I}$，则下列矩阵乘积一定等于$\boldsymbol{I}$的是[　　].

(A) $\boldsymbol{ACB}$　　(B) $\boldsymbol{BAC}$　　(C) $\boldsymbol{CAB}$　　(D) $\boldsymbol{CBA}$

解： 由$\boldsymbol{ABC}=\boldsymbol{I}$可知，$\boldsymbol{A}$，$\boldsymbol{C}$可逆且$\boldsymbol{A}^{-1}=\boldsymbol{BC}$，$\boldsymbol{C}^{-1}=\boldsymbol{AB}$，因此有$\boldsymbol{BCA}=\boldsymbol{I}$及$\boldsymbol{CAB}=\boldsymbol{I}$，所以(C)成立.

故本题应选(C).

注释： 可以验证第18题中(A)，(B)，(D)中的矩阵乘积均不一定等于$\boldsymbol{I}$. 例如$\boldsymbol{ACB}=(\boldsymbol{BC})^{-1}\boldsymbol{CB}$，如$\boldsymbol{B}$，$\boldsymbol{C}$可交换，则$\boldsymbol{ACB}=\boldsymbol{I}$，但$\boldsymbol{BC}$不一定等于$\boldsymbol{CB}$，故$\boldsymbol{ACB}$不一定等于$\boldsymbol{I}$.

19. $\boldsymbol{A}$，$\boldsymbol{B}$为n阶可逆矩阵，$\boldsymbol{O}$为n阶零矩阵，则$\begin{pmatrix}\boldsymbol{O}&\boldsymbol{A}\\\boldsymbol{B}&\boldsymbol{O}\end{pmatrix}^{-1}=$[　　].

(A) $\begin{pmatrix}\boldsymbol{O}&\boldsymbol{A}^{-1}\\\boldsymbol{B}^{-1}&\boldsymbol{O}\end{pmatrix}$　　(B) $\begin{pmatrix}\boldsymbol{O}&\boldsymbol{B}^{-1}\\\boldsymbol{A}^{-1}&\boldsymbol{O}\end{pmatrix}$

(C) $\begin{pmatrix}\boldsymbol{O}&-\boldsymbol{B}^{-1}\\-\boldsymbol{A}^{-1}&\boldsymbol{O}\end{pmatrix}$　　(D) $\begin{pmatrix}\boldsymbol{A}^{-1}&\boldsymbol{O}\\\boldsymbol{O}&\boldsymbol{B}^{-1}\end{pmatrix}$

解： (A) $\begin{pmatrix}\boldsymbol{O}&\boldsymbol{A}\\\boldsymbol{B}&\boldsymbol{O}\end{pmatrix}\begin{pmatrix}\boldsymbol{O}&\boldsymbol{A}^{-1}\\\boldsymbol{B}^{-1}&\boldsymbol{O}\end{pmatrix}=\begin{pmatrix}\boldsymbol{AB}^{-1}&\boldsymbol{O}\\\boldsymbol{O}&\boldsymbol{BA}^{-1}\end{pmatrix}$

(B) $\begin{pmatrix}\boldsymbol{O}&\boldsymbol{A}\\\boldsymbol{B}&\boldsymbol{O}\end{pmatrix}\begin{pmatrix}\boldsymbol{O}&\boldsymbol{B}^{-1}\\\boldsymbol{A}^{-1}&\boldsymbol{O}\end{pmatrix}=\begin{pmatrix}\boldsymbol{AA}^{-1}&\boldsymbol{O}\\\boldsymbol{O}&\boldsymbol{BB}^{-1}\end{pmatrix}=\begin{pmatrix}\boldsymbol{I}&\boldsymbol{O}\\\boldsymbol{O}&\boldsymbol{I}\end{pmatrix}=\boldsymbol{I}$

故本题应选(B).

(C) $\begin{pmatrix}\boldsymbol{O}&\boldsymbol{A}\\\boldsymbol{B}&\boldsymbol{O}\end{pmatrix}\begin{pmatrix}\boldsymbol{O}&-\boldsymbol{B}^{-1}\\-\boldsymbol{A}^{-1}&\boldsymbol{O}\end{pmatrix}=\begin{pmatrix}-\boldsymbol{AA}^{-1}&\boldsymbol{O}\\\boldsymbol{O}&-\boldsymbol{BB}^{-1}\end{pmatrix}=\begin{pmatrix}-\boldsymbol{I}&\boldsymbol{O}\\\boldsymbol{O}&-\boldsymbol{I}\end{pmatrix}$

(D) $\begin{pmatrix}\boldsymbol{O}&\boldsymbol{A}\\\boldsymbol{B}&\boldsymbol{O}\end{pmatrix}\begin{pmatrix}\boldsymbol{A}^{-1}&\boldsymbol{O}\\\boldsymbol{O}&\boldsymbol{B}^{-1}\end{pmatrix}=\begin{pmatrix}\boldsymbol{O}&\boldsymbol{AB}^{-1}\\\boldsymbol{BA}^{-1}&\boldsymbol{O}\end{pmatrix}$

20. 设$\boldsymbol{A}$，$\boldsymbol{B}$为n阶可逆矩阵，$\boldsymbol{O}$为n阶零矩阵，则$\left|-2\begin{pmatrix}\boldsymbol{A}^{\mathrm{T}}&\boldsymbol{O}\\\boldsymbol{O}&\boldsymbol{B}^{-1}\end{pmatrix}\right|=$[　　].

(A) $\dfrac{4^n|\boldsymbol{A}|}{|\boldsymbol{B}|}$　　(B) $\dfrac{(-2)^n|\boldsymbol{A}|}{|\boldsymbol{B}|}$

(C) $4^n|\boldsymbol{A}|\,|\boldsymbol{B}|$　　(D) $(-2)^n|\boldsymbol{A}|\,|\boldsymbol{B}|$

解: $\left|-2\begin{pmatrix}\boldsymbol{A}^{\mathrm{T}} & \boldsymbol{O}\\ \boldsymbol{O} & \boldsymbol{B}^{-1}\end{pmatrix}\right|=(-2)^{2n}|\boldsymbol{A}^{\mathrm{T}}\boldsymbol{B}^{-1}|=4^{n}|\boldsymbol{A}^{\mathrm{T}}||\boldsymbol{B}^{-1}|=\dfrac{4^{n}|\boldsymbol{A}|}{|\boldsymbol{B}|}$

故本题应选(A).

注释: $\begin{pmatrix}\boldsymbol{A}^{\mathrm{T}} & \boldsymbol{O}\\ \boldsymbol{O} & \boldsymbol{B}^{-1}\end{pmatrix}$为 $2n$ 阶矩阵.

21. $\boldsymbol{A}$, $\boldsymbol{B}$, $\boldsymbol{X}$ 为同阶矩阵，且 $\boldsymbol{A}$, $\boldsymbol{B}$ 可逆，则下列结论错误的是[　　].

(A) 若 $\boldsymbol{AX}=\boldsymbol{B}$，则 $\boldsymbol{X}=\boldsymbol{A}^{-1}\boldsymbol{B}$

(B) 若 $\boldsymbol{XA}=\boldsymbol{B}$，则 $\boldsymbol{X}=\boldsymbol{BA}^{-1}$

(C) 若 $\boldsymbol{AXB}=\boldsymbol{C}$，则 $\boldsymbol{X}=\boldsymbol{A}^{-1}\boldsymbol{CB}^{-1}$

(D) 若 $\boldsymbol{ABX}=\boldsymbol{C}$，则 $\boldsymbol{X}=\boldsymbol{A}^{-1}\boldsymbol{B}^{-1}\boldsymbol{C}$

解: (A) $\boldsymbol{AX}=\boldsymbol{B}$, $\boldsymbol{A}^{-1}\boldsymbol{AX}=\boldsymbol{A}^{-1}\boldsymbol{B}$，即 $\boldsymbol{X}=\boldsymbol{A}^{-1}\boldsymbol{B}$.

(B) 若 $\boldsymbol{XA}=\boldsymbol{B}$, $\boldsymbol{XAA}^{-1}=\boldsymbol{BA}^{-1}$，即 $\boldsymbol{X}=\boldsymbol{BA}^{-1}$.

(C) 若 $\boldsymbol{AXB}=\boldsymbol{C}$, $\boldsymbol{A}^{-1}\boldsymbol{AXBB}^{-1}=\boldsymbol{A}^{-1}\boldsymbol{CB}^{-1}$，即 $\boldsymbol{X}=\boldsymbol{A}^{-1}\boldsymbol{CB}^{-1}$.

(D) 若 $\boldsymbol{ABX}=\boldsymbol{C}$, $(\boldsymbol{AB})^{-1}\boldsymbol{ABX}=(\boldsymbol{AB})^{-1}\boldsymbol{C}=\boldsymbol{B}^{-1}\boldsymbol{A}^{-1}\boldsymbol{C}$，即 $\boldsymbol{X}=\boldsymbol{B}^{-1}\boldsymbol{A}^{-1}\boldsymbol{C}\neq\boldsymbol{A}^{-1}\boldsymbol{B}^{-1}\boldsymbol{C}$.

故本题应选(D).

22. 设 $\boldsymbol{A}$ 为 n 阶可逆矩阵，$\boldsymbol{A}^{*}$ 是 $\boldsymbol{A}$ 的伴随矩阵，则 $|\boldsymbol{A}^{*}|=$[　　].

(A) $|\boldsymbol{A}|$　　(B) $\dfrac{1}{|\boldsymbol{A}|}$　　(C) $|\boldsymbol{A}|^{n-1}$　　(D) $|\boldsymbol{A}|^{n}$

解: 由 $\boldsymbol{AA}^{*}=|\boldsymbol{A}|\boldsymbol{I}$ 有

$$|\boldsymbol{AA}^{*}|=||\boldsymbol{A}|\boldsymbol{I}|$$

$$|\boldsymbol{A}||\boldsymbol{A}^{*}|=|\boldsymbol{A}|^{n}|\boldsymbol{I}|$$

$$|\boldsymbol{A}^{*}|=|\boldsymbol{A}|^{n-1}$$

故本题应选(C).

23. 下列矩阵不是初等矩阵的是[　　].

(A) $\begin{pmatrix}1&0&0\\0&0&1\\0&1&0\end{pmatrix}$　　(B) $\begin{pmatrix}0&0&1\\0&-1&0\\1&0&0\end{pmatrix}$

(C) $\begin{pmatrix}1&0&0\\0&-\frac{1}{2}&0\\0&0&1\end{pmatrix}$　　(D) $\begin{pmatrix}1&0&0\\0&1&-4\\0&0&1\end{pmatrix}$

解: (A) $\begin{pmatrix}1&0&0\\0&1&0\\0&0&1\end{pmatrix}\begin{matrix}\\ \leftarrow\\ \leftarrow\end{matrix}\longrightarrow\begin{pmatrix}1&0&0\\0&0&1\\0&1&0\end{pmatrix}$

(B) $\begin{pmatrix}1&0&0\\0&1&0\\0&0&1\end{pmatrix}\begin{matrix}\leftarrow\\ \\ \leftarrow\end{matrix}\longrightarrow\begin{pmatrix}0&0&1\\0&1&0\\1&0&0\end{pmatrix}\times(-1)\longrightarrow\begin{pmatrix}0&0&1\\0&-1&0\\1&0&0\end{pmatrix}$

初等矩阵是对单位矩阵施以一次初等变换得到的矩阵，因此(B) 不是初等矩阵.

故本题应选(B).

(C) $\begin{pmatrix}1&0&0\\0&1&0\\0&0&1\end{pmatrix}\times(-\frac{1}{2})\longrightarrow\begin{pmatrix}1&0&0\\0&-\frac{1}{2}&0\\0&0&1\end{pmatrix}$

(D) $\begin{pmatrix}1&0&0\\0&1&0\\0&0&1\end{pmatrix}$ 第三行 $\times(-4)$ 加到第二行 $\longrightarrow\begin{pmatrix}1&0&0\\0&1&-4\\0&0&1\end{pmatrix}$

24. 已知$\boldsymbol{A}\begin{pmatrix}a_{11}&a_{12}&a_{13}\\a_{21}&a_{22}&a_{23}\\a_{31}&a_{32}&a_{33}\end{pmatrix}=\begin{pmatrix}a_{11}-3a_{31}&a_{12}-3a_{32}&a_{13}-3a_{33}\\a_{21}&a_{22}&a_{23}\\a_{31}&a_{32}&a_{33}\end{pmatrix}$，则$\boldsymbol{A}=$[　　].

(A) $\begin{pmatrix}1&0&0\\0&0&1\\-3&0&1\end{pmatrix}$　　(B) $\begin{pmatrix}1&0&-3\\0&1&0\\0&0&1\end{pmatrix}$

(C) $\begin{pmatrix}0&0&-3\\0&1&0\\1&0&1\end{pmatrix}$　　(D) $\begin{pmatrix}1&0&0\\0&1&0\\0&0&-3\end{pmatrix}$

解: 给定的矩阵等式右边的矩阵是将矩阵$\begin{pmatrix}a_{11}&a_{12}&a_{13}\\a_{21}&a_{22}&a_{23}\\a_{31}&a_{32}&a_{33}\end{pmatrix}$的第三行乘以(−3)加于第一行所得到的，它等于用$\boldsymbol{I}(1\ 3(-3))$左乘$\begin{pmatrix}a_{11}&a_{12}&a_{13}\\a_{21}&a_{22}&a_{23}\\a_{31}&a_{32}&a_{33}\end{pmatrix}$，$\boldsymbol{I}(1\ 3(-3))$是将$\boldsymbol{I}$的第三行乘以(−3)加于第一行而形成的初等矩阵$\begin{pmatrix}1&0&-3\\0&1&0\\0&0&1\end{pmatrix}$.

故本题应选(B).

25. 下列矩阵中与矩阵$\boldsymbol{A}=\begin{pmatrix}1&3&0\\2&1&2\\4&0&1\end{pmatrix}$同秩的矩阵是[　　].

(A) $(3\quad 1\quad 6)$　　(B) $\begin{pmatrix}2&4&0\\1&5&-1\end{pmatrix}$

(C) $\begin{pmatrix}1&1&0\\1&0&3\\0&-1&3\end{pmatrix}$　　(D) $\begin{pmatrix}2&1&0\\1&0&3\\0&-1&2\end{pmatrix}$

解: $|\boldsymbol{A}|=\begin{vmatrix}1&3&0\\2&1&2\\4&0&1\end{vmatrix}=1+24-6=19\neq 0$，所以 $\mathrm{r}(\boldsymbol{A})=3$.

(A) 中矩阵$(3\quad 1\quad 6)$和(B) 中矩阵$\begin{pmatrix}2&4&0\\1&5&-1\end{pmatrix}$的秩显然小于3，故排除(A)，(B).

(C) $\begin{vmatrix} 1 & 1 & 0 \\ 1 & 0 & 3 \\ 0 & -1 & 3 \end{vmatrix} = 3-3=0$，$\begin{vmatrix} 1 & 1 \\ 1 & 0 \end{vmatrix} \neq 0$，所以矩阵$\begin{pmatrix} 1 & 1 & 0 \\ 1 & 0 & 3 \\ 0 & -1 & 3 \end{pmatrix}$的秩为 2.

(D) $\begin{vmatrix} 2 & 1 & 0 \\ 1 & 0 & 3 \\ 0 & -1 & 2 \end{vmatrix} = 6-2=4 \neq 0$，所以矩阵$\begin{pmatrix} 2 & 1 & 0 \\ 1 & 0 & 3 \\ 0 & -1 & 2 \end{pmatrix}$的秩为 3，即(D) 中矩阵与 $\boldsymbol{A}$ 同秩.

故本题应选(D).

26. 已知矩阵 $\boldsymbol{A} = \begin{pmatrix} 2 & 1 & 1 \\ 4 & 2 & a+1 \\ 2 & 1 & 1 \end{pmatrix}$，且 $r(\boldsymbol{A}) = 2$，则 $a \neq$ [　　].

(A) 1　　(B) -1　　(C) 0　　(D) 2

解：$\boldsymbol{A} = \begin{pmatrix} 2 & 1 & 1 \\ 4 & 2 & a+1 \\ 2 & 1 & 1 \end{pmatrix}$ $\xrightarrow{\times(-2),\ \times(-1)}$ $\begin{pmatrix} 2 & 1 & 1 \\ 0 & 0 & a-1 \\ 0 & 0 & 0 \end{pmatrix}$

若 $a=1$，则 $\boldsymbol{A} \longrightarrow \begin{pmatrix} 2 & 1 & 1 \\ 0 & 0 & 0 \\ 0 & 0 & 0 \end{pmatrix}$. 此时，不全为零行的行数为 1. 所以 $r(\boldsymbol{A}) = 1$，与题设 $r(\boldsymbol{A}) = 2$ 不符合. 故 $a \neq 1$.

故本题应选(A).

27. 设 $m \times n$ 矩阵 $\boldsymbol{A}$ 的秩等于 n，则必有[　　].

(A) $m=n$　　(B) $m<n$　　(C) $m>n$　　(D) $m \geqslant n$

解：矩阵的秩是不等于零的子式的最高阶数，矩阵 $\boldsymbol{A}$ 的秩为 n，则 $\boldsymbol{A}$ 为满秩矩阵，最高阶不等于 0 的子式为 n 阶子式，因此 m 不可能小于 n，只能等于 n 或大于 n.

故本题应选(D).

(二) 参考题(附解答)

(A)

1. 求所有与 $\boldsymbol{A} = \begin{pmatrix} 1 & 1 & 0 \\ 0 & 1 & 1 \\ 0 & 0 & 1 \end{pmatrix}$ 可交换的矩阵.

解：设与 $\boldsymbol{A}$ 可交换的矩阵为 $\boldsymbol{B} = \begin{pmatrix} x_{11} & x_{12} & x_{13} \\ x_{21} & x_{22} & x_{23} \\ x_{31} & x_{32} & x_{33} \end{pmatrix}$，那么

$$AB=\begin{pmatrix}1&1&0\\0&1&1\\0&0&1\end{pmatrix}\begin{pmatrix}x_{11}&x_{12}&x_{13}\\x_{21}&x_{22}&x_{23}\\x_{31}&x_{32}&x_{33}\end{pmatrix}=\begin{pmatrix}x_{11}+x_{21}&x_{12}+x_{22}&x_{13}+x_{23}\\x_{21}+x_{31}&x_{22}+x_{32}&x_{23}+x_{33}\\x_{31}&x_{32}&x_{33}\end{pmatrix}$$

$$BA=\begin{pmatrix}x_{11}&x_{12}&x_{13}\\x_{21}&x_{22}&x_{23}\\x_{31}&x_{32}&x_{33}\end{pmatrix}\begin{pmatrix}1&1&0\\0&1&1\\0&0&1\end{pmatrix}=\begin{pmatrix}x_{11}&x_{11}+x_{12}&x_{12}+x_{13}\\x_{21}&x_{21}+x_{22}&x_{22}+x_{23}\\x_{31}&x_{31}+x_{32}&x_{32}+x_{33}\end{pmatrix}$$

由 $AB=BA$，有下列联立方程

$$x_{11}+x_{21}=x_{11},\ x_{12}+x_{22}=x_{11}+x_{12},\ x_{13}+x_{23}=x_{12}+x_{13}$$
$$x_{21}+x_{31}=x_{21},\ x_{22}+x_{32}=x_{21}+x_{22},\ x_{23}+x_{33}=x_{22}+x_{23}$$
$$x_{31}=x_{31},\quad x_{32}=x_{31}+x_{32},\quad x_{33}=x_{32}+x_{33}$$

解得 $\quad x_{21}=x_{31}=x_{32}=0,\ x_{11}=x_{22}=x_{33},\ x_{12}=x_{23}$

设 $\quad x_{11}=x_{22}=x_{33}=a,\ x_{12}=x_{23}=b,\ x_{13}=c$

则得 $\quad B=\begin{pmatrix}a&b&c\\0&a&b\\0&0&a\end{pmatrix}$ （a，b，c 为任意常数）

即与已知矩阵 A 可交换的所有矩阵是结构为 B 的矩阵.

2. 设矩阵

$$A=\begin{pmatrix}a&b&c&d\\-b&a&-d&c\\-c&d&a&-b\\-d&-c&b&a\end{pmatrix}\quad (a,\ b,\ c,\ d \text{ 均为实数})$$

(1) 求 AA^{T}.

(2) 计算 $|A|$.

解： (1) $AA^{\mathrm{T}}=\begin{pmatrix}a&b&c&d\\-b&a&-d&c\\-c&d&a&-b\\-d&-c&b&a\end{pmatrix}\begin{pmatrix}a&-b&-c&-d\\b&a&d&-c\\c&-d&a&b\\d&c&-b&a\end{pmatrix}$

$$=\begin{pmatrix}a^2+b^2+c^2+d^2&0&0&0\\0&a^2+b^2+c^2+d^2&0&0\\0&0&a^2+b^2+c^2+d^2&0\\0&0&0&a^2+b^2+c^2+d^2\end{pmatrix}$$

(2) $|AA^{\mathrm{T}}|=|A||A^{\mathrm{T}}|=|A||A|=|A|^2$

因 $\quad |AA^{\mathrm{T}}|=(a^2+b^2+c^2+d^2)^4$

即 $\quad |A|^2=(a^2+b^2+c^2+d^2)^4$

从而有 $\quad |A|=\pm(a^2+b^2+c^2+d^2)^2$

$(a^2+b^2+c^2+d^2)^4$ 开方应为 $\pm(a^2+b^2+c^2+d^2)^2$，但因在 $|A|$ 的展开式中 a^4 这一项来自 A 的主对角线上 4 个 a 连乘，该项符号为正，故取正号. 所以

$$|\boldsymbol{A}|=(a^2+b^2+c^2+d^2)^2$$

3. 已知 $\boldsymbol{A}$, $\boldsymbol{B}$ 为 n 阶矩阵，且满足 $\boldsymbol{A}^2=\boldsymbol{A}$, $\boldsymbol{B}^2=\boldsymbol{B}$ 及 $(\boldsymbol{A}-\boldsymbol{B})^2=\boldsymbol{A}+\boldsymbol{B}$，证明：$\boldsymbol{AB}=\boldsymbol{BA}=\boldsymbol{O}$.

证：$(\boldsymbol{A}-\boldsymbol{B})^2=(\boldsymbol{A}-\boldsymbol{B})(\boldsymbol{A}-\boldsymbol{B})=\boldsymbol{A}^2-\boldsymbol{AB}-\boldsymbol{BA}+\boldsymbol{B}^2$

由 $(\boldsymbol{A}-\boldsymbol{B})^2=\boldsymbol{A}+\boldsymbol{B}$ 及 $\boldsymbol{A}^2=\boldsymbol{A}$, $\boldsymbol{B}^2=\boldsymbol{B}$，有

$$\boldsymbol{A}+\boldsymbol{B}=\boldsymbol{A}-\boldsymbol{AB}-\boldsymbol{BA}+\boldsymbol{B}$$

可得 $\quad -\boldsymbol{AB}-\boldsymbol{BA}=\boldsymbol{O}$，即 $\boldsymbol{AB}=-\boldsymbol{BA}$ (1)

式(1)左乘 $\boldsymbol{A}$，有 $\boldsymbol{A}^2\boldsymbol{B}=-\boldsymbol{ABA}$，即 $\boldsymbol{AB}=-\boldsymbol{ABA}$, $\boldsymbol{ABA}=-\boldsymbol{AB}$

式(1)右乘 $\boldsymbol{A}$，有 $\boldsymbol{ABA}=-\boldsymbol{BA}^2$，即 $\boldsymbol{ABA}=-\boldsymbol{BA}$

于是得出 $\boldsymbol{AB}=\boldsymbol{BA}$ (2)

再由式(1)，式(2)得出 $\boldsymbol{BA}=-\boldsymbol{BA}$，即 $\boldsymbol{BA}=\boldsymbol{O}$

所以可得 $\boldsymbol{AB}=\boldsymbol{BA}=\boldsymbol{O}$

4. 设 $\boldsymbol{A}$ 为 n 阶矩阵，满足 $\boldsymbol{A}^2=\boldsymbol{A}$，证明 $(\boldsymbol{A}+\boldsymbol{I})^n=\boldsymbol{I}+(2^n-1)\boldsymbol{A}$（$n$ 为正整数）.

证：用数学归纳法.

当 $n=1$ 时，结论显然成立.

当 $n=2$ 时，$(\boldsymbol{A}+\boldsymbol{I})^2=\boldsymbol{A}^2+2\boldsymbol{A}+\boldsymbol{I}=\boldsymbol{A}+2\boldsymbol{A}+\boldsymbol{I}=\boldsymbol{I}+3\boldsymbol{A}=\boldsymbol{I}+(2^2-1)\boldsymbol{A}$. 结论成立.

设当 $n=k-1$ 时，结论成立，即有

$$(\boldsymbol{A}+\boldsymbol{I})^{k-1}=\boldsymbol{I}+(2^{k-1}-1)\boldsymbol{A}$$

那么

$$\begin{aligned}(\boldsymbol{A}+\boldsymbol{I})^k&=(\boldsymbol{A}+\boldsymbol{I})^{k-1}(\boldsymbol{A}+\boldsymbol{I})=[\boldsymbol{I}+(2^{k-1}-1)\boldsymbol{A}](\boldsymbol{A}+\boldsymbol{I})\\&=\boldsymbol{A}+\boldsymbol{I}+(2^{k-1}-1)\boldsymbol{A}^2+(2^{k-1}-1)\boldsymbol{A}\\&=\boldsymbol{I}+[\boldsymbol{A}+2(2^{k-1}-1)\boldsymbol{A}]\\&=\boldsymbol{I}+(\boldsymbol{A}+2^k\boldsymbol{A}-2\boldsymbol{A})\\&=\boldsymbol{I}+(2^k-1)\boldsymbol{A}\qquad(\text{结论成立})\end{aligned}$$

所以，当 n 为任意正整数时 $(\boldsymbol{A}+\boldsymbol{I})^n=\boldsymbol{I}+(2^n-1)\boldsymbol{A}$ 成立.

5. 设 $\boldsymbol{A}=\begin{pmatrix}0&1&0&0\\0&0&1&0\\0&0&0&1\\1&0&0&0\end{pmatrix}$，求 $\boldsymbol{A}^n$.

解：先求 $\boldsymbol{A}^2$, $\boldsymbol{A}^3$, $\boldsymbol{A}^4$.

$$\boldsymbol{A}^2=\boldsymbol{A}\cdot\boldsymbol{A}=\begin{pmatrix}0&1&0&0\\0&0&1&0\\0&0&0&1\\1&0&0&0\end{pmatrix}\begin{pmatrix}0&1&0&0\\0&0&1&0\\0&0&0&1\\1&0&0&0\end{pmatrix}=\begin{pmatrix}0&0&1&0\\0&0&0&1\\1&0&0&0\\0&1&0&0\end{pmatrix}$$

$$\boldsymbol{A}^3=\boldsymbol{A}^2\boldsymbol{A}=\begin{pmatrix}0&0&1&0\\0&0&0&1\\1&0&0&0\\0&1&0&0\end{pmatrix}\begin{pmatrix}0&1&0&0\\0&0&1&0\\0&0&0&1\\1&0&0&0\end{pmatrix}=\begin{pmatrix}0&0&0&1\\1&0&0&0\\0&1&0&0\\0&0&1&0\end{pmatrix}$$

$$A^4=A^3A=\begin{pmatrix}0&0&0&1\\1&0&0&0\\0&1&0&0\\0&0&1&0\end{pmatrix}\begin{pmatrix}0&1&0&0\\0&0&1&0\\0&0&0&1\\1&0&0&0\end{pmatrix}=\begin{pmatrix}1&0&0&0\\0&1&0&0\\0&0&1&0\\0&0&0&1\end{pmatrix}=I$$

因此可知 $A^{4k}=I=\begin{pmatrix}1&0&0&0\\0&1&0&0\\0&0&1&0\\0&0&0&1\end{pmatrix}$（$k$ 为正整数）

依次计算 $A^{4k+1}=IA=A=\begin{pmatrix}0&1&0&0\\0&0&1&0\\0&0&0&1\\1&0&0&0\end{pmatrix}$

$$A^{4k+2}=IA^2=A^2=\begin{pmatrix}0&0&1&0\\0&0&0&1\\1&0&0&0\\0&1&0&0\end{pmatrix}$$

$$A^{4k+3}=IA^3=A^3=\begin{pmatrix}0&0&0&1\\1&0&0&0\\0&1&0&0\\0&0&1&0\end{pmatrix}$$

6. 用分块矩阵乘法，计算下列矩阵乘积 AB.

$$A=\begin{pmatrix}1&0&0&0&0\\0&1&0&0&0\\1&1&1&0&0\\0&2&0&1&0\\1&-1&0&0&1\end{pmatrix}\quad B=\begin{pmatrix}1&1&1&1&0\\0&0&0&0&1\\3&0&0&0&0\\0&3&0&0&0\\0&0&3&0&0\end{pmatrix}$$

解：将 A 按下面的方法分块.

$$A=\left(\begin{array}{cc:ccc}1&0&0&0&0\\0&1&0&0&0\\\hdashline 1&1&1&0&0\\0&2&0&1&0\\1&-1&0&0&1\end{array}\right)=\begin{pmatrix}I_2&O_{2\times3}\\A_{3\times2}&I_3\end{pmatrix}$$

为使子块运算可行，需要注意 B 的分块方法，B 的行的分法要与 A 的列的分法一样，故将 B 按下面的方法分块.

$$B=\left(\begin{array}{ccc:cc}1&1&1&1&0\\0&0&0&0&1\\\hdashline 3&0&0&0&0\\0&3&0&0&0\\0&0&3&0&0\end{array}\right)=\begin{pmatrix}B_{2\times3}&I_2\\3I_3&O_{3\times2}\end{pmatrix}$$

于是 $$AB=\begin{pmatrix} I_2 & O_{2\times3} \\ A_{3\times2} & I_3 \end{pmatrix}\begin{pmatrix} B_{2\times3} & I_2 \\ 3I_3 & O_{3\times2} \end{pmatrix}=\begin{pmatrix} B_{2\times3} & I_2 \\ A_{3\times2}B_{2\times3}+3I_3 & A_{3\times2} \end{pmatrix}$$

其中 $$A_{3\times2}=\begin{pmatrix} 1 & 1 \\ 0 & 2 \\ 1 & -1 \end{pmatrix},\ B_{2\times3}=\begin{pmatrix} 1 & 1 & 1 \\ 0 & 0 & 0 \end{pmatrix}$$

$$A_{3\times2}B_{2\times3}+3I_3=\begin{pmatrix} 1 & 1 \\ 0 & 2 \\ 1 & -1 \end{pmatrix}\begin{pmatrix} 1 & 1 & 1 \\ 0 & 0 & 0 \end{pmatrix}+\begin{pmatrix} 3 & 0 & 0 \\ 0 & 3 & 0 \\ 0 & 0 & 3 \end{pmatrix}=\begin{pmatrix} 4 & 1 & 1 \\ 0 & 3 & 0 \\ 1 & 1 & 4 \end{pmatrix}$$

于是可得 $$AB=\begin{pmatrix} 1 & 1 & 1 & 1 & 0 \\ 0 & 0 & 0 & 0 & 1 \\ 4 & 1 & 1 & 1 & 1 \\ 0 & 3 & 0 & 0 & 2 \\ 1 & 1 & 4 & 1 & -1 \end{pmatrix}$$

7. 三阶矩阵 A，B 满足 $A^{-1}BA=6A+BA$，已知 $A=\begin{pmatrix} \frac{1}{3} & & \\ & \frac{1}{4} & \\ & & \frac{1}{7} \end{pmatrix}$，求矩阵 B.

解：由 $A^{-1}BA=6A+BA$，有

$$(A^{-1}-I)BA=6A$$

如果 $A^{-1}-I$ 可逆，则 $BA=6(A^{-1}-I)^{-1}A$，即$B=6(A^{-1}-I)^{-1}$. 可以求得

$$A^{-1}=\begin{pmatrix} 3 & & \\ & 4 & \\ & & 7 \end{pmatrix},\ A^{-1}-I=\begin{pmatrix} 2 & & \\ & 3 & \\ & & 6 \end{pmatrix}$$

从而可得 $$(A^{-1}-I)^{-1}=\begin{pmatrix} \frac{1}{2} & & \\ & \frac{1}{3} & \\ & & \frac{1}{6} \end{pmatrix}$$

于是得出 $$B=6\begin{pmatrix} \frac{1}{2} & & \\ & \frac{1}{3} & \\ & & \frac{1}{6} \end{pmatrix}=\begin{pmatrix} 3 & & \\ & 2 & \\ & & 1 \end{pmatrix}$$

8. n 阶矩阵 A 满足 $A^2-3A-10I=O$，证明 A 与 $A-4I$ 皆可逆，并求其逆.

证：由 $A^2-3A-10I=O$ 有

$$\boldsymbol{A}(\boldsymbol{A}-3\boldsymbol{I})=10\boldsymbol{I}$$

即 $$\boldsymbol{A}\left(\frac{1}{10}(\boldsymbol{A}-3\boldsymbol{I})\right)=\boldsymbol{I}$$

由此可知 $\boldsymbol{A}$ 可逆，且 $\boldsymbol{A}^{-1}=\frac{1}{10}(\boldsymbol{A}-3\boldsymbol{I})$.

再由 $\boldsymbol{A}^2-3\boldsymbol{A}-10\boldsymbol{I}=\boldsymbol{O}$ 有

$$(\boldsymbol{A}+\boldsymbol{I})(\boldsymbol{A}-4\boldsymbol{I})=6\boldsymbol{I}$$

即 $$\frac{1}{6}(\boldsymbol{A}+\boldsymbol{I})(\boldsymbol{A}-4\boldsymbol{I})=\boldsymbol{I}$$

由此可知 $\boldsymbol{A}-4\boldsymbol{I}$ 可逆，且 $(\boldsymbol{A}-4\boldsymbol{I})^{-1}=\frac{1}{6}(\boldsymbol{A}+\boldsymbol{I})$.

9. 设 n 阶矩阵 $\boldsymbol{A}$ 满足 $\boldsymbol{A}^3+\boldsymbol{A}^2-\boldsymbol{A}-\boldsymbol{I}=\boldsymbol{O}$，且 $|\boldsymbol{A}-\boldsymbol{I}|\neq 0$，证明 $\boldsymbol{A}$ 可逆，且 $\boldsymbol{A}^{-1}=-(\boldsymbol{A}+2\boldsymbol{I})$.

证：由 $\boldsymbol{A}^3+\boldsymbol{A}^2-\boldsymbol{A}-\boldsymbol{I}=\boldsymbol{O}$，有

$$(\boldsymbol{A}^2+2\boldsymbol{A}+\boldsymbol{I})(\boldsymbol{A}-\boldsymbol{I})=\boldsymbol{O}$$

根据题设 $|\boldsymbol{A}-\boldsymbol{I}|\neq 0$，可知 $\boldsymbol{A}-\boldsymbol{I}$ 可逆. 用 $(\boldsymbol{A}-\boldsymbol{I})^{-1}$ 右乘上式，得

$$\boldsymbol{A}^2+2\boldsymbol{A}+\boldsymbol{I}=\boldsymbol{O}$$

即 $$\boldsymbol{A}(\boldsymbol{A}+3\boldsymbol{I})=\boldsymbol{A}-\boldsymbol{I}$$

$$|\boldsymbol{A}||\boldsymbol{A}+3\boldsymbol{I}|=|\boldsymbol{A}-\boldsymbol{I}|$$

因 $|\boldsymbol{A}-\boldsymbol{I}|\neq 0$，所以 $|\boldsymbol{A}|\neq 0$，故 $\boldsymbol{A}$ 可逆.

用 $\boldsymbol{A}^{-1}$ 左乘 $\boldsymbol{A}^2+2\boldsymbol{A}+\boldsymbol{I}=\boldsymbol{O}$，有

$$\boldsymbol{A}+2\boldsymbol{I}+\boldsymbol{A}^{-1}=\boldsymbol{O}$$

由此可得 $\boldsymbol{A}^{-1}=-(\boldsymbol{A}+2\boldsymbol{I})$

10. 设矩阵 $\boldsymbol{A}=\begin{pmatrix}3&0&1\\1&1&0\\0&1&4\end{pmatrix}$，满足 $\boldsymbol{AB}=\boldsymbol{A}+2\boldsymbol{B}$，求矩阵 $\boldsymbol{B}$.

解：由 $\boldsymbol{AB}=\boldsymbol{A}+2\boldsymbol{B}$ 有 $(\boldsymbol{A}-2\boldsymbol{I})\boldsymbol{B}=\boldsymbol{A}$，若 $\boldsymbol{A}-2\boldsymbol{I}$ 可逆，则

$$\boldsymbol{B}=(\boldsymbol{A}-2\boldsymbol{I})^{-1}\boldsymbol{A}$$

$$\boldsymbol{A}-2\boldsymbol{I}=\begin{pmatrix}1&0&1\\1&-1&0\\0&1&2\end{pmatrix}$$

$$(\boldsymbol{A}-2\boldsymbol{I}\,\vdots\,\boldsymbol{I})=\left(\begin{array}{ccc:ccc}1&0&1&1&0&0\\1&-1&0&0&1&0\\0&1&2&0&0&1\end{array}\right)\begin{matrix}\times(-1)\\ \leftarrow \\ \\ \end{matrix}$$

$$\rightarrow\left(\begin{array}{ccc:ccc}1&0&1&1&0&0\\0&-1&-1&-1&1&0\\0&1&2&0&0&1\end{array}\right)\times 1 \rightarrow\left(\begin{array}{ccc:ccc}1&0&1&1&0&0\\0&-1&-1&-1&1&0\\0&0&1&-1&1&1\end{array}\right)\times(-1)$$

$$\rightarrow\left(\begin{array}{ccc:ccc}1&0&1&1&0&0\\0&1&1&1&-1&0\\0&0&1&-1&1&1\end{array}\right)\times(-1) \rightarrow\left(\begin{array}{ccc:ccc}1&0&0&2&-1&-1\\0&1&0&2&-2&-1\\0&0&1&-1&1&1\end{array}\right)$$

因此 $\boldsymbol{A}-2\boldsymbol{I}$ 可逆，且 $(\boldsymbol{A}-2\boldsymbol{I})^{-1}=\begin{pmatrix}2&-1&-1\\2&-2&-1\\-1&1&1\end{pmatrix}$. 于是可得

$$\boldsymbol{B}=(\boldsymbol{A}-2\boldsymbol{I})^{-1}\boldsymbol{A}=\begin{pmatrix}2&-1&-1\\2&-2&-1\\-1&1&1\end{pmatrix}\begin{pmatrix}3&0&1\\1&1&0\\0&1&4\end{pmatrix}$$

$$=\begin{pmatrix}5&-2&-2\\4&-3&-2\\-2&2&3\end{pmatrix}$$

11. 设 $\boldsymbol{A}$，$\boldsymbol{B}$ 均为 n 阶矩阵，且满足 $\boldsymbol{AB}=\boldsymbol{A}+\boldsymbol{B}$，试证：

(1) $\boldsymbol{A}-\boldsymbol{I}$ 与 $\boldsymbol{B}-\boldsymbol{I}$ 均可逆.

(2) $\boldsymbol{AB}=\boldsymbol{BA}$.

证：(1) 由 $\boldsymbol{AB}=\boldsymbol{A}+\boldsymbol{B}$ 有

$$\boldsymbol{AB}-\boldsymbol{A}-\boldsymbol{B}+\boldsymbol{I}=\boldsymbol{I}$$

即 $$(\boldsymbol{A}-\boldsymbol{I})(\boldsymbol{B}-\boldsymbol{I})=\boldsymbol{I}$$

故 $\boldsymbol{A}-\boldsymbol{I}$ 与 $\boldsymbol{B}-\boldsymbol{I}$ 均可逆.

(2) 由 $\boldsymbol{A}-\boldsymbol{I}$ 与 $\boldsymbol{B}-\boldsymbol{I}$ 均可逆，且互为逆矩阵，有

$$(\boldsymbol{A}-\boldsymbol{I})(\boldsymbol{B}-\boldsymbol{I})=\boldsymbol{I}$$

$$(\boldsymbol{B}-\boldsymbol{I})(\boldsymbol{A}-\boldsymbol{I})=\boldsymbol{I}$$

即 $$(\boldsymbol{A}-\boldsymbol{I})(\boldsymbol{B}-\boldsymbol{I})=(\boldsymbol{B}-\boldsymbol{I})(\boldsymbol{A}-\boldsymbol{I})$$

亦即 $$\boldsymbol{AB}-\boldsymbol{B}-\boldsymbol{A}+\boldsymbol{I}=\boldsymbol{BA}-\boldsymbol{A}-\boldsymbol{B}+\boldsymbol{I}$$

故有 $$\boldsymbol{AB}=\boldsymbol{BA}$$

12. 设 $\boldsymbol{A}$, $\boldsymbol{B}$, $\boldsymbol{C}$ 均为 n 阶矩阵，如果 $\boldsymbol{C}=\boldsymbol{A}+\boldsymbol{CA}$，$\boldsymbol{B}=\boldsymbol{I}+\boldsymbol{AB}$，证明 $\boldsymbol{B}-\boldsymbol{C}=\boldsymbol{I}$.

证：由 $\boldsymbol{B}=\boldsymbol{I}+\boldsymbol{AB}$ 有 $(\boldsymbol{I}-\boldsymbol{A})\boldsymbol{B}=\boldsymbol{I}$，所以 $\boldsymbol{I}-\boldsymbol{A}$ 与 $\boldsymbol{B}$ 均可逆，且 $\boldsymbol{B}=(\boldsymbol{I}-\boldsymbol{A})^{-1}$.

又由 $\boldsymbol{C}=\boldsymbol{A}+\boldsymbol{CA}$ 有

$$\boldsymbol{C}(\boldsymbol{I}-\boldsymbol{A})=\boldsymbol{A}$$

从而有 $$\boldsymbol{C}=\boldsymbol{A}(\boldsymbol{I}-\boldsymbol{A})^{-1}$$

因此 $\quad \boldsymbol{B}-\boldsymbol{C}=(\boldsymbol{I}-\boldsymbol{A})^{-1}-\boldsymbol{A}(\boldsymbol{I}-\boldsymbol{A})^{-1}$

$$=(\boldsymbol{I}-\boldsymbol{A})(\boldsymbol{I}-\boldsymbol{A})^{-1}$$

$$=\boldsymbol{I}$$

13. 设 $\boldsymbol{A}$，$\boldsymbol{B}$ 均为三阶矩阵，且满足 $3\boldsymbol{I}-\boldsymbol{B}=\boldsymbol{A}^{-1}\boldsymbol{B}$. 若已知 $\boldsymbol{A}=\begin{pmatrix}1&0&0\\0&2&0\\0&0&2\end{pmatrix}$，求 $\boldsymbol{B}$.

解：由 $3\boldsymbol{I}-\boldsymbol{B}=\boldsymbol{A}^{-1}\boldsymbol{B}$，有

$$(\boldsymbol{A}^{-1}+\boldsymbol{I})\boldsymbol{B}=3\boldsymbol{I}$$

若 $\boldsymbol{A}^{-1}+\boldsymbol{I}$ 可逆，则 $\boldsymbol{B}=3(\boldsymbol{A}^{-1}+\boldsymbol{I})^{-1}$，

$$\boldsymbol{A}^{-1}=\begin{pmatrix}1&0&0\\0&\frac{1}{2}&0\\0&0&\frac{1}{2}\end{pmatrix},\ \boldsymbol{A}^{-1}+\boldsymbol{I}=\begin{pmatrix}2&0&0\\0&\frac{3}{2}&0\\0&0&\frac{3}{2}\end{pmatrix}$$

$|\boldsymbol{A}^{-1}+\boldsymbol{I}|=\frac{9}{2}\neq 0$，所以 $\boldsymbol{A}^{-1}+\boldsymbol{I}$ 可逆，且 $(\boldsymbol{A}^{-1}+\boldsymbol{I})^{-1}=\begin{pmatrix}\frac{1}{2}&0&0\\0&\frac{2}{3}&0\\0&0&\frac{2}{3}\end{pmatrix}$.

所以 $\quad \boldsymbol{B}=3\begin{pmatrix}\frac{1}{2}&0&0\\0&\frac{2}{3}&0\\0&0&\frac{2}{3}\end{pmatrix}=\begin{pmatrix}\frac{3}{2}&0&0\\0&2&0\\0&0&2\end{pmatrix}$

14. 求满足 $\boldsymbol{A}^2=\boldsymbol{I}$ 的所有二阶矩阵.

解：设 $\boldsymbol{A}=\begin{pmatrix}x_{11}&x_{12}\\x_{21}&x_{22}\end{pmatrix}$.

由 $\boldsymbol{A}^2=\boldsymbol{I}$ 有 $|\boldsymbol{A}^2|=|\boldsymbol{I}|$，即 $|\boldsymbol{A}|^2=1$，$|\boldsymbol{A}|=\pm 1$.

由 $\boldsymbol{A}^2=\boldsymbol{I}$ 可知 $\boldsymbol{A}=\boldsymbol{A}^{-1}$.

当 $|\boldsymbol{A}|=1$ 时，$\boldsymbol{A}^{-1}=\begin{pmatrix}x_{22}&-x_{12}\\-x_{21}&x_{11}\end{pmatrix}$.

由 $\boldsymbol{A}=\boldsymbol{A}^{-1}$ 有 $x_{11}=x_{22}$，$x_{12}=-x_{12}$，$x_{21}=-x_{21}$，即 $x_{12}=x_{21}=0$，设 $x_{11}=x_{22}=a$. 所以可得 $\boldsymbol{A}=\begin{pmatrix}a&0\\0&a\end{pmatrix}$，其中 a 满足 $\begin{vmatrix}a&0\\0&a\end{vmatrix}=1$，即 $a^2=1$.

当 $|\boldsymbol{A}|=-1$ 时，$\boldsymbol{A}^{-1}=-\begin{pmatrix} x_{22} & -x_{12} \\ -x_{21} & x_{11} \end{pmatrix}=\begin{pmatrix} -x_{22} & x_{12} \\ x_{21} & -x_{11} \end{pmatrix}$.

由 $\boldsymbol{A}=\boldsymbol{A}^{-1}$ 有 $x_{11}=-x_{22}$，x_{12}，x_{21} 为任意数. 设 $x_{11}=a$，$x_{12}=b$，$x_{21}=c$，$x_{22}=-a$. 所以可得 $\boldsymbol{A}=\begin{pmatrix} a & b \\ c & -a \end{pmatrix}$，其中 a，b，c 满足 $\begin{vmatrix} a & b \\ c & -a \end{vmatrix}=-1$，即 $a^2+bc=1$.

15. 设 $\boldsymbol{A}$，$\boldsymbol{B}$，$\boldsymbol{C}$ 均为三阶矩阵，满足 $\boldsymbol{C}(\boldsymbol{I}-\boldsymbol{B}^{-1}\boldsymbol{A})^{\mathrm{T}}\boldsymbol{B}^{\mathrm{T}}=\boldsymbol{I}$，已知 $\boldsymbol{A}=\begin{pmatrix} 1 & -1 & 0 \\ 0 & 1 & -1 \\ 0 & 0 & 1 \end{pmatrix}$，$\boldsymbol{B}=\begin{pmatrix} 2 & 1 & 3 \\ 0 & 2 & 1 \\ 0 & 0 & 2 \end{pmatrix}$，求 $\boldsymbol{C}$.

解： *方法 1*

$$\boldsymbol{C}(\boldsymbol{I}-\boldsymbol{B}^{-1}\boldsymbol{A})^{\mathrm{T}}\boldsymbol{B}^{\mathrm{T}}=\boldsymbol{C}[\boldsymbol{B}(\boldsymbol{I}-\boldsymbol{B}^{-1}\boldsymbol{A})]^{\mathrm{T}}=\boldsymbol{C}(\boldsymbol{B}-\boldsymbol{A})^{\mathrm{T}}=\boldsymbol{I}$$

所以 $\boldsymbol{C}=[(\boldsymbol{B}-\boldsymbol{A})^{\mathrm{T}}]^{-1}$

$$\boldsymbol{B}-\boldsymbol{A}=\begin{pmatrix} 1 & 2 & 3 \\ 0 & 1 & 2 \\ 0 & 0 & 1 \end{pmatrix}，(\boldsymbol{B}-\boldsymbol{A})^{\mathrm{T}}=\begin{pmatrix} 1 & 0 & 0 \\ 2 & 1 & 0 \\ 3 & 2 & 1 \end{pmatrix}$$

于是可以求出 $\boldsymbol{C}=[(\boldsymbol{B}-\boldsymbol{A})^{\mathrm{T}}]^{-1}=\begin{pmatrix} 1 & 0 & 0 \\ 2 & 1 & 0 \\ 3 & 2 & 1 \end{pmatrix}^{-1}=\begin{pmatrix} 1 & 0 & 0 \\ -2 & 1 & 0 \\ 1 & -2 & 1 \end{pmatrix}$.

方法 2

由题设 $\boldsymbol{C}(\boldsymbol{I}-\boldsymbol{B}^{-1}\boldsymbol{A})^{\mathrm{T}}\boldsymbol{B}^{\mathrm{T}}=\boldsymbol{I}$，两边转置，有

$$\boldsymbol{B}(\boldsymbol{I}-\boldsymbol{B}^{-1}\boldsymbol{A})\boldsymbol{C}^{\mathrm{T}}=\boldsymbol{I}，即(\boldsymbol{B}-\boldsymbol{A})\boldsymbol{C}^{\mathrm{T}}=\boldsymbol{I}.$$

所以 $\boldsymbol{C}^{\mathrm{T}}=(\boldsymbol{B}-\boldsymbol{A})^{-1}$，那么 $\boldsymbol{C}=[(\boldsymbol{B}-\boldsymbol{A})^{-1}]^{\mathrm{T}}$. 于是可以求出

$$\boldsymbol{C}=[(\boldsymbol{B}-\boldsymbol{A})^{-1}]^{\mathrm{T}}=\left(\begin{pmatrix} 1 & 2 & 3 \\ 0 & 1 & 2 \\ 0 & 0 & 1 \end{pmatrix}^{-1}\right)^{\mathrm{T}}$$

$$=\begin{pmatrix} 1 & -2 & 1 \\ 0 & 1 & -2 \\ 0 & 0 & 1 \end{pmatrix}^{\mathrm{T}}=\begin{pmatrix} 1 & 0 & 0 \\ -2 & 1 & 0 \\ 1 & -2 & 1 \end{pmatrix}$$

16. 设 $\boldsymbol{A}$，$\boldsymbol{B}$，$\boldsymbol{C}$ 均为三阶矩阵，且满足 $\boldsymbol{C}(2\boldsymbol{A}-\boldsymbol{B})=\boldsymbol{A}$. 已知 $\boldsymbol{B}=\begin{pmatrix} 1 & 2 & 3 \\ 0 & 1 & 2 \\ 0 & 0 & 1 \end{pmatrix}$，$\boldsymbol{C}=\begin{pmatrix} 1 & -2 & 4 \\ 0 & 1 & -2 \\ 0 & 0 & 1 \end{pmatrix}$，求 $\boldsymbol{A}$.

解：由 $\boldsymbol{C}(2\boldsymbol{A}-\boldsymbol{B})=\boldsymbol{A}$ 可得 $(2\boldsymbol{C}-\boldsymbol{I})\boldsymbol{A}=\boldsymbol{CB}$.

$2\boldsymbol{C}-\boldsymbol{I}=\begin{pmatrix}1&-4&8\\0&1&-4\\0&0&1\end{pmatrix}$，$|2\boldsymbol{C}-\boldsymbol{I}|=1\neq 0$，故 $2\boldsymbol{C}-\boldsymbol{I}$ 可逆. 因此有

$$\boldsymbol{A}=(2\boldsymbol{C}-\boldsymbol{I})^{-1}\boldsymbol{CB}$$

可以求出 $(2\boldsymbol{C}-\boldsymbol{I})^{-1}=\begin{pmatrix}1&4&8\\0&1&4\\0&0&1\end{pmatrix}$.

于是有 $\boldsymbol{A}=(2\boldsymbol{C}-\boldsymbol{I})^{-1}\boldsymbol{CB}=\begin{pmatrix}1&4&8\\0&1&4\\0&0&1\end{pmatrix}\begin{pmatrix}1&-2&4\\0&1&-2\\0&0&1\end{pmatrix}\begin{pmatrix}1&2&3\\0&1&2\\0&0&1\end{pmatrix}$

$$=\begin{pmatrix}1&2&4\\0&1&2\\0&0&1\end{pmatrix}\begin{pmatrix}1&2&3\\0&1&2\\0&0&1\end{pmatrix}=\begin{pmatrix}1&4&11\\0&1&4\\0&0&1\end{pmatrix}$$

17. 用初等变换解矩阵方程 $\boldsymbol{AXB}=\boldsymbol{C}$，其中

$$\boldsymbol{A}=\begin{pmatrix}1&2&3\\2&1&2\\1&3&4\end{pmatrix},\quad \boldsymbol{B}=\begin{pmatrix}7&9\\4&5\end{pmatrix},\quad \boldsymbol{C}=\begin{pmatrix}1&2\\1&0\\2&3\end{pmatrix}$$

解：$|\boldsymbol{A}|=\begin{vmatrix}1&2&3\\2&1&2\\1&3&4\end{vmatrix}=1\neq 0$，$|\boldsymbol{B}|=\begin{vmatrix}7&9\\4&5\end{vmatrix}=-1\neq 0$

所以 $\boldsymbol{A}$，$\boldsymbol{B}$ 均可逆.

根据 $(\boldsymbol{A}\,\vdots\,\boldsymbol{C})\xrightarrow{\text{初等行变换}}(\boldsymbol{I}\,\vdots\,\boldsymbol{A}^{-1}\boldsymbol{C})$，求 $\boldsymbol{A}^{-1}\boldsymbol{C}$.

$$\left(\begin{array}{ccc:cc}1&2&3&1&2\\2&1&2&1&0\\1&3&4&2&3\end{array}\right)\begin{array}{l}\times(-2),\ \times(-1)\\ \\ \\ \end{array}\to\left(\begin{array}{ccc:cc}1&2&3&1&2\\0&-3&-4&-1&-4\\0&1&1&1&1\end{array}\right)$$

$$\to\left(\begin{array}{ccc:cc}1&2&3&1&2\\0&1&1&1&1\\0&-3&-4&-1&-4\end{array}\right)\times 3\to\left(\begin{array}{ccc:cc}1&2&3&1&2\\0&1&1&1&1\\0&0&-1&2&-1\end{array}\right)\begin{array}{l}\\ \times(-2)\\ \times(-1)\end{array}$$

$$\to\left(\begin{array}{ccc:cc}1&0&1&-1&0\\0&1&1&1&1\\0&0&1&-2&1\end{array}\right)\times(-1)\to\left(\begin{array}{ccc:cc}1&0&0&1&-1\\0&1&0&3&0\\0&0&1&-2&1\end{array}\right)=(\boldsymbol{I}\,\vdots\,\boldsymbol{A}^{-1}\boldsymbol{C})$$

因此得到 $\boldsymbol{A}^{-1}\boldsymbol{C}=\begin{pmatrix}1&-1\\3&0\\-2&1\end{pmatrix}$

根据 $\begin{pmatrix} B \\ \hdashline A^{-1}C \end{pmatrix} \xrightarrow{\text{初等列变换}} \begin{pmatrix} I \\ \hdashline A^{-1}CB^{-1} \end{pmatrix}$，求 $A^{-1}CB^{-1}$.

$$\begin{pmatrix} 7 & 9 \\ 4 & 5 \\ \hdashline 1 & -1 \\ 3 & 0 \\ -2 & 1 \end{pmatrix} \to \begin{pmatrix} 1 & 9 \\ \frac{4}{7} & 5 \\ \hdashline \frac{1}{7} & -1 \\ \frac{3}{7} & 0 \\ \frac{-2}{7} & 1 \end{pmatrix} \to \begin{pmatrix} 1 & 0 \\ \frac{4}{7} & -\frac{1}{7} \\ \hdashline \frac{1}{7} & -\frac{16}{7} \\ \frac{3}{7} & -\frac{27}{7} \\ -\frac{2}{7} & \frac{25}{7} \end{pmatrix} \to \begin{pmatrix} 1 & 0 \\ \frac{4}{7} & 1 \\ \hdashline \frac{1}{7} & 16 \\ \frac{3}{7} & 27 \\ -\frac{2}{7} & -25 \end{pmatrix}$$

(第一步：第1列 $\times\frac{1}{7}$；第二步：第1列 $\times(-9)$ 加到第2列；第三步：第2列 $\times(-7)$；第四步：第2列 $\times\left(-\frac{4}{7}\right)$ 加到第1列)

$$\to \begin{pmatrix} 1 & 0 \\ 0 & 1 \\ \hdashline -9 & 16 \\ -15 & 27 \\ 14 & -25 \end{pmatrix} \to \begin{pmatrix} I \\ \hdashline A^{-1}CB^{-1} \end{pmatrix}$$

因此得到 $X = \begin{pmatrix} -9 & 16 \\ -15 & 27 \\ 14 & -25 \end{pmatrix}$

注释：第 17 题亦可用

$(A \,\vdots\, I) \to \cdots \to (I \,\vdots\, A^{-1})$ 　　及　　$(B \,\vdots\, I) \to \cdots \to (I \,\vdots\, B^{-1})$

求出 $A^{-1} = \begin{pmatrix} -2 & 1 & 1 \\ -6 & 1 & 4 \\ 5 & -1 & -3 \end{pmatrix}$，$B^{-1} = \begin{pmatrix} -5 & 9 \\ 4 & -7 \end{pmatrix}$.

由 $X = A^{-1}CB^{-1}$ 有

$$X = A^{-1}CB^{-1} = \begin{pmatrix} -2 & 1 & 1 \\ -6 & 1 & 4 \\ 5 & -1 & -3 \end{pmatrix} \begin{pmatrix} 1 & 2 \\ 1 & 0 \\ 2 & 3 \end{pmatrix} \begin{pmatrix} -5 & 9 \\ 4 & -7 \end{pmatrix}$$

$$= \begin{pmatrix} 1 & -1 \\ 3 & 0 \\ -2 & 1 \end{pmatrix} \begin{pmatrix} -5 & 9 \\ 4 & -7 \end{pmatrix} = \begin{pmatrix} -9 & 16 \\ -15 & 27 \\ 14 & -25 \end{pmatrix}$$

18. 设矩阵 $A = \begin{pmatrix} 1 & 2 & -1 & \lambda \\ 2 & 5 & \lambda & -1 \\ 1 & 1 & -6 & 10 \\ -1 & -3 & -4 & 4 \end{pmatrix}$，已知 $\mathrm{r}(A) = 2$，求 λ.

解: $A=\begin{pmatrix}1&2&-1&\lambda\\2&5&\lambda&-1\\1&1&-6&10\\-1&-3&-4&4\end{pmatrix}$ （第1行 $\times(-2)$ 加到第2行，$\times(-1)$ 加到第3行，$\times 1$ 加到第4行）

$$\rightarrow\begin{pmatrix}1&2&-1&\lambda\\0&1&\lambda+2&-2\lambda-1\\0&-1&-5&10-\lambda\\0&-1&-5&4+\lambda\end{pmatrix}$$ （第2行 $\times 1$ 加到第3行、第4行）

$$\rightarrow\begin{pmatrix}1&2&-1&\lambda\\0&1&\lambda+2&-2\lambda-1\\0&0&\lambda-3&9-3\lambda\\0&0&\lambda-3&-\lambda+3\end{pmatrix}$$ （第3行 $\times(-1)$ 加到第4行）

$$\rightarrow\begin{pmatrix}1&2&-1&\lambda\\0&1&\lambda+2&-2\lambda-1\\0&0&\lambda-3&9-3\lambda\\0&0&0&2\lambda-6\end{pmatrix}$$

因 $r(A)=2$，非零行的行数应为2，因此第三、四行必须全为0，故必有 $2\lambda-6=0$，$\lambda-3=0$，$9-3\lambda=0$，即 $\lambda=3$.

19. 已知三阶矩阵 $A=\begin{pmatrix}1&1&\lambda\\1&\lambda&1\\\lambda&1&1\end{pmatrix}$，就 λ 的值讨论矩阵 A 的秩 $r(A)$.

解: 方法1

$$|A|=\begin{vmatrix}1&1&\lambda\\1&\lambda&1\\\lambda&1&1\end{vmatrix}=3\lambda-\lambda^3-2=-(\lambda+2)(\lambda-1)^2$$

(1) 当 $\lambda\neq1$ 且 $\lambda\neq-2$ 时 $|A|\neq0$，则 $r(A)=3$.

(2) 当 $\lambda=1$ 时 $|A|=0$，且所有二阶子式都为零，一阶子式不为零，故 $r(A)=1$.

(3) 当 $\lambda=-2$ 时 $|A|=0$，但有二阶子式不为零，例如 $\begin{vmatrix}1&1\\1&-2\end{vmatrix}\neq0$，故 $r(A)=2$.

方法2

$$A=\begin{pmatrix}1&1&\lambda\\1&\lambda&1\\\lambda&1&1\end{pmatrix}\rightarrow\begin{pmatrix}1&1&\lambda\\0&\lambda-1&1-\lambda\\0&1-\lambda&1-\lambda^2\end{pmatrix}$$ （第1行 $\times(-1)$ 加到第2行，$\times(-\lambda)$ 加到第3行；再第2行 $\times 1$ 加到第3行）

$$\rightarrow\begin{pmatrix}1&1&\lambda\\0&\lambda-1&1-\lambda\\0&0&-(\lambda-1)(\lambda+2)\end{pmatrix}$$

(1) 当 $\lambda\neq1$ 且 $\lambda\neq-2$ 时，A 为满秩矩阵，故 $r(A)=3$.

(2) 当$\lambda=1$时有$\boldsymbol{A}\to\begin{pmatrix}1&1&1\\0&0&0\\0&0&0\end{pmatrix}$，非零行的行数为1，故$\mathrm{r}(\boldsymbol{A})=1$.

(3) 当$\lambda=-2$时，有$\boldsymbol{A}\to\begin{pmatrix}1&1&-2\\0&-3&3\\0&0&0\end{pmatrix}$，非零行的行数为2，故$\mathrm{r}(\boldsymbol{A})=2$.

20. 就a，b的取值，讨论$\boldsymbol{A}=\begin{pmatrix}1&1&1&1\\0&1&-1&b\\2&3&a&4\\3&5&1&7\end{pmatrix}$的秩$\mathrm{r}(\boldsymbol{A})$.

解：

$$\boldsymbol{A}=\begin{pmatrix}1&1&1&1\\0&1&-1&b\\2&3&a&4\\3&5&1&7\end{pmatrix}\begin{matrix}\times(-2)\ \times(-3)\\ \\ \\ \\ \end{matrix}$$

$$\to\begin{pmatrix}1&1&1&1\\0&1&-1&b\\0&1&a-2&2\\0&2&-2&4\end{pmatrix}\begin{matrix}\\ \times(-1)\ \times(-2)\\ \\ \\ \end{matrix}$$

$$\to\begin{pmatrix}1&1&1&1\\0&1&-1&b\\0&0&a-1&2-b\\0&0&0&4-2b\end{pmatrix}$$

结论：

(1) 当$a\neq1$且$b\neq2$时，非零行的行数等于4，故$\mathrm{r}(\boldsymbol{A})=4$.

(2) 当$a\neq1$且$b=2$时，有

$$\boldsymbol{A}\to\begin{pmatrix}1&1&1&1\\0&1&-1&2\\0&0&a-1&0\\0&0&0&0\end{pmatrix}$$

非零行的行数为3，故$\mathrm{r}(\boldsymbol{A})=3$.

(3) 当$a=1$且$b\neq2$时，有

$$\boldsymbol{A}\to\begin{pmatrix}1&1&1&1\\0&1&-1&b\\0&0&0&2-b\\0&0&0&4-2b\end{pmatrix}\begin{matrix}\\ \\ \times(-2)\\ \\ \end{matrix}\to\begin{pmatrix}1&1&1&1\\0&1&-1&b\\0&0&0&2-b\\0&0&0&0\end{pmatrix}$$

非零行的行数为3，故$\mathrm{r}(\boldsymbol{A})=3$.

(4) 当$a=1$且$b=2$时，有

$$\mathbf{A}\rightarrow\begin{pmatrix}1&1&1&1\\0&1&-1&2\\0&0&0&0\\0&0&0&0\end{pmatrix}$$

非零行的行数为 2，故 $\mathrm{r}(\mathbf{A})=2$.

21. 设 $n\ (n\geqslant 3)$ 阶矩阵 $\mathbf{A}=\begin{pmatrix}1&a&a&\cdots&a\\a&1&a&\cdots&a\\a&a&1&\cdots&a\\\vdots&\vdots&\vdots&&\vdots\\a&a&a&\cdots&1\end{pmatrix}$ 的秩为 $n-1$，求 a.

解： $$|\mathbf{A}|=\underset{\uparrow\ \ \times1\ \ \times1\ \ \cdots\ \ \times1}{\begin{vmatrix}1&a&a&\cdots&a\\a&1&a&\cdots&a\\a&a&1&\cdots&a\\\vdots&\vdots&\vdots&&\vdots\\a&a&a&\cdots&1\end{vmatrix}}=[1+(n-1)a]\begin{vmatrix}1&a&a&\cdots&a\\1&1&a&\cdots&a\\1&a&1&\cdots&a\\\vdots&\vdots&\vdots&&\vdots\\1&a&a&\cdots&1\end{vmatrix}\begin{array}{l}\times(-1)\\\leftarrow\\\leftarrow\\ \\\leftarrow\end{array}$$

$$=[1+(n-1)a]\begin{vmatrix}1&a&a&\cdots&a\\0&1-a&0&\cdots&0\\0&0&1-a&\cdots&0\\0&0&0&\cdots&1-a\end{vmatrix}$$

$$=[1+(n-1)a](1-a)^{n-1}$$

已知 $\mathrm{r}(\mathbf{A})=n-1$，则 $|\mathbf{A}|=0$，那么 $a=\dfrac{1}{1-n}$ 或 $a=1$. 当 $a=1$ 时，所有二阶以上子式皆为 0，即 $\mathrm{r}(\mathbf{A})=1$，这与题设 $\mathrm{r}(\mathbf{A})=n-1$ 矛盾，故 a 不能等于 1，因此，只能是 $a=\dfrac{1}{1-n}$.

22. 设矩阵 $\mathbf{A}=\begin{pmatrix}k&1&1&1\\1&k&1&1\\1&1&k&1\\1&1&1&k\end{pmatrix}$，已知 $\mathrm{r}(\mathbf{A})=3$，求 k.

解： $$|\mathbf{A}|=\underset{\uparrow\ \ \times1\ \ \times1\ \ \times1}{\begin{vmatrix}k&1&1&1\\1&k&1&1\\1&1&k&1\\1&1&1&k\end{vmatrix}}=(k+3)\begin{vmatrix}1&1&1&1\\1&k&1&1\\1&1&k&1\\1&1&1&k\end{vmatrix}\begin{array}{l}\times(-1)\\\leftarrow\\\leftarrow\\\leftarrow\end{array}$$

$$= (k+3)\begin{vmatrix} 1 & 1 & 1 & 1 \\ 0 & k-1 & 0 & 0 \\ 0 & 0 & k-1 & 0 \\ 0 & 0 & 0 & k-1 \end{vmatrix} = (k+3)(k-1)^3$$

已知 $r(\boldsymbol{A}) = 3$，则 $|\boldsymbol{A}| = 0$，那么 $k = -3$ 或 $k = 1$. 当 $k = 1$ 时，$\boldsymbol{A} = \begin{pmatrix} 1 & 1 & 1 & 1 \\ 0 & 0 & 0 & 0 \\ 0 & 0 & 0 & 0 \\ 0 & 0 & 0 & 0 \end{pmatrix}$，$|\boldsymbol{A}| = 0$，且所有二阶以上子式皆为 0，故 $r(\boldsymbol{A}) = 1$，这与题设 $r(\boldsymbol{A}) = 3$ 矛盾，故 $k \neq 1$.

当 $k = -3$ 时，$\boldsymbol{A} = \begin{pmatrix} -3 & 1 & 1 & 1 \\ 1 & -3 & 1 & 1 \\ 1 & 1 & -3 & 1 \\ 1 & 1 & 1 & -3 \end{pmatrix}$，$|\boldsymbol{A}| = 0$，但有三阶子式 $\begin{vmatrix} 1 & 1 & 1 \\ 1 & -3 & 1 \\ 1 & 1 & -3 \end{vmatrix} \neq 0$，$r(\boldsymbol{A}) = 3$，与题设相符，所以可得 $k = -3$.

(B)

1. 设 $\boldsymbol{A}$，$\boldsymbol{B}$ 是 n 阶矩阵，则下列结论正确的是[　　].

(A) $\boldsymbol{AB} \neq \boldsymbol{O}$ 的充分必要条件是 $\boldsymbol{A} \neq \boldsymbol{O}$ 且 $\boldsymbol{B} \neq \boldsymbol{O}$

(B) $|\boldsymbol{A}| = 0$ 的充分必要条件是 $\boldsymbol{A} = \boldsymbol{O}$

(C) $|\boldsymbol{AB}| = 0$ 的充分必要条件是 $|\boldsymbol{A}| = 0$ 或 $|\boldsymbol{B}| = 0$

(D) $\boldsymbol{A} = \boldsymbol{I}$ 的充分必要条件是 $|\boldsymbol{A}| = 1$

解: (A) $\boldsymbol{A} \neq \boldsymbol{O}$ 且 $\boldsymbol{B} \neq \boldsymbol{O}$ 只是 $\boldsymbol{AB} \neq \boldsymbol{O}$ 的必要非充分条件.

反例:设 $\boldsymbol{A} = \begin{pmatrix} 1 & 0 \\ 0 & 0 \end{pmatrix}$，$\boldsymbol{B} = \begin{pmatrix} 0 & 0 \\ 1 & 0 \end{pmatrix}$，$\boldsymbol{AB} = \begin{pmatrix} 0 & 0 \\ 0 & 0 \end{pmatrix}$，$\boldsymbol{A} \neq \boldsymbol{O}$，$\boldsymbol{B} \neq \boldsymbol{O}$，但 $\boldsymbol{AB} = \boldsymbol{O}$.

(B) $\boldsymbol{A} = \boldsymbol{O}$ 只是 $|\boldsymbol{A}| = 0$ 的充分非必要条件.

反例：设 $\boldsymbol{A} = \begin{pmatrix} 1 & 1 \\ 1 & 1 \end{pmatrix}$，$|\boldsymbol{A}| = 0$ 但 $\boldsymbol{A} \neq \boldsymbol{O}$.

(C) 因 $|\boldsymbol{AB}| = |\boldsymbol{A}||\boldsymbol{B}|$，所以 $|\boldsymbol{AB}| = 0$，即 $|\boldsymbol{A}||\boldsymbol{B}| = 0$，当且仅当 $|\boldsymbol{A}| = 0$ 或 $|\boldsymbol{B}| = 0$ 时.

故本题应选(C).

(D) $|\boldsymbol{A}| = 1$ 是 $\boldsymbol{A} = \boldsymbol{I}$ 的必要非充分条件.

反例：设 $\boldsymbol{A} = \begin{pmatrix} 3 & 1 \\ 2 & 1 \end{pmatrix}$，$|\boldsymbol{A}| = 1$，但 $\boldsymbol{A} \neq \boldsymbol{I}$.

2. 下列结论不一定正确的是[　　].

(A) 设 $\boldsymbol{A}$ 为 n 阶矩阵，$\boldsymbol{I}$ 为 n 阶单位矩阵，则 $(\boldsymbol{A}+\boldsymbol{I})(\boldsymbol{A}-\boldsymbol{I}) = \boldsymbol{A}^2 - \boldsymbol{I}$

(B) 设 $\boldsymbol{A}$，$\boldsymbol{B}$ 均为 $n \times 1$ 矩阵，则 $\boldsymbol{A}^{\mathrm{T}}\boldsymbol{B} = \boldsymbol{B}^{\mathrm{T}}\boldsymbol{A}$

(C) 设 $\boldsymbol{A}$，$\boldsymbol{B}$ 均为 n 阶矩阵，且满足 $\boldsymbol{AB} = \boldsymbol{O}$，则 $(\boldsymbol{A}+\boldsymbol{B})^2 = \boldsymbol{A}^2 + \boldsymbol{B}^2$

(D) 设 $\boldsymbol{A}$, $\boldsymbol{B}$ 均为 n 阶矩阵，且满足 $\boldsymbol{AB}=\boldsymbol{O}$, 则 $(\boldsymbol{A}+\boldsymbol{B})^2=\boldsymbol{A}^2+\boldsymbol{BA}+\boldsymbol{B}^2$

解：(A) $(\boldsymbol{A}+\boldsymbol{I})(\boldsymbol{A}-\boldsymbol{I})=\boldsymbol{A}^2+\boldsymbol{IA}-\boldsymbol{AI}-\boldsymbol{I}^2=\boldsymbol{A}^2-\boldsymbol{I}$, (A) 正确.

(B) $\boldsymbol{A}^{\mathrm{T}}\boldsymbol{B}$, $\boldsymbol{B}^{\mathrm{T}}\boldsymbol{A}$ 均为一阶矩阵，一阶矩阵转置仍为其本身，即

$$(\boldsymbol{A}^{\mathrm{T}}\boldsymbol{B})^{\mathrm{T}}=\boldsymbol{A}^{\mathrm{T}}\boldsymbol{B}$$

又因 $$(\boldsymbol{A}^{\mathrm{T}}\boldsymbol{B})^{\mathrm{T}}=\boldsymbol{B}^{\mathrm{T}}\boldsymbol{A}$$

所以 $\boldsymbol{A}^{\mathrm{T}}\boldsymbol{B}=\boldsymbol{B}^{\mathrm{T}}\boldsymbol{A}$. (B) 正确.

(C), (D): $\boldsymbol{AB}=\boldsymbol{O}$, $\boldsymbol{BA}$ 不一定等于 $\boldsymbol{O}$.

例如 $$\boldsymbol{A}=\begin{pmatrix}1&1\\-1&-1\end{pmatrix},\ \boldsymbol{B}=\begin{pmatrix}1&-1\\-1&1\end{pmatrix}$$

$$\boldsymbol{AB}=\begin{pmatrix}1&1\\-1&-1\end{pmatrix}\begin{pmatrix}1&-1\\-1&1\end{pmatrix}=\begin{pmatrix}0&0\\0&0\end{pmatrix}=\boldsymbol{O}$$

$$\boldsymbol{BA}=\begin{pmatrix}1&-1\\-1&1\end{pmatrix}\begin{pmatrix}1&1\\-1&-1\end{pmatrix}=\begin{pmatrix}2&2\\-2&-2\end{pmatrix}\neq\boldsymbol{O}$$

$(\boldsymbol{A}+\boldsymbol{B})^2=\boldsymbol{A}^2+\boldsymbol{BA}+\boldsymbol{AB}+\boldsymbol{B}^2$. 因 $\boldsymbol{AB}=\boldsymbol{O}$, 所以$(\boldsymbol{A}+\boldsymbol{B})^2=\boldsymbol{A}^2+\boldsymbol{BA}+\boldsymbol{B}^2$ 成立，而 $(\boldsymbol{A}+\boldsymbol{B})^2=\boldsymbol{A}^2+\boldsymbol{B}^2$ 不一定成立，故(D) 正确，(C) 不一定正确.

故本题应选(C).

3. 设 $\boldsymbol{A}=(a_1\ \ a_2\ \ a_3)^{\mathrm{T}}$, $\boldsymbol{B}=(b_1\ \ b_2\ \ b_3)^{\mathrm{T}}$, 已知 $\boldsymbol{AB}^{\mathrm{T}}=\begin{pmatrix}2&1&1\\8&4&4\\2&1&1\end{pmatrix}$, 则$\boldsymbol{B}^{\mathrm{T}}\boldsymbol{A}=$[　　].

(A) 5　　(B) 7　　(C) $\boldsymbol{BA}^{\mathrm{T}}$　　(D) $\boldsymbol{AB}^{\mathrm{T}}$

解：$$\boldsymbol{AB}^{\mathrm{T}}=\begin{pmatrix}a_1\\a_2\\a_3\end{pmatrix}(b_1\ \ b_2\ \ b_3)=\begin{pmatrix}a_1b_1&a_1b_2&a_1b_3\\a_2b_1&a_2b_2&a_2b_3\\a_3b_1&a_3b_2&a_3b_3\end{pmatrix}=\begin{pmatrix}2&1&1\\8&4&4\\2&1&1\end{pmatrix}$$

$$\boldsymbol{B}^{\mathrm{T}}\boldsymbol{A}=(b_1\ \ b_2\ \ b_3)\begin{pmatrix}a_1\\a_2\\a_3\end{pmatrix}=a_1b_1+a_2b_2+a_3b_3$$

由矩阵 $\boldsymbol{AB}^{\mathrm{T}}$ 可知 $a_1b_1=2$, $a_2b_2=4$, $a_3b_3=1$, 从而可得 $\boldsymbol{B}^{\mathrm{T}}\boldsymbol{A}=2+4+1=7$.

故本题应选(B).

4. 设 $\boldsymbol{A}$, $\boldsymbol{B}$, $\boldsymbol{C}$ 均为 n 阶矩阵，且 $\boldsymbol{AB}=\boldsymbol{BC}=\boldsymbol{CA}=\boldsymbol{I}$, 则 $\boldsymbol{A}^2+\boldsymbol{B}^2+\boldsymbol{C}^2=$[　　].

(A) $3\boldsymbol{I}$　　(B) $2\boldsymbol{I}$　　(C) $\boldsymbol{I}$　　(D) $\boldsymbol{O}$

解： $$\boldsymbol{A}^2=\boldsymbol{A}(\boldsymbol{BC})\boldsymbol{A}=(\boldsymbol{AB})(\boldsymbol{CA})=\boldsymbol{I}$$

同理 $$\boldsymbol{B}^2=\boldsymbol{I},\ \boldsymbol{C}^2=\boldsymbol{I}$$

所以 $$\boldsymbol{A}^2+\boldsymbol{B}^2+\boldsymbol{C}^2=3\boldsymbol{I}$$

故本题应选(A).

5. 已知 $\boldsymbol{A}=\begin{pmatrix}1&1&1\\1&1&1\\2&2&2\end{pmatrix}$, 则 $\boldsymbol{A}^k=$[　　](k 为正整数).

(A) $2^k\boldsymbol{A}$　　(B) $4^k\boldsymbol{A}$　　(C) $4^{k-1}\boldsymbol{A}$　　(D) $4^{k+1}\boldsymbol{A}$

解　$$\boldsymbol{A}^2=\begin{pmatrix}1&1&1\\1&1&1\\2&2&2\end{pmatrix}\begin{pmatrix}1&1&1\\1&1&1\\2&2&2\end{pmatrix}=\begin{pmatrix}4&4&4\\4&4&4\\8&8&8\end{pmatrix}=4\begin{pmatrix}1&1&1\\1&1&1\\2&2&2\end{pmatrix}=4\boldsymbol{A}$$

$$\boldsymbol{A}^3=\boldsymbol{A}^2\boldsymbol{A}=4\boldsymbol{A}\boldsymbol{A}=4\cdot\boldsymbol{A}^2=4\cdot4\boldsymbol{A}=4^2\boldsymbol{A}$$

$$\boldsymbol{A}^4=\boldsymbol{A}^3\boldsymbol{A}=4^2\boldsymbol{A}\boldsymbol{A}=4^2\boldsymbol{A}^2=4^2\cdot4\boldsymbol{A}=4^3\boldsymbol{A}$$

……

$$\boldsymbol{A}^k=4^{k-1}\boldsymbol{A}$$

故本题应选(C).

6. 设 $\boldsymbol{A}=\begin{pmatrix}1&-1&-1&-1\\-1&1&-1&-1\\-1&-1&1&-1\\-1&-1&-1&1\end{pmatrix}$，则 $\boldsymbol{A}^n=$[　　].

(A) $2^n\boldsymbol{I}$　　(B) $2^n\boldsymbol{A}$　　(C) $2^{n-1}\boldsymbol{A}$　　(D) $\begin{cases}2^n\boldsymbol{I}, & n\text{ 为偶数}\\2^{n-1}\boldsymbol{A}, & n\text{ 为奇数}\end{cases}$

解：$$\boldsymbol{A}^2=\begin{pmatrix}1&-1&-1&-1\\-1&1&-1&-1\\-1&-1&1&-1\\-1&-1&-1&1\end{pmatrix}\begin{pmatrix}1&-1&-1&-1\\-1&1&-1&-1\\-1&-1&1&-1\\-1&-1&-1&1\end{pmatrix}$$

$$=\begin{pmatrix}4&0&0&0\\0&4&0&0\\0&0&4&0\\0&0&0&4\end{pmatrix}=2^2\begin{pmatrix}1&0&0&0\\0&1&0&0\\0&0&1&0\\0&0&0&1\end{pmatrix}=2^2\boldsymbol{I}$$

$$\boldsymbol{A}^3=\boldsymbol{A}^2\boldsymbol{A}=2^2\boldsymbol{I}\boldsymbol{A}=2^2\boldsymbol{A}$$

$$\boldsymbol{A}^4=\boldsymbol{A}^3\boldsymbol{A}=2^2\boldsymbol{A}\boldsymbol{A}=2^2\boldsymbol{A}^2=2^2 2^2\boldsymbol{I}=2^4\boldsymbol{I}$$

$$\boldsymbol{A}^5=\boldsymbol{A}^4\boldsymbol{A}=2^4\boldsymbol{I}\boldsymbol{A}=2^4\boldsymbol{A}$$

当 n 为偶数时，$\boldsymbol{A}^n=2^n\boldsymbol{I}$.

当 n 为奇数时，$\boldsymbol{A}^n=2^{n-1}\boldsymbol{A}$.

故本题应选(D).

7. $\boldsymbol{A}$，$\boldsymbol{B}$ 均为 n 阶矩阵，$\boldsymbol{I}$ 为 n 阶单位矩阵，则下列关系必然成立的是[　　].

(A) $(\boldsymbol{A}+\boldsymbol{B})(\boldsymbol{A}-\boldsymbol{B})=(\boldsymbol{A}-\boldsymbol{B})(\boldsymbol{A}+\boldsymbol{B})$

(B) $(\boldsymbol{A}^2-3\boldsymbol{A}+\boldsymbol{I})(\boldsymbol{A}-\boldsymbol{I})=(\boldsymbol{A}-\boldsymbol{I})(\boldsymbol{A}^2-3\boldsymbol{A}+\boldsymbol{I})$

(C) $(\boldsymbol{B}+\boldsymbol{I})(2\boldsymbol{A}-\boldsymbol{I})=(2\boldsymbol{A}-\boldsymbol{I})(\boldsymbol{B}+\boldsymbol{I})$

(D) $(\boldsymbol{B}+\boldsymbol{A})(\boldsymbol{A}-2\boldsymbol{B})=(\boldsymbol{A}-2\boldsymbol{B})(\boldsymbol{B}+\boldsymbol{A})$

解：(A) $(\boldsymbol{A}+\boldsymbol{B})(\boldsymbol{A}-\boldsymbol{B})=\boldsymbol{A}^2+\boldsymbol{B}\boldsymbol{A}-\boldsymbol{A}\boldsymbol{B}-\boldsymbol{B}^2$

$(\boldsymbol{A}-\boldsymbol{B})(\boldsymbol{A}+\boldsymbol{B})=\boldsymbol{A}^2-\boldsymbol{B}\boldsymbol{A}+\boldsymbol{A}\boldsymbol{B}-\boldsymbol{B}^2$

因此一般情况下 $(\boldsymbol{A}+\boldsymbol{B})(\boldsymbol{A}-\boldsymbol{B})\neq(\boldsymbol{A}-\boldsymbol{B})(\boldsymbol{A}+\boldsymbol{B})$.

(B) $(\boldsymbol{A}^2-3\boldsymbol{A}+\boldsymbol{I})(\boldsymbol{A}-\boldsymbol{I})=\boldsymbol{A}^3-3\boldsymbol{A}^2+\boldsymbol{A}-\boldsymbol{A}^2+3\boldsymbol{A}-\boldsymbol{I}$

$$=\boldsymbol{A}^3-4\boldsymbol{A}^2+4\boldsymbol{A}-\boldsymbol{I}$$

$$(\boldsymbol{A}-\boldsymbol{I})(\boldsymbol{A}^2-3\boldsymbol{A}+\boldsymbol{I})=\boldsymbol{A}^3-3\boldsymbol{A}^2+\boldsymbol{A}-\boldsymbol{A}^2+3\boldsymbol{A}-\boldsymbol{I}$$

$$=\boldsymbol{A}^3-4\boldsymbol{A}^2+4\boldsymbol{A}-\boldsymbol{I}$$

因此 $(\boldsymbol{A}^2-3\boldsymbol{A}+\boldsymbol{I})(\boldsymbol{A}-\boldsymbol{I})=(\boldsymbol{A}-\boldsymbol{I})(\boldsymbol{A}^2-3\boldsymbol{A}+\boldsymbol{I})$

故本题应选(B).

(C) $(\boldsymbol{B}+\boldsymbol{I})(2\boldsymbol{A}-\boldsymbol{I})=2\boldsymbol{BA}+2\boldsymbol{A}-\boldsymbol{B}-\boldsymbol{I}$

$$(2\boldsymbol{A}-\boldsymbol{I})(\boldsymbol{B}+\boldsymbol{I})=2\boldsymbol{AB}-\boldsymbol{B}+2\boldsymbol{A}-\boldsymbol{I}$$

因此一般情况下$(\boldsymbol{B}+\boldsymbol{I})(2\boldsymbol{A}-\boldsymbol{I})\neq(2\boldsymbol{A}-\boldsymbol{I})(\boldsymbol{B}+\boldsymbol{I})$.

(D) $(\boldsymbol{B}+\boldsymbol{A})(\boldsymbol{A}-2\boldsymbol{B})=\boldsymbol{BA}+\boldsymbol{A}^2-2\boldsymbol{B}^2-2\boldsymbol{AB}$

$$(\boldsymbol{A}-2\boldsymbol{B})(\boldsymbol{B}+\boldsymbol{A})=\boldsymbol{AB}-2\boldsymbol{B}^2+\boldsymbol{A}^2-2\boldsymbol{BA}$$

因此一般情况下 $(\boldsymbol{B}+\boldsymbol{A})(\boldsymbol{A}-2\boldsymbol{B})\neq(\boldsymbol{A}-2\boldsymbol{B})(\boldsymbol{B}+\boldsymbol{A})$.

8. 设 1×4 矩阵 $\boldsymbol{C}=(1\quad0\quad0\quad1)$，$\boldsymbol{A}=\boldsymbol{I}+\boldsymbol{C}^{\mathrm{T}}\boldsymbol{C}$，$\boldsymbol{B}=\boldsymbol{I}-\boldsymbol{C}^{\mathrm{T}}\boldsymbol{C}$，$\boldsymbol{I}$ 为四阶单位矩阵，则 $\boldsymbol{AB}=$[ ].

(A) $\boldsymbol{C}^{\mathrm{T}}\boldsymbol{C}$ (B) $\boldsymbol{I}+\boldsymbol{C}^{\mathrm{T}}\boldsymbol{C}$ (C) $\boldsymbol{I}-\boldsymbol{C}^{\mathrm{T}}\boldsymbol{C}$ (D) $\boldsymbol{I}-2\boldsymbol{C}^{\mathrm{T}}\boldsymbol{C}$

解： $\boldsymbol{AB}=(\boldsymbol{I}+\boldsymbol{C}^{\mathrm{T}}\boldsymbol{C})(\boldsymbol{I}-\boldsymbol{C}^{\mathrm{T}}\boldsymbol{C})=\boldsymbol{I}^2-\boldsymbol{C}^{\mathrm{T}}\boldsymbol{C}+\boldsymbol{C}^{\mathrm{T}}\boldsymbol{C}-(\boldsymbol{C}^{\mathrm{T}}\boldsymbol{C})^2$

$$=\boldsymbol{I}-(\boldsymbol{C}^{\mathrm{T}}\boldsymbol{C})^2$$

$$\boldsymbol{C}=(1\quad0\quad0\quad1),\ \boldsymbol{C}^{\mathrm{T}}=\begin{pmatrix}1\\0\\0\\1\end{pmatrix}$$

$$\boldsymbol{C}^{\mathrm{T}}\boldsymbol{C}=\begin{pmatrix}1\\0\\0\\1\end{pmatrix}(1\quad0\quad0\quad1)=\begin{pmatrix}1&0&0&1\\0&0&0&0\\0&0&0&0\\1&0&0&1\end{pmatrix}$$

$$(\boldsymbol{C}^{\mathrm{T}}\boldsymbol{C})^2=\begin{pmatrix}1&0&0&1\\0&0&0&0\\0&0&0&0\\1&0&0&1\end{pmatrix}\begin{pmatrix}1&0&0&1\\0&0&0&0\\0&0&0&0\\1&0&0&1\end{pmatrix}=\begin{pmatrix}2&0&0&2\\0&0&0&0\\0&0&0&0\\2&0&0&2\end{pmatrix}$$

$$=2\begin{pmatrix}1&0&0&1\\0&0&0&0\\0&0&0&0\\1&0&0&1\end{pmatrix}$$

$$=2\boldsymbol{C}^{\mathrm{T}}\boldsymbol{C}$$

因此 $\boldsymbol{AB}=\boldsymbol{I}-(\boldsymbol{C}^{\mathrm{T}}\boldsymbol{C})^2=\boldsymbol{I}-2\boldsymbol{C}^{\mathrm{T}}\boldsymbol{C}$.

故本题应选(D).

注释： 在第 8 题求解的过程中，如果按下列变换，运算将更简便.

$$\boldsymbol{AB}=\boldsymbol{I}-(\boldsymbol{C}^{\mathrm{T}}\boldsymbol{C})^{2}=\boldsymbol{I}-\boldsymbol{C}^{\mathrm{T}}\boldsymbol{C}\boldsymbol{C}^{\mathrm{T}}\boldsymbol{C}=\boldsymbol{I}-\boldsymbol{C}^{\mathrm{T}}(\boldsymbol{C}\boldsymbol{C}^{\mathrm{T}})\boldsymbol{C}$$

而 $$\boldsymbol{C}\boldsymbol{C}^{\mathrm{T}}=(1\quad 0\quad 0\quad 1)\begin{pmatrix}1\\0\\0\\1\end{pmatrix}=2$$

所以 $$\boldsymbol{AB}=\boldsymbol{I}-2\boldsymbol{C}^{\mathrm{T}}\boldsymbol{C}$$

9. 设 $\boldsymbol{A}=\begin{pmatrix}a_{11}&a_{12}&a_{13}&a_{14}\\a_{21}&a_{22}&a_{23}&a_{24}\\a_{31}&a_{32}&a_{33}&a_{34}\end{pmatrix}$，按下面的方法分块为 $\boldsymbol{A}=\left(\begin{array}{c:cc:c}a_{11}&a_{12}&a_{13}&a_{14}\\ \hdashline a_{21}&a_{22}&a_{23}&a_{24}\\a_{31}&a_{32}&a_{33}&a_{34}\end{array}\right)=\begin{pmatrix}\boldsymbol{A}_{11}&\boldsymbol{A}_{12}&\boldsymbol{A}_{13}\\\boldsymbol{A}_{21}&\boldsymbol{A}_{22}&\boldsymbol{A}_{23}\end{pmatrix}$，则 $\boldsymbol{A}^{\mathrm{T}}=$[　　].

(A) $\begin{pmatrix}\boldsymbol{A}_{11}&\boldsymbol{A}_{12}&\boldsymbol{A}_{13}\\\boldsymbol{A}_{21}&\boldsymbol{A}_{22}&\boldsymbol{A}_{23}\end{pmatrix}$　　(B) $\begin{pmatrix}\boldsymbol{A}_{11}^{\mathrm{T}}&\boldsymbol{A}_{12}^{\mathrm{T}}&\boldsymbol{A}_{13}^{\mathrm{T}}\\\boldsymbol{A}_{21}^{\mathrm{T}}&\boldsymbol{A}_{22}^{\mathrm{T}}&\boldsymbol{A}_{23}^{\mathrm{T}}\end{pmatrix}$

(C) $\begin{pmatrix}\boldsymbol{A}_{11}&\boldsymbol{A}_{21}\\\boldsymbol{A}_{12}&\boldsymbol{A}_{22}\\\boldsymbol{A}_{13}&\boldsymbol{A}_{23}\end{pmatrix}$　　(D) $\begin{pmatrix}\boldsymbol{A}_{11}^{\mathrm{T}}&\boldsymbol{A}_{21}^{\mathrm{T}}\\\boldsymbol{A}_{12}^{\mathrm{T}}&\boldsymbol{A}_{22}^{\mathrm{T}}\\\boldsymbol{A}_{13}^{\mathrm{T}}&\boldsymbol{A}_{23}^{\mathrm{T}}\end{pmatrix}$

解: 按题中给定的分块方法，其中

$$\boldsymbol{A}_{11}=(a_{11}),\ \boldsymbol{A}_{12}=(a_{12}\quad a_{13}),\ \boldsymbol{A}_{13}=(a_{14})$$

$$\boldsymbol{A}_{21}=\begin{pmatrix}a_{21}\\a_{31}\end{pmatrix},\ \boldsymbol{A}_{22}=\begin{pmatrix}a_{22}&a_{23}\\a_{32}&a_{33}\end{pmatrix},\ \boldsymbol{A}_{23}=\begin{pmatrix}a_{24}\\a_{34}\end{pmatrix}$$

可知 $$\boldsymbol{A}_{11}^{\mathrm{T}}=(a_{11}),\ \boldsymbol{A}_{12}^{\mathrm{T}}=\begin{pmatrix}a_{12}\\a_{13}\end{pmatrix},\ \boldsymbol{A}_{13}^{\mathrm{T}}=(a_{14})$$

$$\boldsymbol{A}_{21}^{\mathrm{T}}=(a_{21}\quad a_{31}),\ \boldsymbol{A}_{22}^{\mathrm{T}}=\begin{pmatrix}a_{22}&a_{32}\\a_{23}&a_{33}\end{pmatrix},\ \boldsymbol{A}_{23}^{\mathrm{T}}=(a_{24}\quad a_{34})$$

(A) 中矩阵即矩阵 $\boldsymbol{A}$，非 $\boldsymbol{A}^{\mathrm{T}}$. 按(B)，(C) 的结构代入子块均不能形成 $\boldsymbol{A}^{\mathrm{T}}$. 将子块代入(D) 中矩阵，得

$$\begin{pmatrix}\boldsymbol{A}_{11}^{\mathrm{T}}&\boldsymbol{A}_{21}^{\mathrm{T}}\\\boldsymbol{A}_{12}^{\mathrm{T}}&\boldsymbol{A}_{22}^{\mathrm{T}}\\\boldsymbol{A}_{13}^{\mathrm{T}}&\boldsymbol{A}_{23}^{\mathrm{T}}\end{pmatrix}=\begin{pmatrix}a_{11}&a_{21}&a_{31}\\a_{12}&a_{22}&a_{32}\\a_{13}&a_{23}&a_{33}\\a_{14}&a_{24}&a_{34}\end{pmatrix}=\boldsymbol{A}^{\mathrm{T}}$$

故本题应选(D).

10. 设 $\boldsymbol{A}$ 为 r 阶矩阵，$\boldsymbol{B}$ 为 s 阶矩阵，下列结果不一定成立的是[　　].

(A) $\begin{vmatrix}\boldsymbol{A}&\boldsymbol{O}\\\boldsymbol{O}&\boldsymbol{B}\end{vmatrix}=|\boldsymbol{A}|\cdot|\boldsymbol{B}|$　　(B) $\begin{vmatrix}\boldsymbol{A}&\boldsymbol{C}\\\boldsymbol{O}&\boldsymbol{B}\end{vmatrix}=|\boldsymbol{A}|\cdot|\boldsymbol{B}|$

(C) $\begin{vmatrix}\boldsymbol{C}&\boldsymbol{A}\\\boldsymbol{B}&\boldsymbol{O}\end{vmatrix}=(-1)^{rs}|\boldsymbol{A}|\cdot|\boldsymbol{B}|$　　(D) $\begin{vmatrix}\boldsymbol{A}&\boldsymbol{D}\\\boldsymbol{C}&\boldsymbol{B}\end{vmatrix}=|\boldsymbol{A}|\cdot|\boldsymbol{B}|-|\boldsymbol{C}|\cdot|\boldsymbol{D}|$

解：(A) $\begin{vmatrix} A & O \\ O & B \end{vmatrix} = |AB| = |A| \cdot |B|$

(B) $\begin{vmatrix} A & C \\ O & B \end{vmatrix} = |AB| = |A| \cdot |B|$

(C) $\begin{vmatrix} C & A \\ B & O \end{vmatrix} = (-1)^{rs} \begin{vmatrix} A & C \\ O & B \end{vmatrix} = (-1)^{rs} |AB| = (-1)^{rs} |A| \cdot |B|$

(D) 反例：设 $A = \begin{pmatrix} 1 & 0 \\ 0 & 1 \end{pmatrix}$，$B = \begin{pmatrix} 3 & 1 \\ 4 & 2 \end{pmatrix}$，$C = \begin{pmatrix} 0 & 1 \\ 0 & 0 \end{pmatrix}$，$D = \begin{pmatrix} 0 & 1 \\ 1 & 0 \end{pmatrix}$

$$\begin{vmatrix} A & D \\ C & B \end{vmatrix} = \begin{vmatrix} 1 & 0 & 0 & 1 \\ 0 & 1 & 1 & 0 \\ 0 & 1 & 3 & 1 \\ 0 & 0 & 4 & 2 \end{vmatrix} = \begin{vmatrix} 1 & 1 & 0 \\ 1 & 3 & 1 \\ 0 & 4 & 2 \end{vmatrix} = 0$$

而
$$|A| \cdot |B| - |C| \cdot |D| = \begin{vmatrix} 1 & 0 \\ 0 & 1 \end{vmatrix} \begin{vmatrix} 3 & 1 \\ 4 & 2 \end{vmatrix} - \begin{vmatrix} 0 & 1 \\ 0 & 0 \end{vmatrix} \begin{vmatrix} 0 & 1 \\ 1 & 0 \end{vmatrix}$$
$$= 1 \times 2 - 0 \times (-1) = 2$$

可见
$$\begin{vmatrix} A & D \\ C & B \end{vmatrix} \neq |A| \cdot |B| - |C| \cdot |D|$$

故本题应选(D).

11. 设 A，B 均为 n 阶矩阵，I 为 n 阶单位矩阵，在下列情况下，能推出 $A = I$ 的是[　　].

(A) $AB = B$　　　　(B) $AB = BA$

(C) $A^2 = I$　　　　(D) $A^{-1} = I$

解：(A)，(B) 若 $B = O$，则对任意 n 阶方阵 A 均成立，推不出 $A = I$.

(C) 反例：设 $A = \begin{pmatrix} 0 & 1 \\ 1 & 0 \end{pmatrix}$，$A^2 = I$，但 $A \neq I$.

(D) 若 $A^{-1} = I$，则 $AA^{-1} = AI$，所以有 $A = I$.

故本题应选(D).

12. 矩阵 $A = \begin{pmatrix} 1 & -4 & 0 & 2 \\ -2 & 7 & 1 & 3 \\ 0 & 1 & -1 & a \\ 1 & -5 & b & 4 \end{pmatrix}$ 可逆的充分必要条件是[　　].

(A) $a \neq -7$　　　　(B) $b \neq 1$

(C) $a \neq -7$ 且 $b \neq 1$　　　　(D) $a \neq -7$ 或 $b \neq 1$

解：$|A| = \begin{vmatrix} 1 & -4 & 0 & 2 \\ -2 & 7 & 1 & 3 \\ 0 & 1 & -1 & a \\ 1 & -5 & b & 4 \end{vmatrix}$ （第1行 ×2 加到第2行，第1行 ×(−1) 加到第4行）

$$
=\begin{vmatrix}1&-4&0&2\\0&-1&1&7\\0&1&-1&a\\0&-1&b&2\end{vmatrix}\begin{matrix}\\ \times 1\ \times(-1)\\ \\ \\ \end{matrix}
$$

$$
=\begin{vmatrix}1&-4&0&2\\0&-1&1&7\\0&0&0&a+7\\0&0&b-1&-5\end{vmatrix}=-\begin{vmatrix}1&-4&0&2\\0&-1&1&7\\0&0&b-1&-5\\0&0&0&a+7\end{vmatrix}
$$

$$
=(b-1)(a+7)
$$

矩阵 $\boldsymbol{A}$ 可逆的充分必要条件是 $|\boldsymbol{A}|\neq 0$，当且仅当 $b\neq 1$ 且 $a\neq -7$ 时 $|\boldsymbol{A}|\neq 0$. 故本题应选(C).

注释： (A), (B), (D) 都是 $\boldsymbol{A}$ 可逆的必要条件，非充分条件.

13. 设 $\boldsymbol{A}$, $\boldsymbol{B}$, $\boldsymbol{A}+\boldsymbol{B}$, $\boldsymbol{A}^{-1}+\boldsymbol{B}^{-1}$ 均为 n 阶可逆矩阵，则 $(\boldsymbol{A}^{-1}+\boldsymbol{B}^{-1})^{-1}=$[　　].

(A) $\boldsymbol{A}+\boldsymbol{B}$　　(B) $\boldsymbol{A}^{-1}+\boldsymbol{B}^{-1}$

(C) $(\boldsymbol{A}+\boldsymbol{B})^{-1}$　　(D) $\boldsymbol{A}(\boldsymbol{A}+\boldsymbol{B})^{-1}\boldsymbol{B}$

解： (A), (B) 反例：设 $\boldsymbol{A}=\boldsymbol{B}=\boldsymbol{I}$($\boldsymbol{I}$ 为 n 阶单位矩阵).

$$
(\boldsymbol{A}^{-1}+\boldsymbol{B}^{-1})^{-1}=(\boldsymbol{I}+\boldsymbol{I})^{-1}=(2\boldsymbol{I})^{-1}=\frac{1}{2}\boldsymbol{I}
$$

$$
\boldsymbol{A}+\boldsymbol{B}=2\boldsymbol{I},\ \boldsymbol{A}^{-1}+\boldsymbol{B}^{-1}=2\boldsymbol{I}
$$

所以　$(\boldsymbol{A}^{-1}+\boldsymbol{B}^{-1})^{-1}\neq\boldsymbol{A}+\boldsymbol{B}$, $(\boldsymbol{A}^{-1}+\boldsymbol{B}^{-1})^{-1}\neq\boldsymbol{A}^{-1}+\boldsymbol{B}^{-1}$

(C) 反例：设 $\boldsymbol{A}=\boldsymbol{I}$, $\boldsymbol{B}=2\boldsymbol{I}$.

$$
(\boldsymbol{A}^{-1}+\boldsymbol{B}^{-1})^{-1}=\left(\boldsymbol{I}+\frac{1}{2}\boldsymbol{I}\right)^{-1}=\left(\frac{3}{2}\boldsymbol{I}\right)^{-1}=\frac{2}{3}\boldsymbol{I}
$$

$$
(\boldsymbol{A}+\boldsymbol{B})^{-1}=(\boldsymbol{I}+2\boldsymbol{I})^{-1}=(3\boldsymbol{I})^{-1}=\frac{1}{3}\boldsymbol{I}
$$

所以　$(\boldsymbol{A}^{-1}+\boldsymbol{B}^{-1})^{-1}\neq(\boldsymbol{A}+\boldsymbol{B})^{-1}$

$$
\begin{aligned}
&(\mathrm{D})(\boldsymbol{A}^{-1}+\boldsymbol{B}^{-1})\boldsymbol{A}(\boldsymbol{A}+\boldsymbol{B})^{-1}\boldsymbol{B}=(\boldsymbol{A}^{-1}\boldsymbol{A}+\boldsymbol{B}^{-1}\boldsymbol{A})(\boldsymbol{A}+\boldsymbol{B})^{-1}\boldsymbol{B}\\
&=(\boldsymbol{I}+\boldsymbol{B}^{-1}\boldsymbol{A})(\boldsymbol{A}+\boldsymbol{B})^{-1}\boldsymbol{B}=(\boldsymbol{B}^{-1}\boldsymbol{B}+\boldsymbol{B}^{-1}\boldsymbol{A})(\boldsymbol{A}+\boldsymbol{B})^{-1}\boldsymbol{B}\\
&=\boldsymbol{B}^{-1}(\boldsymbol{B}+\boldsymbol{A})(\boldsymbol{A}+\boldsymbol{B})^{-1}\boldsymbol{B}=\boldsymbol{B}^{-1}\boldsymbol{I}\boldsymbol{B}=\boldsymbol{B}^{-1}\boldsymbol{B}=\boldsymbol{I}
\end{aligned}
$$

因此

$$
(\boldsymbol{A}^{-1}+\boldsymbol{B}^{-1})^{-1}=\boldsymbol{A}(\boldsymbol{A}+\boldsymbol{B})^{-1}\boldsymbol{B}
$$

故本题应选(D).

14. 设有 n 阶矩阵 $\boldsymbol{A}=\begin{pmatrix}a_{11}&a_{12}&\cdots&a_{1n}\\a_{21}&a_{22}&\cdots&a_{2n}\\\vdots&\vdots&&\vdots\\a_{n1}&a_{n2}&\cdots&a_{nn}\end{pmatrix}$, $\boldsymbol{B}=\begin{pmatrix}A_{11}&A_{12}&\cdots&A_{1n}\\A_{21}&A_{22}&\cdots&A_{2n}\\\vdots&\vdots&&\vdots\\A_{n1}&A_{n2}&\cdots&A_{nn}\end{pmatrix}$, A_{ij} 是 $\boldsymbol{A}$ 中元素 a_{ij} 的代数余子式 ($i,j=1,2,\cdots,n$)，若 $|\boldsymbol{A}|=1$，则下列等式中不成立的是[　　].

(A) $\boldsymbol{A}^{-1}=\boldsymbol{B}$　　(B) $(\boldsymbol{A}^{\mathrm{T}})^{-1}=\boldsymbol{B}$

(C) $\boldsymbol{A}^{\mathrm{T}}=\boldsymbol{B}^{-1}$　　(D) $\boldsymbol{A}^{-1}=\boldsymbol{B}^{\mathrm{T}}$

解：$|\boldsymbol{A}|=1\neq 0$，$\boldsymbol{A}$ 可逆.

由 $\boldsymbol{B}^{\mathrm{T}}=\boldsymbol{A}^{*}$，有 $\boldsymbol{A}^{-1}=\dfrac{1}{|\boldsymbol{A}|}\boldsymbol{A}^{*}=\boldsymbol{B}^{\mathrm{T}}$，故(A) 不成立，(D) 成立.

故本题应选(A).

$\boldsymbol{A}\boldsymbol{A}^{*}=|\boldsymbol{A}|\boldsymbol{I}=\boldsymbol{I}$，由于 $\boldsymbol{A}^{*}=\boldsymbol{B}^{\mathrm{T}}$，因此有 $\boldsymbol{A}\boldsymbol{B}^{\mathrm{T}}=\boldsymbol{I}$，两边转置有 $\boldsymbol{B}\boldsymbol{A}^{\mathrm{T}}=\boldsymbol{I}$. 于是可知 $\boldsymbol{B}^{-1}=\boldsymbol{A}^{\mathrm{T}}$，$(\boldsymbol{A}^{\mathrm{T}})^{-1}=\boldsymbol{B}$，所以(B)，(C) 成立.

15. $\boldsymbol{A}$，$\boldsymbol{B}$，$\boldsymbol{C}$ 均为 n 阶矩阵，$\boldsymbol{A}$，$\boldsymbol{B}$ 可逆，$\boldsymbol{O}$ 为 n 阶零矩阵，给出了六个等式，要求判断其对错，下列判断正确的选项是[　　].

(1) $\begin{pmatrix}\boldsymbol{A} & \boldsymbol{O}\\ \boldsymbol{O} & \boldsymbol{B}\end{pmatrix}^{-1}=\begin{pmatrix}\boldsymbol{A}^{-1} & \boldsymbol{O}\\ \boldsymbol{O} & \boldsymbol{B}^{-1}\end{pmatrix}$　　(2) $\begin{pmatrix}\boldsymbol{O} & \boldsymbol{A}\\ \boldsymbol{B} & \boldsymbol{C}\end{pmatrix}^{-1}=\begin{pmatrix}\boldsymbol{O} & \boldsymbol{A}^{-1}\\ \boldsymbol{B}^{-1} & \boldsymbol{O}\end{pmatrix}$

(3) $\begin{pmatrix}\boldsymbol{O} & \boldsymbol{A}\\ \boldsymbol{B} & \boldsymbol{O}\end{pmatrix}^{-1}=\begin{pmatrix}\boldsymbol{O} & \boldsymbol{B}^{-1}\\ \boldsymbol{A}^{-1} & \boldsymbol{O}\end{pmatrix}$　　(4) $\begin{pmatrix}\boldsymbol{A} & \boldsymbol{C}\\ \boldsymbol{O} & \boldsymbol{B}\end{pmatrix}^{-1}=\begin{pmatrix}\boldsymbol{A}^{-1} & \boldsymbol{C}^{-1}\\ \boldsymbol{O} & \boldsymbol{B}^{-1}\end{pmatrix}$

(5) $\begin{pmatrix}\boldsymbol{A} & \boldsymbol{C}\\ \boldsymbol{O} & \boldsymbol{B}\end{pmatrix}^{-1}=\begin{pmatrix}\boldsymbol{A}^{-1} & -\boldsymbol{A}^{-1}\boldsymbol{C}\boldsymbol{B}^{-1}\\ \boldsymbol{O} & \boldsymbol{B}^{-1}\end{pmatrix}$　　(6) $\begin{pmatrix}\boldsymbol{A} & \boldsymbol{O}\\ \boldsymbol{C} & \boldsymbol{B}\end{pmatrix}^{-1}=\begin{pmatrix}\boldsymbol{A}^{-1} & \boldsymbol{O}\\ \boldsymbol{A}^{-1}\boldsymbol{C}\boldsymbol{B}^{-1} & \boldsymbol{B}^{-1}\end{pmatrix}$

(A) (1)，(2)，(5) 正确　　(B) (1)，(3)，(5) 正确

(C) (1)，(3)，(5)，(6) 正确　　(D) 全正确

解：(1) 正确；(2) 错误；(3) 正确；(4) 错误；(5) 正确；(6) 错误，正确的应该是

$$\begin{pmatrix}\boldsymbol{A} & \boldsymbol{O}\\ \boldsymbol{C} & \boldsymbol{B}\end{pmatrix}^{-1}=\begin{pmatrix}\boldsymbol{A}^{-1} & \boldsymbol{O}\\ -\boldsymbol{B}^{-1}\boldsymbol{C}\boldsymbol{A}^{-1} & \boldsymbol{B}^{-1}\end{pmatrix}$$

故本题应选(B).

16. $\begin{pmatrix}0 & 0 & 1\\ 0 & 1 & 0\\ 1 & 0 & 0\end{pmatrix}^{2}\begin{pmatrix}a_{11} & a_{12} & a_{13}\\ a_{21} & a_{22} & a_{23}\\ a_{31} & a_{32} & a_{33}\end{pmatrix}\begin{pmatrix}0 & 0 & 1\\ 0 & 1 & 0\\ 1 & 0 & 0\end{pmatrix}^{3}=$[　　].

(A) $\begin{pmatrix}a_{11} & a_{12} & a_{13}\\ a_{21} & a_{22} & a_{23}\\ a_{31} & a_{32} & a_{33}\end{pmatrix}$　　(B) $\begin{pmatrix}a_{31} & a_{32} & a_{33}\\ a_{21} & a_{22} & a_{23}\\ a_{11} & a_{12} & a_{13}\end{pmatrix}$

(C) $\begin{pmatrix}a_{13} & a_{12} & a_{11}\\ a_{23} & a_{22} & a_{21}\\ a_{33} & a_{32} & a_{31}\end{pmatrix}$　　(D) $\begin{pmatrix}a_{33} & a_{32} & a_{31}\\ a_{23} & a_{22} & a_{21}\\ a_{13} & a_{12} & a_{11}\end{pmatrix}$

解：设 $\boldsymbol{A}=\begin{pmatrix}a_{11} & a_{12} & a_{13}\\ a_{21} & a_{22} & a_{23}\\ a_{31} & a_{32} & a_{33}\end{pmatrix}$，用 $\begin{pmatrix}0 & 0 & 1\\ 0 & 1 & 0\\ 1 & 0 & 0\end{pmatrix}$ 左乘矩阵 $\boldsymbol{A}$ 是交换 $\boldsymbol{A}$ 的第一行与第三行，用

$\begin{pmatrix}0 & 0 & 1\\ 0 & 1 & 0\\ 1 & 0 & 0\end{pmatrix}^{2}=\begin{pmatrix}0 & 0 & 1\\ 0 & 1 & 0\\ 1 & 0 & 0\end{pmatrix}\begin{pmatrix}0 & 0 & 1\\ 0 & 1 & 0\\ 1 & 0 & 0\end{pmatrix}$ 左乘矩阵 $\boldsymbol{A}$ 是将 $\boldsymbol{A}$ 的第一行与第三行交换后的矩阵，

再交换第一行与第三行，结果不变，仍是矩阵 $\boldsymbol{A}$.

用矩阵 $\begin{pmatrix}0&0&1\\0&1&0\\1&0&0\end{pmatrix}$ 右乘矩阵 $\boldsymbol{A}$，是交换 $\boldsymbol{A}$ 的第一列与第三列，用 $\begin{pmatrix}0&0&1\\0&1&0\\1&0&0\end{pmatrix}^3$ 右乘 $\boldsymbol{A}$，是将 $\boldsymbol{A}$ 的第一列与第三列交换三次，结果等于交换一次 $\boldsymbol{A}$ 的第一列与第三列，故其结果为

$$\begin{pmatrix}0&0&1\\0&1&0\\1&0&0\end{pmatrix}^2\begin{pmatrix}a_{11}&a_{12}&a_{13}\\a_{21}&a_{22}&a_{23}\\a_{31}&a_{32}&a_{33}\end{pmatrix}\begin{pmatrix}0&0&1\\0&1&0\\1&0&0\end{pmatrix}^3=\begin{pmatrix}a_{13}&a_{12}&a_{11}\\a_{23}&a_{22}&a_{21}\\a_{33}&a_{32}&a_{31}\end{pmatrix}$$

故本题应选(C).

17. 设矩阵 $\boldsymbol{A}=\begin{pmatrix}a_{11}&a_{12}&a_{13}\\a_{21}&a_{22}&a_{23}\\a_{31}&a_{32}&a_{33}\end{pmatrix}$，$\boldsymbol{B}=\begin{pmatrix}a_{11}+a_{31}&a_{12}+a_{32}&a_{13}+a_{33}\\a_{31}&a_{32}&a_{33}\\a_{21}&a_{22}&a_{23}\end{pmatrix}$，$\boldsymbol{P}_1=\begin{pmatrix}1&0&0\\0&0&1\\0&1&0\end{pmatrix}$，$\boldsymbol{P}_2=\begin{pmatrix}1&0&1\\0&1&0\\0&0&1\end{pmatrix}$，则有[　　].

(A) $\boldsymbol{AP}_1\boldsymbol{P}_2=\boldsymbol{B}$　　(B) $\boldsymbol{AP}_2\boldsymbol{P}_1=\boldsymbol{B}$

(C) $\boldsymbol{P}_1\boldsymbol{P}_2\boldsymbol{A}=\boldsymbol{B}$　　(D) $\boldsymbol{P}_2\boldsymbol{P}_1\boldsymbol{A}=\boldsymbol{B}$

解： 矩阵 $\boldsymbol{B}$ 是由对矩阵 $\boldsymbol{A}$ 施以初等行变换得出的，对 $\boldsymbol{A}$ 施以初等行变换等于用相应的初等矩阵左乘 $\boldsymbol{A}$，故可排除(A)，(B).

先将 $\boldsymbol{A}$ 的第三行加于第一行，即用 $\boldsymbol{P}_2$ 左乘 $\boldsymbol{A}$，然后再交换 $\boldsymbol{P}_2\boldsymbol{A}$ 的第二行与第三行，就得到了 $\boldsymbol{B}$，即用 $\boldsymbol{P}_1$ 左乘 $\boldsymbol{P}_2\boldsymbol{A}$ 等于 $\boldsymbol{B}$，于是有 $\boldsymbol{P}_1\boldsymbol{P}_2\boldsymbol{A}=\boldsymbol{B}$.

故本题应选(C).

注释： $\boldsymbol{P}_2\boldsymbol{P}_1\boldsymbol{A}=\begin{pmatrix}a_{11}+a_{21}&a_{12}+a_{22}&a_{13}+a_{23}\\a_{31}&a_{32}&a_{33}\\a_{21}&a_{22}&a_{23}\end{pmatrix}\neq\boldsymbol{B}$

18. 用初等变换的方法判断矩阵 $\boldsymbol{A}=\begin{pmatrix}1&4&0&2\\0&1&-1&x\\3&10&y&4\\2&7&1&3\end{pmatrix}$ 不可逆的充分必要条件是[　　].

(A) $x=1$ 且 $y=2$　　(B) $x=1$ 或 $y=2$

(C) $x=1$，$y\neq 2$　　(D) $x\neq 1$，$y=2$

解： $\boldsymbol{A}=\begin{pmatrix}1&4&0&2\\0&1&-1&x\\3&10&y&4\\2&7&1&3\end{pmatrix}\begin{matrix}\times(-3)\ \times(-2)\\ \\ \\ \\\end{matrix}\rightarrow\begin{pmatrix}1&4&0&2\\0&1&-1&x\\0&-2&y&-2\\0&-1&1&-1\end{pmatrix}\begin{matrix}\\ \times 2\ \times 1\\ \\ \\\end{matrix}$

$$\rightarrow\begin{pmatrix}1&4&0&2\\0&1&-1&x\\0&0&y-2&-2+2x\\0&0&0&x-1\end{pmatrix}\begin{matrix}\\ \\ \leftarrow\!\!\urcorner\\ \times(-2)\!\lrcorner\end{matrix}\quad\rightarrow\begin{pmatrix}1&4&0&2\\0&1&-1&x\\0&0&y-2&0\\0&0&0&x-1\end{pmatrix}$$

$\boldsymbol{A}$ 不可逆的充分必要条件为 $r(\boldsymbol{A})\neq 4$.

当且仅当 $x=1$ 或 $y=2$ 时，$r(\boldsymbol{A})<4$，$\boldsymbol{A}$ 不可逆，故 $\boldsymbol{A}$ 不可逆的充分必要条件为 $x=1$ 或 $y=2$.

故本题应选(B).

注释：(A)，(C)，(D) 中的条件均是 $\boldsymbol{A}$ 不可逆的充分条件，非必要条件.

19. 设三阶矩阵 $\boldsymbol{A}=\begin{pmatrix}a&b&b\\b&a&b\\b&b&a\end{pmatrix}$，若 $\boldsymbol{A}$ 的伴随矩阵 $\boldsymbol{A}^*$ 的秩 $r(\boldsymbol{A}^*)=1$，则必有[　　].

(A) $a=b$ 或 $a+2b=0$　　　　(B) $a=b$ 或 $a+2b\neq 0$

(C) $a\neq b$ 且 $a+2b=0$　　　　(D) $a\neq b$ 且 $a+2b\neq 0$

解：由 $\boldsymbol{AA}^*=|\boldsymbol{A}|\boldsymbol{I}$，从而 $|\boldsymbol{A}||\boldsymbol{A}^*|=||\boldsymbol{A}|\boldsymbol{I}|=|\boldsymbol{A}|^3$. 又　　(1)

$$|\boldsymbol{A}|=\underset{\uparrow\ \times1\ \ \times1}{\begin{vmatrix}a&b&b\\b&a&b\\b&b&a\end{vmatrix}}=\begin{vmatrix}a+2b&b&b\\a+2b&a&b\\a+2b&b&a\end{vmatrix}=(a+2b)(a-b)^2$$

若 $a=b$，则 $\boldsymbol{A}=\begin{pmatrix}a&a&a\\a&a&a\\a&a&a\end{pmatrix}$，那么 $\boldsymbol{A}^*=\boldsymbol{O}$，$r(\boldsymbol{A}^*)=0$，这与题设 $r(\boldsymbol{A}^*)=1$ 矛盾，故 $a\neq b$. 否定(A)和(B).

若 $a\neq b$ 且 $a+2b\neq 0$，则 $|\boldsymbol{A}|\neq 0$，由式(1)有 $|\boldsymbol{A}^*|=|\boldsymbol{A}|^2\neq 0$，那么 $r(\boldsymbol{A}^*)=3$，这与 $r(\boldsymbol{A}^*)=1$ 矛盾，故否定(D).

故本题应选(C).

第三章　线性方程组

(一) 习题解答与注释

(A)

1. 用消元法解下列线性方程组：

(1) $\begin{cases} 2x_1 - x_2 + 3x_3 = 3 \\ 3x_1 + x_2 - 5x_3 = 0 \\ 4x_1 - x_2 + x_3 = 3 \\ x_1 + 3x_2 - 13x_3 = -6 \end{cases}$　　(2) $\begin{cases} x_1 - 2x_2 + x_3 + x_4 = 1 \\ x_1 - 2x_2 + x_3 - x_4 = -1 \\ x_1 - 2x_2 + x_3 - 5x_4 = 5 \end{cases}$

(3) $\begin{cases} x_1 - x_2 + x_3 - x_4 = 1 \\ x_1 - x_2 - x_3 + x_4 = 0 \\ x_1 - x_2 - 2x_3 + 2x_4 = -\frac{1}{2} \end{cases}$　　(4) $\begin{cases} x_1 - x_2 + 4x_3 - 2x_4 = 0 \\ x_1 - x_2 - x_3 + 2x_4 = 0 \\ 3x_1 + x_2 + 7x_3 - 2x_4 = 0 \\ x_1 - 3x_2 - 12x_3 + 6x_4 = 0 \end{cases}$

(5) $\begin{cases} x_1 - x_2 + x_3 = 0 \\ 3x_1 - 2x_2 - x_3 = 0 \\ 3x_1 - x_2 + 5x_3 = 0 \\ -2x_1 + 2x_2 + 3x_3 = 0 \end{cases}$　　(6) $\begin{cases} x_1 + x_2 - 3x_4 - x_5 = 0 \\ x_1 - x_2 + 2x_3 - x_4 = 0 \\ 4x_1 - 2x_2 + 6x_3 + 3x_4 - 4x_5 = 0 \\ 2x_1 + 4x_2 - 2x_3 + 4x_4 - 7x_5 = 0 \end{cases}$

解：(1) 对方程组的增广矩阵施以初等行变换，化为阶梯形矩阵：

$$(\boldsymbol{A} \vdots \boldsymbol{b}) = \left(\begin{array}{ccc:c} 2 & -1 & 3 & 3 \\ 3 & 1 & -5 & 0 \\ 4 & -1 & 1 & 3 \\ 1 & 3 & -13 & -6 \end{array}\right) \longrightarrow \left(\begin{array}{ccc:c} 1 & 3 & -13 & -6 \\ 3 & 1 & -5 & 0 \\ 4 & -1 & 1 & 3 \\ 2 & -1 & 3 & 3 \end{array}\right)$$

$$\longrightarrow \left(\begin{array}{ccc:c} 1 & 3 & -13 & -6 \\ 0 & -8 & 34 & 18 \\ 0 & -13 & 53 & 27 \\ 0 & -7 & 29 & 15 \end{array}\right) \longrightarrow \left(\begin{array}{ccc:c} 1 & 3 & -13 & -6 \\ 0 & -8 & 34 & 18 \\ 0 & 0 & -\frac{9}{4} & -\frac{9}{4} \\ 0 & 0 & -\frac{3}{4} & -\frac{3}{4} \end{array}\right)$$

$$\longrightarrow \left(\begin{array}{ccc:c} 1 & 3 & -13 & -6 \\ 0 & -8 & 34 & 18 \\ 0 & 0 & 1 & 1 \\ 0 & 0 & 0 & 0 \end{array}\right) \qquad (*)$$

由 $r(\boldsymbol{A} \vdots \boldsymbol{b}) = r(\boldsymbol{A}) = 3 =$ 未知量个数可知，方程组有唯一解. 对上面最后一个矩阵继续进行初等行变换，进行回代有

$$(*) \longrightarrow \left(\begin{array}{ccc:c} 1 & 3 & 0 & 7 \\ 0 & -8 & 0 & -16 \\ 0 & 0 & 1 & 1 \\ 0 & 0 & 0 & 0 \end{array}\right) \longrightarrow \left(\begin{array}{ccc:c} 1 & 0 & 0 & 1 \\ 0 & 1 & 0 & 2 \\ 0 & 0 & 1 & 1 \\ 0 & 0 & 0 & 0 \end{array}\right)$$

由此得 $x_1 = 1$，$x_2 = 2$，$x_3 = 1$.

(2) 对方程组的增广矩阵施以初等行变换，化为阶梯形矩形：

$$(\boldsymbol{A} \vdots \boldsymbol{b}) = \left(\begin{array}{cccc:c} 1 & -2 & 1 & 1 & 1 \\ 1 & -2 & 1 & -1 & -1 \\ 1 & -2 & 1 & -5 & 5 \end{array}\right) \longrightarrow \left(\begin{array}{cccc:c} 1 & -2 & 1 & 1 & 1 \\ 0 & 0 & 0 & -2 & -2 \\ 0 & 0 & 0 & -6 & 4 \end{array}\right)$$

$$\longrightarrow \left(\begin{array}{cccc:c} 1 & -2 & 1 & 1 & 1 \\ 0 & 0 & 0 & 1 & 1 \\ 0 & 0 & 0 & 0 & 10 \end{array}\right)$$

由于 $r(\boldsymbol{A} \vdots \boldsymbol{b}) = 3$，$r(\boldsymbol{A}) = 2$，故方程组无解.

(3) 对方程组的增广矩阵施以初等行变换，化为阶梯形矩阵：

$$(\boldsymbol{A} \vdots \boldsymbol{b}) = \left(\begin{array}{cccc:c} 1 & -1 & 1 & -1 & 1 \\ 1 & -1 & -1 & 1 & 0 \\ 1 & -1 & -2 & 2 & -\frac{1}{2} \end{array}\right) \longrightarrow \left(\begin{array}{cccc:c} 1 & -1 & 1 & -1 & 1 \\ 0 & 0 & -2 & 2 & -1 \\ 0 & 0 & -3 & 3 & -\frac{3}{2} \end{array}\right)$$

$$\longrightarrow \left(\begin{array}{cccc:c} 1 & -1 & 1 & -1 & 1 \\ 0 & 0 & 1 & -1 & \frac{1}{2} \\ 0 & 0 & 0 & 0 & 0 \end{array}\right) \qquad (*)$$

由 $r(\boldsymbol{A} \vdots \boldsymbol{b}) = r(\boldsymbol{A}) = 2 < 4 =$ 未知量个数可知，方程组有无穷多解. 对上面最后一个矩阵继续进行初等行变换，进行回代有

$$(*) \longrightarrow \left(\begin{array}{cccc:c} 1 & -1 & 0 & 0 & \frac{1}{2} \\ 0 & 0 & 1 & -1 & \frac{1}{2} \\ 0 & 0 & 0 & 0 & 0 \end{array}\right)$$

得原方程组的同解方程组

$$\begin{cases} x_1 = \dfrac{1}{2} + x_2 \\ x_3 = \dfrac{1}{2} + x_4 \end{cases}$$

取 $x_2 = c_1$，$x_4 = c_2$，则原方程组的全部解为

$$\begin{cases} x_1=\frac{1}{2}+c_1 \\ x_2=c_1 \\ x_3=\frac{1}{2}+c_2 \\ x_4=c_2 \end{cases} \quad (c_1,c_2\text{ 为任意常数})$$

注释: 在对增广矩阵$(\boldsymbol{A}\,\vdots\,\boldsymbol{0})$进行初等行变换时，由于各方程的常数项始终是零，所以在计算时，可以仅对系数矩阵$\boldsymbol{A}$进行初等行变换(如下面的题(6)). 但初学者仍应写出增广矩阵后再继续计算(如下面的题(4)，(5)).

(4) 对方程组的增广矩阵施以初等行变换，化为阶梯形矩阵：

$$(\boldsymbol{A}\,\vdots\,\boldsymbol{0})=\left(\begin{array}{cccc:c}1&-1&4&-2&0\\1&-1&-1&2&0\\3&1&7&-2&0\\1&-3&-12&6&0\end{array}\right)\longrightarrow\left(\begin{array}{cccc:c}1&-1&4&-2&0\\0&0&-5&4&0\\0&4&-5&4&0\\0&-2&-16&8&0\end{array}\right)$$

$$\longrightarrow\left(\begin{array}{cccc:c}1&-1&4&-2&0\\0&2&16&-8&0\\0&0&-37&20&0\\0&0&-5&4&0\end{array}\right)\longrightarrow\left(\begin{array}{cccc:c}1&-1&4&-2&0\\0&1&8&-4&0\\0&0&-5&4&0\\0&0&0&-\frac{48}{5}&0\end{array}\right)$$

由于 $\mathrm{r}(\boldsymbol{A})=4=$ 未知量个数，故方程组仅有零解 $x_1=x_2=x_3=x_4=0$.

(5) 对方程组的增广矩阵施以初等行变换，化为阶梯形矩阵：

$$(\boldsymbol{A}\,\vdots\,\boldsymbol{0})=\left(\begin{array}{ccc:c}1&-1&1&0\\3&-2&-1&0\\3&-1&5&0\\-2&2&3&0\end{array}\right)\longrightarrow\left(\begin{array}{ccc:c}1&-1&1&0\\0&1&-4&0\\0&2&2&0\\0&0&5&0\end{array}\right)$$

$$\longrightarrow\left(\begin{array}{ccc:c}1&-1&1&0\\0&1&-4&0\\0&0&10&0\\0&0&5&0\end{array}\right)\longrightarrow\left(\begin{array}{ccc:c}1&-1&1&0\\0&1&-4&0\\0&0&1&0\\0&0&0&0\end{array}\right)$$

由于 $\mathrm{r}(\boldsymbol{A})=3=$ 未知量个数，故方程组仅有零解 $x_1=x_2=x_3=0$.

(6) 对方程组的系数矩阵施以初等行变换，化为阶梯形矩阵：

$$\boldsymbol{A}=\begin{pmatrix}1&1&0&-3&-1\\1&-1&2&-1&0\\4&-2&6&3&-4\\2&4&-2&4&-7\end{pmatrix}\longrightarrow\begin{pmatrix}1&1&0&-3&-1\\0&-2&2&2&1\\0&-6&6&15&0\\0&2&-2&10&-5\end{pmatrix}$$

$$\longrightarrow\begin{pmatrix}1&1&0&-3&-1\\0&1&-1&-1&-\frac{1}{2}\\0&0&0&9&-3\\0&0&0&12&-4\end{pmatrix}\longrightarrow\begin{pmatrix}1&1&0&-3&-1\\0&1&-1&-1&-\frac{1}{2}\\0&0&0&1&-\frac{1}{3}\\0&0&0&0&0\end{pmatrix}$$

$$\longrightarrow\begin{pmatrix}1&0&1&0&-\frac{7}{6}\\0&1&-1&0&-\frac{5}{6}\\0&0&0&1&-\frac{1}{3}\\0&0&0&0&0\end{pmatrix}$$

由于 $r(\boldsymbol{A})=3<5=$ 未知数个数，故方程组有非零解. 原方程组对应的同解方程组为

$$\begin{cases}x_1\quad+x_3\qquad-\frac{7}{6}x_5=0\\ \quad x_2-x_3\qquad-\frac{5}{6}x_5=0\\ \qquad\qquad x_4\ -\frac{1}{3}x_5=0\end{cases}$$

设 $x_3=c_1$，$x_5=c_2$，则原方程组的全部解为

$$\begin{cases}x_1=-c_1+\frac{7}{6}c_2\\x_2=c_1+\frac{5}{6}c_2\\x_3=c_1\\x_4=\frac{1}{3}c_2\\x_5=c_2\end{cases}\qquad(c_1,\ c_2\text{ 为任意常数})$$

2. 确定 a，b 的值，使下列线性方程组有解，并求其解.

(1) $\begin{cases}2x_1-x_2+x_3+x_4=1\\x_1+2x_2-x_3+4x_4=2\\x_1+7x_2-4x_3+11x_4=a\end{cases}$　　(2) $\begin{cases}ax_1+x_2+x_3=1\\x_1+ax_2+x_3=a\\x_1+x_2+ax_3=a^2\end{cases}$

(3) $\begin{cases}x_1+2x_2-2x_3+2x_4=2\\x_2-x_3-x_4=1\\x_1+x_2-x_3+3x_4=a\\x_1-x_2+x_3+5x_4=b\end{cases}$　　(4) $\begin{cases}x_1+x_2+x_3=a\\ax_1+x_2+x_3=1\\x_1+x_2+ax_3=1\end{cases}$

解： (1) 对方程组的增广矩阵施以初等行变换，化为阶梯形矩阵：

$$(\boldsymbol{A}\vdots\boldsymbol{b})=\left(\begin{array}{cccc:c}2&-1&1&1&1\\1&2&-1&4&2\\1&7&-4&11&a\end{array}\right)\longrightarrow\left(\begin{array}{cccc:c}1&2&-1&4&2\\0&-5&3&-7&-3\\0&5&-3&7&a-2\end{array}\right)$$

$$\longrightarrow\left(\begin{array}{cccc:c}1&2&-1&4&2\\0&-5&3&-7&-3\\0&0&0&0&a-5\end{array}\right)\qquad(*)$$

当 $a=5$ 时，有 $r(\boldsymbol{A})=r(\boldsymbol{A}\vdots\boldsymbol{b})=2<4=$ 未知量个数，方程组有无穷多解. 对上面最后一个矩阵(*)继续施以初等行变换，化为简化的阶梯形矩阵：

$$(*) \longrightarrow \left(\begin{array}{cccc:c} 1 & 0 & \frac{1}{5} & \frac{6}{5} & \frac{4}{5} \\ 0 & 1 & -\frac{3}{5} & \frac{7}{5} & \frac{3}{5} \\ 0 & 0 & 0 & 0 & 0 \end{array}\right)$$

由此可得原方程组的同解方程组：

$$\begin{cases} x_1 = \frac{4}{5} - \frac{1}{5}x_3 - \frac{6}{5}x_4 \\ x_2 = \frac{3}{5} + \frac{3}{5}x_3 - \frac{7}{5}x_4 \end{cases}$$

令 $x_3 = c_1$，$x_4 = c_2$，则原方程组的全部解为

$$\begin{cases} x_1 = \frac{4}{5} - \frac{1}{5}c_1 - \frac{6}{5}c_2 \\ x_2 = \frac{3}{5} + \frac{3}{5}c_1 - \frac{7}{5}c_2 \\ x_3 = c_1 \\ x_4 = c_2 \end{cases} \quad (c_1, c_2 \text{ 为任意常数})$$

注释：在线性方程组有无穷多解时，由于求解过程中选取的自由未知量不同，将会使方程组的解在形式上有所不同. 但两个不同形式的解是等价的. 例如，本题上面的解法中，选取 x_3，x_4 作为自由未知量，求得了方程组的全部解. 然而，若选取 x_2，x_4 作为自由未知量，则由矩阵(*)继续作初等行变换可化为简化的阶梯形矩阵：

$$(*) \longrightarrow \left(\begin{array}{cccc:c} 1 & \frac{1}{3} & 0 & \frac{5}{3} & 1 \\ 0 & -\frac{5}{3} & 1 & -\frac{7}{3} & -1 \\ 0 & 0 & 0 & 0 & 0 \end{array}\right)$$

由此可得原方程组的同解方程组

$$\begin{cases} x_1 = \ \ 1 - \frac{1}{3}x_2 - \frac{5}{3}x_4 \\ x_3 = -1 + \frac{5}{3}x_2 + \frac{7}{3}x_4 \end{cases}$$

令 $x_2 = \bar{c}_1$，$x_4 = \bar{c}_2$，则原方程组的全部解为

$$\begin{cases} x_1 = 1 - \frac{1}{3}\bar{c}_1 - \frac{5}{3}\bar{c}_2 \\ x_2 = \bar{c}_1 \\ x_3 = -1 + \frac{5}{3}\bar{c}_1 + \frac{7}{3}\bar{c}_2 \\ x_4 = \bar{c}_2 \end{cases} \quad (\bar{c}_1, \bar{c}_2 \text{ 为任意常数})$$

可以看出，这个一般解在形式上与原答案不同，但这两个解是等价的. 读者在练习时，若自己求解的结果与原答案不符，应注意自由未知量的选取是否与原答案一致.

(2) 对方程组的增广矩阵施以初等行变换，化为阶梯形矩阵：

$$(\boldsymbol{A} \mid \boldsymbol{b})=\left(\begin{array}{ccc|c} a & 1 & 1 & 1 \\ 1 & a & 1 & a \\ 1 & 1 & a & a^2 \end{array}\right) \longrightarrow \left(\begin{array}{ccc|c} 1 & 1 & a & a^2 \\ 0 & a-1 & 1-a & a-a^2 \\ 0 & 1-a & 1-a^2 & 1-a^3 \end{array}\right)$$

$$\longrightarrow \left(\begin{array}{ccc|c} 1 & 1 & a & a^2 \\ 0 & a-1 & 1-a & a(1-a) \\ 0 & 0 & (2+a)(1-a) & (1-a)(1+a)^2 \end{array}\right) \qquad (*)$$

① 当 $a=1$ 时，$\mathrm{r}(\boldsymbol{A})=\mathrm{r}(\boldsymbol{A} \mid \boldsymbol{b})=1<3=$ 未知量个数，方程组有无穷多解，与原方程组同解的方程组为

$$x_1+x_2+x_3=1$$

令 $x_2=c_1$，$x_3=c_2$，则原方程组的全部解为

$$\begin{cases} x_1=1-c_1-c_2 \\ x_2=c_1 \\ x_3=c_2 \end{cases} \qquad (c_1, c_2 \text{ 为任意常数})$$

② 当 $a \neq 1$ 且 $a \neq -2$ 时，$\mathrm{r}(\boldsymbol{A})=\mathrm{r}(\boldsymbol{A} \mid \boldsymbol{b})=3$，方程组有唯一解. 对上面最后一个矩阵 $(*)$ 继续施以初等行变换，化为简化的阶梯形矩阵：

$$(*) \longrightarrow \left(\begin{array}{ccc|c} 1 & 1 & a & a^2 \\ 0 & 1 & -1 & -a \\ 0 & 0 & 1 & \dfrac{(1+a)^2}{2+a} \end{array}\right) \longrightarrow \left(\begin{array}{ccc|c} 1 & 0 & 0 & -\dfrac{1+a}{2+a} \\ 0 & 1 & 0 & \dfrac{1}{2+a} \\ 0 & 0 & 1 & \dfrac{(1+a)^2}{2+a} \end{array}\right)$$

可得方程组的解为

$$\begin{cases} x_1=-\dfrac{1+a}{2+a} \\ x_2=\dfrac{1}{2+a} \\ x_3=\dfrac{(1+a)^2}{2+a} \end{cases}$$

③ 当 $a=-2$ 时，有 $\mathrm{r}(\boldsymbol{A})=2 \neq \mathrm{r}(\boldsymbol{A} \mid \boldsymbol{b})=3$，故此时方程组无解.

注释： 在计算过程中，由于含参数表达式可能取零值，读者应避免用含参数表达式除矩阵某一行，或某行除以含参数表达式之后加至另一行. 在增广矩阵化为阶梯形后，必须对参数的取值进行讨论，如本题的(1)、(2). 然而，当方程个数与未知量个数相同时，也可以先计算系数行列式的值，再进行讨论. 如本题的(2)，也可以先计算方程组的系数行列式

$$|\boldsymbol{A}|=\begin{vmatrix} a & 1 & 1 \\ 1 & a & 1 \\ 1 & 1 & a \end{vmatrix}=(a-1)^2(a+2)$$

由此可知，当 $a \neq 1$ 且 $a \neq -2$ 时，方程组有唯一解. 利用消元法或克莱姆法则，可求得方程组的解. 而当 $a=1$ 或 $a=-2$ 时，可分别代入原方程组，再利用消元法判定方程组有无穷多解或无解，并求出方程组的全部解.

(3) 对方程组的增广矩阵施以初等行变换，化为阶梯形矩阵：

$$(\boldsymbol{A} \vdots \boldsymbol{b})=\left(\begin{array}{cccc:c}1 & 2 & -2 & 2 & 2\\0 & 1 & -1 & -1 & 1\\1 & 1 & -1 & 3 & a\\1 & -1 & 1 & 5 & b\end{array}\right)\longrightarrow\left(\begin{array}{cccc:c}1 & 2 & -2 & 2 & 2\\0 & 1 & -1 & -1 & 1\\0 & -1 & 1 & 1 & a-2\\0 & -3 & 3 & 3 & b-2\end{array}\right)$$

$$\longrightarrow\left(\begin{array}{cccc:c}1 & 2 & -2 & 2 & 2\\0 & 1 & -1 & -1 & 1\\0 & 0 & 0 & 0 & a-1\\0 & 0 & 0 & 0 & b+1\end{array}\right) \qquad (*)$$

由此可知，当 $a\neq 1$ 或 $b\neq -1$ 时，$\mathrm{r}(\boldsymbol{A})\neq \mathrm{r}(\boldsymbol{A} \vdots \boldsymbol{b})$，方程组无解.

当 $a=1$ 且 $b=-1$ 时，$\mathrm{r}(\boldsymbol{A})=\mathrm{r}(\boldsymbol{A} \vdots \boldsymbol{b})=2<4=$ 未知量个数，方程组有无穷多解. 此时，对上面最后一个矩阵(＊)继续施以初等行变换，有

$$(*)\longrightarrow\left(\begin{array}{cccc:c}1 & 0 & 0 & 4 & 0\\0 & 1 & -1 & -1 & 1\\0 & 0 & 0 & 0 & 0\\0 & 0 & 0 & 0 & 0\end{array}\right)$$

可知，原方程组的同解方程组为

$$\begin{cases}x_1=-4x_4\\x_2=1+x_3+x_4\end{cases}$$

令 $x_3=c_1$，$x_4=c_2$，则原方程组的一般解为

$$\begin{cases}x_1=-4c_2\\x_2=1+c_1+c_2\\x_3=c_1\\x_4=c_2\end{cases}\qquad (c_1,\ c_2\ \text{为任意常数})$$

(4) $(\boldsymbol{A} \vdots \boldsymbol{b})=\left(\begin{array}{ccc:c}1 & 1 & 1 & a\\a & 1 & 1 & 1\\1 & 1 & a & 1\end{array}\right)\longrightarrow\left(\begin{array}{ccc:c}1 & 1 & 1 & a\\0 & 1-a & 1-a & 1-a^2\\0 & 0 & a-1 & 1-a\end{array}\right)$

当 $a\neq 1$ 时，$\mathrm{r}(\boldsymbol{A})=\mathrm{r}(\boldsymbol{A} \vdots \boldsymbol{b})=3$，方程组有唯一解

$$\begin{cases}x_1=-1\\x_2=a+2\\x_3=-1\end{cases}$$

当 $a=1$ 时，$\mathrm{r}(\boldsymbol{A} \vdots \boldsymbol{b})=\mathrm{r}(\boldsymbol{A})=1<3=$ 未知量个数，方程组有无穷多解，原方程组的同解方程组为 $x_1+x_2+x_3=1$. 设 $x_2=c_1$，$x_3=c_2$，于是得到方程组的一般解

$$\begin{cases}x_1=1-c_1-c_2\\x_2=c_1\\x_3=c_2\end{cases}\qquad (c_1,\ c_2\ \text{为任意常数})$$

3. 已知向量 $\boldsymbol{\alpha}_1=(1,\ 2,\ 3)$，$\boldsymbol{\alpha}_2=(3,\ 2,\ 1)$，$\boldsymbol{\alpha}_3=(-2,\ 0,\ 2)$，$\boldsymbol{\alpha}_4=(1,\ 2,\ 4)$，求：

(1) $3\boldsymbol{\alpha}_1+2\boldsymbol{\alpha}_2-5\boldsymbol{\alpha}_3+4\boldsymbol{\alpha}_4$

(2) $5\boldsymbol{\alpha}_1+2\boldsymbol{\alpha}_2-\boldsymbol{\alpha}_3-\boldsymbol{\alpha}_4$

解: (1) $3\boldsymbol{\alpha}_1+2\boldsymbol{\alpha}_2-5\boldsymbol{\alpha}_3+4\boldsymbol{\alpha}_4$

$$=3(1,2,3)+2(3,2,1)-5(-2,0,2)+4(1,2,4)$$
$$=(3,6,9)+(6,4,2)+(10,0,-10)+(4,8,16)$$
$$=(23,18,17)$$

(2) $5\boldsymbol{\alpha}_1+2\boldsymbol{\alpha}_2-\boldsymbol{\alpha}_3-\boldsymbol{\alpha}_4$

$$=5(1,2,3)+2(3,2,1)-(-2,0,2)-(1,2,4)$$
$$=(5,10,15)+(6,4,2)+(2,0,-2)+(-1,-2,-4)$$
$$=(12,12,11)$$

4. 已知向量 $\boldsymbol{\alpha}=(3,5,7,9)$, $\boldsymbol{\beta}=(-1,5,2,0)$.

(1) 如果 $\boldsymbol{\alpha}+\boldsymbol{\xi}=\boldsymbol{\beta}$, 求 $\boldsymbol{\xi}$.

(2) 如果 $3\boldsymbol{\alpha}-2\boldsymbol{\eta}=5\boldsymbol{\beta}$, 求 $\boldsymbol{\eta}$.

解: (1) 由 $\boldsymbol{\alpha}+\boldsymbol{\xi}=\boldsymbol{\beta}$, 可得 $\boldsymbol{\xi}=\boldsymbol{\beta}-\boldsymbol{\alpha}$. 所以

$$\boldsymbol{\xi}=(-1,5,2,0)-(3,5,7,9)$$
$$=(-4,0,-5,-9)$$

(2) 由 $3\boldsymbol{\alpha}-2\boldsymbol{\eta}=5\boldsymbol{\beta}$, 可得 $\boldsymbol{\eta}=\frac{1}{2}(3\boldsymbol{\alpha}-5\boldsymbol{\beta})$. 所以

$$\boldsymbol{\eta}=\frac{1}{2}[3(3,5,7,9)-5(-1,5,2,0)]$$
$$=\left(7,-5,\frac{11}{2},\frac{27}{2}\right)$$

5. 已知向量 $\boldsymbol{\alpha}_1=(2,5,1,3)$, $\boldsymbol{\alpha}_2=(10,1,5,10)$, $\boldsymbol{\alpha}_3=(4,1,-1,1)$. 如果 $3(\boldsymbol{\alpha}_1-\boldsymbol{\xi})+2(\boldsymbol{\alpha}_2+\boldsymbol{\xi})=5(\boldsymbol{\alpha}_3+\boldsymbol{\xi})$, 求 $\boldsymbol{\xi}$.

解: 由 $3(\boldsymbol{\alpha}_1-\boldsymbol{\xi})+2(\boldsymbol{\alpha}_2+\boldsymbol{\xi})=5(\boldsymbol{\alpha}_3+\boldsymbol{\xi})$, 有

$$3\boldsymbol{\alpha}_1-3\boldsymbol{\xi}+2\boldsymbol{\alpha}_2+2\boldsymbol{\xi}=5\boldsymbol{\alpha}_3+5\boldsymbol{\xi}$$

所以
$$\boldsymbol{\xi}=\frac{1}{6}(3\boldsymbol{\alpha}_1+2\boldsymbol{\alpha}_2-5\boldsymbol{\alpha}_3)$$
$$=\frac{1}{6}[3(2,5,1,3)+2(10,1,5,10)-5(4,1,-1,1)]$$
$$=(1,2,3,4)$$

6. 将下列各题中向量 $\boldsymbol{\beta}$ 表示为其他向量的线性组合.

(1) $\boldsymbol{\beta}=(3,5,-6)$, $\boldsymbol{\alpha}_1=(1,0,1)$,
$\boldsymbol{\alpha}_2=(1,1,1)$, $\boldsymbol{\alpha}_3=(0,-1,-1)$

(2) $\boldsymbol{\beta}=(2,-1,5,1)$, $\boldsymbol{\varepsilon}_1=(1,0,0,0)$,
$\boldsymbol{\varepsilon}_2=(0,1,0,0)$, $\boldsymbol{\varepsilon}_3=(0,0,1,0)$,
$\boldsymbol{\varepsilon}_4=(0,0,0,1)$

解: (1) 设有数 k_1, k_2, k_3, 使得

$$\boldsymbol{\beta}=k_1\boldsymbol{\alpha}_1+k_2\boldsymbol{\alpha}_2+k_3\boldsymbol{\alpha}_3$$

即
$$(3,5,-6)=k_1(1,0,1)+k_2(1,1,1)+k_3(0,-1,-1)$$

由此得线性方程组

$$\begin{cases} k_1+k_2 = 3 \\ k_2-k_3=5 \\ k_1+k_2-k_3=-6 \end{cases}$$

对方程组的增广矩阵施以初等行变换：

$$(\boldsymbol{\alpha}_1^{\mathrm{T}}, \boldsymbol{\alpha}_2^{\mathrm{T}}, \boldsymbol{\alpha}_3^{\mathrm{T}} \vdots \boldsymbol{\beta}^{\mathrm{T}})=\left(\begin{array}{ccc:c} 1 & 1 & 0 & 3 \\ 0 & 1 & -1 & 5 \\ 1 & 1 & -1 & -6 \end{array}\right) \longrightarrow \left(\begin{array}{ccc:c} 1 & 1 & 0 & 3 \\ 0 & 1 & -1 & 5 \\ 0 & 0 & -1 & -9 \end{array}\right)$$

$$\longrightarrow \left(\begin{array}{ccc:c} 1 & 0 & 0 & -11 \\ 0 & 1 & 0 & 14 \\ 0 & 0 & 1 & 9 \end{array}\right)$$

可得 $k_1=-11$，$k_2=14$，$k_3=9$，所以

$$\boldsymbol{\beta}=-11\boldsymbol{\alpha}_1+14\boldsymbol{\alpha}_2+9\boldsymbol{\alpha}_3$$

(2) 设有数 k_1，k_2，k_3，k_4，使得

$$\boldsymbol{\beta}=k_1\boldsymbol{\varepsilon}_1+k_2\boldsymbol{\varepsilon}_2+k_3\boldsymbol{\varepsilon}_3+k_4\boldsymbol{\varepsilon}_4$$

即

$$(2,-1,5,1)=k_1(1,0,0,0)+k_2(0,1,0,0)+k_3(0,0,1,0)+k_4(0,0,0,1)$$

由此可得

$$(k_1,k_2,k_3,k_4)=(2,-1,5,1)$$

所以 $k_1=2$，$k_2=-1$，$k_3=5$，$k_4=1$，于是

$$\boldsymbol{\beta}=2\boldsymbol{\varepsilon}_1-\boldsymbol{\varepsilon}_2+5\boldsymbol{\varepsilon}_3+\boldsymbol{\varepsilon}_4$$

注释： 由本题可以看出，向量 $\boldsymbol{\beta}$ 是否可由向量组 $\boldsymbol{\alpha}_1$，$\boldsymbol{\alpha}_2$，…，$\boldsymbol{\alpha}_s$ 线性表示可化为线性方程组

$$k_1\boldsymbol{\alpha}_1+k_2\boldsymbol{\alpha}_2+\cdots+k_s\boldsymbol{\alpha}_s=\boldsymbol{\beta}$$

是否有解的问题.从而可利用求解线性方程组的消元法判断 $\boldsymbol{\beta}$ 是否可由 $\boldsymbol{\alpha}_1$，$\boldsymbol{\alpha}_2$，…，$\boldsymbol{\alpha}_s$ 线性表示.当 $\boldsymbol{\beta}$ 可以由 $\boldsymbol{\alpha}_1$，$\boldsymbol{\alpha}_2$，…，$\boldsymbol{\alpha}_s$ 线性表示时，可出现表示法唯一或表示法有无穷多种的情形.

当计算熟练后，可以直接对矩阵

$$(\boldsymbol{\alpha}_1, \boldsymbol{\alpha}_2, \cdots, \boldsymbol{\alpha}_s \vdots \boldsymbol{\beta})$$

施以初等行变换，以判断 $\boldsymbol{\beta}$ 是否可由 $\boldsymbol{\alpha}_1$，$\boldsymbol{\alpha}_2$，…，$\boldsymbol{\alpha}_s$ 线性表示，其中 $\boldsymbol{\alpha}_1$，$\boldsymbol{\alpha}_2$，…，$\boldsymbol{\alpha}_s$，$\boldsymbol{\beta}$ 均应为列向量.

7. 设向量 $\boldsymbol{\alpha}_1=(1,4,0,2)^{\mathrm{T}}$，$\boldsymbol{\alpha}_2=(2,7,1,3)^{\mathrm{T}}$，$\boldsymbol{\alpha}_3=(0,1,-1,a)^{\mathrm{T}}$，$\boldsymbol{\beta}=(3,10,b,4)^{\mathrm{T}}$.

(1) 当 a，b 取何值时，$\boldsymbol{\beta}$ 不能由 $\boldsymbol{\alpha}_1$，$\boldsymbol{\alpha}_2$，$\boldsymbol{\alpha}_3$ 线性表示？

(2) 当 a，b 取何值时，$\boldsymbol{\beta}$ 可由 $\boldsymbol{\alpha}_1$，$\boldsymbol{\alpha}_2$，$\boldsymbol{\alpha}_3$ 线性表示？并求出相应的表示式.

解： 设有数 k_1，k_2，k_3，使得

$$\boldsymbol{\beta}=k_1\boldsymbol{\alpha}_1+k_2\boldsymbol{\alpha}_2+k_3\boldsymbol{\alpha}_3 \tag{$*$}$$

对于矩阵 $(\boldsymbol{\alpha}_1, \boldsymbol{\alpha}_2, \boldsymbol{\alpha}_3 \vdots \boldsymbol{\beta})$ 施以初等行变换：

$$(\boldsymbol{\alpha}_1,\ \boldsymbol{\alpha}_2,\ \boldsymbol{\alpha}_3 \vdots \boldsymbol{\beta})=\left(\begin{array}{ccc:c}1&2&0&3\\4&7&1&10\\0&1&-1&b\\2&3&a&4\end{array}\right)\longrightarrow\left(\begin{array}{ccc:c}1&2&0&3\\0&-1&1&-2\\0&1&-1&b\\0&-1&a&-2\end{array}\right)$$

$$\longrightarrow\left(\begin{array}{ccc:c}1&2&0&3\\0&1&-1&2\\0&0&a-1&0\\0&0&0&b-2\end{array}\right)$$

所以，(1) 当 a 为任意实数且 $b\neq 2$ 时，线性方程组(＊)无解. 此时，$\boldsymbol{\beta}$ 不能由 $\boldsymbol{\alpha}_1$，$\boldsymbol{\alpha}_2$，$\boldsymbol{\alpha}_3$ 线性表示.

(2) 当 $a\neq 1$ 且 $b=2$ 时，线性方程组(＊)有唯一解：$k_1=-1$，$k_2=2$，$k_3=0$，于是

$$\boldsymbol{\beta}=-\boldsymbol{\alpha}_1+2\boldsymbol{\alpha}_2$$

且表示法唯一.

当 $a=1$ 且 $b=2$ 时，线性方程组(＊)有无穷多解，不难求得，其通解为

$$k_1=-2c-1,\ k_2=c+2,\ k_3=c \qquad (c\text{ 为任意常数})$$

此时，$\boldsymbol{\beta}$ 可由 $\boldsymbol{\alpha}_1$，$\boldsymbol{\alpha}_2$，$\boldsymbol{\alpha}_3$ 线性表示：

$$\boldsymbol{\beta}=-(2c+1)\boldsymbol{\alpha}_1+(c+2)\boldsymbol{\alpha}_2+c\boldsymbol{\alpha}_3$$

且表示法有无穷多种.

综上可知，当 a 为任意实数且 $b=2$ 时，$\boldsymbol{\beta}$ 可由 $\boldsymbol{\alpha}_1$，$\boldsymbol{\alpha}_2$，$\boldsymbol{\alpha}_3$ 线性表示.

8. 已知向量 $\boldsymbol{\gamma}_1$，$\boldsymbol{\gamma}_2$ 由向量 $\boldsymbol{\beta}_1$，$\boldsymbol{\beta}_2$，$\boldsymbol{\beta}_3$ 线性表示为

$$\begin{aligned}\boldsymbol{\gamma}_1&=3\boldsymbol{\beta}_1-\boldsymbol{\beta}_2+\boldsymbol{\beta}_3\\\boldsymbol{\gamma}_2&=\boldsymbol{\beta}_1+2\boldsymbol{\beta}_2+4\boldsymbol{\beta}_3\end{aligned}\qquad(1)$$

向量 $\boldsymbol{\beta}_1$，$\boldsymbol{\beta}_2$，$\boldsymbol{\beta}_3$ 由向量 $\boldsymbol{\alpha}_1$，$\boldsymbol{\alpha}_2$，$\boldsymbol{\alpha}_3$ 线性表示为

$$\begin{aligned}\boldsymbol{\beta}_1&=2\boldsymbol{\alpha}_1+\boldsymbol{\alpha}_2-5\boldsymbol{\alpha}_3\\\boldsymbol{\beta}_2&=\boldsymbol{\alpha}_1+3\boldsymbol{\alpha}_2+\boldsymbol{\alpha}_3\\\boldsymbol{\beta}_3&=-\boldsymbol{\alpha}_1+4\boldsymbol{\alpha}_2-\boldsymbol{\alpha}_3\end{aligned}\qquad(2)$$

求向量 $\boldsymbol{\gamma}_1$，$\boldsymbol{\gamma}_2$ 由向量 $\boldsymbol{\alpha}_1$，$\boldsymbol{\alpha}_2$，$\boldsymbol{\alpha}_3$ 线性表示的表示式.

解： 由已知条件，不妨设本题中向量均为列向量，则(1)、(2)可写成矩阵形式：

$$(\boldsymbol{\gamma}_1,\ \boldsymbol{\gamma}_2)=(\boldsymbol{\beta}_1,\ \boldsymbol{\beta}_2,\ \boldsymbol{\beta}_3)\begin{pmatrix}3&1\\-1&2\\1&4\end{pmatrix}$$

$$(\boldsymbol{\beta}_1,\ \boldsymbol{\beta}_2,\ \boldsymbol{\beta}_3)=(\boldsymbol{\alpha}_1,\ \boldsymbol{\alpha}_2,\ \boldsymbol{\alpha}_3)\begin{pmatrix}2&1&-1\\1&3&4\\-5&1&-1\end{pmatrix}$$

所以

$$(\boldsymbol{\gamma}_1,\ \boldsymbol{\gamma}_2)=(\boldsymbol{\alpha}_1,\ \boldsymbol{\alpha}_2,\ \boldsymbol{\alpha}_3)\begin{pmatrix}2&1&-1\\1&3&4\\-5&1&-1\end{pmatrix}\begin{pmatrix}3&1\\-1&2\\1&4\end{pmatrix}$$

$$=(\boldsymbol{\alpha}_1,\boldsymbol{\alpha}_2,\boldsymbol{\alpha}_3)\begin{pmatrix}4&0\\4&23\\-17&-7\end{pmatrix}$$

$$=(4\boldsymbol{\alpha}_1+4\boldsymbol{\alpha}_2-17\boldsymbol{\alpha}_3,\ 23\boldsymbol{\alpha}_2-7\boldsymbol{\alpha}_3)$$

于是，向量 $\boldsymbol{\gamma}_1$，$\boldsymbol{\gamma}_2$ 由向量 $\boldsymbol{\alpha}_1$，$\boldsymbol{\alpha}_2$，$\boldsymbol{\alpha}_3$ 线性表示为

$$\boldsymbol{\gamma}_1=4\boldsymbol{\alpha}_1+4\boldsymbol{\alpha}_2-17\boldsymbol{\alpha}_3$$
$$\boldsymbol{\gamma}_2=23\boldsymbol{\alpha}_2-7\boldsymbol{\alpha}_3$$

9. 已知向量组(B)：$\boldsymbol{\beta}_1$，$\boldsymbol{\beta}_2$，$\boldsymbol{\beta}_3$ 由向量组(A)：$\boldsymbol{\alpha}_1$，$\boldsymbol{\alpha}_2$，$\boldsymbol{\alpha}_3$ 线性表示为

$$\boldsymbol{\beta}_1=\boldsymbol{\alpha}_1-\boldsymbol{\alpha}_2+\boldsymbol{\alpha}_3$$
$$\boldsymbol{\beta}_2=\boldsymbol{\alpha}_1+\boldsymbol{\alpha}_2-\boldsymbol{\alpha}_3$$
$$\boldsymbol{\beta}_3=-\boldsymbol{\alpha}_1+\boldsymbol{\alpha}_2+\boldsymbol{\alpha}_3$$

试验证向量组(A) 与向量组(B) 等价.

证： 不妨设本题中的向量均为列向量，只需验证向量组(A) 也可由向量组(B) 线性表示. 由已知，有

$$(\boldsymbol{\beta}_1,\boldsymbol{\beta}_2,\boldsymbol{\beta}_3)=(\boldsymbol{\alpha}_1,\boldsymbol{\alpha}_2,\boldsymbol{\alpha}_3)\begin{pmatrix}1&1&-1\\-1&1&1\\1&-1&1\end{pmatrix}$$

所以

$$(\boldsymbol{\alpha}_1,\boldsymbol{\alpha}_2,\boldsymbol{\alpha}_3)=(\boldsymbol{\beta}_1,\boldsymbol{\beta}_2,\boldsymbol{\beta}_3)\begin{pmatrix}1&1&-1\\-1&1&1\\1&-1&1\end{pmatrix}^{-1}$$

$$=(\boldsymbol{\beta}_1,\boldsymbol{\beta}_2,\boldsymbol{\beta}_3)\begin{pmatrix}\frac{1}{2}&0&\frac{1}{2}\\\frac{1}{2}&\frac{1}{2}&0\\0&\frac{1}{2}&\frac{1}{2}\end{pmatrix}$$

$$=\left(\frac{1}{2}\boldsymbol{\beta}_1+\frac{1}{2}\boldsymbol{\beta}_2,\ \frac{1}{2}\boldsymbol{\beta}_2+\frac{1}{2}\boldsymbol{\beta}_3,\ \frac{1}{2}\boldsymbol{\beta}_1+\frac{1}{2}\boldsymbol{\beta}_3\right)$$

由此可得

$$\begin{cases}\boldsymbol{\alpha}_1=\frac{1}{2}\boldsymbol{\beta}_1+\frac{1}{2}\boldsymbol{\beta}_2\\\boldsymbol{\alpha}_2=\frac{1}{2}\boldsymbol{\beta}_2+\frac{1}{2}\boldsymbol{\beta}_3\\\boldsymbol{\alpha}_3=\frac{1}{2}\boldsymbol{\beta}_1+\frac{1}{2}\boldsymbol{\beta}_3\end{cases}$$

所以向量组(A) 与向量组(B) 等价.

注释： 第 8、9 题两题也可以用“代入”“消去”等方法求解. 这里给出的解法更强调向量间的线性表达式可以写成矩阵形式，从而可以利用矩阵方法解决有关问题.

10. 已知向量组(A) 和(B)：

(A)：$\boldsymbol{\alpha}_1=(1,0,2,3)^{\mathrm{T}}$，$\boldsymbol{\alpha}_2=(1,1,3,5)^{\mathrm{T}}$，$\boldsymbol{\alpha}_3=(1,-1,a+2,1)^{\mathrm{T}}$

(B)：$\boldsymbol{\beta}_1=(2,1,a+6,8)^{\mathrm{T}}$，$\boldsymbol{\beta}_2=(1,2,4,a+6)^{\mathrm{T}}$，

$\boldsymbol{\beta}_3=(3,a^2+1,8,a^2+12)^{\mathrm{T}}$

试问：当 a 为何值时，向量组(A) 与(B) 等价？当 a 为何值时，向量组(A) 与(B) 不等价？

解：对矩阵$(\boldsymbol{\alpha}_1,\boldsymbol{\alpha}_2,\boldsymbol{\alpha}_3 \mid \boldsymbol{\beta}_1,\boldsymbol{\beta}_2,\boldsymbol{\beta}_3)$ 施以初等行变换：

$$(\boldsymbol{\alpha}_1,\boldsymbol{\alpha}_2,\boldsymbol{\alpha}_3 \mid \boldsymbol{\beta}_1,\boldsymbol{\beta}_2,\boldsymbol{\beta}_3)=\left(\begin{array}{ccc|ccc}1&1&1&2&1&3\\0&1&-1&1&2&a^2+1\\2&3&a+2&a+6&4&8\\3&5&1&8&a+6&a^2+12\end{array}\right)$$

$$\longrightarrow\left(\begin{array}{ccc|ccc}1&1&1&2&1&3\\0&1&-1&1&2&a^2+1\\0&1&a&a+2&2&2\\0&2&-2&2&a+3&a^2+3\end{array}\right)\longrightarrow\left(\begin{array}{ccc|ccc}1&0&2&1&-1&2-a^2\\0&1&-1&1&2&a^2+1\\0&0&a+1&a+1&0&1-a^2\\0&0&0&0&a-1&1-a^2\end{array}\right)$$

由最后一个矩阵可得：

(1) 当 $a=1$ 时，有 $\mathrm{r}(\boldsymbol{\alpha}_1,\boldsymbol{\alpha}_2,\boldsymbol{\alpha}_3)=3$，且 $\mathrm{r}(\boldsymbol{\alpha}_1,\boldsymbol{\alpha}_2,\boldsymbol{\alpha}_3 \mid \boldsymbol{\beta}_i)=3(i=1,2,3)$，因此，线性方程组 $x_1\boldsymbol{\alpha}_1+x_2\boldsymbol{\alpha}_2+x_3\boldsymbol{\alpha}_3=\boldsymbol{\beta}_i(i=1,2,3)$ 有唯一解，即向量组(B) 可由(A) 线性表示.

同时，又有 $\mathrm{r}(\boldsymbol{\beta}_1,\boldsymbol{\beta}_2,\boldsymbol{\beta}_3)=3$，$\mathrm{r}(\boldsymbol{\beta}_1,\boldsymbol{\beta}_2,\boldsymbol{\beta}_3 \mid \boldsymbol{\alpha}_j)=3$. 因此，线性方程组 $y_1\boldsymbol{\beta}_1+y_2\boldsymbol{\beta}_2+y_3\boldsymbol{\beta}_3=\boldsymbol{\alpha}_j(j=1,2,3)$ 有唯一解. 即向量组(B) 亦可由(A) 线性表示，向量组(A) 与(B) 等价.

(2) 当 $a\neq 1$ 时，$\mathrm{r}(\boldsymbol{\alpha}_1,\boldsymbol{\alpha}_2,\boldsymbol{\alpha}_3)\neq\mathrm{r}(\boldsymbol{\alpha}_1,\boldsymbol{\alpha}_2,\boldsymbol{\alpha}_3 \mid \boldsymbol{\beta}_2)$；故 $\boldsymbol{\beta}_2$ 不能由向量组 $\boldsymbol{\alpha}_1,\boldsymbol{\alpha}_2,\boldsymbol{\alpha}_3$ 线性表示，向量组(A) 与(B) 不等价.

11. 判定下列向量组是线性相关还是线性无关.

(1) $\boldsymbol{\alpha}_1=(1,0,-1)$，$\boldsymbol{\alpha}_2=(-2,2,0)$，$\boldsymbol{\alpha}_3=(3,-5,2)$

(2) $\boldsymbol{\alpha}_1=(1,1,3,1)$，$\boldsymbol{\alpha}_2=(3,-1,2,4)$，$\boldsymbol{\alpha}_3=(2,2,7,-1)$

解：(1) *方法 1*　设有数 k_1,k_2,k_3，使得

$$k_1\boldsymbol{\alpha}_1+k_2\boldsymbol{\alpha}_2+k_3\boldsymbol{\alpha}_3=\mathbf{0}$$

由此得齐次线性方程组

$$\begin{cases}k_1-2k_2+3k_3=0\\ \qquad 2k_2-5k_3=0\\ -k_1\qquad +2k_3=0\end{cases}\tag{*}$$

对其系数矩阵施以初等行变换：

$$(\boldsymbol{\alpha}_1^{\mathrm{T}},\boldsymbol{\alpha}_2^{\mathrm{T}},\boldsymbol{\alpha}_3^{\mathrm{T}})=\begin{pmatrix}1&-2&3\\0&2&-5\\-1&0&2\end{pmatrix}\longrightarrow\begin{pmatrix}1&-2&3\\0&2&-5\\0&-2&5\end{pmatrix}$$

$$\longrightarrow\begin{pmatrix}1&0&-2\\0&2&-5\\0&0&0\end{pmatrix}$$

由于系数矩阵的秩为2，故方程组(＊)有非零解，可知向量组 $\boldsymbol{\alpha}_1, \boldsymbol{\alpha}_2, \boldsymbol{\alpha}_3$ 线性相关.

方法2　由 $\boldsymbol{\alpha}_1, \boldsymbol{\alpha}_2, \boldsymbol{\alpha}_3$ 构成的行列式

$$\begin{vmatrix} \boldsymbol{\alpha}_1 \\ \boldsymbol{\alpha}_2 \\ \boldsymbol{\alpha}_3 \end{vmatrix} = \begin{vmatrix} 1 & 0 & -1 \\ -2 & 2 & 0 \\ 3 & -5 & 2 \end{vmatrix} = 0$$

所以 $\boldsymbol{\alpha}_1, \boldsymbol{\alpha}_2, \boldsymbol{\alpha}_3$ 线性相关.

注释：对于给出具体分量的 n 维向量组 $\boldsymbol{\alpha}_1, \boldsymbol{\alpha}_2, \cdots, \boldsymbol{\alpha}_s$，要判断其线性相关(或线性无关)，可利用下述方法(不妨设 $\boldsymbol{\alpha}_1, \boldsymbol{\alpha}_2, \cdots, \boldsymbol{\alpha}_s$ 均为列向量)：

(ⅰ)当向量组中向量个数大于向量维数，即 $s>n$ 时，向量组 $\boldsymbol{\alpha}_1, \boldsymbol{\alpha}_2, \cdots, \boldsymbol{\alpha}_s$ 必线性相关.

(ⅱ)当向量组中向量个数等于向量维数，即 $s=n$ 时，可直接计算这 n 个向量所构成的矩阵 $\boldsymbol{A}$ 的行列式. 当 $|\boldsymbol{A}|=0$ 时，向量组线性相关；当 $|\boldsymbol{A}|\neq 0$ 时，向量组线性无关.

(ⅲ)当向量组中向量个数小于向量维数，即 $s<n$ 时，可化为线性方程组

$$k_1\boldsymbol{\alpha}_1 + k_2\boldsymbol{\alpha}_2 + \cdots + k_s\boldsymbol{\alpha}_s = \boldsymbol{0}$$

是否有非零解的问题，或直接求矩阵 $\boldsymbol{A}=(\boldsymbol{\alpha}_1, \boldsymbol{\alpha}_2, \cdots, \boldsymbol{\alpha}_s)$ 的秩. 当 $\mathrm{r}(\boldsymbol{A})<s$ 时，向量组线性相关；当 $\mathrm{r}(\boldsymbol{A})=s$ 时，向量组线性无关.

(2) 直接计算矩阵 $\boldsymbol{A}=(\boldsymbol{\alpha}_1^{\mathrm{T}}, \boldsymbol{\alpha}_2^{\mathrm{T}}, \boldsymbol{\alpha}_3^{\mathrm{T}})$ 的秩：

$$\boldsymbol{A}=(\boldsymbol{\alpha}_1^{\mathrm{T}}, \boldsymbol{\alpha}_2^{\mathrm{T}}, \boldsymbol{\alpha}_3^{\mathrm{T}}) = \begin{pmatrix} 1 & 3 & 2 \\ 1 & -1 & 2 \\ 3 & 2 & 7 \\ 1 & 4 & -1 \end{pmatrix} \longrightarrow \begin{pmatrix} 1 & 3 & 2 \\ 0 & -4 & 0 \\ 0 & -7 & 1 \\ 0 & 1 & -3 \end{pmatrix} \longrightarrow \begin{pmatrix} 1 & 3 & 2 \\ 0 & 1 & 0 \\ 0 & 0 & 1 \\ 0 & 0 & 0 \end{pmatrix}$$

由 $\mathrm{r}(\boldsymbol{A})=3$ 可知 $\boldsymbol{\alpha}_1, \boldsymbol{\alpha}_2, \boldsymbol{\alpha}_3$ 线性无关.

12. 判定下列向量组是线性相关还是线性无关(其中 $a_{ii}\neq 0, i=1, 2, \cdots, n$).

(1) $\boldsymbol{\alpha}_1=(a_{11}, 0, 0, \cdots, 0, 0)$

$\boldsymbol{\alpha}_2=(0, a_{22}, 0, \cdots, 0, 0)$

……

$\boldsymbol{\alpha}_n=(0, 0, 0, \cdots, 0, a_{nn})$

(2) $\boldsymbol{\alpha}_1=(a_{11}, a_{21}, a_{31}, \cdots, a_{n-1,1}, a_{n1})$

$\boldsymbol{\alpha}_2=(0, a_{22}, a_{32}, \cdots, a_{n-1,2}, a_{n2})$

……

$\boldsymbol{\alpha}_n=(0, 0, 0, \cdots, 0, a_{nn})$

解：本题的两个向量组均含有 n 个 n 维向量，可直接计算 $\boldsymbol{\alpha}_1, \boldsymbol{\alpha}_2, \cdots, \boldsymbol{\alpha}_n$ 所构成的行列式.

(1)

$$|\boldsymbol{A}| = \begin{vmatrix} \boldsymbol{\alpha}_1 \\ \boldsymbol{\alpha}_2 \\ \vdots \\ \boldsymbol{\alpha}_n \end{vmatrix} = \begin{vmatrix} a_{11} & 0 & 0 & \cdots & 0 & 0 \\ 0 & a_{22} & 0 & \cdots & 0 & 0 \\ \vdots & \vdots & \vdots & & \vdots & \vdots \\ 0 & 0 & 0 & \cdots & 0 & a_{nn} \end{vmatrix}$$

$$= a_{11}a_{22}\cdots a_{nn} \neq 0$$

所以 $\boldsymbol{\alpha}_1, \boldsymbol{\alpha}_2, \cdots, \boldsymbol{\alpha}_n$ 线性无关.

$$(2)\ |\boldsymbol{A}| = \begin{vmatrix} \boldsymbol{\alpha}_1 \\ \boldsymbol{\alpha}_2 \\ \vdots \\ \boldsymbol{\alpha}_n \end{vmatrix} = \begin{vmatrix} a_{11} & a_{21} & a_{31} & \cdots & a_{n-1,1} & a_{n1} \\ 0 & a_{22} & a_{32} & \cdots & a_{n-1,2} & a_{n2} \\ \vdots & \vdots & \vdots & & \vdots & \vdots \\ 0 & 0 & 0 & \cdots & 0 & a_{nn} \end{vmatrix}$$

$$= a_{11}a_{22}\cdots a_{nn} \neq 0$$

所以 $\boldsymbol{\alpha}_1, \boldsymbol{\alpha}_2, \cdots, \boldsymbol{\alpha}_n$ 线性无关.

13. 设 $\boldsymbol{\beta}_1 = 2\boldsymbol{\alpha}_1 - \boldsymbol{\alpha}_2$，$\boldsymbol{\beta}_2 = \boldsymbol{\alpha}_1 + \boldsymbol{\alpha}_2$，$\boldsymbol{\beta}_3 = -\boldsymbol{\alpha}_1 + 3\boldsymbol{\alpha}_2$. 验证 $\boldsymbol{\beta}_1, \boldsymbol{\beta}_2, \boldsymbol{\beta}_3$ 线性相关.

证： 设有数 k_1, k_2, k_3，使得

$$k_1\boldsymbol{\beta}_1 + k_2\boldsymbol{\beta}_2 + k_3\boldsymbol{\beta}_3 = \mathbf{0}$$

即

$$k_1(2\boldsymbol{\alpha}_1 - \boldsymbol{\alpha}_2) + k_2(\boldsymbol{\alpha}_1 + \boldsymbol{\alpha}_2) + k_3(-\boldsymbol{\alpha}_1 + 3\boldsymbol{\alpha}_2) = \mathbf{0}$$

化简得

$$(2k_1 + k_2 - k_3)\boldsymbol{\alpha}_1 + (-k_1 + k_2 + 3k_3)\boldsymbol{\alpha}_2 = \mathbf{0}$$

令

$$\begin{cases} 2k_1 + k_2 - k_3 = 0 \\ -k_1 + k_2 + 3k_3 = 0 \end{cases}$$

由于此线性方程组中方程个数小于未知量个数，故必有非零解，即存在不全为零的数 k_1, k_2, k_3，使得

$$k_1\boldsymbol{\beta}_1 + k_2\boldsymbol{\beta}_2 + k_3\boldsymbol{\beta}_3 = \mathbf{0}$$

所以 $\boldsymbol{\beta}_1, \boldsymbol{\beta}_2, \boldsymbol{\beta}_3$ 线性相关. 事实上，任取此线性方程组的一个解，如 $k_1 = 4$，$k_2 = -5$，$k_3 = 3$，有

$$4\boldsymbol{\beta}_1 - 5\boldsymbol{\beta}_2 + 3\boldsymbol{\beta}_3 = \mathbf{0}$$

14. 如果向量组 $\boldsymbol{\alpha}_1, \boldsymbol{\alpha}_2, \cdots, \boldsymbol{\alpha}_s$ 线性无关，试证：向量组 $\boldsymbol{\alpha}_1, \boldsymbol{\alpha}_1 + \boldsymbol{\alpha}_2, \cdots, \boldsymbol{\alpha}_1 + \boldsymbol{\alpha}_2 + \cdots + \boldsymbol{\alpha}_s$ 线性无关.

证： 设有数 $k_1, k_2, \cdots, k_s$ 使得

$$k_1\boldsymbol{\alpha}_1 + k_2(\boldsymbol{\alpha}_1 + \boldsymbol{\alpha}_2) + \cdots + k_s(\boldsymbol{\alpha}_1 + \boldsymbol{\alpha}_2 + \cdots + \boldsymbol{\alpha}_s) = \mathbf{0}$$

即

$$(k_1 + k_2 + \cdots + k_s)\boldsymbol{\alpha}_1 + (k_2 + \cdots + k_s)\boldsymbol{\alpha}_2 + \cdots + k_s\boldsymbol{\alpha}_s = \mathbf{0}$$

由于 $\boldsymbol{\alpha}_1, \boldsymbol{\alpha}_2, \cdots, \boldsymbol{\alpha}_s$ 线性无关，故必有

$$\begin{cases} k_1 + k_2 + \cdots + k_s = 0 \\ \qquad k_2 + \cdots + k_s = 0 \\ \qquad \cdots\cdots \\ \qquad\qquad\quad k_s = 0 \end{cases}$$

从而可得方程组的唯一解 $k_1 = 0$，$k_2 = 0$，$\cdots$，$k_s = 0$，即仅当 $k_1 = k_2 = \cdots = k_s = 0$ 时，才有

$$k_1\boldsymbol{\alpha}_1 + k_2(\boldsymbol{\alpha}_1 + \boldsymbol{\alpha}_2) + \cdots + k_s(\boldsymbol{\alpha}_1 + \boldsymbol{\alpha}_2 + \cdots + \boldsymbol{\alpha}_s) = \mathbf{0}$$

所以 $\boldsymbol{\alpha}_1, \boldsymbol{\alpha}_1 + \boldsymbol{\alpha}_2, \cdots, \boldsymbol{\alpha}_1 + \boldsymbol{\alpha}_2 + \cdots + \boldsymbol{\alpha}_s$ 线性无关.

15. 已知向量组 $\boldsymbol{\alpha}_1 = (k, 2, 1)$，$\boldsymbol{\alpha}_2 = (2, k, 0)$，$\boldsymbol{\alpha}_3 = (1, -1, 1)$. k 为何值时，向量

组 $\boldsymbol{\alpha}_1$，$\boldsymbol{\alpha}_2$，$\boldsymbol{\alpha}_3$ 线性相关？线性无关？

解： 行列式

$$|\boldsymbol{\alpha}_1^{\mathrm{T}},\boldsymbol{\alpha}_2^{\mathrm{T}},\boldsymbol{\alpha}_3^{\mathrm{T}}|=\begin{vmatrix}k&2&1\\2&k&-1\\1&0&1\end{vmatrix}=(k+2)(k-3)$$

由此可知，当 $k=3$ 或 $k=-2$ 时，$\boldsymbol{\alpha}_1$，$\boldsymbol{\alpha}_2$，$\boldsymbol{\alpha}_3$ 线性相关；当 $k\neq 3$ 且 $k\neq -2$ 时，$\boldsymbol{\alpha}_1$，$\boldsymbol{\alpha}_2$，$\boldsymbol{\alpha}_3$ 线性无关.

16. 设 $\boldsymbol{\alpha}_1=(6,a+1,3)$，$\boldsymbol{\alpha}_2=(a,2,-2)$，$\boldsymbol{\alpha}_3=(a,1,0)$，$\boldsymbol{\alpha}_4=(0,1,a)$. 试问：

(1) a 为何值时，$\boldsymbol{\alpha}_1$，$\boldsymbol{\alpha}_2$ 线性相关？线性无关？

(2) a 为何值时，$\boldsymbol{\alpha}_1$，$\boldsymbol{\alpha}_2$，$\boldsymbol{\alpha}_3$ 线性相关？线性无关？

(3) a 为何值时，$\boldsymbol{\alpha}_1$，$\boldsymbol{\alpha}_2$，$\boldsymbol{\alpha}_3$，$\boldsymbol{\alpha}_4$ 线性相关？线性无关？

解： (1) *方法 1*　设有数 k_1，k_2，使得

$$k_1\boldsymbol{\alpha}_1+k_2\boldsymbol{\alpha}_2=\mathbf{0}$$

由此得齐次线性方程组

$$\begin{cases}6k_1+ak_2=0\\(a+1)k_1+2k_2=0\\3k_1-2k_2=0\end{cases}$$

对其增广矩阵施以初等行变换：

$$(\boldsymbol{A}\,\vdots\,\mathbf{0})=\left(\begin{array}{cc:c}6&a&0\\a+1&2&0\\3&-2&0\end{array}\right)\longrightarrow\left(\begin{array}{cc:c}6&a&0\\0&\dfrac{-(a^2+a-12)}{6}&0\\0&-\dfrac{1}{2}a-2&0\end{array}\right)$$

由

$$\begin{cases}\dfrac{-(a^2+a-12)}{6}=0\\-\dfrac{1}{2}a-2=0\end{cases}$$

可得 $a=-4$，即当 $a=-4$ 时，$\mathrm{r}(\boldsymbol{A})<2$. 方程组有非零解 k_1，k_2，使得 $k_1\boldsymbol{\alpha}_1+k_2\boldsymbol{\alpha}_2=\mathbf{0}$. 所以向量 $\boldsymbol{\alpha}_1$，$\boldsymbol{\alpha}_2$ 线性相关. 当 $a\neq -4$ 时，$\mathrm{r}(\boldsymbol{A})=2$，方程组仅有零解. 因此，向量 $\boldsymbol{\alpha}_1$，$\boldsymbol{\alpha}_2$ 线性无关.

方法 2　由向量 $\boldsymbol{\alpha}_1$，$\boldsymbol{\alpha}_2$ 可直接构成矩阵，并求其秩.

$$\boldsymbol{A}=\begin{pmatrix}6&a+1&3\\a&2&-2\end{pmatrix}\longrightarrow\begin{pmatrix}6&a+1&3\\0&\dfrac{-(a^2+a-12)}{6}&-\dfrac{a}{2}-2\end{pmatrix}$$

由此可得 $a=-4$ 时，$\mathrm{r}(\boldsymbol{A})=1$. 因此 $\boldsymbol{A}$ 的行向量组线性相关，即 $\boldsymbol{\alpha}_1$，$\boldsymbol{\alpha}_2$ 线性相关. 当 $a\neq -4$ 时，$\mathrm{r}(\boldsymbol{A})=2$，这时 $\boldsymbol{\alpha}_1$，$\boldsymbol{\alpha}_2$ 线性无关.

(2) 要判断 $\boldsymbol{\alpha}_1$，$\boldsymbol{\alpha}_2$，$\boldsymbol{\alpha}_3$ 是否线性相关，可利用(1) 中的方法. 读者可自行练习. 下面介绍另一种解法.

由于有三个三维向量，直接由行列式

$$\begin{vmatrix} 6 & a+1 & 3 \\ a & 2 & -2 \\ a & 1 & 0 \end{vmatrix} = -(a+4)(2a-3)$$

可知：当 $a=-4$ 或 $a=\frac{3}{2}$ 时，向量组 $\boldsymbol{\alpha}_1$，$\boldsymbol{\alpha}_2$，$\boldsymbol{\alpha}_3$ 线性相关. 当 $a\neq-4$ 且 $a\neq\frac{3}{2}$ 时，向量组 $\boldsymbol{\alpha}_1$，$\boldsymbol{\alpha}_2$，$\boldsymbol{\alpha}_3$ 线性无关.

(3) 由于向量的个数大于向量的维数，所以对于任意的 a，向量组 $\boldsymbol{\alpha}_1$，$\boldsymbol{\alpha}_2$，$\boldsymbol{\alpha}_3$，$\boldsymbol{\alpha}_4$ 线性相关.

17. 下列各题给定向量组 $\boldsymbol{\alpha}_1$，$\boldsymbol{\alpha}_2$，$\boldsymbol{\alpha}_3$，$\boldsymbol{\alpha}_4$，试判定 $\boldsymbol{\alpha}_1$，$\boldsymbol{\alpha}_2$，$\boldsymbol{\alpha}_3$ 是一个极大无关组，并将 $\boldsymbol{\alpha}_4$ 由 $\boldsymbol{\alpha}_1$，$\boldsymbol{\alpha}_2$，$\boldsymbol{\alpha}_3$ 线性表示.

(1) $\boldsymbol{\alpha}_1=(1,0,0,1)$　　$\boldsymbol{\alpha}_2=(0,1,0,-1)$

$\boldsymbol{\alpha}_3=(0,0,1,-1)$　　$\boldsymbol{\alpha}_4=(2,-1,3,0)$

(2) $\boldsymbol{\alpha}_1=(1,0,1,0,1)$　　$\boldsymbol{\alpha}_2=(0,1,1,0,1)$

$\boldsymbol{\alpha}_3=(1,1,0,0,1)$　　$\boldsymbol{\alpha}_4=(-3,-2,3,0,-1)$

解：(1) 设矩阵 $\boldsymbol{A}=(\boldsymbol{\alpha}_1^{\mathrm{T}},\boldsymbol{\alpha}_2^{\mathrm{T}},\boldsymbol{\alpha}_3^{\mathrm{T}},\boldsymbol{\alpha}_4^{\mathrm{T}})$，对 $\boldsymbol{A}$ 施以初等行变换，化为简化的阶梯形矩阵：

$$\boldsymbol{A}=\begin{pmatrix} 1 & 0 & 0 & 2 \\ 0 & 1 & 0 & -1 \\ 0 & 0 & 1 & 3 \\ 1 & -1 & -1 & 0 \end{pmatrix} \longrightarrow \begin{pmatrix} 1 & 0 & 0 & 2 \\ 0 & 1 & 0 & -1 \\ 0 & 0 & 1 & 3 \\ 0 & -1 & -1 & -2 \end{pmatrix}$$

$$\longrightarrow \begin{pmatrix} 1 & 0 & 0 & 2 \\ 0 & 1 & 0 & -1 \\ 0 & 0 & 1 & 3 \\ 0 & 0 & -1 & -3 \end{pmatrix} \longrightarrow \begin{pmatrix} 1 & 0 & 0 & 2 \\ 0 & 1 & 0 & -1 \\ 0 & 0 & 1 & 3 \\ 0 & 0 & 0 & 0 \end{pmatrix}$$

由最后一个矩阵可知：$\boldsymbol{\alpha}_1$，$\boldsymbol{\alpha}_2$，$\boldsymbol{\alpha}_3$ 线性无关，且

$$\boldsymbol{\alpha}_4=2\boldsymbol{\alpha}_1-\boldsymbol{\alpha}_2+3\boldsymbol{\alpha}_3$$

因此 $\boldsymbol{\alpha}_1$，$\boldsymbol{\alpha}_2$，$\boldsymbol{\alpha}_3$ 是一个极大无关组.

(2) 设矩阵 $\boldsymbol{A}=(\boldsymbol{\alpha}_1^{\mathrm{T}},\boldsymbol{\alpha}_2^{\mathrm{T}},\boldsymbol{\alpha}_3^{\mathrm{T}},\boldsymbol{\alpha}_4^{\mathrm{T}})$，对 $\boldsymbol{A}$ 施以初等行变换，化为简化的阶梯形矩阵：

$$\boldsymbol{A}=\begin{pmatrix} 1 & 0 & 1 & -3 \\ 0 & 1 & 1 & -2 \\ 1 & 1 & 0 & 3 \\ 0 & 0 & 0 & 0 \\ 1 & 1 & 1 & -1 \end{pmatrix} \longrightarrow \begin{pmatrix} 1 & 0 & 1 & -3 \\ 0 & 1 & 1 & -2 \\ 0 & 1 & -1 & 6 \\ 0 & 1 & 0 & 2 \\ 0 & 0 & 0 & 0 \end{pmatrix}$$

$$\longrightarrow \begin{pmatrix} 1 & 0 & 1 & -3 \\ 0 & 1 & 1 & -2 \\ 0 & 0 & -2 & 8 \\ 0 & 0 & -1 & 4 \\ 0 & 0 & 0 & 0 \end{pmatrix} \longrightarrow \begin{pmatrix} 1 & 0 & 0 & 1 \\ 0 & 1 & 0 & 2 \\ 0 & 0 & 1 & -4 \\ 0 & 0 & 0 & 0 \\ 0 & 0 & 0 & 0 \end{pmatrix}$$

由最后一个矩阵可知：$\boldsymbol{\alpha}_1$，$\boldsymbol{\alpha}_2$，$\boldsymbol{\alpha}_3$ 线性无关，且

$$\boldsymbol{\alpha}_4=\boldsymbol{\alpha}_1+2\boldsymbol{\alpha}_2-4\boldsymbol{\alpha}_3$$

所以 $\boldsymbol{\alpha}_1$，$\boldsymbol{\alpha}_2$，$\boldsymbol{\alpha}_3$ 是一个极大无关组.

18. 求下列向量组的秩和一个极大无关组，并将其余向量用此极大无关组线性表示.

(1) $\boldsymbol{\alpha}_1=(1,1,3,1)$　　$\boldsymbol{\alpha}_2=(-1,1,-1,3)$

$\boldsymbol{\alpha}_3=(5,-2,8,-9)$　　$\boldsymbol{\alpha}_4(-1,3,1,7)$

(2) $\boldsymbol{\alpha}_1=(1,1,2,3)$　　$\boldsymbol{\alpha}_2=(1,-1,1,1)$

$\boldsymbol{\alpha}_3=(1,3,3,5)$　　$\boldsymbol{\alpha}_4=(4,-2,5,6)$

$\boldsymbol{\alpha}_5=(-3,-1,-5,-7)$

解：(1) 设矩阵 $\boldsymbol{A}=(\boldsymbol{\alpha}_1^{\mathrm{T}},\boldsymbol{\alpha}_2^{\mathrm{T}},\boldsymbol{\alpha}_3^{\mathrm{T}},\boldsymbol{\alpha}_4^{\mathrm{T}})$，对 $\boldsymbol{A}$ 施以初等行变换，化为简化的阶梯形矩阵：

$$\boldsymbol{A}=\begin{pmatrix}1&-1&5&-1\\1&1&-2&3\\3&-1&8&1\\1&3&-9&7\end{pmatrix}\longrightarrow\begin{pmatrix}1&-1&5&-1\\0&2&-7&4\\0&2&-7&4\\0&4&-14&8\end{pmatrix}$$

$$\longrightarrow\begin{pmatrix}1&-1&5&-1\\0&2&-7&4\\0&0&0&0\\0&0&0&0\end{pmatrix}\longrightarrow\begin{pmatrix}1&0&\frac{3}{2}&1\\0&1&-\frac{7}{2}&2\\0&0&0&0\\0&0&0&0\end{pmatrix}$$

由此可知：$\mathrm{r}(\boldsymbol{\alpha}_1,\boldsymbol{\alpha}_2,\boldsymbol{\alpha}_3,\boldsymbol{\alpha}_4)=2$，$\boldsymbol{\alpha}_1$，$\boldsymbol{\alpha}_2$ 为该向量组的一个极大无关组，且

$$\boldsymbol{\alpha}_3=\frac{3}{2}\boldsymbol{\alpha}_1-\frac{7}{2}\boldsymbol{\alpha}_2$$

$$\boldsymbol{\alpha}_4=\boldsymbol{\alpha}_1+2\boldsymbol{\alpha}_2$$

(2) 方法 1　设矩阵 $\boldsymbol{A}=(\boldsymbol{\alpha}_1^{\mathrm{T}},\boldsymbol{\alpha}_2^{\mathrm{T}},\boldsymbol{\alpha}_3^{\mathrm{T}},\boldsymbol{\alpha}_4^{\mathrm{T}},\boldsymbol{\alpha}_5^{\mathrm{T}})$，对 $\boldsymbol{A}$ 施以初等行变换，化为简化的阶梯形矩阵：

$$\boldsymbol{A}=\begin{pmatrix}1&1&1&4&-3\\1&-1&3&-2&-1\\2&1&3&5&-5\\3&1&5&6&-7\end{pmatrix}\longrightarrow\begin{pmatrix}1&1&1&4&-3\\0&-2&2&-6&2\\0&-1&1&-3&1\\0&-2&2&-6&2\end{pmatrix}$$

$$\longrightarrow\begin{pmatrix}1&1&1&4&-3\\0&1&-1&3&-1\\0&0&0&0&0\\0&0&0&0&0\end{pmatrix}\longrightarrow\begin{pmatrix}1&0&2&1&-2\\0&1&-1&3&-1\\0&0&0&0&0\\0&0&0&0&0\end{pmatrix}$$

由此可知：$\mathrm{r}(\boldsymbol{\alpha}_1,\boldsymbol{\alpha}_2,\boldsymbol{\alpha}_3,\boldsymbol{\alpha}_4,\boldsymbol{\alpha}_5)=2$，所求的极大无关组为 $\boldsymbol{\alpha}_1$，$\boldsymbol{\alpha}_2$，且

$$\boldsymbol{\alpha}_3=2\boldsymbol{\alpha}_1-\boldsymbol{\alpha}_2,\quad \boldsymbol{\alpha}_4=\boldsymbol{\alpha}_1+3\boldsymbol{\alpha}_2,\quad \boldsymbol{\alpha}_5=-2\boldsymbol{\alpha}_1-\boldsymbol{\alpha}_2$$

方法 2　将 $\boldsymbol{\alpha}_1$，$\boldsymbol{\alpha}_2$，$\boldsymbol{\alpha}_3$，$\boldsymbol{\alpha}_4$，$\boldsymbol{\alpha}_5$ 作为矩阵 $\boldsymbol{A}$ 的行向量组，对 $\boldsymbol{A}$ 仅施以初等行变换化为阶

梯形矩阵，并在矩阵右侧记录所作的初等行变换：

$$\boldsymbol{A}=\begin{pmatrix}1&1&2&3\\1&-1&1&1\\1&3&3&5\\4&-2&5&6\\-3&-1&-5&-7\end{pmatrix}\begin{matrix}\boldsymbol{\alpha}_1\\\boldsymbol{\alpha}_2\\\boldsymbol{\alpha}_3\\\boldsymbol{\alpha}_4\\\boldsymbol{\alpha}_5\end{matrix}\longrightarrow\begin{pmatrix}1&1&2&3\\0&-2&-1&-2\\0&2&1&2\\0&-6&-3&-6\\0&2&1&2\end{pmatrix}\begin{matrix}\boldsymbol{\alpha}_1\\\boldsymbol{\alpha}_2-\boldsymbol{\alpha}_1\\\boldsymbol{\alpha}_3-\boldsymbol{\alpha}_1\\\boldsymbol{\alpha}_4-4\boldsymbol{\alpha}_1\\\boldsymbol{\alpha}_5+3\boldsymbol{\alpha}_1\end{matrix}$$

$$\longrightarrow\begin{pmatrix}1&1&2&3\\0&-2&-1&-2\\0&0&0&0\\0&0&0&0\\0&0&0&0\end{pmatrix}\begin{matrix}\boldsymbol{\alpha}_1\\\boldsymbol{\alpha}_2-\boldsymbol{\alpha}_1\\\boldsymbol{\alpha}_3-\boldsymbol{\alpha}_1+(\boldsymbol{\alpha}_2-\boldsymbol{\alpha}_1)\\\boldsymbol{\alpha}_4-4\boldsymbol{\alpha}_1-3(\boldsymbol{\alpha}_2-\boldsymbol{\alpha}_1)\\\boldsymbol{\alpha}_5+3\boldsymbol{\alpha}_1+(\boldsymbol{\alpha}_2-\boldsymbol{\alpha}_1)\end{matrix}$$

由此可知：$\mathrm{r}(\boldsymbol{\alpha}_1,\boldsymbol{\alpha}_2,\boldsymbol{\alpha}_3,\boldsymbol{\alpha}_4,\boldsymbol{\alpha}_5)=2$；所求的极大无关组为 $\boldsymbol{\alpha}_1,\boldsymbol{\alpha}_2$. 由最后一个矩阵的后三行为零行，又有

$$\boldsymbol{\alpha}_3-\boldsymbol{\alpha}_1+(\boldsymbol{\alpha}_2-\boldsymbol{\alpha}_1)=\boldsymbol{0},\ \boldsymbol{\alpha}_4-4\boldsymbol{\alpha}_1-3(\boldsymbol{\alpha}_2-\boldsymbol{\alpha}_1)=\boldsymbol{0}$$

$$\boldsymbol{\alpha}_5+3\boldsymbol{\alpha}_1+(\boldsymbol{\alpha}_2-\boldsymbol{\alpha}_1)=\boldsymbol{0}$$

从而 $\boldsymbol{\alpha}_3=2\boldsymbol{\alpha}_1-\boldsymbol{\alpha}_2,\ \boldsymbol{\alpha}_4=\boldsymbol{\alpha}_1+3\boldsymbol{\alpha}_2,\ \boldsymbol{\alpha}_5=-2\boldsymbol{\alpha}_1-\boldsymbol{\alpha}_2$.

注释：一个向量组的极大无关组不是唯一的，但其极大无关组中所含线性无关的向量个数(即向量组的秩)是唯一确定的. 例如，在第18题(2)的方法1中，若将矩阵$\boldsymbol{A}$(利用初等行变换)化为简化的阶梯形矩阵：

$$\boldsymbol{A}=\begin{pmatrix}1&1&1&4&-3\\1&-1&3&-2&-1\\2&1&3&5&-5\\3&1&5&6&-7\end{pmatrix}\longrightarrow\cdots\longrightarrow\begin{pmatrix}1&2&0&7&-4\\0&-1&1&-3&1\\0&0&0&0&0\\0&0&0&0&0\end{pmatrix}$$

则 $\boldsymbol{\alpha}_1,\boldsymbol{\alpha}_3$ 为所求的极大无关组，原向量组的秩为 2，且

$$\boldsymbol{\alpha}_2=2\boldsymbol{\alpha}_1-\boldsymbol{\alpha}_3,\ \boldsymbol{\alpha}_4=7\boldsymbol{\alpha}_1-3\boldsymbol{\alpha}_3,\ \boldsymbol{\alpha}_5=-4\boldsymbol{\alpha}_1+\boldsymbol{\alpha}_3$$

19. 设 $\boldsymbol{A},\boldsymbol{B}$ 均为 $m\times n$ 矩阵，证明：$\mathrm{r}(\boldsymbol{A}+\boldsymbol{B})\leqslant\mathrm{r}(\boldsymbol{A})+\mathrm{r}(\boldsymbol{B})$.

证：将矩阵 $\boldsymbol{A},\boldsymbol{B}$ 按列分块为 $\boldsymbol{A}=(\boldsymbol{\alpha}_1,\boldsymbol{\alpha}_2,\cdots,\boldsymbol{\alpha}_n)$，$\boldsymbol{B}=(\boldsymbol{\beta}_1,\boldsymbol{\beta}_2,\cdots,\boldsymbol{\beta}_n)$，则

$$\boldsymbol{A}+\boldsymbol{B}=(\boldsymbol{\alpha}_1+\boldsymbol{\beta}_1,\boldsymbol{\alpha}_2+\boldsymbol{\beta}_2,\cdots,\boldsymbol{\alpha}_n+\boldsymbol{\beta}_n)$$

要证 $\mathrm{r}(\boldsymbol{A}+\boldsymbol{B})\leqslant\mathrm{r}(\boldsymbol{A})+\mathrm{r}(\boldsymbol{B})$，只需证明

$$\mathrm{r}(\boldsymbol{\alpha}_1+\boldsymbol{\beta}_1,\boldsymbol{\alpha}_2+\boldsymbol{\beta}_2,\cdots,\boldsymbol{\alpha}_n+\boldsymbol{\beta}_n)\leqslant\mathrm{r}(\boldsymbol{\alpha}_1,\boldsymbol{\alpha}_2,\cdots,\boldsymbol{\alpha}_n)+\mathrm{r}(\boldsymbol{\beta}_1,\boldsymbol{\beta}_2,\cdots,\boldsymbol{\beta}_n)$$

设向量组 $\boldsymbol{\alpha}_1,\boldsymbol{\alpha}_2,\cdots,\boldsymbol{\alpha}_n$ 的一个极大无关组为 $\boldsymbol{\alpha}_{i_1},\boldsymbol{\alpha}_{i_2},\cdots,\boldsymbol{\alpha}_{i_{r_1}}$；向量组 $\boldsymbol{\beta}_1,\boldsymbol{\beta}_2,\cdots,\boldsymbol{\beta}_n$ 的一个极大无关组为 $\boldsymbol{\beta}_{j_1},\boldsymbol{\beta}_{j_2},\cdots,\boldsymbol{\beta}_{j_{r_2}}$；向量组 $\boldsymbol{\alpha}_1+\boldsymbol{\beta}_1,\boldsymbol{\alpha}_2+\boldsymbol{\beta}_2,\cdots,\boldsymbol{\alpha}_n+\boldsymbol{\beta}_n$ 的一个极大无关组为 $\boldsymbol{\alpha}_{k_1}+\boldsymbol{\beta}_{k_1},\boldsymbol{\alpha}_{k_2}+\boldsymbol{\beta}_{k_2},\cdots,\boldsymbol{\alpha}_{k_{r_3}}+\boldsymbol{\beta}_{k_{r_3}}$.

根据极大无关组的定义，$\boldsymbol{\alpha}_{k_t}(1\leqslant t\leqslant r_3)$ 可由向量组 $\boldsymbol{\alpha}_{i_1},\boldsymbol{\alpha}_{i_2},\cdots,\boldsymbol{\alpha}_{i_{r_1}}$ 线性表示；$\boldsymbol{\beta}_{k_t}(1\leqslant t\leqslant r_3)$ 可由向量组 $\boldsymbol{\beta}_{j_1},\boldsymbol{\beta}_{j_2},\cdots,\boldsymbol{\beta}_{j_{r_2}}$ 线性表示. 于是 $\boldsymbol{\alpha}_{k_t}+\boldsymbol{\beta}_{k_t}$ 可由向量组 $\boldsymbol{\alpha}_{i_1},\boldsymbol{\alpha}_{i_2},\cdots,\boldsymbol{\alpha}_{i_{r_1}},\boldsymbol{\beta}_{j_1},\boldsymbol{\beta}_{j_2},\cdots,\boldsymbol{\beta}_{j_{r_2}}$ 线性表示. 于是向量组 $\boldsymbol{\alpha}_{k_1}+\boldsymbol{\beta}_{k_1},\boldsymbol{\alpha}_{k_2}+\boldsymbol{\beta}_{k_2},\cdots,\boldsymbol{\alpha}_{k_{r_3}}+\boldsymbol{\beta}_{k_{r_3}}$ 可由向量组 $\boldsymbol{\alpha}_{i_1}$，

$\boldsymbol{\alpha}_{i_2}$，…，$\boldsymbol{\alpha}_{i_{r_1}}$，$\boldsymbol{\beta}_{j_1}$，$\boldsymbol{\beta}_{j_2}$，…，$\boldsymbol{\beta}_{j_{r_2}}$ 线性表示. 因此可得 $r_3 \leqslant r_1 + r_2$，即 $\mathrm{r}(\boldsymbol{A}+\boldsymbol{B}) \leqslant \mathrm{r}(\boldsymbol{A}) + \mathrm{r}(\boldsymbol{B})$.

注释：一些习题中的结论可作为定理使用. 合理地运用这些结论有助于简化证明，提高解题能力. 常用的结论有(其中有些结论见第二章)：

(1) $\mathrm{r}(\boldsymbol{A}) = \mathrm{r}(\boldsymbol{A}^{\mathrm{T}})$

(2) $\mathrm{r}(k\boldsymbol{A}) = \mathrm{r}(\boldsymbol{A}) \quad (k \neq 0)$

(3) $\boldsymbol{A}_{m\times n}$ 的秩 $\mathrm{r}(\boldsymbol{A}) \leqslant \min\{m, n\}$，$\mathrm{r}(\boldsymbol{A}) = 0 \Leftrightarrow \boldsymbol{A} = \boldsymbol{O}$

(4) 若 $\boldsymbol{A}$ 可逆且 $\boldsymbol{AB}$，$\boldsymbol{CA}$ 可行，则 $\mathrm{r}(\boldsymbol{AB}) = \mathrm{r}(\boldsymbol{B})$，$\mathrm{r}(\boldsymbol{CA}) = \mathrm{r}(\boldsymbol{C})$.

(5) $\mathrm{r}\begin{pmatrix} \boldsymbol{A} & \boldsymbol{O} \\ \boldsymbol{O} & \boldsymbol{B} \end{pmatrix} = \mathrm{r}(\boldsymbol{A}) + \mathrm{r}(\boldsymbol{B})$

(6) $\mathrm{r}(\boldsymbol{A}+\boldsymbol{B}) \leqslant \mathrm{r}(\boldsymbol{A}) + \mathrm{r}(\boldsymbol{B})$

(7) $\max\{\mathrm{r}(\boldsymbol{A}), \mathrm{r}(\boldsymbol{B})\} \leqslant \mathrm{r}(\boldsymbol{A}, \boldsymbol{B}) \leqslant \mathrm{r}(\boldsymbol{A}) + \mathrm{r}(\boldsymbol{B})$

(8) 设 $\boldsymbol{A}$ 为 $m \times n$ 矩阵，$\boldsymbol{B}$ 为 $n \times s$ 矩阵，则

$$\mathrm{r}(\boldsymbol{A}) + \mathrm{r}(\boldsymbol{B}) - n \leqslant \mathrm{r}(\boldsymbol{AB}) \leqslant \min\{\mathrm{r}(\boldsymbol{A}), \mathrm{r}(\boldsymbol{B})\}$$

(9) 若矩阵 $\boldsymbol{A}_{m\times n}$ 和 $\boldsymbol{B}_{n\times s}$ 满足 $\boldsymbol{AB} = \boldsymbol{O}$，则 $\mathrm{r}(\boldsymbol{A}) + \mathrm{r}(\boldsymbol{B}) \leqslant n$

20. 设 $\boldsymbol{A}$ 为 n 阶矩阵，满足 $\boldsymbol{A}^2 = \boldsymbol{A}$. 试证：$\mathrm{r}(\boldsymbol{A}) + \mathrm{r}(\boldsymbol{A} - \boldsymbol{I}) = n$.

证：由 $\boldsymbol{A}^2 = \boldsymbol{A}$，可得 $\boldsymbol{A} - \boldsymbol{A}^2 = \boldsymbol{O}$，即 $\boldsymbol{A}(\boldsymbol{I} - \boldsymbol{A}) = \boldsymbol{O}$. 因此有

$$\mathrm{r}(\boldsymbol{A}) + \mathrm{r}(\boldsymbol{I} - \boldsymbol{A}) \leqslant n$$

又 $\boldsymbol{A} + (\boldsymbol{I} - \boldsymbol{A}) = \boldsymbol{I}$，所以

$$\mathrm{r}(\boldsymbol{A}) + \mathrm{r}(\boldsymbol{I} - \boldsymbol{A}) \geqslant \mathrm{r}[\boldsymbol{A} + (\boldsymbol{I} - \boldsymbol{A})] = \mathrm{r}(\boldsymbol{I}) = n$$

由此可得 $\mathrm{r}(\boldsymbol{A}) + \mathrm{r}(\boldsymbol{I} - \boldsymbol{A}) = n$. 而 $\mathrm{r}(\boldsymbol{A} - \boldsymbol{I}) = \mathrm{r}(\boldsymbol{I} - \boldsymbol{A})$. 于是

$$\mathrm{r}(\boldsymbol{A}) + \mathrm{r}(\boldsymbol{A} - \boldsymbol{I}) = n$$

21. 求下列齐次线性方程组的一个基础解系.

(1) $\begin{cases} x_1 - 2x_2 + 4x_3 - 7x_4 = 0 \\ 2x_1 + x_2 - 2x_3 + x_4 = 0 \\ 3x_1 - x_2 + 2x_3 - 4x_4 = 0 \end{cases}$

(2) $\begin{cases} x_1 - 2x_2 + x_3 - x_4 + x_5 = 0 \\ 2x_1 + x_2 - x_3 + 2x_4 - 3x_5 = 0 \\ 3x_1 - 2x_2 - x_3 + x_4 - 2x_5 = 0 \\ 2x_1 - 5x_2 + x_3 - 2x_4 + 2x_5 = 0 \end{cases}$

(3) $\begin{cases} x_1 - 2x_2 + x_3 + x_4 - x_5 = 0 \\ 2x_1 + x_2 - x_3 - x_4 + x_5 = 0 \\ x_1 + 7x_2 - 5x_3 - 5x_4 + 5x_5 = 0 \\ 3x_1 - x_2 - 2x_3 + x_4 - x_5 = 0 \end{cases}$

解：(1) 对方程组的增广矩阵施以初等行变换，化为简化的阶梯形矩阵：

$$(\boldsymbol{A} \vdots \boldsymbol{0}) = \left(\begin{array}{cccc:c} 1 & -2 & 4 & -7 & 0 \\ 2 & 1 & -2 & 1 & 0 \\ 3 & -1 & 2 & -4 & 0 \end{array}\right) \longrightarrow \left(\begin{array}{cccc:c} 1 & -2 & 4 & -7 & 0 \\ 0 & 5 & -10 & 15 & 0 \\ 0 & 5 & -10 & 17 & 0 \end{array}\right)$$

$$\longrightarrow\begin{pmatrix}1&-2&4&-7&\vdots&0\\0&1&-2&3&\vdots&0\\0&0&0&2&\vdots&0\end{pmatrix}\longrightarrow\begin{pmatrix}1&0&0&-1&\vdots&0\\0&1&-2&3&\vdots&0\\0&0&0&1&\vdots&0\end{pmatrix}$$

$$\longrightarrow\begin{pmatrix}1&0&0&0&\vdots&0\\0&1&-2&0&\vdots&0\\0&0&0&1&\vdots&0\end{pmatrix}$$

由此可得 $r(\boldsymbol{A})=3<4=$ 未知量个数. 所以方程组的基础解系中恰含一个解向量，并且原方程组的同解方程组为

$$\begin{cases}x_1=0\\x_2=2x_3\\x_4=0\end{cases}$$

令自由未知量 $x_3=1$，得方程组的一个基础解系 $\boldsymbol{\xi}_1=(0,2,1,0)^{\mathrm{T}}$.

(2) 对方程组的增广矩阵施以初等行变换，化为简化的阶梯形矩阵：

$$(\boldsymbol{A}\vdots\boldsymbol{0})=\begin{pmatrix}1&-2&1&-1&1&\vdots&0\\2&1&-1&2&-3&\vdots&0\\3&-2&-1&1&-2&\vdots&0\\2&-5&1&-2&2&\vdots&0\end{pmatrix}$$

$$\longrightarrow\begin{pmatrix}1&-2&1&-1&1&\vdots&0\\0&5&-3&4&-5&\vdots&0\\0&4&-4&4&-5&\vdots&0\\0&-1&-1&0&0&\vdots&0\end{pmatrix}\longrightarrow\begin{pmatrix}1&-2&1&-1&1&\vdots&0\\0&1&1&0&0&\vdots&0\\0&0&-8&4&-5&\vdots&0\\0&0&-8&4&-5&\vdots&0\end{pmatrix}$$

$$\longrightarrow\begin{pmatrix}1&-2&0&-\frac{1}{2}&\frac{3}{8}&\vdots&0\\0&1&0&\frac{1}{2}&-\frac{5}{8}&\vdots&0\\0&0&1&-\frac{1}{2}&\frac{5}{8}&\vdots&0\\0&0&0&0&0&\vdots&0\end{pmatrix}\longrightarrow\begin{pmatrix}1&0&0&\frac{1}{2}&-\frac{7}{8}&\vdots&0\\0&1&0&\frac{1}{2}&-\frac{5}{8}&\vdots&0\\0&0&1&-\frac{1}{2}&\frac{5}{8}&\vdots&0\\0&0&0&0&0&\vdots&0\end{pmatrix}$$

可得 $r(\boldsymbol{A})=3<5=$ 未知量个数，所以方程组的基础解系中应含两个线性无关的解向量，并且原方程组的同解方程组为

$$\begin{cases}x_1=-\frac{1}{2}x_4+\frac{7}{8}x_5\\x_2=-\frac{1}{2}x_4+\frac{5}{8}x_5\\x_3=\ \ \frac{1}{2}x_4-\frac{5}{8}x_5\end{cases}$$

其中 x_4，x_5 为自由未知量，令自由未知量 $\begin{pmatrix}x_4\\x_5\end{pmatrix}$ 分别取值 $\begin{pmatrix}1\\0\end{pmatrix}$，$\begin{pmatrix}0\\1\end{pmatrix}$，得原方程组的一个基础

解系

$$\boldsymbol{\xi}_1=\begin{pmatrix}-\frac{1}{2}\\-\frac{1}{2}\\\frac{1}{2}\\1\\0\end{pmatrix},\quad \boldsymbol{\xi}_2=\begin{pmatrix}\frac{7}{8}\\\frac{5}{8}\\-\frac{5}{8}\\0\\1\end{pmatrix}$$

注释：为了“美观”，也可以设$\begin{pmatrix}x_4\\x_5\end{pmatrix}$分别取值$\begin{pmatrix}2\\0\end{pmatrix}$，$\begin{pmatrix}0\\8\end{pmatrix}$，从而得原方程组的一个基础解系

$$\boldsymbol{\xi}_1=\begin{pmatrix}-1\\-1\\1\\2\\0\end{pmatrix},\quad \boldsymbol{\xi}_2=\begin{pmatrix}7\\5\\-5\\0\\8\end{pmatrix}$$

(3) 对方程组的系数矩阵施以初等行变换，化为简化的阶梯形矩阵：

$$\boldsymbol{A}=\begin{pmatrix}1&-2&1&1&-1\\2&1&-1&-1&1\\1&7&-5&-5&5\\3&-1&-2&1&-1\end{pmatrix}\longrightarrow\begin{pmatrix}1&-2&1&1&-1\\0&5&-3&-3&3\\0&9&-6&-6&6\\0&5&-5&-2&2\end{pmatrix}$$

$$\longrightarrow\begin{pmatrix}1&-2&1&1&-1\\0&1&-\frac{3}{5}&-\frac{3}{5}&\frac{3}{5}\\0&0&-\frac{3}{5}&-\frac{3}{5}&\frac{3}{5}\\0&0&-2&1&-1\end{pmatrix}\longrightarrow\begin{pmatrix}1&-2&1&1&-1\\0&1&-\frac{3}{5}&-\frac{3}{5}&\frac{3}{5}\\0&0&1&1&-1\\0&0&0&3&-3\end{pmatrix}$$

$$\longrightarrow\begin{pmatrix}1&0&0&0&0\\0&1&0&0&0\\0&0&1&0&0\\0&0&0&1&-1\end{pmatrix}$$

可知 $\mathrm{r}(\boldsymbol{A})=4<5=$ 未知量个数，所以方程组的基础解系中应含一个(非零) 解向量，并且原方程组的同解方程组为

$$\begin{cases}x_1=0\\x_2=0\\x_3=0\\x_4=x_5\end{cases}$$

令自由未知量 $x_5=1$，得原方程组的一个基础解系为

$$\boldsymbol{\xi}_1=(0,0,0,1,1)^{\mathrm{T}}$$

注释：齐次线性方程组的基础解系不一定是唯一的. 例如，在第 21(2) 题中，如果选取 x_2，x_5 为自由未知量，增广矩阵可继续化为

$$\left(\begin{array}{ccccc:c} 1 & -1 & 0 & 0 & -\frac{1}{4} & 0 \\ 0 & 2 & 0 & 1 & -\frac{5}{4} & 0 \\ 0 & 1 & 1 & 0 & 0 & 0 \\ 0 & 0 & 0 & 0 & 0 & 0 \end{array}\right)$$

则原方程组的同解方程组为

$$\begin{cases} x_1 = x_2 + \frac{1}{4}x_5 \\ x_3 = -x_2 \\ x_4 = -2x_2 + \frac{5}{4}x_5 \end{cases}$$

取 $\begin{pmatrix} x_2 \\ x_5 \end{pmatrix}$ 分别为 $\begin{pmatrix} 1 \\ 0 \end{pmatrix}$，$\begin{pmatrix} 0 \\ 4 \end{pmatrix}$，可得原方程组的另一基础解系

$$\boldsymbol{\eta}_1 = \begin{pmatrix} 1 \\ 1 \\ -1 \\ -2 \\ 0 \end{pmatrix}, \qquad \boldsymbol{\eta}_2 = \begin{pmatrix} 1 \\ 0 \\ 0 \\ 5 \\ 4 \end{pmatrix}$$

同一齐次线性方程组的不同的基础解系是等价的.

22. 设矩阵 $\boldsymbol{A} = (a_{ij})_{m\times n}$，$\boldsymbol{B} = (b_{ij})_{n\times s}$. 证明：$\boldsymbol{AB} = \boldsymbol{O}$ 的充分必要条件是矩阵 $\boldsymbol{B}$ 的每一列向量都是齐次方程组 $\boldsymbol{Ax} = \boldsymbol{0}$ 的解.

证：设矩阵 $\boldsymbol{B}$ 按列分块为 $\boldsymbol{B} = (\boldsymbol{B}_1, \boldsymbol{B}_2, \cdots, \boldsymbol{B}_s)$.

必要性　若 $\boldsymbol{AB} = \boldsymbol{O}$，则

$$\boldsymbol{AB} = \boldsymbol{A}(\boldsymbol{B}_1, \boldsymbol{B}_2, \cdots, \boldsymbol{B}_s) = (\boldsymbol{AB}_1, \boldsymbol{AB}_2, \cdots, \boldsymbol{AB}_s) = \boldsymbol{O}$$

所以 $\boldsymbol{AB}_j = \boldsymbol{0}\ (j = 1, 2, \cdots, s)$，即矩阵 $\boldsymbol{B}$ 的每一列向量都是齐次线性方程组 $\boldsymbol{Ax} = \boldsymbol{0}$ 的解.

充分性　若 $\boldsymbol{AB}_j = \boldsymbol{0}\quad (j = 1, 2, \cdots, s)$，则

$$\begin{aligned} \boldsymbol{AB} &= \boldsymbol{A}(\boldsymbol{B}_1, \boldsymbol{B}_2, \cdots, \boldsymbol{B}_s) = (\boldsymbol{AB}_1, \boldsymbol{AB}_2, \cdots, \boldsymbol{AB}_s) \\ &= (\boldsymbol{0}, \boldsymbol{0}, \cdots, \boldsymbol{0}) \end{aligned}$$

即 $\boldsymbol{AB} = \boldsymbol{O}$.

注释：本题的结论可作为定理直接应用.

23. 设矩阵 $\boldsymbol{A}$ 为 $m \times n$ 矩阵，$\boldsymbol{B}$ 为 n 阶矩阵. 已知 $\mathrm{r}(\boldsymbol{A}) = n$，试证：

(1) 若 $\boldsymbol{AB} = \boldsymbol{O}$，则 $\boldsymbol{B} = \boldsymbol{O}$.

(2) 若 $\boldsymbol{AB} = \boldsymbol{A}$，则 $\boldsymbol{B} = \boldsymbol{I}$.

证：(1) 若 $\boldsymbol{AB} = \boldsymbol{O}$，则矩阵 $\boldsymbol{B}$ 的每一列向量 $\boldsymbol{B}_j\,(j = 1, 2, \cdots, n)$ 都是齐次线性方程组 $\boldsymbol{Ax} = \boldsymbol{0}$ 的解.

因为 $\mathrm{r}(\boldsymbol{A}) = n$，可知方程组 $\boldsymbol{Ax} = \boldsymbol{0}$ 仅有零解，所以 $\boldsymbol{B}_j = \boldsymbol{0}\,(j = 1, 2, \cdots, n)$. 于是 $\boldsymbol{B} = (\boldsymbol{B}_1, \boldsymbol{B}_2, \cdots, \boldsymbol{B}_n) = \boldsymbol{O}$.

(2) 若 $\boldsymbol{AB}=\boldsymbol{A}$, 则 $\boldsymbol{AB}-\boldsymbol{A}=\boldsymbol{O}$, 即 $\boldsymbol{A}(\boldsymbol{B}-\boldsymbol{I})=\boldsymbol{O}$. 由本题(1)可知, 若 $\mathrm{r}(\boldsymbol{A})=n$, 必有 $\boldsymbol{B}-\boldsymbol{I}=\boldsymbol{O}$, 即 $\boldsymbol{B}=\boldsymbol{I}$.

24. 求下列线性方程组的全部解，并用对应导出组的基础解系表示.

(1) $\begin{cases} 2x_1-x_2+x_3-x_4=0 \\ 2x_1-x_2-3x_4=0 \\ x_2+3x_3-6x_4=0 \\ 2x_1-2x_2-2x_3+5x_4=0 \end{cases}$

(2) $\begin{cases} x_1+x_2+x_3+x_4+x_5=7 \\ 3x_1+2x_2+x_3+x_4-3x_5=-2 \\ x_2+2x_3+2x_4+6x_5=23 \\ 5x_1+4x_2-3x_3+3x_4-x_5=12 \end{cases}$

(3) $\begin{cases} x_1+3x_2+5x_3-4x_4=1 \\ x_1+3x_2+2x_3-2x_4+x_5=-1 \\ x_1-2x_2+x_3-x_4-x_5=3 \\ x_1-4x_2+x_3+x_4-x_5=3 \\ x_1+2x_2+x_3-x_4+x_5=-1 \end{cases}$

解: (1) 这是一个齐次线性方程组，对其系数矩阵 $\boldsymbol{A}$ 施以初等行变换化为简化的阶梯形矩阵：

$$\boldsymbol{A}=\begin{pmatrix} 2 & -1 & 1 & -1 \\ 2 & -1 & 0 & -3 \\ 0 & 1 & 3 & -6 \\ 2 & -2 & -2 & 5 \end{pmatrix} \longrightarrow \begin{pmatrix} 2 & -1 & 1 & -1 \\ 0 & 0 & -1 & -2 \\ 0 & 1 & 3 & -6 \\ 0 & -1 & -3 & 6 \end{pmatrix}$$

$$\longrightarrow \begin{pmatrix} 2 & -1 & 1 & -1 \\ 0 & 1 & 3 & -6 \\ 0 & 0 & 1 & 2 \\ 0 & 0 & 0 & 0 \end{pmatrix} \longrightarrow \begin{pmatrix} 1 & 0 & 0 & -\frac{15}{2} \\ 0 & 1 & 0 & -12 \\ 0 & 0 & 1 & 2 \\ 0 & 0 & 0 & 0 \end{pmatrix}$$

由此可得 $\mathrm{r}(\boldsymbol{A})=3$，并且原方程组的同解方程组为

$$\begin{cases} x_1=\frac{15}{2}x_4 \\ x_2=12x_4 \\ x_3=-2x_4 \end{cases}$$

令自由未知量 $x_4=2$，得原方程组的一个基础解系

$$\boldsymbol{\xi}=(15,24,-4,2)^{\mathrm{T}}$$

原方程组的全部解(通解)为

$$\boldsymbol{x}=c\boldsymbol{\xi}=c(15,24,-4,2)^{\mathrm{T}} \quad (c \text{ 为任意常数})$$

(2) 对方程组的增广矩阵施以初等行变换，化为简化的阶梯形矩阵：

$$(\boldsymbol{A} \vdots \boldsymbol{b})=\left(\begin{array}{ccccc:c}1&1&1&1&1&7\\3&2&1&1&-3&-2\\0&1&2&2&6&23\\5&4&-3&3&-1&12\end{array}\right)$$

$$\longrightarrow\left(\begin{array}{ccccc:c}1&1&1&1&1&7\\0&-1&-2&-2&-6&-23\\0&1&2&2&6&23\\0&-1&-8&-2&-6&-23\end{array}\right)$$

$$\longrightarrow\left(\begin{array}{ccccc:c}1&1&1&1&1&7\\0&1&2&2&6&23\\0&0&-6&0&0&0\\0&0&0&0&0&0\end{array}\right)\longrightarrow\left(\begin{array}{ccccc:c}1&0&0&-1&-5&-16\\0&1&0&2&6&23\\0&0&1&0&0&0\\0&0&0&0&0&0\end{array}\right)$$

由此可得 $\mathrm{r}(\boldsymbol{A})=\mathrm{r}(\boldsymbol{A} \vdots \boldsymbol{b})=3$，且原方程组的同解方程组为

$$\begin{cases}x_1=-16+x_4+5x_5\\x_2=23-2x_4-6x_5\\x_3=0\end{cases}$$

令自由未知量 $x_4=x_5=0$，得原方程组的一个特解

$$\boldsymbol{\eta}=(-16,\ 23,\ 0,\ 0,\ 0)^{\mathrm{T}}$$

原方程组的导出组同解于齐次线性方程组

$$\begin{cases}x_1=x_4+5x_5\\x_2=-2x_4-6x_5\\x_3=0\end{cases}$$

令自由未知量 $\begin{pmatrix}x_4\\x_5\end{pmatrix}$ 分别取 $\begin{pmatrix}1\\0\end{pmatrix}$ 和 $\begin{pmatrix}0\\1\end{pmatrix}$，得导出组的一个基础解系

$$\boldsymbol{\xi}_1=(1,\ -2,\ 0,\ 1,\ 0)^{\mathrm{T}},\ \boldsymbol{\xi}_2=(5,\ -6,\ 0,\ 0,\ 1)^{\mathrm{T}}$$

于是，原方程组的通解(全部解)为

$$\begin{aligned}\boldsymbol{x}&=\boldsymbol{\eta}+c_1\boldsymbol{\xi}_1+c_2\boldsymbol{\xi}_2\\&=(-16,\ 23,\ 0,\ 0,\ 0)^{\mathrm{T}}+c_1(1,\ -2,\ 0,\ 1,\ 0)^{\mathrm{T}}\\&\quad+c_2(5,\ -6,\ 0,\ 0,\ 1)^{\mathrm{T}}\end{aligned}$$

其中 c_1，c_2 为任意常数.

(3) 对方程组的增广矩阵施以初等行变换，化为简化的阶梯形矩阵：

$$(\boldsymbol{A} \vdots \boldsymbol{b})=\left(\begin{array}{ccccc:c}1&3&5&-4&0&1\\1&3&2&-2&1&-1\\1&-2&1&-1&-1&3\\1&-4&1&1&-1&3\\1&2&1&-1&1&-1\end{array}\right)\longrightarrow\left(\begin{array}{ccccc:c}1&3&5&-4&0&1\\0&0&-3&2&1&-2\\0&-5&-4&3&-1&2\\0&-7&-4&5&-1&2\\0&-1&-4&3&1&-2\end{array}\right)$$

$$\longrightarrow\left(\begin{array}{ccccc:c}1&3&5&-4&0&1\\0&1&4&-3&-1&2\\0&0&16&-12&-6&12\\0&0&24&-16&-8&16\\0&0&-3&2&1&-2\end{array}\right)\longrightarrow\left(\begin{array}{ccccc:c}1&3&5&-4&0&1\\0&1&4&-3&-1&2\\0&0&1&-\frac{3}{4}&-\frac{3}{8}&\frac{3}{4}\\0&0&0&2&1&-2\\0&0&0&-\frac{1}{4}&-\frac{1}{8}&\frac{1}{4}\end{array}\right)$$

$$\longrightarrow\left(\begin{array}{ccccc:c}1&3&5&0&2&-3\\0&1&4&0&\frac{1}{2}&-1\\0&0&1&0&0&0\\0&0&0&1&\frac{1}{2}&-1\\0&0&0&0&0&0\end{array}\right)\longrightarrow\left(\begin{array}{ccccc:c}1&0&0&0&\frac{1}{2}&0\\0&1&0&0&\frac{1}{2}&-1\\0&0&1&0&0&0\\0&0&0&1&\frac{1}{2}&-1\\0&0&0&0&0&0\end{array}\right)$$

由此可得 $\mathrm{r}(\boldsymbol{A})=\mathrm{r}(\boldsymbol{A}\,\vdots\,\boldsymbol{b})=4$，并且原方程组的同解方程组为

$$\begin{cases}x_1=-\frac{1}{2}x_5\\x_2=-1-\frac{1}{2}x_5\\x_3=0\\x_4=-1-\frac{1}{2}x_5\end{cases}$$

令 $x_5=0$，得原方程组的一个特解

$$\boldsymbol{\eta}=(0,-1,0,-1,0)^{\mathrm{T}}$$

原方程组的导出组同解于齐次线性方程组

$$\begin{cases}x_1=-\frac{1}{2}x_5\\x_2=-\frac{1}{2}x_5\\x_3=0\\x_4=-\frac{1}{2}x_5\end{cases}$$

令自由未知量 $x_5=2$，得导出组的一个基础解系

$$\boldsymbol{\xi}=(-1,-1,0,-1,2)^{\mathrm{T}}$$

于是，原方程组的全部解为

$$\begin{aligned}\boldsymbol{x}&=\boldsymbol{\eta}+c\boldsymbol{\xi}\\&=(0,-1,0,-1,0)^{\mathrm{T}}+c(-1,-1,0,-1,2)^{\mathrm{T}}\end{aligned}$$

其中 c 为任意常数.

25. 设线性方程组

$$\begin{cases}\lambda x_1+x_2+x_3=\lambda-3\\x_1+\lambda x_2+x_3=-2\\x_1+x_2+\lambda x_3=-2\end{cases}$$

λ 取何值时，方程组无解？有唯一解？有无穷多解？在方程组有无穷多解时，试用其导出组的基础解系表示其全部解.

解：对方程组的增广矩阵施以初等行变换：

$$(\boldsymbol{A} \vdots \boldsymbol{b})=\begin{pmatrix}\lambda & 1 & 1 & \vdots & \lambda-3\\ 1 & \lambda & 1 & \vdots & -2\\ 1 & 1 & \lambda & \vdots & -2\end{pmatrix}$$

$$\longrightarrow\begin{pmatrix}1 & 1 & \lambda & \vdots & -2\\ 0 & \lambda-1 & 1-\lambda & \vdots & 0\\ 0 & 1-\lambda & 1-\lambda^2 & \vdots & 3(\lambda-1)\end{pmatrix}$$

$$\longrightarrow\begin{pmatrix}1 & 1 & \lambda & \vdots & -2\\ 0 & \lambda-1 & 1-\lambda & \vdots & 0\\ 0 & 0 & -(\lambda+2)(\lambda-1) & \vdots & 3(\lambda-1)\end{pmatrix}$$

由最后一个矩阵，有

(1) 当 $\lambda=-2$ 时，$\mathrm{r}(\boldsymbol{A})=2$，$\mathrm{r}(\boldsymbol{A} \vdots \boldsymbol{b})=3$，原方程组无解.

(2) 当 $\lambda\neq-2$ 且 $\lambda\neq1$ 时，$\mathrm{r}(\boldsymbol{A})=\mathrm{r}(\boldsymbol{A} \vdots \boldsymbol{b})=3$，原方程组有唯一解.

(3) 当 $\lambda=1$ 时，上面最后一个矩阵化为

$$\begin{pmatrix}1 & 1 & 1 & \vdots & -2\\ 0 & 0 & 0 & \vdots & 0\\ 0 & 0 & 0 & \vdots & 0\end{pmatrix}$$

于是 $\mathrm{r}(\boldsymbol{A})=\mathrm{r}(\boldsymbol{A} \vdots \boldsymbol{b})=1$，方程组有无穷多解，其同解方程组为

$$x_1+x_2+x_3=-2$$

取自由未知量 $x_2=x_3=0$，得原方程组的一个特解 $\boldsymbol{\eta}=(-2, 0, 0)^{\mathrm{T}}$. 原方程组的导出组与方程组

$$x_1+x_2+x_3=0$$

同解. 取自由未知量 $\begin{pmatrix}x_2\\ x_3\end{pmatrix}$ 分别为 $\begin{pmatrix}1\\ 0\end{pmatrix}$，$\begin{pmatrix}0\\ 1\end{pmatrix}$，得导出组的基础解系

$$\boldsymbol{\xi}_1=(-1, 1, 0)^{\mathrm{T}}, \quad \boldsymbol{\xi}_2=(-1, 0, 1)^{\mathrm{T}}$$

则原方程组的全部解为

$$\begin{aligned}\boldsymbol{x}&=\boldsymbol{\eta}+c_1\boldsymbol{\xi}_1+c_2\boldsymbol{\xi}_2\\ &=\begin{pmatrix}-2\\ 0\\ 0\end{pmatrix}+c_1\begin{pmatrix}-1\\ 1\\ 0\end{pmatrix}+c_2\begin{pmatrix}-1\\ 0\\ 1\end{pmatrix} \quad (c_1, c_2 \text{ 为任意常数})\end{aligned}$$

26. 证明线性方程组

$$\begin{cases}x_1-x_2=a_1\\ x_2-x_3=a_2\\ x_3-x_4=a_3\\ x_4-x_5=a_4\\ x_5-x_1=a_5\end{cases}$$

有解的充分必要条件是 $a_1+a_2+a_3+a_4+a_5=0$，并在有解的情况下，求它的全部解.

证：对方程组的增广矩阵施以初等行变换化为阶梯形矩阵：

$$(\boldsymbol{A} \mid \boldsymbol{b})=\left(\begin{array}{ccccc:c}1 & -1 & 0 & 0 & 0 & a_1\\0 & 1 & -1 & 0 & 0 & a_2\\0 & 0 & 1 & -1 & 0 & a_3\\0 & 0 & 0 & 1 & -1 & a_4\\-1 & 0 & 0 & 0 & 1 & a_5\end{array}\right)\quad \text{(第一行至第四行均加到第五行上)}$$

$$\longrightarrow\left(\begin{array}{ccccc:c}1 & -1 & 0 & 0 & 0 & a_1\\0 & 1 & -1 & 0 & 0 & a_2\\0 & 0 & 1 & -1 & 0 & a_3\\0 & 0 & 0 & 1 & -1 & a_4\\0 & 0 & 0 & 0 & 0 & \sum_{i=1}^{5} a_i\end{array}\right)$$

线性方程组有解的充分必要条件是 $\mathrm{r}(\boldsymbol{A})=\mathrm{r}(\boldsymbol{A} \mid \boldsymbol{b})$，由上面的最后一个矩阵可知，$\mathrm{r}(\boldsymbol{A})=\mathrm{r}(\boldsymbol{A} \mid \boldsymbol{b})=4$ 的充分必要条件是 $\sum_{i=1}^{5} a_i=a_1+a_2+a_3+a_4+a_5=0$.

对上面最后一个矩阵继续施以初等行变换，化为简化的阶梯形矩阵：当 $\sum_{i=1}^{5} a_i=0$ 时，可得

$$\longrightarrow\left(\begin{array}{ccccc:c}1 & 0 & 0 & 0 & -1 & a_1+a_2+a_3+a_4\\0 & 1 & 0 & 0 & -1 & a_2+a_3+a_4\\0 & 0 & 1 & 0 & -1 & a_3+a_4\\0 & 0 & 0 & 1 & -1 & a_4\\0 & 0 & 0 & 0 & 0 & 0\end{array}\right)$$

由此可知，原方程组的同解方程组为

$$\begin{cases}x_1=a_1+a_2+a_3+a_4+x_5=-a_5+x_5\\x_2=a_2+a_3+a_4+x_5\\x_3=a_3+a_4+x_5\\x_4=a_4+x_5\end{cases}$$

令 $x_5=c$，可得方程组的一般解

$$\begin{cases}x_1=c-a_5\\x_2=c+a_2+a_3+a_4\\x_3=c+a_3+a_4\\x_4=c+a_4\\x_5=c\end{cases}\quad (c\text{ 为任意常数})$$

27. 设线性方程组

$$\begin{cases} x_1+x_2+x_3=0 \\ x_1+2x_2+ax_3=0 \\ x_1+4x_2+a^2x_3=0 \end{cases} \qquad ①$$

与方程

$$x_1+2x_2+x_3=a-1 \qquad ②$$

有公共解，求 a 的值及所有公共解.

解：由已知条件，方程组 ① 和 ② 有公共解，即方程组

$$\begin{cases} x_1+x_2+x_3=0 \\ x_1+2x_2+ax_3=0 \\ x_1+4x_2+a^2x_3=0 \\ x_1+2x_2+x_3=a-1 \end{cases} \qquad ③$$

有解，对方程组 ③ 的增广矩阵$(\boldsymbol{A} \vdots \boldsymbol{b})$施以初等行变换，有

$$(\boldsymbol{A} \vdots \boldsymbol{b})=\begin{pmatrix} 1 & 1 & 1 & \vdots & 0 \\ 1 & 2 & a & \vdots & 0 \\ 1 & 4 & a^2 & \vdots & 0 \\ 1 & 2 & 1 & \vdots & a-1 \end{pmatrix} \longrightarrow \begin{pmatrix} 1 & 1 & 1 & \vdots & 0 \\ 0 & 1 & a-1 & \vdots & 0 \\ 0 & 3 & a^2-1 & \vdots & 0 \\ 0 & 1 & 0 & \vdots & a-1 \end{pmatrix}$$

$$\longrightarrow \begin{pmatrix} 1 & 1 & 1 & \vdots & 0 \\ 0 & 1 & 0 & \vdots & a-1 \\ 0 & 0 & a-1 & \vdots & 1-a \\ 0 & 0 & a^2-1 & \vdots & -3(a-1) \end{pmatrix}$$

$$\longrightarrow \begin{pmatrix} 1 & 0 & 1 & \vdots & 1-a \\ 0 & 1 & 0 & \vdots & a-1 \\ 0 & 0 & a-1 & \vdots & 1-a \\ 0 & 0 & 0 & \vdots & (a-1)(a-2) \end{pmatrix} \qquad (*)$$

因方程组 ③ 有解，可知 $\mathrm{r}(\boldsymbol{A})=\mathrm{r}(\boldsymbol{A} \vdots \boldsymbol{b})$，故必有$(a-1)(a-2)=0$，得$a=1$或 $a=2$.

当 $a=1$ 时，矩阵$(*)$化为

$$\begin{pmatrix} 1 & 0 & 1 & \vdots & 0 \\ 0 & 1 & 0 & \vdots & 0 \\ 0 & 0 & 0 & \vdots & 0 \\ 0 & 0 & 0 & \vdots & 0 \end{pmatrix}$$

由此可得方程组 ③ 的基础解系 $\boldsymbol{\xi}=(-1,0,1)^{\mathrm{T}}$. 故方程组 ① 与 ② 的所有公共解为

$$\boldsymbol{x}=k\boldsymbol{\xi}=k(-1,0,1)^{\mathrm{T}} \quad (k \text{ 为任意常数})$$

当 $a=2$ 时，矩阵$(*)$化为

$$\begin{pmatrix} 1 & 0 & 1 & -1 \\ 0 & 1 & 0 & 1 \\ 0 & 0 & 1 & -1 \\ 0 & 0 & 0 & 0 \end{pmatrix} \longrightarrow \begin{pmatrix} 1 & 0 & 0 & \vdots & 0 \\ 0 & 1 & 0 & \vdots & 1 \\ 0 & 0 & 1 & \vdots & -1 \\ 0 & 0 & 0 & \vdots & 0 \end{pmatrix}$$

由此可得方程组 ③ 的唯一解 $\boldsymbol{x}=(0,1,-1)^{\mathrm{T}}$. 故方程组 ① 与 ② 的公共解为

$$\boldsymbol{x}=(0,1,-1)^{\mathrm{T}}$$

28. 证明：设 $\boldsymbol{\eta}_1, \boldsymbol{\eta}_2, \cdots, \boldsymbol{\eta}_t$ 是某一非齐次线性方程组的解，则 $c_1\boldsymbol{\eta}_1+c_2\boldsymbol{\eta}_2+\cdots+c_t\boldsymbol{\eta}_t$ 也是它的一个解，其中 $c_1+c_2+\cdots+c_t=1$.

证： 设 $\boldsymbol{\eta}_1, \boldsymbol{\eta}_2, \cdots, \boldsymbol{\eta}_t$ 是非齐次线性方程组 $\boldsymbol{A}\boldsymbol{x}=\boldsymbol{b}$ 的解，则 $\boldsymbol{A}\boldsymbol{\eta}_i=\boldsymbol{b}\ (i=1, 2, \cdots, t)$，所以

$$\begin{aligned}&\boldsymbol{A}(c_1\boldsymbol{\eta}_1+c_2\boldsymbol{\eta}_2+\cdots+c_t\boldsymbol{\eta}_t)\\=&c_1\boldsymbol{A}\boldsymbol{\eta}_1+c_2\boldsymbol{A}\boldsymbol{\eta}_2+\cdots+c_t\boldsymbol{A}\boldsymbol{\eta}_t\\=&(c_1+c_2+\cdots+c_t)\boldsymbol{b}\\=&\boldsymbol{b}\end{aligned}$$

即 $c_1\boldsymbol{\eta}_1+c_2\boldsymbol{\eta}_2+\cdots+c_t\boldsymbol{\eta}_t$ 也是 $\boldsymbol{A}\boldsymbol{x}=\boldsymbol{b}$ 的一个解.

※**29.** 已知某经济系统在一个生产周期内产品的生产与分配如表 3—1(教材中表 3—4)所示(货币单位).

表 3—1(教材中表 3—4)

部门间流量 消耗部门 / 生产部门	1	2	3	最终产品	总产品
1	100	25	30	y_1	400
2	80	50	30	y_2	250
3	40	25	60	y_3	300

(1) 求各部门最终产品 y_1, y_2, y_3.

(2) 求各部门新创造的价值 z_1, z_2, z_3.

(3) 求直接消耗系数矩阵.

解：(1) 由产品分配平衡方程组(按表 3—1 的每一行)，有

$$x_i=\sum_{j=1}^{3}x_{ij}+y_i \quad (i=1, 2, 3)$$

所以，$y_i=x_i-\sum\limits_{j=1}^{3}x_{ij} \quad (i=1, 2, 3)$，即

$$\begin{aligned}y_1&=400-(100+25+30)=245\\y_2&=250-(80+50+30)=90\\y_3&=300-(40+25+60)=175\end{aligned}$$

(2) 由产值构成平衡方程组(按表 3—1 的每一列)，有

$$x_j=\sum_{i=1}^{3}x_{ij}+z_j \quad (j=1, 2, 3)$$

所以，$z_j=x_j-\sum\limits_{i=1}^{3}x_{ij} \quad (j=1, 2, 3)$，即

$$\begin{aligned}z_1&=400-(100+80+40)=180\\z_2&=250-(25+50+25)=150\\z_3&=300-(30+30+60)=180\end{aligned}$$

(3) 由 $a_{ij}=\dfrac{x_{ij}}{x_j}\ (i, j=1, 2, 3)$ 可得直接消耗系数矩阵

$$\boldsymbol{A}=(a_{ij})_{3\times 3}=\begin{pmatrix}0.25 & 0.10 & 0.10\\0.20 & 0.20 & 0.10\\0.10 & 0.10 & 0.20\end{pmatrix}$$

※**30.** 已知某经济系统在一个生产周期内直接消耗系数及最终产品如表 3—2(教材中表 3—5) 所示(货币单位).

(1) 求各部门总产品 x_1，x_2，x_3.

(2) 列出平衡表，即再求出 $x_{ij}(i, j=1, 2, 3)$ 及 $z_j(j=1, 2, 3)$.

表 3—2(教材中表 3—5)

直接消耗系数 消耗部门 / 生产部门	1	2	3	最终产品	总产品
1	0.2	0.1	0.2	75	x_1
2	0.1	0.2	0.2	120	x_2
3	0.1	0.1	0.1	225	x_3

解: (1) 由表 3—2，可得直接消耗系数矩阵

$$\boldsymbol{A}=\begin{pmatrix}0.2 & 0.1 & 0.2\\0.1 & 0.2 & 0.2\\0.1 & 0.1 & 0.1\end{pmatrix}$$

由产品分配平衡方程组 $(\boldsymbol{I}-\boldsymbol{A})\boldsymbol{x}=\boldsymbol{y}$，有

$$\boldsymbol{x}=(\boldsymbol{I}-\boldsymbol{A})^{-1}\boldsymbol{y}$$

其中 $\boldsymbol{x}=(x_1, x_2, x_3)^{\mathrm{T}}$，$\boldsymbol{y}=(75, 120, 225)^{\mathrm{T}}$.

$$|\boldsymbol{I}-\boldsymbol{A}|=0.531\neq 0$$

所以

$$\boldsymbol{x}=\begin{pmatrix}x_1\\x_2\\x_3\end{pmatrix}=\begin{pmatrix}0.8 & -0.1 & -0.2\\-0.1 & 0.8 & -0.2\\-0.1 & -0.1 & 0.9\end{pmatrix}^{-1}\begin{pmatrix}75\\120\\225\end{pmatrix}$$

$$=\frac{1}{0.531}\begin{pmatrix}0.7 & 0.11 & 0.18\\0.11 & 0.7 & 0.18\\0.09 & 0.09 & 0.63\end{pmatrix}\begin{pmatrix}75\\120\\225\end{pmatrix}$$

$$=\begin{pmatrix}200\\250\\300\end{pmatrix}$$

即 $x_1=200$，$x_2=250$，$x_3=300$.

(2) 由 $x_{ij}=a_{ij}x_j(i, j=1, 2, 3)$，可得

$$x_{11}=40,\quad x_{12}=25,\quad x_{13}=60$$

$$x_{21}=20,\quad x_{22}=50,\quad x_{23}=60$$

$$x_{31}=20,\quad x_{32}=25,\quad x_{33}=30$$

利用产值构成平衡方程组，有

$$x_j = \sum_{i=1}^{3} x_{ij} + z_j \quad (j = 1, 2, 3)$$

得

$$z_j = x_j - \sum_{i=1}^{3} x_{ij} \quad (j = 1, 2, 3)$$

即

$$z_1 = 200 - (40 + 20 + 20) = 120$$

$$z_2 = 250 - (25 + 50 + 25) = 150$$

$$z_3 = 300 - (60 + 60 + 30) = 150$$

※**31.** 一个包括三个部门的经济系统，已知报告期直接消耗系数矩阵为

$$\boldsymbol{A} = \begin{pmatrix} 0.2 & 0.2 & 0.3125 \\ 0.14 & 0.15 & 0.25 \\ 0.16 & 0.5 & 0.1875 \end{pmatrix}$$

(1) 如计划期最终产品为 $\boldsymbol{y} = \begin{pmatrix} 60 \\ 55 \\ 120 \end{pmatrix}$，求计划期的各部门总产品 $\boldsymbol{x}$.

(2) 如计划期最终产品改为 $\boldsymbol{y} = \begin{pmatrix} 70 \\ 55 \\ 120 \end{pmatrix}$，求计划期各部门的总产品 $\boldsymbol{x}$.

解：(1) 由产品分配平衡方程组，有

$$\boldsymbol{x} = (\boldsymbol{I} - \boldsymbol{A})^{-1} \boldsymbol{y}$$

而

$$\boldsymbol{I} - \boldsymbol{A} = \begin{pmatrix} 0.8 & -0.2 & -0.3125 \\ -0.14 & 0.85 & -0.25 \\ -0.16 & -0.5 & 0.8125 \end{pmatrix}, \quad |\boldsymbol{I} - \boldsymbol{A}| = 0.357375$$

$$(\boldsymbol{I} - \boldsymbol{A})^* = \begin{pmatrix} 0.565625 & 0.31875 & 0.315625 \\ 0.15375 & 0.6 & 0.24375 \\ 0.206 & 0.432 & 0.652 \end{pmatrix}$$

所以

$$\boldsymbol{x} = \frac{1}{0.357375} \begin{pmatrix} 0.565625 & 0.31875 & 0.315625 \\ 0.15375 & 0.6 & 0.24375 \\ 0.206 & 0.432 & 0.652 \end{pmatrix} \begin{pmatrix} 60 \\ 55 \\ 120 \end{pmatrix}$$

$$= \begin{pmatrix} 250 \\ 200 \\ 320 \end{pmatrix}$$

(2) 当 $\boldsymbol{y} = (70, 55, 120)^{\mathrm{T}}$ 时，类似(1)，有

$$\boldsymbol{x} = (\boldsymbol{I} - \boldsymbol{A})^{-1} \boldsymbol{y} = \begin{pmatrix} 265.8272 \\ 204.3022 \\ 325.7643 \end{pmatrix}$$

(B)

1. 如果线性方程组

$$\begin{cases} x_1 + x_2 + x_3 = \lambda - 1 \\ 2x_2 - x_3 = \lambda - 2 \\ x_3 = \lambda - 3 \\ (\lambda - 1)x_3 = -(\lambda - 3)(\lambda - 1) \end{cases}$$

有唯一解，则 $\lambda =$ [　　].

(A) 1 或 2　　(B) -1 或 3　　(C) 1 或 3　　(D) -1 或 -3

解: 对方程组的增广矩阵施以初等行变换，化为阶梯形矩阵：

$$(\boldsymbol{A} \vdots \boldsymbol{b}) = \left(\begin{array}{ccc:c} 1 & 1 & 1 & \lambda - 1 \\ 0 & 2 & -1 & \lambda - 2 \\ 0 & 0 & 1 & \lambda - 3 \\ 0 & 0 & \lambda - 1 & -(\lambda - 3)(\lambda - 1) \end{array}\right)$$

$$\longrightarrow \left(\begin{array}{ccc:c} 1 & 1 & 1 & \lambda - 1 \\ 0 & 2 & -1 & \lambda - 2 \\ 0 & 0 & 1 & \lambda - 3 \\ 0 & 0 & 0 & -2(\lambda - 3)(\lambda - 1) \end{array}\right)$$

若线性方程组有唯一解，则 $r(\boldsymbol{A}) = r(\boldsymbol{A} \vdots \boldsymbol{b}) = 3$.

由此可得 $-2(\lambda - 3)(\lambda - 1) = 0$. 于是 $\lambda = 1$ 或 3. 故本题应选(C).

2. 如果线性方程组

$$\begin{cases} x_1 + 2x_2 - x_3 = \lambda - 1 \\ 3x_2 - x_3 = \lambda - 2 \\ \lambda x_2 - x_3 = (\lambda - 3)(\lambda - 4) + (\lambda - 2) \end{cases}$$

有无穷多解，则 $\lambda =$ [　　].

(A) 3　　(B) 2　　(C) 1　　(D) 0

解: 线性方程组 $\boldsymbol{Ax} = \boldsymbol{b}$ 有无穷多解，则必有 $r(\boldsymbol{A}) = r(\boldsymbol{A} \vdots \boldsymbol{b}) < 3 =$ 未知量个数. 由 $r(\boldsymbol{A}) < 3$，可得 $|\boldsymbol{A}| = 0$，所以

$$|\boldsymbol{A}| = \begin{vmatrix} 1 & 2 & -1 \\ 0 & 3 & -1 \\ 0 & \lambda & -1 \end{vmatrix} = \lambda - 3 = 0$$

得 $\lambda = 3$，这时

$$(\boldsymbol{A} \vdots \boldsymbol{b}) = \left(\begin{array}{ccc:c} 1 & 2 & -1 & 2 \\ 0 & 3 & -1 & 1 \\ 0 & 3 & -1 & 1 \end{array}\right) \longrightarrow \left(\begin{array}{ccc:c} 1 & 2 & -1 & 2 \\ 0 & 3 & -1 & 1 \\ 0 & 0 & 0 & 0 \end{array}\right)$$

可见 $r(\boldsymbol{A} \vdots \boldsymbol{b}) = r(\boldsymbol{A}) = 2 < 3$. 故本题应选(A).

3. 如果线性方程组

$$\begin{cases}x_1+2x_2-\quad x_3=4\\ \qquad\quad x_2+\ \ 2x_3=2\\ (\lambda-1)(\lambda-2)x_3=(\lambda-3)(\lambda-4)\end{cases}$$

无解，则 $\lambda=$[　　].

(A) 3 或 4　　(B) 1 或 2　　(C) 1 或 3　　(D) 2 或 4

解: 线性方程组的增广矩阵

$$(\boldsymbol{A}\vdots\boldsymbol{b})=\begin{pmatrix}1&2&-1&\vdots&4\\0&1&2&\vdots&2\\0&0&(\lambda-1)(\lambda-2)&\vdots&(\lambda-3)(\lambda-4)\end{pmatrix}$$

如果线性方程组无解，则 $\mathrm{r}(\boldsymbol{A})\neq\mathrm{r}(\boldsymbol{A}\vdots\boldsymbol{b})$，由此可知 $\lambda=1$ 或 2. 实际上，$\lambda=1$ 或 2 时，$\mathrm{r}(\boldsymbol{A})=2$，$\mathrm{r}(\boldsymbol{A}\vdots\boldsymbol{b})=3$，故本题应选(B).

4. 设 $\boldsymbol{\alpha}_1=(1,0,1)$，$\boldsymbol{\alpha}_2=(0,1,0)$，$\boldsymbol{\alpha}_3=(0,0,1)$. 向量 $\boldsymbol{\beta}=(-1,-1,0)$ 可表示为 $\boldsymbol{\alpha}_1$，$\boldsymbol{\alpha}_2$，$\boldsymbol{\alpha}_3$ 的线性组合：$\boldsymbol{\beta}=a\boldsymbol{\alpha}_1+b\boldsymbol{\alpha}_2+c\boldsymbol{\alpha}_3$，则[　　].

(A) $a=-1$，$b=-1$，$c=-1$　　(B) $a=1$，$b=-1$，$c=-1$

(C) $a=-1$，$b=1$，$c=-1$　　(D) $a=-1$，$b=-1$，$c=1$

解: 由 $\boldsymbol{\beta}=a\boldsymbol{\alpha}_1+b\boldsymbol{\alpha}_2+c\boldsymbol{\alpha}_3$，有

$$\begin{aligned}(-1,-1,0)&=a(1,0,1)+b(0,1,0)+c(0,0,1)\\&=(a,b,a+c)\end{aligned}$$

所以 $a=-1$，$b=-1$，$a+c=0$，即 $a=-1$，$b=-1$，$c=1$. 故本题应选(D).

5. 设向量组 $\boldsymbol{\alpha}_1=(1,3,6,2)^{\mathrm{T}}$，$\boldsymbol{\alpha}_2=(2,1,2,-1)^{\mathrm{T}}$，$\boldsymbol{\alpha}_3=(1,-1,a,-2)^{\mathrm{T}}$ 线性相关，则 a 应满足条件[　　].

(A) $a=2$　　(B) $a\neq2$　　(C) $a=-2$　　(D) $a\neq-2$

解: 若 $\boldsymbol{\alpha}_1$，$\boldsymbol{\alpha}_2$，$\boldsymbol{\alpha}_3$ 线性相关，则线性方程组

$$k_1\boldsymbol{\alpha}_1+k_2\boldsymbol{\alpha}_2+k_3\boldsymbol{\alpha}_3=\boldsymbol{0}$$

应有非零解，即矩阵 $\boldsymbol{A}=(\boldsymbol{\alpha}_1,\boldsymbol{\alpha}_2,\boldsymbol{\alpha}_3)$ 的秩小于 3.

对 $\boldsymbol{A}$ 施以初等行变换

$$\boldsymbol{A}=\begin{pmatrix}1&2&1\\3&1&-1\\6&2&a\\2&-1&-2\end{pmatrix}\longrightarrow\begin{pmatrix}1&2&1\\0&-5&-4\\0&-10&a-6\\0&-5&-4\end{pmatrix}\longrightarrow\begin{pmatrix}1&2&1\\0&-5&-4\\0&0&a+2\\0&0&0\end{pmatrix}$$

由此可知，$a=-2$ 时，$\mathrm{r}(\boldsymbol{A})=2<3=$ 未知量个数. 故本题应选(C).

6. 设向量组 $\boldsymbol{\alpha}_1=(3,1,a)^{\mathrm{T}}$，$\boldsymbol{\alpha}_2=(4,a,0)^{\mathrm{T}}$，$\boldsymbol{\alpha}_3=(1,0,a)^{\mathrm{T}}$ 线性无关，则[　　].

(A) $a=0$ 或 2　　(B) $a\neq1$ 且 $a\neq-2$

(C) $a=1$ 或 -2　　(D) $a\neq0$ 且 $a\neq2$

解: $\boldsymbol{\alpha}_1$，$\boldsymbol{\alpha}_2$，$\boldsymbol{\alpha}_3$ 为三个三维向量，由

$$|\boldsymbol{\alpha}_1,\boldsymbol{\alpha}_2,\boldsymbol{\alpha}_3|=\begin{vmatrix}3&4&1\\1&a&0\\a&0&a\end{vmatrix}=2a(a-2)$$

可知，若 $\boldsymbol{\alpha}_1, \boldsymbol{\alpha}_2, \boldsymbol{\alpha}_3$ 线性无关，则 $|\boldsymbol{\alpha}_1, \boldsymbol{\alpha}_2, \boldsymbol{\alpha}_3| \neq 0$，必有 $a \neq 0$ 且 $a \neq 2$. 故本题应选(D).

7. 设向量组 $\boldsymbol{\alpha}_1, \boldsymbol{\alpha}_2, \cdots, \boldsymbol{\alpha}_s (s \geqslant 2)$ 线性无关，则下列各结论中不正确的是[　　].

(A) $\boldsymbol{\alpha}_1, \boldsymbol{\alpha}_2, \cdots, \boldsymbol{\alpha}_s$ 都不是零向量

(B) $\boldsymbol{\alpha}_1, \boldsymbol{\alpha}_2, \cdots, \boldsymbol{\alpha}_s$ 中至少有一个向量可由其余向量线性表示

(C) $\boldsymbol{\alpha}_1, \boldsymbol{\alpha}_2, \cdots, \boldsymbol{\alpha}_s$ 中任意两个向量都不成比例

(D) $\boldsymbol{\alpha}_1, \boldsymbol{\alpha}_2, \cdots, \boldsymbol{\alpha}_s$ 中任一部分组线性无关

解：(A) 正确，实际上，若 $\boldsymbol{\alpha}_1, \boldsymbol{\alpha}_2, \cdots, \boldsymbol{\alpha}_s$ 中有零向量，则 $\boldsymbol{\alpha}_1, \boldsymbol{\alpha}_2, \cdots, \boldsymbol{\alpha}_s$ 线性相关. 与题设矛盾.

(B) 不妨设 $\boldsymbol{\alpha}_s$ 可由 $\boldsymbol{\alpha}_1, \boldsymbol{\alpha}_2, \cdots, \boldsymbol{\alpha}_{s-1}$ 线性表示：

$$\boldsymbol{\alpha}_s = c_1\boldsymbol{\alpha}_1 + c_2\boldsymbol{\alpha}_2 + \cdots + c_{s-1}\boldsymbol{\alpha}_{s-1}$$

即
$$c_1\boldsymbol{\alpha}_1 + c_2\boldsymbol{\alpha}_2 + \cdots + c_{s-1}\boldsymbol{\alpha}_{s-1} - \boldsymbol{\alpha}_s = \mathbf{0}$$

所以 $\boldsymbol{\alpha}_1, \boldsymbol{\alpha}_2, \cdots, \boldsymbol{\alpha}_s$ 线性相关，这与题设矛盾. 故(B) 不正确. 本题应选(B).

对于(C)，如果 $\boldsymbol{\alpha}_1, \boldsymbol{\alpha}_2, \cdots, \boldsymbol{\alpha}_s$ 中有两个向量成比例. 不妨设 $\boldsymbol{\alpha}_1 = k\boldsymbol{\alpha}_2 (k \neq 0)$，则 $\boldsymbol{\alpha}_1 - k\boldsymbol{\alpha}_2 = \mathbf{0}$，即

$$\boldsymbol{\alpha}_1 - k\boldsymbol{\alpha}_2 + 0\boldsymbol{\alpha}_3 + \cdots + 0\boldsymbol{\alpha}_s = \mathbf{0}$$

于是 $\boldsymbol{\alpha}_1, \boldsymbol{\alpha}_2, \cdots, \boldsymbol{\alpha}_s$ 线性相关，与题设矛盾. 故(C) 正确.

对于(D)，可由线性无关向量组的基本性质直接得到. 结论正确.

8. 向量组 $\boldsymbol{\alpha}_1, \boldsymbol{\alpha}_2, \cdots, \boldsymbol{\alpha}_s (s \geqslant 2)$ 线性相关的充分必要条件是[　　].

(A) $\boldsymbol{\alpha}_1, \boldsymbol{\alpha}_2, \cdots, \boldsymbol{\alpha}_s$ 中至少有一个零向量

(B) $\boldsymbol{\alpha}_1, \boldsymbol{\alpha}_2, \cdots, \boldsymbol{\alpha}_s$ 中任意一个向量可由其余向量线性表示

(C) $\boldsymbol{\alpha}_1, \boldsymbol{\alpha}_2, \cdots, \boldsymbol{\alpha}_s$ 中至少有一个向量可由其余向量线性表示

(D) $\boldsymbol{\alpha}_1, \boldsymbol{\alpha}_2, \cdots, \boldsymbol{\alpha}_s$ 中任意一个部分组线性相关

解：向量组 $\boldsymbol{\alpha}_1, \boldsymbol{\alpha}_2, \cdots, \boldsymbol{\alpha}_s$ 线性相关的充分必要条件是向量组中至少有一个向量可由其余向量线性表示. 故本题应选(C).

选项(A)，(B) 和(D) 只是向量组 $\boldsymbol{\alpha}_1, \boldsymbol{\alpha}_2, \cdots, \boldsymbol{\alpha}_s$ 线性相关的充分条件，而非必要条件.

9. 向量组 $\boldsymbol{\alpha}_1, \boldsymbol{\alpha}_2, \cdots, \boldsymbol{\alpha}_s (s \geqslant 2)$ 线性无关的充分条件是[　　].

(A) $\boldsymbol{\alpha}_1, \boldsymbol{\alpha}_2, \cdots, \boldsymbol{\alpha}_s$ 均不是零向量

(B) $\boldsymbol{\alpha}_1, \boldsymbol{\alpha}_2, \cdots, \boldsymbol{\alpha}_s$ 中任意两个向量都不成比例

(C) $\boldsymbol{\alpha}_1, \boldsymbol{\alpha}_2, \cdots, \boldsymbol{\alpha}_s$ 中任意一个向量均不能由其余 $s-1$ 个向量线性表示

(D) $\boldsymbol{\alpha}_1, \boldsymbol{\alpha}_2, \cdots, \boldsymbol{\alpha}_s$ 中有一个部分组线性无关.

解：(A) 仅是向量组 $\boldsymbol{\alpha}_1, \boldsymbol{\alpha}_2, \cdots, \boldsymbol{\alpha}_s$ 线性无关的必要条件，而不是充分条件. 如，向量 $\boldsymbol{\alpha}_1 = (1, 1)$，$\boldsymbol{\alpha}_2 = (1, 0)$，$\boldsymbol{\alpha}_3 = (0, 1)$ 都不是零向量，但 $\boldsymbol{\alpha}_1, \boldsymbol{\alpha}_2, \boldsymbol{\alpha}_3$ 线性相关.

(B) 也是向量组线性无关的必要条件，而不是充分条件，即任何两个向量都不成比例，向量组仍可能线性相关

(C) 是正确的. 实际上，这一选项是上面第 8 题选项(C) 的逆否命题.

综上分析，本题应选(C).

(D) 是错误的. 如向量组 $\boldsymbol{\alpha}_1 = (1, 0, 0)$，$\boldsymbol{\alpha}_2 = (0, 1, 0)$，$\boldsymbol{\alpha}_3 = (1, 1, 0)$ 中，部分组 $\boldsymbol{\alpha}_1, \boldsymbol{\alpha}_2$ 线性无关，但 $\boldsymbol{\alpha}_1, \boldsymbol{\alpha}_2, \boldsymbol{\alpha}_3$ 线性相关. 实际上，正确的说法是："$\boldsymbol{\alpha}_1, \boldsymbol{\alpha}_2, \cdots, \boldsymbol{\alpha}_s$ 线性无关

的充分条件是其任一部分组线性无关.”

注释: 向量组线性相关(无关)的充分条件、必要条件是本章学习的重点之一. 读者应熟悉以下结论:

(ⅰ) 向量组 $\boldsymbol{\alpha}_1, \boldsymbol{\alpha}_2, \cdots, \boldsymbol{\alpha}_s$ 线性相关(线性无关)的充分必要条件是线性方程组 $x_1\boldsymbol{\alpha}_1 + x_2\boldsymbol{\alpha}_2 + \cdots + x_s\boldsymbol{\alpha}_s = \mathbf{0}$ 有非零解(仅有零解).

(ⅱ) 设 $\boldsymbol{\alpha}_1 = (a_{11}, a_{12}, \cdots, a_{1n})$, $\boldsymbol{\alpha}_2 = (a_{21}, a_{22}, \cdots, a_{2n})$, $\cdots$, $\boldsymbol{\alpha}_n = (a_{n1}, a_{n2}, \cdots, a_{nn})$, 则 $\boldsymbol{\alpha}_1, \boldsymbol{\alpha}_2, \cdots, \boldsymbol{\alpha}_n$ 线性相关(线性无关)的充分必要条件是行列式

$$\begin{vmatrix} a_{11} & a_{12} & \cdots & a_{1n} \\ a_{21} & a_{22} & \cdots & a_{2n} \\ \vdots & \vdots & & \vdots \\ a_{n1} & a_{n2} & \cdots & a_{nn} \end{vmatrix} = 0 \ (\neq 0)$$

(ⅲ) 如果向量组 $\boldsymbol{\alpha}_1, \boldsymbol{\alpha}_2, \cdots, \boldsymbol{\alpha}_s$ 线性无关, 而 $\boldsymbol{\alpha}_1, \boldsymbol{\alpha}_2, \cdots, \boldsymbol{\alpha}_s, \boldsymbol{\beta}$ 线性相关, 则向量 $\boldsymbol{\beta}$ 可由向量组 $\boldsymbol{\alpha}_1, \boldsymbol{\alpha}_2, \cdots, \boldsymbol{\alpha}_s$ 唯一线性表示.

(ⅳ) 向量组 $\boldsymbol{\alpha}_1, \boldsymbol{\alpha}_2, \cdots, \boldsymbol{\alpha}_s (s \geqslant 2)$ 线性相关的充分必要条件是其中有一个向量可由其他向量线性表示.

(ⅴ) 如果向量组中部分向量线性相关, 则整个向量组必线性相关;如果向量组线性无关, 则其任一部分组必线性无关.

(ⅵ) $n+1$ 个 n 维向量必线性相关.

(ⅶ) 含有零向量的向量组必线性相关.

(ⅷ) 单个非零向量必线性无关.

10. 已知向量组 $\boldsymbol{\alpha}_1 = (1, 2, -1, 1)$, $\boldsymbol{\alpha}_2 = (2, 0, t, 0)$, $\boldsymbol{\alpha}_3 = (0, -4, 5, -2)$ 的秩为 2, 则 $t =$[　　].

(A) 3　　(B) -3　　(C) 2　　(D) -2

解: 设矩阵 $\boldsymbol{A} = (\boldsymbol{\alpha}_1^{\mathrm{T}}, \boldsymbol{\alpha}_2^{\mathrm{T}}, \boldsymbol{\alpha}_3^{\mathrm{T}})$, 对矩阵 $\boldsymbol{A}$ 施以初等行变换化为阶梯形:

$$\boldsymbol{A} = \begin{pmatrix} 1 & 2 & 0 \\ 2 & 0 & -4 \\ -1 & t & 5 \\ 1 & 0 & 2 \end{pmatrix} \longrightarrow \begin{pmatrix} 1 & 2 & 0 \\ 0 & 1 & 1 \\ 0 & 0 & -t+3 \\ 0 & 0 & 0 \end{pmatrix}$$

所以 $\mathrm{r}(\boldsymbol{\alpha}_1, \boldsymbol{\alpha}_2, \boldsymbol{\alpha}_3) = 2$ 时, 必有 $t = 3$. 故本题应选(A).

11. 向量组 $\boldsymbol{\alpha}_1, \boldsymbol{\alpha}_2, \cdots, \boldsymbol{\alpha}_s (s \geqslant 2)$ 的秩不为零的充分必要条件是[　　].

(A) $\boldsymbol{\alpha}_1, \boldsymbol{\alpha}_2, \cdots, \boldsymbol{\alpha}_s$ 中至少有一个非零向量

(B) $\boldsymbol{\alpha}_1, \boldsymbol{\alpha}_2, \cdots, \boldsymbol{\alpha}_s$ 全是非零向量

(C) $\boldsymbol{\alpha}_1, \boldsymbol{\alpha}_2, \cdots, \boldsymbol{\alpha}_s$ 线性无关

(D) $\boldsymbol{\alpha}_1, \boldsymbol{\alpha}_2, \cdots, \boldsymbol{\alpha}_s$ 线性相关

解: (A) 设 $\boldsymbol{\alpha}_1, \boldsymbol{\alpha}_2, \cdots, \boldsymbol{\alpha}_s$ 的秩不为零, 则 $\boldsymbol{\alpha}_1, \boldsymbol{\alpha}_2, \cdots, \boldsymbol{\alpha}_s$ 中至少有一个向量不是零向量, 否则, 若 $\boldsymbol{\alpha}_1, \boldsymbol{\alpha}_2, \cdots, \boldsymbol{\alpha}_s$ 全为零向量, 则 $\mathrm{r}(\boldsymbol{\alpha}_1, \boldsymbol{\alpha}_2, \cdots, \boldsymbol{\alpha}_s) = 0$, 与条件矛盾.

反之, 若 $\boldsymbol{\alpha}_1, \boldsymbol{\alpha}_2, \cdots, \boldsymbol{\alpha}_s$ 中至少有一个非零向量, 则 $\mathrm{r}(\boldsymbol{\alpha}_1, \boldsymbol{\alpha}_2, \cdots, \boldsymbol{\alpha}_s) \geqslant 1$. 故(A) 正确. 本题应选(A).

(B)，(C) 是 $r(\boldsymbol{\alpha}_1, \boldsymbol{\alpha}_2, \cdots, \boldsymbol{\alpha}_s) \neq 0$ 的充分条件，但非必要条件；(D) 既不是充分条件，也不是必要条件. 例如，设 $\boldsymbol{\alpha}_1 = \boldsymbol{\alpha}_2 = \cdots = \boldsymbol{\alpha}_s = \mathbf{0}$，向量组 $\boldsymbol{\alpha}_1, \boldsymbol{\alpha}_2, \cdots, \boldsymbol{\alpha}_s$ 线性相关，但 $r(\boldsymbol{\alpha}_1, \boldsymbol{\alpha}_2, \cdots, \boldsymbol{\alpha}_s) = 0$，即(D) 不是充分条件. 若设$\boldsymbol{\alpha}_1 = (1, 0, 0)$，$\boldsymbol{\alpha}_2 = (0, 1, 0)$，有 $r(\boldsymbol{\alpha}_1, \boldsymbol{\alpha}_2) = 2 \neq 0$，而 $\boldsymbol{\alpha}_1, \boldsymbol{\alpha}_2$ 线性无关. 故(D) 也非必要条件.

12. 向量组 $\boldsymbol{\alpha}_1, \boldsymbol{\alpha}_2, \cdots, \boldsymbol{\alpha}_s$ 的秩为 $r(s > r \geqslant 1)$，则下述四个结论中，正确的为[　　].

① $\boldsymbol{\alpha}_1, \boldsymbol{\alpha}_2, \cdots, \boldsymbol{\alpha}_s$ 中至少有一个含 r 个向量的部分组线性无关

② $\boldsymbol{\alpha}_1, \boldsymbol{\alpha}_2, \cdots, \boldsymbol{\alpha}_s$ 中任意含 r 个向量的线性无关部分组与 $\boldsymbol{\alpha}_1, \boldsymbol{\alpha}_2, \cdots, \boldsymbol{\alpha}_s$ 可相互线性表示

③ $\boldsymbol{\alpha}_1, \boldsymbol{\alpha}_2, \cdots, \boldsymbol{\alpha}_s$ 中任意含 r 个向量的部分组皆线性无关

④ $\boldsymbol{\alpha}_1, \boldsymbol{\alpha}_2, \cdots, \boldsymbol{\alpha}_s$ 中任意含 $r+1$ 个向量的部分组皆线性相关

(A) ①，②，③　　　　(B) ①，②，④

(C) ①，③，④　　　　(D) ②，③，④

解： ① 设 $r(\boldsymbol{\alpha}_1, \boldsymbol{\alpha}_2, \cdots, \boldsymbol{\alpha}_s) = r$，则向量组 $\boldsymbol{\alpha}_1, \boldsymbol{\alpha}_2, \cdots, \boldsymbol{\alpha}_s$ 的极大无关组中一定含有 r 个线性无关的向量. 故结论 ① 正确.

② 设 $r(\boldsymbol{\alpha}_1, \boldsymbol{\alpha}_2, \cdots, \boldsymbol{\alpha}_s) = r$，则任意含 r 个向量的线性无关部分组就是 $\boldsymbol{\alpha}_1, \boldsymbol{\alpha}_2, \cdots, \boldsymbol{\alpha}_s$ 的一个极大无关组. 因此可与 $\boldsymbol{\alpha}_1, \boldsymbol{\alpha}_2, \cdots, \boldsymbol{\alpha}_s$ 互相线性表示，故结论 ② 正确.

③ 不正确. 例如，向量组 $\boldsymbol{\alpha}_1 = (1, 0, 0)$，$\boldsymbol{\alpha}_2 = (2, 0, 0)$，$\boldsymbol{\alpha}_3 = (0, 1, 0)$. 不难看出 $r(\boldsymbol{\alpha}_1, \boldsymbol{\alpha}_2, \boldsymbol{\alpha}_3) = 2$，但含两个向量的部分组 $\boldsymbol{\alpha}_1 = (1, 0, 0)$，$\boldsymbol{\alpha}_2 = (2, 0, 0)$ 却线性相关。

④ 如果 $r(\boldsymbol{\alpha}_1, \boldsymbol{\alpha}_2, \cdots, \boldsymbol{\alpha}_s) = r$，根据定义，向量组 $\boldsymbol{\alpha}_1, \boldsymbol{\alpha}_2, \cdots, \boldsymbol{\alpha}_s$ 中至少有一个含 r 个向量的部分组线性无关，且任意含 $r+1$ 个向量的部分组都线性相关. 故 ④ 正确.

综上分析，本题应选(B).

13. 设 $\boldsymbol{A}$ 为 n 阶矩阵，且 $|\boldsymbol{A}| = 0$，则[　　].

(A) $\boldsymbol{A}$ 的列秩等于零

(B) $\boldsymbol{A}$ 的秩为零

(C) $\boldsymbol{A}$ 的任一列向量可由其他列向量线性表示

(D) $\boldsymbol{A}$ 中必有一列向量可由其他列向量线性表示

解： 若 $|\boldsymbol{A}| = 0$，则 $r(\boldsymbol{A}) < n$，未必有 $r(\boldsymbol{A}) = 0$. 又矩阵 $\boldsymbol{A}$ 的秩等于其列秩，所以 $\boldsymbol{A}$ 的列秩未必等于零. 例如，设

$$\boldsymbol{A} = \begin{pmatrix} 1 & 1 \\ 2 & 2 \end{pmatrix}$$

则 $|\boldsymbol{A}| = 0$，但 $r(A) = 1 \neq 0$；$\boldsymbol{A}$ 的列秩为 1，也不等于零. 故(A)，(B) 不正确.

由 $|\boldsymbol{A}| = 0$，可知 $\boldsymbol{A}$ 的列向量组线性相关. 所以 $\boldsymbol{A}$ 中必有一列向量可由其他列向量线性表示. 故(C) 不正确，(D) 正确.

综上分析，本题应选(D).

14. 设 $\boldsymbol{A}$ 为 n 阶矩阵. 下列结论中不正确的是[　　].

(A) $\boldsymbol{A}$ 可逆的充分必要条件是 $r(\boldsymbol{A}) = n$

(B) $\boldsymbol{A}$ 可逆的充分必要条件是 $\boldsymbol{A}$ 的列秩为 n

(C) $\boldsymbol{A}$ 可逆的充分必要条件是 $\boldsymbol{A}$ 的每一行向量都是非零向量

(D) $\boldsymbol{A}$ 可逆的充分必要条件是当 $\boldsymbol{x} \neq \boldsymbol{0}$ 时，$\boldsymbol{A}\boldsymbol{x} \neq \boldsymbol{0}$，其中 $\boldsymbol{x} = (x_1, x_2, \cdots, x_n)^{\mathrm{T}}$

解： n 阶矩阵 $\boldsymbol{A}$ 可逆的充分必要条件是 $|\boldsymbol{A}| \neq 0$，而 $|\boldsymbol{A}| \neq 0$ 的充分必要条件是 $\mathrm{r}(\boldsymbol{A}) = n$ 或 $\boldsymbol{A}$ 的列秩为 n，故(A)，(B) 均正确.

(C) $\boldsymbol{A}$ 的每一行向量都是非零向量是 $\boldsymbol{A}$ 可逆的必要条件，但不是充分条件. 故(C) 不正确，本题应选(C).

对于(D)，若 $\boldsymbol{A}$ 可逆，则齐次线性方程组 $\boldsymbol{Ax} = \boldsymbol{0}$ 仅有零解，即对于任意的 $\boldsymbol{x} = (x_1, x_2, \cdots, x_n)^{\mathrm{T}} \neq \boldsymbol{0}$，必有 $\boldsymbol{Ax} \neq \boldsymbol{0}$. 反之，若当 $\boldsymbol{x} = (x_1, x_2, \cdots, x_n)^{\mathrm{T}} \neq \boldsymbol{0}$ 时，有 $\boldsymbol{Ax} \neq \boldsymbol{0}$，则齐次线性方程组仅有零解，所以必有 $\mathrm{r}(\boldsymbol{A}) = n$，即矩阵 $\boldsymbol{A}$ 可逆，这说明(D) 亦正确.

15. 设矩阵 $\boldsymbol{A}_{m\times n}$ 的秩 $\mathrm{r}(\boldsymbol{A}) = r\ (0 \leqslant r < n)$，则下述结论中不正确的是[　　].

(A) 齐次线性方程组 $\boldsymbol{A}\boldsymbol{x} = \boldsymbol{0}$ 的任何一个基础解系中都含有 $n-r$ 个线性无关的解向量

(B) 若 $\boldsymbol{X}$ 为 $n \times s$ 矩阵，且 $\boldsymbol{AX} = \boldsymbol{O}$，则 $\mathrm{r}(\boldsymbol{X}) \leqslant n-r$

(C) $\boldsymbol{\beta}$ 为一 m 维列向量，$\mathrm{r}(\boldsymbol{A}, \boldsymbol{\beta}) = r$，则 $\boldsymbol{\beta}$ 可由 $\boldsymbol{A}$ 的列向量组线性表示

(D) 非齐次线性方程组 $\boldsymbol{A}\boldsymbol{x} = \boldsymbol{b}$ 必有无穷多解

解：(A) 因为 $\mathrm{r}(\boldsymbol{A}) = r < n$，因此可知，齐次线性方程组 $\boldsymbol{Ax} = \boldsymbol{0}$ 存在基础解系，且每个基础解系中都含有 $n-r$ 个线性无关的解向量. 故(A) 正确.

(B) 若 $\boldsymbol{AX} = \boldsymbol{O}$，则 $\mathrm{r}(\boldsymbol{A}) + \mathrm{r}(\boldsymbol{X}) \leqslant n$，即 $\mathrm{r}(\boldsymbol{X}) \leqslant n - \mathrm{r}(\boldsymbol{A}) = n - r$. 故(B) 正确.

(C) 由 $\mathrm{r}(\boldsymbol{A}) = r$，$\mathrm{r}(\boldsymbol{A}, \boldsymbol{\beta}) = r$，可知线性方程组 $\boldsymbol{Ax} = \boldsymbol{\beta}$ 有解，即存在 $x_1, x_2, \cdots, x_n$，满足

$$x_1\boldsymbol{\alpha}_1 + x_2\boldsymbol{\alpha}_2 + \cdots + x_n\boldsymbol{\alpha}_n = \boldsymbol{\beta}$$

其中 $\boldsymbol{\alpha}_1, \boldsymbol{\alpha}_2, \cdots, \boldsymbol{\alpha}_n$ 为 $\boldsymbol{A}$ 的列向量组. 故(C) 正确.

综上分析，本题应选(D)，实际上，仅由 $\mathrm{r}(\boldsymbol{A}) = r < n$，不一定可推得 $\mathrm{r}(\boldsymbol{A}, \boldsymbol{b}) = \mathrm{r}(\boldsymbol{A}) = r$，即线性方程组 $\boldsymbol{A}\boldsymbol{x} = \boldsymbol{b}$ 未必有解.

16. 设 $\boldsymbol{A}$ 为 $m \times n$ 矩阵，线性方程组 $\boldsymbol{Ax} = \boldsymbol{b}$ 对应的导出组为 $\boldsymbol{Ax} = \boldsymbol{0}$，则下列结论中正确的是[　　].

(A) 若 $\boldsymbol{Ax} = \boldsymbol{0}$ 仅有零解，则 $\boldsymbol{Ax} = \boldsymbol{b}$ 有唯一解

(B) 若 $\boldsymbol{Ax} = \boldsymbol{0}$ 有非零解，则 $\boldsymbol{Ax} = \boldsymbol{b}$ 有无穷多解

(C) 若 $\boldsymbol{Ax} = \boldsymbol{b}$ 有无穷多解，则 $\boldsymbol{Ax} = \boldsymbol{0}$ 有非零解

(D) 若 $\boldsymbol{Ax} = \boldsymbol{b}$ 有无穷多解，则 $\boldsymbol{Ax} = \boldsymbol{0}$ 仅有零解

解： 对选项(A)，方程组 $\boldsymbol{Ax} = \boldsymbol{0}$ 仅有零解的充分必要条件是 $\mathrm{r}(\boldsymbol{A}) = n$，但由 $\mathrm{r}(\boldsymbol{A}) = n$ 未必能推导出 $\mathrm{r}(\boldsymbol{A} \vdots \boldsymbol{b}) = n$ 的结论. 例如，齐次线性方程组

$$\begin{cases} x_1 - x_2 = 0 \\ x_1 + 2x_2 = 0 \\ 2x_1 + x_2 = 0 \end{cases}$$

仅有零解，但线性方程组

$$\begin{cases} x_1 - x_2 = 1 \\ x_1 + 2x_2 = 1 \\ 2x_1 + x_2 = 1 \end{cases}$$

却无解，故(A) 不正确.

对选项(B)，方程组 $\boldsymbol{Ax}=\boldsymbol{0}$ 有非零解，则 $r(\boldsymbol{A})<n$，但不能由此得到 $r(\boldsymbol{A})=r(\boldsymbol{A}\vdots\boldsymbol{b})<n$，故(B) 错.

对选项(C)，方程组 $\boldsymbol{Ax}=\boldsymbol{b}$ 有无穷多解的充分必要条件是 $r(\boldsymbol{A})=r(\boldsymbol{A}\vdots\boldsymbol{b})<n$. 由 $r(\boldsymbol{A})<n$ 可知方程组 $\boldsymbol{Ax}=\boldsymbol{0}$ 有非零解，因此(C) 正确，(D) 不正确.

故本题应选(C).

17. 设矩阵 $\boldsymbol{A}=(a_{ij})_{m\times n}$，$\boldsymbol{Ax}=\boldsymbol{0}$ 仅有零解的充分必要条件是[　　].

(A) $\boldsymbol{A}$ 的列向量组线性无关

(B) $\boldsymbol{A}$ 的列向量组线性相关

(C) $\boldsymbol{A}$ 的行向量组线性无关

(D) $\boldsymbol{A}$ 的行向量组线性相关

解： 齐次线性方程组 $\boldsymbol{Ax}=\boldsymbol{0}$ 仅有零解的充分必要条件是 $r(\boldsymbol{A})=n$. 记 $\boldsymbol{A}=(\boldsymbol{\alpha}_1,\boldsymbol{\alpha}_2,\cdots,\boldsymbol{\alpha}_n)$，其中 $\boldsymbol{\alpha}_j(1\leqslant j\leqslant n)$ 是矩阵 $\boldsymbol{A}$ 的第 j 列，则可看出：$r(\boldsymbol{A})=n$ 的充分必要条件是 $\boldsymbol{\alpha}_1,\boldsymbol{\alpha}_2,\cdots,\boldsymbol{\alpha}_n$ 线性无关. 故(A) 正确. 而(B)，(C)，(D) 既不是充分条件，也不是必要条件. 因此本题应选(A).

18. 四元线性方程组 $\begin{cases}x_1+x_4=0\\x_2=0\\x_1-x_4=0\end{cases}$ 的基础解系是[　　].

(A) $(0,0,0,0)^{\mathrm{T}}$　　(B) $(0,0,2,0)^{\mathrm{T}}$

(C) $(1,0,-1)^{\mathrm{T}}$　　(D) $(0,0,2,0)^{\mathrm{T}}$ 和 $(0,0,0,1)^{\mathrm{T}}$

解： 对方程组的系数矩阵施以初等行变换，化为阶梯形矩阵

$$\boldsymbol{A}=\begin{pmatrix}1&0&0&1\\0&1&0&0\\1&0&0&-1\end{pmatrix}\longrightarrow\begin{pmatrix}1&0&0&1\\0&1&0&0\\0&0&0&-2\end{pmatrix}\longrightarrow\begin{pmatrix}1&0&0&0\\0&1&0&0\\0&0&0&1\end{pmatrix}$$

$r(\boldsymbol{A})=3<4=$ 未知量个数，原方程组的基础解系只含有一个解向量. 由此可知选项(D) 是错误的. 选 x_3 为自由未知量，原方程组可化为

$$\begin{cases}x_1=0\\x_2=0\\x_4=0\end{cases}$$

当取 $x_3=2$ 时，得到原方程组的一个基础解系为

$$\boldsymbol{\xi}_1=(0,0,2,0)^{\mathrm{T}}$$

故本题应选(B).

选项(A) 虽然也是原方程组的一个解，但不是基础解系.

选项(C) 是一个三维向量，根本不是原方程组的解.

19. 设齐次线性方程组 $\boldsymbol{Ax}=\boldsymbol{0}$，其中 $\boldsymbol{A}$ 为 $m\times n$ 矩阵，且 $r(\boldsymbol{A})=n-3$. $\boldsymbol{\xi}_1,\boldsymbol{\xi}_2,\boldsymbol{\xi}_3$ 是方程组的三个线性无关的解向量，则 $\boldsymbol{Ax}=\boldsymbol{0}$ 的基础解系为[　　].

(A) $\boldsymbol{\xi}_1,\boldsymbol{\xi}_2+\boldsymbol{\xi}_3$　　(B) $\boldsymbol{\xi}_1,\boldsymbol{\xi}_1+\boldsymbol{\xi}_2,\boldsymbol{\xi}_1+\boldsymbol{\xi}_2+\boldsymbol{\xi}_3$

(C) $\boldsymbol{\xi}_1-\boldsymbol{\xi}_2,\boldsymbol{\xi}_2-\boldsymbol{\xi}_3,\boldsymbol{\xi}_3-\boldsymbol{\xi}_1$　　(D) $\boldsymbol{\xi}_3-\boldsymbol{\xi}_2-\boldsymbol{\xi}_1,\boldsymbol{\xi}_3+\boldsymbol{\xi}_2+\boldsymbol{\xi}_1,-2\boldsymbol{\xi}_3$

解： 由 $r(\boldsymbol{A})=n-3<n$，方程组 $\boldsymbol{Ax}=\boldsymbol{0}$ 存在基础解系，且基础解系中应含有 $n-$

$(n-3)=3$ 个线性无关的解向量.故可直接排除选项(A).

根据齐次线性方程组解的性质,(B),(C),(D) 中的向量都是方程组的解,故只需验证各向量组是否线性无关.

对于(C),有

$$(\boldsymbol{\xi}_1-\boldsymbol{\xi}_2)+(\boldsymbol{\xi}_2-\boldsymbol{\xi}_3)+(\boldsymbol{\xi}_3-\boldsymbol{\xi}_1)=\mathbf{0}$$

即(C) 中的向量组线性相关.

对于(D),有

$$(\boldsymbol{\xi}_3-\boldsymbol{\xi}_2-\boldsymbol{\xi}_1)+(\boldsymbol{\xi}_3+\boldsymbol{\xi}_2+\boldsymbol{\xi}_1)-2\boldsymbol{\xi}_3=\mathbf{0}$$

即(D) 中的向量组线性相关.

因此,本题只能选(B),不难证明,(B) 中的三个向量确实是线性无关的(请读者自证).

※**20.** 在投入产出表中,有以下关系式:

① $\sum\limits_{j=1}^{n}x_{kj}=\sum\limits_{i=1}^{n}x_{ik}\quad(k=1,2,\cdots,n)$

② $y_k=z_k\quad(k=1,2,\cdots,n)$

③ $\sum\limits_{i=1}^{n}y_i=\sum\limits_{j=1}^{n}z_j$

④ $\sum\limits_{j=1}^{n}x_{kj}+y_k=\sum\limits_{i=1}^{n}x_{ik}+z_k\quad(k=1,2,\cdots,n)$

其中正确的是[　　].

(A) ①,②　　　　(B) ③,④

(C) ①,③　　　　(D) ②,④

解: ① $\sum\limits_{j=1}^{n}x_{kj}$ 是投入产出表第 Ⅰ 象限中第 k 部门分配给各部门用于生产消耗的产品(价值)之和,而 $\sum\limits_{i=1}^{n}x_{ik}$ 是第 Ⅰ 象限中第 k 列,即第 k 个部门对所有生产部门的消耗量之和,因而二者是不相等的.故不正确.

② 由 $y_k=x_k-\sum\limits_{j=1}^{n}x_{kj}$ 及 $z_k=x_k-\sum\limits_{i=1}^{n}x_{ik}$,又由 ① 知

$$\sum_{j=1}^{n}x_{kj}\neq\sum_{i=1}^{n}x_{ik}$$

所以 $y_k\neq z_k$.故 ② 不正确.因此,可判断本题应选(B).实际上,对于 ③,因为

$$\begin{aligned}\sum_{i=1}^{n}y_i&=\sum_{j=1}^{n}y_i\\&=\sum_{j=1}^{n}(x_j-\sum_{k=1}^{n}x_{jk})=\sum_{j=1}^{n}x_j-\sum_{j=1}^{n}\sum_{k=1}^{n}x_{jk}\end{aligned}$$

$$\sum_{j=1}^{n}z_j=\sum_{j=1}^{n}(x_j-\sum_{i=1}^{n}x_{ij})=\sum_{j=1}^{n}x_j-\sum_{j=1}^{n}\sum_{i=1}^{n}x_{ij}$$

且 $\sum\limits_{j=1}^{n}\sum\limits_{k=1}^{n}x_{jk}=\sum\limits_{j=1}^{n}\sum\limits_{i=1}^{n}x_{ij}$,所以

$$\sum_{i=1}^{n} y_i = \sum_{j=1}^{n} z_j$$

对于 ④，由于

$$x_k = \sum_{j=1}^{n} x_{kj} + y_k$$

$$x_k = \sum_{i=1}^{n} x_{ik} + z_k$$

所以

$$\sum_{j=1}^{n} x_{kj} + y_k = \sum_{i=1}^{n} x_{ik} + z_k$$

由以上分析知本题中只有结论 ③，④ 正确. 故本题应选(B).

(二)参考题(附解答)

(A)

1. 已知线性方程组

$$\begin{cases} x_1 + x_2 + \lambda x_3 = 4 \\ x_1 - x_2 + 2x_3 = -4 \\ -x_1 + \lambda x_2 + x_3 = \lambda^2 \end{cases}$$

λ 取何值时，方程组无解、有唯一解和无穷多解？在方程组有无穷多解时，求出方程组的全部解.

解： 对方程组的增广矩阵施以初等行变换，化为阶梯形矩阵：

$$(\boldsymbol{A} \vdots \boldsymbol{b}) = \left(\begin{array}{ccc:c} 1 & 1 & \lambda & 4 \\ 1 & -1 & 2 & -4 \\ -1 & \lambda & 1 & \lambda^2 \end{array}\right) \longrightarrow \left(\begin{array}{ccc:c} 1 & 1 & \lambda & 4 \\ 0 & -2 & 2-\lambda & -8 \\ 0 & \lambda+1 & \lambda+1 & \lambda^2+4 \end{array}\right)$$

$$\longrightarrow \left(\begin{array}{ccc:c} 1 & 1 & \lambda & 4 \\ 0 & -2 & 2-\lambda & -8 \\ 0 & 0 & -\frac{1}{2}(\lambda+1)(\lambda-4) & \lambda(\lambda-4) \end{array}\right) \qquad (*)$$

当 $\lambda=-1$ 时，$r(\boldsymbol{A})=2$，$r(\boldsymbol{A} \vdots \boldsymbol{b})=3$，方程组无解.

当 $\lambda \neq -1$ 且 $\lambda \neq 4$ 时，$r(\boldsymbol{A})=r(\boldsymbol{A} \vdots \boldsymbol{b})=3$，方程组有唯一解.

当 $\lambda=4$ 时，$r(\boldsymbol{A})=r(\boldsymbol{A} \vdots \boldsymbol{b})=2<3$，方程组有无穷多解. 对上面最后一个矩阵（$*$）继续施以初等行变换，化为简化的阶梯形矩阵：

$$\left(\begin{array}{ccc:c} 1 & 1 & 4 & 4 \\ 0 & -2 & -2 & -8 \\ 0 & 0 & 0 & 0 \end{array}\right) \longrightarrow \left(\begin{array}{ccc:c} 1 & 0 & 3 & 0 \\ 0 & 1 & 1 & 4 \\ 0 & 0 & 0 & 0 \end{array}\right)$$

由此可知，与原方程组同解的方程组为

$$\begin{cases} x_1 = -3x_3 \\ x_2 = 4 - x_3 \end{cases}$$

令自由未知量 $x_3=c$，则原方程组的全部解为

$$\begin{cases} x_1 = -3c \\ x_2 = 4 - c \quad (c\text{ 为任意常数}) \\ x_3 = c \end{cases}$$

2. 设向量 $\boldsymbol{\alpha}_1=(1, 2, 3)^{\mathrm{T}}$，$\boldsymbol{\alpha}_2=(2, 3, a+3)^{\mathrm{T}}$，$\boldsymbol{\alpha}_3=(1, a+2, a)^{\mathrm{T}}$，$\boldsymbol{\beta}=(1, 3, 3)^{\mathrm{T}}$. 试讨论当 a 为何值时，

(1) $\boldsymbol{\beta}$ 不能由 $\boldsymbol{\alpha}_1$，$\boldsymbol{\alpha}_2$，$\boldsymbol{\alpha}_3$ 线性表示.

(2) $\boldsymbol{\beta}$ 可由 $\boldsymbol{\alpha}_1$，$\boldsymbol{\alpha}_2$，$\boldsymbol{\alpha}_3$ 唯一地线性表示，并求出表示式.

(3) $\boldsymbol{\beta}$ 可由 $\boldsymbol{\alpha}_1$，$\boldsymbol{\alpha}_2$，$\boldsymbol{\alpha}_3$线性表示，但表示法不唯一，并求出表示式.

解: 设有数 k_1，k_2，k_3，使得

$$k_1\boldsymbol{\alpha}_1+k_2\boldsymbol{\alpha}_2+k_3\boldsymbol{\alpha}_3=\boldsymbol{\beta} \qquad ①$$

记矩阵 $\boldsymbol{A}=(\boldsymbol{\alpha}_1, \boldsymbol{\alpha}_2, \boldsymbol{\alpha}_3)$，对矩阵$(\boldsymbol{A} \vdots \boldsymbol{\beta})$施以初等行变换，化为阶梯形矩阵:

$$(\boldsymbol{A} \vdots \boldsymbol{\beta})=\left(\begin{array}{ccc:c} 1 & 2 & 1 & 1 \\ 2 & 3 & a+2 & 3 \\ 3 & a+3 & a & 3 \end{array}\right) \longrightarrow \left(\begin{array}{ccc:c} 1 & 2 & 1 & 1 \\ 0 & -1 & a & 1 \\ 0 & a-3 & a-3 & 0 \end{array}\right)$$

$$\longrightarrow \left(\begin{array}{ccc:c} 1 & 2 & 1 & 1 \\ 0 & -1 & a & 1 \\ 0 & 0 & (a-3)(a+1) & a-3 \end{array}\right)$$

由此看出:

(1) 当 $a=-1$ 时，$\mathrm{r}(\boldsymbol{A})=2$，$\mathrm{r}(\boldsymbol{A} \vdots \boldsymbol{\beta})=3$，线性方程组①无解，即 $\boldsymbol{\beta}$ 不能由 $\boldsymbol{\alpha}_1$，$\boldsymbol{\alpha}_2$，$\boldsymbol{\alpha}_3$ 线性表示.

(2) 当 $a\neq-1$ 且 $a\neq3$ 时，$\mathrm{r}(\boldsymbol{A})=\mathrm{r}(\boldsymbol{A} \vdots \boldsymbol{\beta})=3$，线性方程组①有唯一解，由上面最后一个矩阵可求得 $k_1=\dfrac{a+2}{a+1}$，$k_2=-\dfrac{1}{a+1}$，$k_3=\dfrac{1}{a+1}$. 所以，$\boldsymbol{\beta}$ 可由 $\boldsymbol{\alpha}_1$，$\boldsymbol{\alpha}_2$，$\boldsymbol{\alpha}_3$ 唯一地线性表示，即

$$\boldsymbol{\beta}=\frac{a+2}{a+1}\boldsymbol{\alpha}_1-\frac{1}{a+1}\boldsymbol{\alpha}_2+\frac{1}{a+1}\boldsymbol{\alpha}_3$$

(3) 当 $a=3$ 时，$\mathrm{r}(\boldsymbol{A})=\mathrm{r}(\boldsymbol{A} \vdots \boldsymbol{\beta})=2<3$，线性方程组①有无穷多解. 对上面最后一个矩阵继续进行初等行变换，有

$$(\boldsymbol{A} \vdots \boldsymbol{\beta})\longrightarrow \left(\begin{array}{ccc:c} 1 & 0 & 7 & 3 \\ 0 & 1 & -3 & -1 \\ 0 & 0 & 0 & 0 \end{array}\right)$$

于是可得

$$k_1=3-7c,\ k_2=-1+3c,\ k_3=c \quad (c\text{ 为任意常数})$$

此时，$\boldsymbol{\beta}$ 可由 $\boldsymbol{\alpha}_1$，$\boldsymbol{\alpha}_2$，$\boldsymbol{\alpha}_3$ 线性表示，但表示式不唯一，即有

$$\boldsymbol{\beta}=(3-7c)\boldsymbol{\alpha}_1+(-1+3c)\boldsymbol{\alpha}_2+c\boldsymbol{\alpha}_3 \quad (c\text{ 为任意常数})$$

3. 设有向量组（Ⅰ）：$\boldsymbol{\alpha}_1=(1,3,4)^{\mathrm{T}}$，$\boldsymbol{\alpha}_2=(1,1,2)^{\mathrm{T}}$和向量组（Ⅱ）：$\boldsymbol{\beta}_1=(4,5,9)^{\mathrm{T}}$，$\boldsymbol{\beta}_2=(-1,1,a)^{\mathrm{T}}$. 试问：$a$ 为何值时，向量组（Ⅰ）与（Ⅱ）等价？当两个向量组等价时，求出它们相互表示的表示式.

分析： 只需讨论 a 为何值时，向量组（Ⅰ）和（Ⅱ）可以相互线性表示. 为此，需判断 a 为何值时，线性方程组

$$x_1\boldsymbol{\alpha}_1+x_2\boldsymbol{\alpha}_2=\boldsymbol{\beta}_i \quad (i=1,2)$$

有解，同时判断线性方程组

$$y_1\boldsymbol{\beta}_1+y_2\boldsymbol{\beta}_2=\boldsymbol{\alpha}_j \quad (j=1,2)$$

也有解. 为了简便，可以直接对矩阵（$\boldsymbol{\alpha}_1$，$\boldsymbol{\alpha}_2$，$\boldsymbol{\beta}_1$，$\boldsymbol{\beta}_2$）施以初等行变换，化为阶梯形矩阵.

解： 设矩阵 $\boldsymbol{A}=(\boldsymbol{\alpha}_1,\boldsymbol{\alpha}_2,\boldsymbol{\beta}_1,\boldsymbol{\beta}_2)$，对 $\boldsymbol{A}$ 施以初等行变换：

$$\boldsymbol{A}=\left(\begin{array}{cc:cc}1&1&4&-1\\3&1&5&1\\4&2&9&a\end{array}\right)\longrightarrow\left(\begin{array}{cc:cc}1&1&4&-1\\0&-2&-7&4\\0&-2&-7&a+4\end{array}\right)$$

$$\longrightarrow\left(\begin{array}{cc:cc}1&1&4&-1\\0&1&\frac{7}{2}&-2\\0&0&0&a\end{array}\right) \qquad (*)$$

由上面最后一个矩阵（$*$）可知，当 $a=0$ 时，$\mathrm{r}(\boldsymbol{\alpha}_1,\boldsymbol{\alpha}_2)=\mathrm{r}(\boldsymbol{\alpha}_1,\boldsymbol{\alpha}_2,\boldsymbol{\beta}_1,\boldsymbol{\beta}_2)$，所以 $\boldsymbol{\beta}_1$，$\boldsymbol{\beta}_2$ 可由 $\boldsymbol{\alpha}_1$，$\boldsymbol{\alpha}_2$ 线性表示. 对矩阵（$*$）继续施以初等行变换，将 $\boldsymbol{A}$ 化为简化的阶梯形矩阵：

$$\boldsymbol{A}\longrightarrow\left(\begin{array}{cc:cc}1&0&\frac{1}{2}&1\\0&1&\frac{7}{2}&-2\\0&0&0&0\end{array}\right)$$

由此可得 $\boldsymbol{\beta}_1=\frac{1}{2}\boldsymbol{\alpha}_1+\frac{7}{2}\boldsymbol{\alpha}_2$，$\boldsymbol{\beta}_2=\boldsymbol{\alpha}_1-2\boldsymbol{\alpha}_2$.

类似地，当 $a=0$ 时，对 $\boldsymbol{A}$ 施以初等行变换，将 $\boldsymbol{\beta}_1$，$\boldsymbol{\beta}_2$ 所在的列化为单位向量：

$$\boldsymbol{A}=\left(\begin{array}{cc:cc}1&1&4&-1\\3&1&5&1\\4&2&9&0\end{array}\right)\longrightarrow\left(\begin{array}{cc:cc}4&2&9&0\\3&1&5&1\\4&2&9&0\end{array}\right)\longrightarrow\left(\begin{array}{cc:cc}\frac{4}{9}&\frac{2}{9}&1&0\\\frac{7}{9}&-\frac{1}{9}&0&1\\0&0&0&0\end{array}\right)$$

由此可得 $\mathrm{r}(\boldsymbol{\beta}_1,\boldsymbol{\beta}_2)=\mathrm{r}(\boldsymbol{\alpha}_1,\boldsymbol{\alpha}_2,\boldsymbol{\beta}_1,\boldsymbol{\beta}_2)$. 所以 $\boldsymbol{\alpha}_1$，$\boldsymbol{\alpha}_2$ 可由 $\boldsymbol{\beta}_1$，$\boldsymbol{\beta}_2$ 线性表示，且

$$\boldsymbol{\alpha}_1=\frac{4}{9}\boldsymbol{\beta}_1+\frac{7}{9}\boldsymbol{\beta}_2,\ \boldsymbol{\alpha}_2=\frac{2}{9}\boldsymbol{\beta}_1-\frac{1}{9}\boldsymbol{\beta}_2$$

两个向量组在 $a=0$ 时，可以相互线性表示. 故向量组（Ⅰ），（Ⅱ）等价.

4. 设向量组 $\boldsymbol{\alpha}_1=(1+a,1,1,1)^{\mathrm T}$，$\boldsymbol{\alpha}_2=(2,2+a,2,2)^{\mathrm T}$，$\boldsymbol{\alpha}_3=(3,3,3+a,3)^{\mathrm T}$，$\boldsymbol{\alpha}_4=(4,4,4,4+a)^{\mathrm T}$. 问 a 为何值时，$\boldsymbol{\alpha}_1$，$\boldsymbol{\alpha}_2$，$\boldsymbol{\alpha}_3$，$\boldsymbol{\alpha}_4$ 线性相关？当 $\boldsymbol{\alpha}_1$，$\boldsymbol{\alpha}_2$，$\boldsymbol{\alpha}_3$，$\boldsymbol{\alpha}_4$ 线性相关时，求其一个极大线性无关组，并将其余向量用该极大线性无关组线性表示.

解： *方法 1* 记矩阵 $\boldsymbol{A}=(\boldsymbol{\alpha}_1,\boldsymbol{\alpha}_2,\boldsymbol{\alpha}_3,\boldsymbol{\alpha}_4)$，对 $\boldsymbol{A}$ 施以初等行变换，化为阶梯形矩阵：

$$\boldsymbol{A}=\begin{pmatrix}1+a&2&3&4\\1&2+a&3&4\\1&2&3+a&4\\1&2&3&4+a\end{pmatrix}\longrightarrow\begin{pmatrix}1&2&3&4+a\\0&a&0&-a\\0&0&a&-a\\0&-2a&-3a&-a^2-5a\end{pmatrix}$$

$$\longrightarrow\begin{pmatrix}1&2&3&4+a\\0&a&0&-a\\0&0&a&-a\\0&0&0&-a(a+10)\end{pmatrix}\qquad(*)$$

当 $a=0$ 时，$\mathrm r(\boldsymbol{A})=\mathrm r(\boldsymbol{\alpha}_1,\boldsymbol{\alpha}_2,\boldsymbol{\alpha}_3,\boldsymbol{\alpha}_4)=1$. 因此 $\boldsymbol{\alpha}_1$，$\boldsymbol{\alpha}_2$，$\boldsymbol{\alpha}_3$，$\boldsymbol{\alpha}_4$ 线性相关. 由上面的矩阵（$*$）不难看出，$\boldsymbol{\alpha}_1$ 为向量组 $\boldsymbol{\alpha}_1$，$\boldsymbol{\alpha}_2$，$\boldsymbol{\alpha}_3$，$\boldsymbol{\alpha}_4$ 的一个极大无关组，且

$$\boldsymbol{\alpha}_2=2\boldsymbol{\alpha}_1,\ \boldsymbol{\alpha}_3=3\boldsymbol{\alpha}_1,\ \boldsymbol{\alpha}_4=4\boldsymbol{\alpha}_1$$

当 $a=-10$ 时，$\mathrm r(\boldsymbol{A})=\mathrm r(\boldsymbol{\alpha}_1,\boldsymbol{\alpha}_2,\boldsymbol{\alpha}_3,\boldsymbol{\alpha}_4)=3$. 因此 $\boldsymbol{\alpha}_1$，$\boldsymbol{\alpha}_2$，$\boldsymbol{\alpha}_3$，$\boldsymbol{\alpha}_4$ 线性相关. 对上面的矩阵（$*$）继续施以初等行变换，化为简化的阶梯形矩阵：

$$\begin{pmatrix}1&2&3&-6\\0&-10&0&10\\0&0&-10&10\\0&0&0&0\end{pmatrix}\longrightarrow\begin{pmatrix}1&0&0&-1\\0&1&0&-1\\0&0&1&-1\\0&0&0&0\end{pmatrix}$$

由此可知，向量组 $\boldsymbol{\alpha}_1$，$\boldsymbol{\alpha}_2$，$\boldsymbol{\alpha}_3$，$\boldsymbol{\alpha}_4$ 的一个极大无关组为 $\boldsymbol{\alpha}_1$，$\boldsymbol{\alpha}_2$，$\boldsymbol{\alpha}_3$，且

$$\boldsymbol{\alpha}_4=-\boldsymbol{\alpha}_1-\boldsymbol{\alpha}_2-\boldsymbol{\alpha}_3$$

方法 2 设矩阵 $\boldsymbol{A}=(\boldsymbol{\alpha}_1,\boldsymbol{\alpha}_2,\boldsymbol{\alpha}_3,\boldsymbol{\alpha}_4)$，$\boldsymbol{A}$ 的行列式

$$|\boldsymbol{A}|=\begin{vmatrix}1+a&2&3&4\\1&2+a&3&4\\1&2&3+a&4\\1&2&3&4+a\end{vmatrix}=a^3(a+10)$$

当 $|\boldsymbol{A}|=0$，即 $a=0$ 或 $a=-10$ 时，$\boldsymbol{\alpha}_1$，$\boldsymbol{\alpha}_2$，$\boldsymbol{\alpha}_3$，$\boldsymbol{\alpha}_4$ 线性相关.

当 $a=0$ 时，$\boldsymbol{\alpha}_1=(1,1,1,1)^{\mathrm T}$，$\boldsymbol{\alpha}_2=(2,2,2,2)^{\mathrm T}$，$\boldsymbol{\alpha}_3=(3,3,3,3)^{\mathrm T}$，$\boldsymbol{\alpha}_4=(4,4,4,4)^{\mathrm T}$. 可以看出，$\boldsymbol{\alpha}_1$，$\boldsymbol{\alpha}_2$，$\boldsymbol{\alpha}_3$，$\boldsymbol{\alpha}_4$ 的一个极大线性无关组为 $\boldsymbol{\alpha}_1$，且

$$\boldsymbol{\alpha}_2=2\boldsymbol{\alpha}_1,\ \boldsymbol{\alpha}_3=3\boldsymbol{\alpha}_1,\ \boldsymbol{\alpha}_4=4\boldsymbol{\alpha}_1$$

当 $a=-10$ 时，对 $\boldsymbol{A}$ 施以初等行变换，化为简化的阶梯形矩阵：

$$\boldsymbol{A}=\begin{pmatrix}-9&2&3&4\\1&-8&3&4\\1&2&-7&4\\1&2&3&-6\end{pmatrix}\longrightarrow\begin{pmatrix}1&2&3&-6\\0&-10&0&10\\0&0&-10&10\\0&20&30&-50\end{pmatrix}\longrightarrow\begin{pmatrix}1&0&0&-1\\0&1&0&-1\\0&0&1&-1\\0&0&0&0\end{pmatrix}$$

由此可知，向量组 $\boldsymbol{\alpha}_1$，$\boldsymbol{\alpha}_2$，$\boldsymbol{\alpha}_3$，$\boldsymbol{\alpha}_4$ 的一个极大线性无关组为 $\boldsymbol{\alpha}_1$，$\boldsymbol{\alpha}_2$，$\boldsymbol{\alpha}_3$，且

$$\boldsymbol{\alpha}_4=-\boldsymbol{\alpha}_1-\boldsymbol{\alpha}_2-\boldsymbol{\alpha}_3$$

5. 设向量组 $\boldsymbol{\alpha}_1$，$\boldsymbol{\alpha}_2$，$\boldsymbol{\alpha}_3$ 线性无关，向量 $\boldsymbol{\beta}_1=2\boldsymbol{\alpha}_1+3\boldsymbol{\alpha}_2$，$\boldsymbol{\beta}_2=3\boldsymbol{\alpha}_2+2\boldsymbol{\alpha}_3$，$\boldsymbol{\beta}_3=2\boldsymbol{\alpha}_3+3\boldsymbol{\alpha}_1$，试证：向量组 $\boldsymbol{\beta}_1$，$\boldsymbol{\beta}_2$，$\boldsymbol{\beta}_3$ 线性无关.

证：方法 1　设有数 k_1，k_2，k_3，使得

$$k_1\boldsymbol{\beta}_1+k_2\boldsymbol{\beta}_2+k_3\boldsymbol{\beta}_3=\mathbf{0}$$

即
$$k_1(2\boldsymbol{\alpha}_1+3\boldsymbol{\alpha}_2)+k_2(3\boldsymbol{\alpha}_2+2\boldsymbol{\alpha}_3)+k_3(2\boldsymbol{\alpha}_3+3\boldsymbol{\alpha}_1)=\mathbf{0}$$

化简得

$$(2k_1+3k_3)\boldsymbol{\alpha}_1+(3k_1+3k_2)\boldsymbol{\alpha}_2+(2k_2+2k_3)\boldsymbol{\alpha}_3=\mathbf{0}$$

因为向量组 $\boldsymbol{\alpha}_1$，$\boldsymbol{\alpha}_2$，$\boldsymbol{\alpha}_3$ 线性无关，由上式得

$$\begin{cases}2k_1 \qquad +3k_3=0\\3k_1+3k_2 \qquad =0\\\qquad 2k_2+2k_3=0\end{cases}$$

此方程组的系数行列式

$$\begin{vmatrix}2&0&3\\3&3&0\\0&2&2\end{vmatrix}=30\neq0$$

故此方程组仅有零解 $k_1=0$，$k_2=0$，$k_3=0$，即仅当 $k_1=k_2=k_3=0$ 时，才有 $k_1\boldsymbol{\beta}_1+k_2\boldsymbol{\beta}_2+k_3\boldsymbol{\beta}_3=\mathbf{0}$. 所以 $\boldsymbol{\beta}_1$，$\boldsymbol{\beta}_2$，$\boldsymbol{\beta}_3$ 线性无关.

方法 2　不妨设 $\boldsymbol{\alpha}_1$，$\boldsymbol{\alpha}_2$，$\boldsymbol{\alpha}_3$ 为行向量，记矩阵

$$\boldsymbol{A}=\begin{pmatrix}\boldsymbol{\beta}_1\\\boldsymbol{\beta}_2\\\boldsymbol{\beta}_3\end{pmatrix}=\begin{pmatrix}2\boldsymbol{\alpha}_1+3\boldsymbol{\alpha}_2\\3\boldsymbol{\alpha}_2+2\boldsymbol{\alpha}_3\\2\boldsymbol{\alpha}_3+3\boldsymbol{\alpha}_1\end{pmatrix}=\begin{pmatrix}2&3&0\\0&3&2\\3&0&2\end{pmatrix}\begin{pmatrix}\boldsymbol{\alpha}_1\\\boldsymbol{\alpha}_2\\\boldsymbol{\alpha}_3\end{pmatrix}$$

记矩阵

$$\boldsymbol{B}=\begin{pmatrix}2&3&0\\0&3&2\\3&0&2\end{pmatrix},\ \boldsymbol{C}=\begin{pmatrix}\boldsymbol{\alpha}_1\\\boldsymbol{\alpha}_2\\\boldsymbol{\alpha}_3\end{pmatrix}$$

则 $\boldsymbol{A}=\boldsymbol{BC}$，而

$$|\boldsymbol{B}|=\begin{vmatrix}2&3&0\\0&3&2\\3&0&2\end{vmatrix}=30\neq0$$

所以矩阵 $\boldsymbol{B}$ 可逆，于是 $\mathrm{r}(\boldsymbol{A})=\mathrm{r}(\boldsymbol{C})$. 而 $\boldsymbol{\alpha}_1$，$\boldsymbol{\alpha}_2$，$\boldsymbol{\alpha}_3$ 线性无关，有 $\mathrm{r}(\boldsymbol{C})=3$. 故 $\mathrm{r}(\boldsymbol{A})=3$，由此可知 $\boldsymbol{\beta}_1$，$\boldsymbol{\beta}_2$，$\boldsymbol{\beta}_3$ 线性无关.

方法 3　不妨设 $\boldsymbol{\alpha}_1$，$\boldsymbol{\alpha}_2$，$\boldsymbol{\alpha}_3$ 为行向量. 记矩阵

$$A=\begin{pmatrix}\boldsymbol{\beta}_1\\\boldsymbol{\beta}_2\\\boldsymbol{\beta}_3\end{pmatrix}=\begin{pmatrix}2\boldsymbol{\alpha}_1+3\boldsymbol{\alpha}_2\\3\boldsymbol{\alpha}_2+2\boldsymbol{\alpha}_3\\2\boldsymbol{\alpha}_3+3\boldsymbol{\alpha}_1\end{pmatrix}$$

对 $\boldsymbol{A}$ 施以初等行变换，有

$$A\longrightarrow\begin{pmatrix}2\boldsymbol{\alpha}_1-2\boldsymbol{\alpha}_3\\3\boldsymbol{\alpha}_2+2\boldsymbol{\alpha}_3\\2\boldsymbol{\alpha}_3+3\boldsymbol{\alpha}_1\end{pmatrix}\longrightarrow\begin{pmatrix}5\boldsymbol{\alpha}_1\\3\boldsymbol{\alpha}_2-3\boldsymbol{\alpha}_1\\2\boldsymbol{\alpha}_3+3\boldsymbol{\alpha}_1\end{pmatrix}\longrightarrow\begin{pmatrix}\boldsymbol{\alpha}_1\\3\boldsymbol{\alpha}_2\\2\boldsymbol{\alpha}_3\end{pmatrix}\longrightarrow\begin{pmatrix}\boldsymbol{\alpha}_1\\\boldsymbol{\alpha}_2\\\boldsymbol{\alpha}_3\end{pmatrix}$$

因为初等变换不改变矩阵 $\boldsymbol{A}$ 的秩，又已知 $\boldsymbol{\alpha}_1$，$\boldsymbol{\alpha}_2$，$\boldsymbol{\alpha}_3$ 线性无关，所以

$$\mathrm{r}(\boldsymbol{A})=\mathrm{r}\begin{pmatrix}\boldsymbol{\beta}_1\\\boldsymbol{\beta}_2\\\boldsymbol{\beta}_3\end{pmatrix}=\mathrm{r}\begin{pmatrix}\boldsymbol{\alpha}_1\\\boldsymbol{\alpha}_2\\\boldsymbol{\alpha}_3\end{pmatrix}=3$$

于是 $\boldsymbol{\beta}_1$，$\boldsymbol{\beta}_2$，$\boldsymbol{\beta}_3$ 线性无关.

6. 设向量组 $\boldsymbol{\alpha}_1,\boldsymbol{\alpha}_2,\cdots,\boldsymbol{\alpha}_s$ 线性无关，向量 $\boldsymbol{\alpha}=\sum\limits_{i=1}^{s}\boldsymbol{\alpha}_i$ $(s\geqslant 2)$. 证明：向量组 $\boldsymbol{\alpha}-\boldsymbol{\alpha}_1$，$\boldsymbol{\alpha}-\boldsymbol{\alpha}_2$，…，$\boldsymbol{\alpha}-\boldsymbol{\alpha}_s$ 线性无关.

证：记 $\boldsymbol{\beta}_1=\boldsymbol{\alpha}-\boldsymbol{\alpha}_1$，$\boldsymbol{\beta}_2=\boldsymbol{\alpha}-\boldsymbol{\alpha}_2$，…，$\boldsymbol{\beta}_s=\boldsymbol{\alpha}-\boldsymbol{\alpha}_s$，则 $\boldsymbol{\beta}_1=\boldsymbol{\alpha}_2+\boldsymbol{\alpha}_3+\cdots+\boldsymbol{\alpha}_s$，$\boldsymbol{\beta}_2=\boldsymbol{\alpha}_1+\boldsymbol{\alpha}_3+\cdots+\boldsymbol{\alpha}_s$，…，$\boldsymbol{\beta}_s=\boldsymbol{\alpha}_1+\boldsymbol{\alpha}_2+\cdots+\boldsymbol{\alpha}_{s-1}$.

设有数 k_1，k_2，…，k_s，使得

$$k_1\boldsymbol{\beta}_1+k_2\boldsymbol{\beta}_2+\cdots+k_s\boldsymbol{\beta}_s=\mathbf{0}$$

即

$$k_1(\boldsymbol{\alpha}_2+\boldsymbol{\alpha}_3+\cdots+\boldsymbol{\alpha}_s)+k_2(\boldsymbol{\alpha}_1+\boldsymbol{\alpha}_3+\cdots+\boldsymbol{\alpha}_s)+\cdots+k_s(\boldsymbol{\alpha}_1+\boldsymbol{\alpha}_2+\cdots+\boldsymbol{\alpha}_{s-1})=\mathbf{0}$$

所以

$$(k_2+k_3+\cdots+k_s)\boldsymbol{\alpha}_1+(k_1+k_3+\cdots+k_s)\boldsymbol{\alpha}_2+\cdots+(k_1+k_2+\cdots+k_{s-1})\boldsymbol{\alpha}_s=\mathbf{0}$$

因为 $\boldsymbol{\alpha}_1$，$\boldsymbol{\alpha}_2$，…，$\boldsymbol{\alpha}_s$ 线性无关，有

$$\begin{cases}\quad k_2+k_3+\cdots\qquad +k_s=0\\k_1\qquad +k_3+\cdots\qquad +k_s=0\\\quad\cdots\cdots\\k_1+k_2+\cdots\qquad +k_{s-1}\qquad =0\end{cases}$$

此方程组的系数行列式

$$\begin{vmatrix}0&1&1&\cdots&1\\1&0&1&\cdots&1\\\vdots&\vdots&\vdots&&\vdots\\1&1&1&\cdots&0\end{vmatrix}=(s-1)(-1)^{s-1}\neq 0\quad(s\geqslant 2)$$

所以该方程组仅有零解 $k_1=0$，$k_2=0$，…，$k_s=0$，即仅当 $k_1=k_2=\cdots=k_s=0$ 时，才有 $k_1\boldsymbol{\beta}_1+k_2\boldsymbol{\beta}_2+\cdots+k_s\boldsymbol{\beta}_s=\mathbf{0}$. 所以 $\boldsymbol{\alpha}-\boldsymbol{\alpha}_1$，$\boldsymbol{\alpha}-\boldsymbol{\alpha}_2$，…，$\boldsymbol{\alpha}-\boldsymbol{\alpha}_s$ 线性无关.

注释：第 6 题有多种证法，读者可参考第 5 题的证法自行给出其他证明.

7. 设向量组 $\boldsymbol{\alpha}_1$，$\boldsymbol{\alpha}_2$，…，$\boldsymbol{\alpha}_s$ 和 $\boldsymbol{\beta}_1$，$\boldsymbol{\beta}_2$，…，$\boldsymbol{\beta}_t$ 的秩分别为 r_1，r_2；向量组 $\boldsymbol{\alpha}_1$，$\boldsymbol{\alpha}_2$，…，

$\boldsymbol{\alpha}_s$，$\boldsymbol{\beta}_1$，$\boldsymbol{\beta}_2$，…，$\boldsymbol{\beta}_t$ 的秩为 r_3．证明：

$$\max\{r_1,\ r_2\}\leqslant r_3\leqslant r_1+r_2$$

证：不妨设向量组 $\boldsymbol{\alpha}_1$，$\boldsymbol{\alpha}_2$，…，$\boldsymbol{\alpha}_s$ 和 $\boldsymbol{\beta}_1$，$\boldsymbol{\beta}_2$，…，$\boldsymbol{\beta}_t$ 的极大无关组分别为（Ⅰ）：$\boldsymbol{\alpha}_1$，$\boldsymbol{\alpha}_2$，…，$\boldsymbol{\alpha}_{r_1}$ 和（Ⅱ）：$\boldsymbol{\beta}_1$，$\boldsymbol{\beta}_2$，…，$\boldsymbol{\beta}_{r_2}$．设向量组 $\boldsymbol{\alpha}_1$，$\boldsymbol{\alpha}_2$，…，$\boldsymbol{\alpha}_s$，$\boldsymbol{\beta}_1$，$\boldsymbol{\beta}_2$，…，$\boldsymbol{\beta}_t$ 的极大无关组为

$$(\text{Ⅲ})\ \boldsymbol{\alpha}_{i_1},\ \boldsymbol{\alpha}_{i_2},\ \cdots,\ \boldsymbol{\alpha}_{i_k},\ \boldsymbol{\beta}_{i_{k+1}},\ \cdots,\ \boldsymbol{\beta}_{i_{r_3}}\qquad(0\leqslant k\leqslant r_1)$$

于是向量组 $\boldsymbol{\alpha}_1$，$\boldsymbol{\alpha}_2$，…，$\boldsymbol{\alpha}_s$ 可由（Ⅲ）线性表示，由此可知，其极大无关组（Ⅰ）也可由（Ⅲ）线性表示，而 $\boldsymbol{\alpha}_1$，$\boldsymbol{\alpha}_2$，…，$\boldsymbol{\alpha}_{r_1}$ 线性无关，所以 $r_1\leqslant r_3$．

同理可证 $r_2\leqslant r_3$；从而 $\max\{r_1,\ r_2\}\leqslant r_3$．

又向量组（Ⅲ）线性无关，并且一定可以由向量组（Ⅰ）和（Ⅱ）合并后所得到的向量组线性表示．所以 $r_3\leqslant r_1+r_2$．综上分析，有

$$\max\{r_1,\ r_2\}\leqslant r_3\leqslant r_1+r_2$$

本题的结论可作为定理使用，特别地，如果记矩阵 $\boldsymbol{A}=(\boldsymbol{\alpha}_1,\ \boldsymbol{\alpha}_2,\ \cdots,\ \boldsymbol{\alpha}_s)$，$\boldsymbol{B}=(\boldsymbol{\beta}_1,\ \boldsymbol{\beta}_2,\ \cdots,\ \boldsymbol{\beta}_t)$，则本题的结论可以改述为分块矩阵 $(\boldsymbol{A},\ \boldsymbol{B})$ 的秩与矩阵 $\boldsymbol{A}$，$\boldsymbol{B}$ 的秩的关系：

$$\max\{\mathrm{r}(\boldsymbol{A}),\ \mathrm{r}(\boldsymbol{B})\}\leqslant\mathrm{r}(\boldsymbol{A},\ \boldsymbol{B})\leqslant\mathrm{r}(\boldsymbol{A})+\mathrm{r}(\boldsymbol{B})$$

8. 设 $\boldsymbol{A}$ 是 $n\times m$ 矩阵，$\boldsymbol{B}$ 是 $m\times n$ 矩阵，其中 $m>n$．如果 $\boldsymbol{AB}=\boldsymbol{I}$，证明：矩阵 $\boldsymbol{B}$ 的列向量组线性无关．

证：*方法 1*　将矩阵 $\boldsymbol{B}$ 按列分块为 $\boldsymbol{B}=(\boldsymbol{\beta}_1,\ \boldsymbol{\beta}_2,\ \cdots,\ \boldsymbol{\beta}_n)$，设有数 k_1，k_2，…，k_n，使得

$$k_1\boldsymbol{\beta}_1+k_2\boldsymbol{\beta}_2+\cdots+k_n\boldsymbol{\beta}_n=\boldsymbol{0}$$

此式可写成

$$(\boldsymbol{\beta}_1,\ \boldsymbol{\beta}_2,\ \cdots,\ \boldsymbol{\beta}_n)\begin{pmatrix}k_1\\k_2\\\vdots\\k_n\end{pmatrix}=\boldsymbol{0}$$

记 $\boldsymbol{K}=(k_1,\ k_2,\ \cdots,\ k_n)^{\mathrm{T}}$，上式又可写成

$$\boldsymbol{BK}=\boldsymbol{0}$$

在上式两边左乘矩阵 $\boldsymbol{A}$，由于 $\boldsymbol{AB}=\boldsymbol{I}$，可得

$$\boldsymbol{ABK}=\boldsymbol{IK}=\boldsymbol{K}=\boldsymbol{0}$$

所以 $k_1=0$，$k_2=0$，…，$k_n=0$，由此可知：$\boldsymbol{B}$ 的列向量组 $\boldsymbol{\beta}_1$，$\boldsymbol{\beta}_2$，…，$\boldsymbol{\beta}_n$ 线性无关．

方法 2　因为 $\boldsymbol{AB}=\boldsymbol{I}$，所以 $\mathrm{r}(\boldsymbol{AB})=\mathrm{r}(\boldsymbol{I})=n$．又

$$n=\mathrm{r}(\boldsymbol{AB})\leqslant\min\{\mathrm{r}(\boldsymbol{A}),\ \mathrm{r}(\boldsymbol{B})\}\leqslant\mathrm{r}(\boldsymbol{B})$$

即 $\mathrm{r}(\boldsymbol{B})\geqslant n$．而矩阵 $\boldsymbol{B}$ 为 $m\times n$ 矩阵，且 $m>n$，故必有 $\mathrm{r}(\boldsymbol{B})\leqslant n$．于是 $\mathrm{r}(\boldsymbol{B})=n$，由此可得 $\boldsymbol{B}$ 的列向量组线性无关．

方法 3　设矩阵 $\boldsymbol{A}=(a_{ij})_{n\times m}$，矩阵 $\boldsymbol{B}$ 的行向量组为 $\boldsymbol{\alpha}_1$，$\boldsymbol{\alpha}_2$，…，$\boldsymbol{\alpha}_m$，单位矩阵的行向

量组为 $\boldsymbol{\varepsilon}_1, \boldsymbol{\varepsilon}_2, \cdots, \boldsymbol{\varepsilon}_n$，则 $\boldsymbol{\alpha}_1, \boldsymbol{\alpha}_2, \cdots, \boldsymbol{\alpha}_m$ 可以由 $\boldsymbol{\varepsilon}_1, \boldsymbol{\varepsilon}_2, \cdots, \boldsymbol{\varepsilon}_n$ 线性表示，又 $\boldsymbol{AB}=\boldsymbol{I}$ 可以写为

$$\begin{pmatrix} a_{11} & a_{12} & \cdots & a_{1m} \\ a_{21} & a_{22} & \cdots & a_{2m} \\ \vdots & \vdots & & \vdots \\ a_{n1} & a_{n2} & \cdots & a_{nm} \end{pmatrix} \begin{pmatrix} \boldsymbol{\alpha}_1 \\ \boldsymbol{\alpha}_2 \\ \vdots \\ \boldsymbol{\alpha}_m \end{pmatrix} = \begin{pmatrix} \boldsymbol{\varepsilon}_1 \\ \boldsymbol{\varepsilon}_2 \\ \vdots \\ \boldsymbol{\varepsilon}_n \end{pmatrix}$$

所以

$$\boldsymbol{\varepsilon}_i = a_{i1}\boldsymbol{\alpha}_1 + a_{i2}\boldsymbol{\alpha}_2 + \cdots + a_{im}\boldsymbol{\alpha}_m \quad (i=1, 2, \cdots, n)$$

即向量组 $\boldsymbol{\varepsilon}_1, \boldsymbol{\varepsilon}_2, \cdots, \boldsymbol{\varepsilon}_n$ 也可由 $\boldsymbol{\alpha}_1, \boldsymbol{\alpha}_2, \cdots, \boldsymbol{\alpha}_m$ 线性表示. 因此向量组 $\boldsymbol{\alpha}_1, \boldsymbol{\alpha}_2, \cdots, \boldsymbol{\alpha}_m$ 与 $\boldsymbol{\varepsilon}_1, \boldsymbol{\varepsilon}_2, \cdots, \boldsymbol{\varepsilon}_n$ 等价. 于是

$$\mathrm{r}(\boldsymbol{\alpha}_1, \boldsymbol{\alpha}_2, \cdots, \boldsymbol{\alpha}_m) = \mathrm{r}(\boldsymbol{\varepsilon}_1, \boldsymbol{\varepsilon}_2, \cdots, \boldsymbol{\varepsilon}_n)$$

而 $\mathrm{r}(\boldsymbol{\varepsilon}_1, \boldsymbol{\varepsilon}_2, \cdots, \boldsymbol{\varepsilon}_n) = \mathrm{r}(\boldsymbol{I}) = n$，所以 $\mathrm{r}(\boldsymbol{\alpha}_1, \boldsymbol{\alpha}_2, \cdots, \boldsymbol{\alpha}_m) = n$，由于矩阵 $\boldsymbol{B}$ 的秩等于其行秩、列秩，可知 $\boldsymbol{B}$ 的列秩也是 n，所以，矩阵 $\boldsymbol{B}$ 的列向量组线性无关.

9. 设向量组 $\boldsymbol{\alpha}_1, \boldsymbol{\alpha}_2, \cdots, \boldsymbol{\alpha}_s$ 线性无关，向量组 $\boldsymbol{\beta}_1, \boldsymbol{\beta}_2, \cdots, \boldsymbol{\beta}_t$ 可由 $\boldsymbol{\alpha}_1, \boldsymbol{\alpha}_2, \cdots, \boldsymbol{\alpha}_s$ 线性表示：

$$\begin{cases} \boldsymbol{\beta}_1 = c_{11}\boldsymbol{\alpha}_1 + c_{21}\boldsymbol{\alpha}_2 + \cdots + c_{s1}\boldsymbol{\alpha}_s \\ \boldsymbol{\beta}_2 = c_{12}\boldsymbol{\alpha}_1 + c_{22}\boldsymbol{\alpha}_2 + \cdots + c_{s2}\boldsymbol{\alpha}_s \\ \cdots\cdots \\ \boldsymbol{\beta}_t = c_{1t}\boldsymbol{\alpha}_1 + c_{2t}\boldsymbol{\alpha}_2 + \cdots + c_{st}\boldsymbol{\alpha}_s \end{cases} \qquad ①$$

记矩阵 $\boldsymbol{C}=(c_{ij})_{s\times t}$，证明：向量组 $\boldsymbol{\beta}_1, \boldsymbol{\beta}_2, \cdots, \boldsymbol{\beta}_t$ 线性相关的充分必要条件为 $\mathrm{r}(\boldsymbol{C})<t$.

证： 为了方便，设本题中的向量均为列向量，则式①可记为

$$(\boldsymbol{\beta}_1, \boldsymbol{\beta}_2, \cdots, \boldsymbol{\beta}_t) = (\boldsymbol{\alpha}_1, \boldsymbol{\alpha}_2, \cdots, \boldsymbol{\alpha}_s) \begin{pmatrix} c_{11} & c_{12} & \cdots & c_{1t} \\ c_{21} & c_{22} & \cdots & c_{2t} \\ \vdots & \vdots & & \vdots \\ c_{s1} & c_{s2} & \cdots & c_{st} \end{pmatrix}$$

即 $$(\boldsymbol{\beta}_1, \boldsymbol{\beta}_2, \cdots, \boldsymbol{\beta}_t) = (\boldsymbol{\alpha}_1, \boldsymbol{\alpha}_2, \cdots, \boldsymbol{\alpha}_s)\boldsymbol{C} \qquad ②$$

必要性 设向量组 $\boldsymbol{\beta}_1, \boldsymbol{\beta}_2, \cdots, \boldsymbol{\beta}_t$ 线性相关. 需证明 $\mathrm{r}(\boldsymbol{C})<t$. 由题设条件，存在不全为零的数 $\bar{x}_1, \bar{x}_2, \cdots, \bar{x}_t$，使得

$$\bar{x}_1\boldsymbol{\beta}_1 + \bar{x}_2\boldsymbol{\beta}_2 + \cdots + \bar{x}_t\boldsymbol{\beta}_t = \boldsymbol{0}$$

记 $\bar{\boldsymbol{x}}=(\bar{x}_1, \bar{x}_2, \cdots, \bar{x}_t)^{\mathrm{T}}$，上式可记为

$$(\boldsymbol{\beta}_1, \boldsymbol{\beta}_2, \cdots, \boldsymbol{\beta}_t)\bar{\boldsymbol{x}} = \boldsymbol{0} \qquad ③$$

将式②代入式③，有

$$(\boldsymbol{\alpha}_1, \boldsymbol{\alpha}_2, \cdots, \boldsymbol{\alpha}_s)\boldsymbol{C}\bar{\boldsymbol{x}} = \boldsymbol{0}$$

因为 $\boldsymbol{\alpha}_1, \boldsymbol{\alpha}_2, \cdots, \boldsymbol{\alpha}_s$ 线性无关，由上式可知，$\boldsymbol{\alpha}_1, \boldsymbol{\alpha}_2, \cdots, \boldsymbol{\alpha}_s$ 的组合系数 $\boldsymbol{C}\bar{\boldsymbol{x}}=\boldsymbol{0}$，这表明：齐次线性方程组 $\boldsymbol{C}\boldsymbol{x}=\boldsymbol{0}$ 有非零解 $\bar{\boldsymbol{x}}\neq\boldsymbol{0}$. 故必有 $\mathrm{r}(\boldsymbol{C})<t$.

充分性 设 $\mathrm{r}(\boldsymbol{C})<t$，需证明向量组 $\boldsymbol{\beta}_1, \boldsymbol{\beta}_2, \cdots, \boldsymbol{\beta}_t$ 线性相关.

考察齐次线性方程组 $\boldsymbol{C}\boldsymbol{x}=\boldsymbol{0}$，因为 $\mathrm{r}(\boldsymbol{C})<t$，此方程组必有非零解 $\bar{\boldsymbol{x}}=(\bar{x}_1, \bar{x}_2, \cdots, \bar{x}_t)\neq\boldsymbol{0}$. 这时

$$\bar{x}_1\boldsymbol{\beta}_1+\bar{x}_2\boldsymbol{\beta}_2+\cdots+\bar{x}_t\boldsymbol{\beta}_t=(\boldsymbol{\beta}_1, \boldsymbol{\beta}_2, \cdots, \boldsymbol{\beta}_t)\bar{\boldsymbol{x}}=(\boldsymbol{\alpha}_1, \boldsymbol{\alpha}_2, \cdots, \boldsymbol{\alpha}_s)\boldsymbol{C}\bar{\boldsymbol{x}}=\boldsymbol{0}$$

所以 $\boldsymbol{\beta}_1, \boldsymbol{\beta}_2, \cdots, \boldsymbol{\beta}_t$ 线性相关.

10. 设 $\boldsymbol{A}^*$ 是 $n(n\geqslant 2)$ 阶矩阵 $\boldsymbol{A}$ 的伴随矩阵. 试证：

$$\mathrm{r}(\boldsymbol{A}^*)=\begin{cases} n, & 若\ \mathrm{r}(\boldsymbol{A})=n \\ 1, & 若\ \mathrm{r}(\boldsymbol{A})=n-1 \\ 0, & 若\ \mathrm{r}(\boldsymbol{A})<n-1 \end{cases}$$

证：对于 n 阶矩阵 $\boldsymbol{A}$，总有 $\boldsymbol{A}\boldsymbol{A}^*=|\boldsymbol{A}|\boldsymbol{I}$.

若 $\mathrm{r}(\boldsymbol{A})=n$，则 $|\boldsymbol{A}|\neq 0$，在 $\boldsymbol{A}\boldsymbol{A}^*=|\boldsymbol{A}|\boldsymbol{I}$ 两边取行列式，有

$$|\boldsymbol{A}|\cdot|\boldsymbol{A}^*|=|\boldsymbol{A}|^n$$

于是 $|\boldsymbol{A}^*|=|\boldsymbol{A}|^{n-1}\neq 0$，所以 $\mathrm{r}(\boldsymbol{A}^*)=n$.

若 $\mathrm{r}(\boldsymbol{A})=n-1$，则 $|\boldsymbol{A}|=0$，且 $|\boldsymbol{A}|$ 的元素 a_{ij} 的代数余子式 $A_{ij}\,(1\leqslant i, j\leqslant n)$ 中至少有一个不等于 0. 由此可知 $\mathrm{r}(\boldsymbol{A}^*)\geqslant 1$. 又 $\boldsymbol{A}\boldsymbol{A}^*=|\boldsymbol{A}|\boldsymbol{I}=\boldsymbol{O}$，所以 $\mathrm{r}(\boldsymbol{A})+\mathrm{r}(\boldsymbol{A}^*)\leqslant n$，于是 $\mathrm{r}(\boldsymbol{A}^*)\leqslant n-\mathrm{r}(\boldsymbol{A})=n-(n-1)=1$，可见 $\mathrm{r}(\boldsymbol{A}^*)=1$.

若 $\mathrm{r}(\boldsymbol{A})<n-1$，则 $|\boldsymbol{A}|=0$，且 $|\boldsymbol{A}|$ 的任一元素 a_{ij} 的代数余子式 $A_{ij}=0\ (i, j=1, 2, \cdots, n)$，所以 $\boldsymbol{A}^*=\boldsymbol{O}$，可得 $\mathrm{r}(\boldsymbol{A}^*)=0$.

11. 设 $\boldsymbol{A}$ 为 n 阶矩阵，且满足 $\boldsymbol{A}^2=\boldsymbol{I}$，证明：

$$\mathrm{r}(\boldsymbol{A}+\boldsymbol{I})+\mathrm{r}(\boldsymbol{A}-\boldsymbol{I})=n$$

证：由 $\boldsymbol{A}^2=\boldsymbol{I}$，有 $\boldsymbol{A}^2-\boldsymbol{I}=\boldsymbol{O}$，所以

$$(\boldsymbol{A}+\boldsymbol{I})(\boldsymbol{A}-\boldsymbol{I})=\boldsymbol{O}$$

由此得到

$$\mathrm{r}(\boldsymbol{A}+\boldsymbol{I})+\mathrm{r}(\boldsymbol{A}-\boldsymbol{I})\leqslant n$$

又 $(\boldsymbol{A}+\boldsymbol{I})+(\boldsymbol{I}-\boldsymbol{A})=2\boldsymbol{I}$，可得

$$\mathrm{r}(\boldsymbol{A}+\boldsymbol{I})+\mathrm{r}(\boldsymbol{I}-\boldsymbol{A})\geqslant\mathrm{r}[(\boldsymbol{A}+\boldsymbol{I})+(\boldsymbol{I}-\boldsymbol{A})]=\mathrm{r}(2\boldsymbol{I})=n$$

注意到 $\mathrm{r}(\boldsymbol{A}-\boldsymbol{I})=\mathrm{r}(\boldsymbol{I}-\boldsymbol{A})$，上式即为

$$\mathrm{r}(\boldsymbol{A}+\boldsymbol{I})+\mathrm{r}(\boldsymbol{A}-\boldsymbol{I})\geqslant n$$

所以 $\mathrm{r}(\boldsymbol{A}+\boldsymbol{I})+\mathrm{r}(\boldsymbol{A}-\boldsymbol{I})=n$.

12. 设矩阵 $\boldsymbol{A}=\begin{pmatrix} 1 & 3 & 2 & 3 \\ 1 & 2 & 1 & t \\ 2 & 3 & t-1 & t+1 \end{pmatrix}$. 若齐次线性方程组 $\boldsymbol{A}\boldsymbol{x}=\boldsymbol{0}$ 的基础解系中含有两个线性无关的解向量. 试求方程组 $\boldsymbol{A}\boldsymbol{x}=\boldsymbol{0}$ 的全部解.

解：因为 $\boldsymbol{A}$ 是 3×4 矩阵，所以 $\boldsymbol{A}\boldsymbol{x}=\boldsymbol{0}$ 是四元齐次线性方程组. 根据题设条件，方程组 $\boldsymbol{A}\boldsymbol{x}=\boldsymbol{0}$ 的基础解系中线性无关的解向量的个数为

$$4-\mathrm{r}(\boldsymbol{A})=2$$

由此可得 $\mathrm{r}(\boldsymbol{A})=2$. 对矩阵 $\boldsymbol{A}$ 施以初等行变换：

$$\boldsymbol{A}=\begin{pmatrix}1&3&2&3\\1&2&1&t\\2&3&t-1&t+1\end{pmatrix}\longrightarrow\begin{pmatrix}1&3&2&3\\0&-1&-1&t-3\\0&-3&t-5&t-5\end{pmatrix}$$

$$\longrightarrow\begin{pmatrix}1&3&2&3\\0&1&1&3-t\\0&0&t-2&-2t+4\end{pmatrix}\qquad(*)$$

由上面最后一个矩阵可以看出，要使 $\mathrm{r}(\boldsymbol{A})=2$，只需 $t=2$. 此时，继续对矩阵（$*$）施以初等行变换，将 $\boldsymbol{A}$ 化为简化的阶梯形矩阵：

$$\boldsymbol{A}\longrightarrow\begin{pmatrix}1&0&-1&0\\0&1&1&1\\0&0&0&0\end{pmatrix}$$

可得原方程组的同解方程组为

$$\begin{cases}x_1=x_3\\x_2=-x_3-x_4\end{cases}$$

令自由未知量 $\begin{pmatrix}x_3\\x_4\end{pmatrix}$ 分别取 $\begin{pmatrix}1\\0\end{pmatrix}$，$\begin{pmatrix}0\\1\end{pmatrix}$，得方程组 $\boldsymbol{Ax}=\boldsymbol{0}$ 的基础解系

$$\boldsymbol{\xi}_1=(1,\ -1,\ 1,\ 0)^{\mathrm{T}},\ \boldsymbol{\xi}_2=(0,\ -1,\ 0,\ 1)^{\mathrm{T}}$$

所以，方程组 $\boldsymbol{Ax}=\boldsymbol{0}$ 的全部解为

$$\boldsymbol{x}=c_1\boldsymbol{\xi}_1+c_2\boldsymbol{\xi}_2=c_1\begin{pmatrix}1\\-1\\1\\0\end{pmatrix}+c_2\begin{pmatrix}0\\-1\\0\\1\end{pmatrix}\quad(c_1,\ c_2\ \text{为任意常数})$$

13. 已知 $\boldsymbol{\eta}_1=(1,\ -1,\ 0)^{\mathrm{T}}$ 和 $\boldsymbol{\eta}_2=(6,\ -2,\ 3)^{\mathrm{T}}$ 是线性方程组

$$\begin{cases}ax_1+bx_2+cx_3=d\\2x_1+x_2-3x_3=1\\x_1-x_2-2x_3=2\end{cases}$$

的两个解. 求此方程组的全部解，并用对应的导出组的基础解系表示.

解： 已知方程组的矩阵形式为 $\boldsymbol{Ax}=\boldsymbol{b}$，其中

$$\boldsymbol{A}=\begin{pmatrix}a&b&c\\2&1&-3\\1&-1&-2\end{pmatrix},\quad\boldsymbol{b}=\begin{pmatrix}d\\1\\2\end{pmatrix}$$

此方程组有解，且不唯一，所以 $\mathrm{r}(\boldsymbol{A})=\mathrm{r}(\boldsymbol{A}\,\vdots\,\boldsymbol{b})<3$. 又增广矩阵（$\boldsymbol{A}\,\vdots\,\boldsymbol{b}$）中已有二阶子式

$$\begin{vmatrix} 2 & 1 \\ 1 & -1 \end{vmatrix} = -3 \neq 0$$

可见，$\mathrm{r}(\boldsymbol{A} \vdots \boldsymbol{b}) \geqslant 2$. 于是，$\mathrm{r}(\boldsymbol{A}) = \mathrm{r}(\boldsymbol{A} \vdots \boldsymbol{b}) = 2$，且对应的导出组 $\boldsymbol{Ax}=\boldsymbol{0}$ 的基础解系中应含有 $3-2=1$ 个解. 由题设条件，$\boldsymbol{\eta}_2-\boldsymbol{\eta}_1$ 是 $\boldsymbol{Ax}=\boldsymbol{0}$ 的解，而

$$\boldsymbol{\eta}_2-\boldsymbol{\eta}_1=(5,\ -1,\ 3)^{\mathrm{T}} \neq \boldsymbol{0}$$

故 $\boldsymbol{\eta}_2-\boldsymbol{\eta}_1$ 是 $\boldsymbol{Ax}=\boldsymbol{0}$ 的一个基础解系，由此得到原方程组的全部解为

$$\boldsymbol{x}=\boldsymbol{\eta}_1+c(\boldsymbol{\eta}_2-\boldsymbol{\eta}_1)=\begin{pmatrix} 1 \\ -1 \\ 0 \end{pmatrix}+c\begin{pmatrix} 5 \\ -1 \\ 3 \end{pmatrix} \quad (c \text{ 为任意常数})$$

14. a，b 为何值时，线性方程组

$$\begin{cases} x_1+\ x_2+\qquad\ x_3+\qquad\ x_4=-1 \\ x_1+2x_2+\qquad 3x_3+\qquad 3x_4=1 \\ x_1\qquad -\qquad\ x_3+(a-2)x_4=b \\ 2x_1+3x_2+(a+3)x_3+\qquad 4x_4=0 \end{cases}$$

有唯一解？无解？有无穷多解？当方程组有无穷多解时，求出它的通解，并用其导出组的基础解系表示.

解： 对方程组的增广矩阵施以初等行变换，化为阶梯形矩阵：

$$(\boldsymbol{A} \vdots \boldsymbol{b})=\left(\begin{array}{cccc:c} 1 & 1 & 1 & 1 & -1 \\ 1 & 2 & 3 & 3 & 1 \\ 1 & 0 & -1 & a-2 & b \\ 2 & 3 & a+3 & 4 & 0 \end{array}\right) \longrightarrow \left(\begin{array}{cccc:c} 1 & 1 & 1 & 1 & -1 \\ 0 & 1 & 2 & 2 & 2 \\ 0 & -1 & -2 & a-3 & b+1 \\ 0 & 1 & a+1 & 2 & 2 \end{array}\right)$$

$$\longrightarrow \left(\begin{array}{cccc:c} 1 & 1 & 1 & 1 & -1 \\ 0 & 1 & 2 & 2 & 2 \\ 0 & 0 & 0 & a-1 & b+3 \\ 0 & 0 & a-1 & 0 & 0 \end{array}\right) \longrightarrow \left(\begin{array}{cccc:c} 1 & 1 & 1 & 1 & -1 \\ 0 & 1 & 2 & 2 & 2 \\ 0 & 0 & a-1 & 0 & 0 \\ 0 & 0 & 0 & a-1 & b+3 \end{array}\right)$$

由上面最后一个矩阵可知：

当 $a \neq 1$，b 为任意数时，$\mathrm{r}(\boldsymbol{A})=\mathrm{r}(\boldsymbol{A} \vdots \boldsymbol{b})=4$，故方程组有唯一解.

当 $a=1$ 且 $b \neq -3$ 时，$\mathrm{r}(\boldsymbol{A})=2$，$\mathrm{r}(\boldsymbol{A} \vdots \boldsymbol{b})=3$，故方程组无解.

当 $a=1$ 且 $b=-3$ 时，$\mathrm{r}(\boldsymbol{A})=\mathrm{r}(\boldsymbol{A} \vdots \boldsymbol{b})=2<4$，此时方程组有无穷多解.

对上面最后一个矩阵继续施以初等行变换，化为简化的阶梯形矩阵：

$$\left(\begin{array}{cccc:c} 1 & 1 & 1 & 1 & -1 \\ 0 & 1 & 2 & 2 & 2 \\ 0 & 0 & 0 & 0 & 0 \\ 0 & 0 & 0 & 0 & 0 \end{array}\right) \longrightarrow \left(\begin{array}{cccc:c} 1 & 0 & -1 & -1 & -3 \\ 0 & 1 & 2 & 2 & 2 \\ 0 & 0 & 0 & 0 & 0 \\ 0 & 0 & 0 & 0 & 0 \end{array}\right)$$

由此可得原方程组的同解方程组

$$\begin{cases} x_1=-3+x_3+x_4 \\ x_2=2-2x_3-2x_4 \end{cases}$$

令自由未知量 $x_3=x_4=0$，得原方程组的一个特解

$$\boldsymbol{\eta}=(-3, 2, 0, 0)^{\mathrm{T}}$$

原方程组的导出组的同解方程组为

$$\begin{cases} x_1=x_3+x_4 \\ x_2=-2x_3-2x_4 \end{cases}$$

令自由未知量 $\begin{pmatrix} x_3 \\ x_4 \end{pmatrix}$ 分别取 $\begin{pmatrix} 1 \\ 0 \end{pmatrix}$，$\begin{pmatrix} 0 \\ 1 \end{pmatrix}$，得导出组的基础解系

$$\boldsymbol{\xi}_1=(1, -2, 1, 0)^{\mathrm{T}}, \quad \boldsymbol{\xi}_2=(1, -2, 0, 1)^{\mathrm{T}}$$

则原方程组的通解为 $\boldsymbol{x}=\boldsymbol{\eta}+c_1\boldsymbol{\xi}_1+c_2\boldsymbol{\xi}_2$，即

$$\boldsymbol{x}=\begin{pmatrix} -3 \\ 2 \\ 0 \\ 0 \end{pmatrix}+c_1\begin{pmatrix} 1 \\ -2 \\ 1 \\ 0 \end{pmatrix}+c_2\begin{pmatrix} 1 \\ -2 \\ 0 \\ 1 \end{pmatrix} \quad (c_1, c_2 \text{ 为任意常数})$$

15. 已知线性方程组

$$\begin{cases} x_1+a_1x_2+a_1^2x_3=a_1^3 \\ x_1+a_2x_2+a_2^2x_3=a_2^3 \\ x_1+a_3x_2+a_3^2x_3=a_3^3 \\ x_1+a_4x_2+a_4^2x_3=a_4^3 \end{cases}$$

(1) 证明：若 a_1，a_2，a_3，a_4 两两不相等，则此线性方程组无解.

(2) 设当 $a_1=a_3=k$，$a_2=a_4=-k$ $(k\neq 0)$ 时，$\boldsymbol{\eta}_1$，$\boldsymbol{\eta}_2$ 是该方程组的两个解，其中

$$\boldsymbol{\eta}_1=(-1, 1, 1)^{\mathrm{T}}, \boldsymbol{\eta}_2=(1, 1, -1)^{\mathrm{T}}$$

试求此方程组的通解.

解：(1) 记方程组的系数矩阵为 $\boldsymbol{A}_{4\times 3}$，增广矩阵为 $\overline{\boldsymbol{A}}$，则 $\mathrm{r}(\boldsymbol{A})\leqslant 3$，而 $\overline{\boldsymbol{A}}$ 的行列式

$$|\overline{\boldsymbol{A}}|=\begin{vmatrix} 1 & a_1 & a_1^2 & a_1^3 \\ 1 & a_2 & a_2^2 & a_2^3 \\ 1 & a_3 & a_3^2 & a_3^3 \\ 1 & a_4 & a_4^2 & a_4^3 \end{vmatrix} \quad (\text{范德蒙行列式})$$

$$=(a_4-a_3)(a_4-a_2)(a_4-a_1)(a_3-a_2)(a_3-a_1)(a_2-a_1)$$

当 a_1，a_2，a_3，a_4 两两不相等时，有 $|\overline{\boldsymbol{A}}|\neq 0$，所以 $\mathrm{r}(\overline{\boldsymbol{A}})=4\neq\mathrm{r}(\boldsymbol{A})$. 故此线性方程组无解.

(2) 当 $a_1=a_3=k$，$a_2=a_4=-k$ 时，原方程组化为

$$\begin{cases} x_1+kx_2+k^2x_3=k^3 \\ x_1-kx_2+k^2x_3=-k^3 \\ x_1+kx_2+k^2x_3=k^3 \\ x_1-kx_2+k^2x_3=-k^3 \end{cases} \quad (k\neq 0)$$

即

$$\begin{cases} x_1+kx_2+k^2x_3=k^3 \\ x_1-kx_2+k^2x_3=-k^3 \end{cases} \qquad (*)$$

由已知条件，$\boldsymbol{\eta}_1=(-1,1,1)^{\mathrm{T}}$，$\boldsymbol{\eta}_2=(1,1,-1)^{\mathrm{T}}$是方程组（$*$）的解. 所以

$$\boldsymbol{\xi}=\boldsymbol{\eta}_2-\boldsymbol{\eta}_1=(1,1,-1)^{\mathrm{T}}-(-1,1,1)^{\mathrm{T}}=(2,0,-2)^{\mathrm{T}}$$

是对应的导出组的解.

又方程组（$*$）的系数矩阵中，有二阶子式

$$\begin{vmatrix} 1 & k \\ 1 & -k \end{vmatrix}=-2k\neq 0$$

所以方程组（$*$）对应的导出组的基础解系中应含 $3-2=1$ 个解向量. 由于 $\boldsymbol{\xi}\neq\mathbf{0}$，可知 $\boldsymbol{\xi}=(2,0,-2)^{\mathrm{T}}$即为方程组（$*$）的导出组的一个基础解系. 于是，方程组（$*$）的通解为

$$\boldsymbol{x}=\boldsymbol{\eta}_1+c\,\boldsymbol{\xi}=\begin{pmatrix} -1 \\ 1 \\ 1 \end{pmatrix}+c\begin{pmatrix} 2 \\ 0 \\ -2 \end{pmatrix} \quad (c\text{ 为任意常数})$$

16. 已知齐次线性方程组

$$\begin{cases} (1+a)x_1+x_2+\cdots+x_n=0 \\ 2x_1+(2+a)x_2+\cdots+2x_n=0 \\ \cdots\cdots \\ nx_1+nx_2+\cdots+(n+a)x_n=0 \end{cases} \quad (n\geqslant 2)$$

试问 a 取何值时，该方程组仅有零解？有非零解？在方程组有非零解时，用其基础解系表示方程组的通解.

解： 方程组的系数矩阵 $\boldsymbol{A}$ 的行列式

$$|\boldsymbol{A}|=\begin{vmatrix} 1+a & 1 & 1 & \cdots & 1 \\ 2 & 2+a & 2 & \cdots & 2 \\ \vdots & \vdots & \vdots & & \vdots \\ n & n & n & \cdots & n+a \end{vmatrix}$$

$$=\left[\frac{n(n+1)}{2}+a\right]\begin{vmatrix} 1 & 1 & 1 & \cdots & 1 \\ 2 & 2+a & 2 & \cdots & 2 \\ \vdots & \vdots & \vdots & & \vdots \\ n & n & n & \cdots & n+a \end{vmatrix}$$

$$=\left[\frac{n(n+1)}{2}+a\right]\begin{vmatrix}1&1&1&\cdots&1\\0&a&0&\cdots&0\\\vdots&\vdots&\vdots&&\vdots\\0&0&0&\cdots&a\end{vmatrix}=\left[\frac{n(n+1)}{2}+a\right]a^{n-1}$$

由此可知，当 $a\neq 0$ 且 $a\neq -\frac{n(n+1)}{2}$ 时，$|\boldsymbol{A}|\neq 0$，方程组仅有零解.

当 $a=0$ 时，系数矩阵 $\boldsymbol{A}$ 化为

$$\boldsymbol{A}=\begin{pmatrix}1&1&1&\cdots&1\\2&2&2&\cdots&2\\\vdots&\vdots&\vdots&&\vdots\\n&n&n&\cdots&n\end{pmatrix}$$

可得 $\mathrm{r}(\boldsymbol{A})=1$，所以方程组有非零解. 对应的同解方程组为

$$x_1+x_2+\cdots+x_n=0$$

由此得原方程组的一个基础解系.

$$\boldsymbol{\xi}_1=(-1,1,0,\cdots,0)^{\mathrm{T}},\ \boldsymbol{\xi}_2=(-1,0,1,\cdots,0)^{\mathrm{T}},\ \cdots,$$
$$\boldsymbol{\xi}_{n-1}=(-1,0,0,\cdots,1)^{\mathrm{T}}$$

所求方程组的通解为

$$\boldsymbol{x}=c_1\boldsymbol{\xi}_1+c_2\boldsymbol{\xi}_2+\cdots+c_{n-1}\boldsymbol{\xi}_{n-1}\quad (c_1,c_2,\cdots,c_{n-1}\text{为任意常数})$$

当 $a=-\frac{n(n+1)}{2}$ 时，对方程组的系数矩阵施以初等行变换：

$$\boldsymbol{A}=\begin{pmatrix}1+a&1&1&\cdots&1\\2&2+a&2&\cdots&2\\3&3&3+a&\cdots&3\\\vdots&\vdots&\vdots&&\vdots\\n&n&n&\cdots&n+a\end{pmatrix}\longrightarrow\begin{pmatrix}1+a&1&1&\cdots&1\\-2a&a&0&\cdots&0\\-3a&0&a&\cdots&0\\\vdots&\vdots&\vdots&&\vdots\\-na&0&0&\cdots&a\end{pmatrix}$$

$$\longrightarrow\begin{pmatrix}1+a&1&1&\cdots&1\\-2&1&0&\cdots&0\\-3&0&1&\cdots&0\\\vdots&\vdots&\vdots&&\vdots\\-n&0&0&\cdots&1\end{pmatrix}\longrightarrow\begin{pmatrix}a+\frac{n(n+1)}{2}&0&0&\cdots&0\\-2&1&0&\cdots&0\\-3&0&1&\cdots&0\\\vdots&\vdots&\vdots&&\vdots\\-n&0&0&\cdots&1\end{pmatrix}$$

$$\longrightarrow\begin{pmatrix}0&0&0&\cdots&0\\-2&1&0&\cdots&0\\-3&0&1&\cdots&0\\\vdots&\vdots&\vdots&&\vdots\\-n&0&0&\cdots&1\end{pmatrix}$$

由此可得，$r(\mathbf{A})=n-1<n$，方程组有非零解，对应的同解方程组为

$$\begin{cases}-2x_1+x_2=0\\-3x_1+x_3=0\\\quad\cdots\cdots\\-nx_1+x_n=0\end{cases}$$

令自由未知量 $x_1=1$，得方程组的一个基础解系 $\boldsymbol{\xi}=(1,2,3,\cdots,n)^{\mathrm{T}}$，方程组的通解为

$$\boldsymbol{x}=c\boldsymbol{\xi}\quad(c\text{ 为任意常数})$$

17. 设线性方程组

$$\begin{cases}x_1+\ x_2+\ \ x_3=0\\x_1+2x_2+\ ax_3=0\\x_1+4x_2+a^2x_3=0\end{cases}\tag{Ⅰ}$$

与方程

$$x_1+2x_2+x_3=a-1\tag{Ⅱ}$$

有公共解，求 a 的值及所有的公共解.

解：方法 1　由已知条件，方程组（Ⅰ）和 方程（Ⅱ）有公共解. 所以，方程组

$$\begin{cases}x_1+\ x_2+\ \ x_3=0\\x_1+2x_2+\ ax_3=0\\x_1+4x_2+a^2x_3=0\\x_1+2x_2+\ \ x_3=a-1\end{cases}\tag{Ⅲ}$$

有解. 对方程组（Ⅲ）的增广矩阵（$\mathbf{A}\vdots\boldsymbol{b}$）施以初等行变换，化为阶梯形矩阵：

$$(\mathbf{A}\vdots\boldsymbol{b})=\left(\begin{array}{ccc:c}1&1&1&0\\1&2&a&0\\1&4&a^2&0\\1&2&1&a-1\end{array}\right)\longrightarrow\left(\begin{array}{ccc:c}1&1&1&0\\0&1&a-1&0\\0&3&a^2-1&0\\0&1&0&a-1\end{array}\right)$$

$$\longrightarrow\left(\begin{array}{ccc:c}1&1&1&0\\0&1&a-1&0\\0&0&(a-1)(a-2)&0\\0&0&1-a&a-1\end{array}\right)$$

$$\longrightarrow\left(\begin{array}{ccc:c}1&1&1&0\\0&1&a-1&0\\0&0&a-1&1-a\\0&0&0&(a-1)(a-2)\end{array}\right)\tag{$*$}$$

由于方程组（Ⅲ）有解，必有 $r(\mathbf{A})=r(\mathbf{A}\vdots\boldsymbol{b})$，故$(a-1)(a-2)=0$，得$a=1$ 或 $a=2$.

当 $a=1$ 时，矩阵（$*$）化为

$$\left(\begin{array}{ccc:c}1&1&1&0\\0&1&0&0\\0&0&0&0\\0&0&0&0\end{array}\right)\longrightarrow\left(\begin{array}{ccc:c}1&0&1&0\\0&1&0&0\\0&0&0&0\\0&0&0&0\end{array}\right)$$

方程组（Ⅲ）的同解方程组为

$$\begin{cases}x_1=-x_3\\x_2=0\end{cases}$$

令 $x_3=1$，得方程组（Ⅲ）的一个基础解系 $\boldsymbol{\xi}=(-1,\ 0,\ 1)^{\mathrm{T}}$.

于是，方程组（Ⅰ）和方程（Ⅱ）的全部公共解为

$$\boldsymbol{x}=c\boldsymbol{\xi}=c(-1,\ 0,\ 1)^{\mathrm{T}}\quad(c\text{ 为任意常数})$$

当 $a=2$ 时，矩阵（$*$）化为

$$\left(\begin{array}{ccc:c}1&1&1&0\\0&1&1&0\\0&0&1&-1\\0&0&0&0\end{array}\right)\longrightarrow\left(\begin{array}{ccc:c}1&0&0&0\\0&1&0&1\\0&0&1&-1\\0&0&0&0\end{array}\right)$$

由此可知，方程组（Ⅲ）有唯一解 $\boldsymbol{x}=(0,\ 1,\ -1)^{\mathrm{T}}$，即方程组（Ⅰ）和方程（Ⅱ）有公共解 $\boldsymbol{x}=(0,\ 1,\ -1)^{\mathrm{T}}$.

方法 2　先解方程组（Ⅰ）. 方程组（Ⅰ）的系数行列式

$$\begin{vmatrix}1&1&1\\1&2&a\\1&4&a^2\end{vmatrix}=(a-1)(a-2)$$

所以，当 $a\neq1$ 且 $a\neq2$ 时，方程组（Ⅰ）仅有零解 $\boldsymbol{x}=(0,\ 0,\ 0)^{\mathrm{T}}$，但 $\boldsymbol{x}=(0,\ 0,\ 0)^{\mathrm{T}}$不是方程（Ⅱ）的解. 故此时方程组（Ⅰ）和方程（Ⅱ）无公共解.

当 $a=1$ 时，对方程组（Ⅰ）的系数矩阵施以初等行变换，有

$$\begin{pmatrix}1&1&1\\1&2&1\\1&4&1\end{pmatrix}\longrightarrow\begin{pmatrix}1&1&1\\0&1&0\\0&3&0\end{pmatrix}\longrightarrow\begin{pmatrix}1&0&1\\0&1&0\\0&0&0\end{pmatrix}$$

由此可得方程组（Ⅰ）的全部解为

$$\boldsymbol{x}=c(-1,\ 0,\ 1)^{\mathrm{T}}\quad(c\text{ 为任意常数})$$

将此解代入方程（Ⅱ），可知它也是方程（Ⅱ）的解. 即方程组（Ⅰ）和方程（Ⅱ）的全部公共解为

$$\boldsymbol{x}=c(-1,\ 0,\ 1)^{\mathrm{T}}\quad(c\text{ 为任意常数})$$

当 $a=2$ 时，对方程组（Ⅰ）的系数矩阵施以初等行变换，有

$$\begin{pmatrix}1&1&1\\1&2&2\\1&4&4\end{pmatrix}\longrightarrow\begin{pmatrix}1&1&1\\0&1&1\\0&3&3\end{pmatrix}\longrightarrow\begin{pmatrix}1&0&0\\0&1&1\\0&0&0\end{pmatrix}$$

由此可得方程组（Ⅰ）的全部解

$$\boldsymbol{x}=k(0,\ -1,\ 1)^{\mathrm{T}}\quad (k\text{ 为任意常数})$$

将此解代入方程（Ⅱ），可得当 $k=-1$ 时，此解也是方程（Ⅱ）的解. 这时，方程组（Ⅰ）和方程（Ⅱ）的公共解为

$$\boldsymbol{x}=(0,\ 1,\ -1)^{\mathrm{T}}$$

18. 已知四元齐次线性方程组

$$(\text{Ⅰ})\begin{cases}3x_2+x_3+2x_4=0\\3x_1+x_2\qquad\quad+3x_4=0\end{cases}$$

如果另一四元齐次线性方程组（Ⅱ）的一个基础解系为

$$\boldsymbol{\alpha}_1=(1,\ 0,\ 2,\ -1)^{\mathrm{T}},\ \boldsymbol{\alpha}_2=(0,\ 1,\ -4,\ -2)^{\mathrm{T}}$$

(1) 求方程组（Ⅰ）的一个基础解系.

(2) 求方程组（Ⅰ）和（Ⅱ）的公共解.

解: (1) 在方程组（Ⅰ）中取 x_2，x_4 为自由未知量，可得方程组（Ⅰ）的同解方程组为

$$\begin{cases}x_3=-3x_2-2x_4\\x_1=-\dfrac{1}{3}x_2-x_4\end{cases}$$

令自由未知量 $\begin{pmatrix}x_2\\x_4\end{pmatrix}$ 分别取 $\begin{pmatrix}3\\0\end{pmatrix}$，$\begin{pmatrix}0\\1\end{pmatrix}$，可得方程组（Ⅰ）的一个基础解系为

$$\boldsymbol{\xi}_1=(-1,\ 3,\ -9,\ 0)^{\mathrm{T}},\ \boldsymbol{\xi}_2=(-1,\ 0,\ -2,\ 1)^{\mathrm{T}}$$

(2) *方法 1*　由题设条件，方程组（Ⅱ）的通解为

$$k_1\boldsymbol{\alpha}_1+k_2\boldsymbol{\alpha}_2=(k_1,\ k_2,\ 2k_1-4k_2,\ -k_1-2k_2)^{\mathrm{T}}$$

其中 k_1，k_2 为任意常数.

为求得方程组（Ⅰ）和（Ⅱ）的公共解，将方程组（Ⅱ）的上述通解代入方程组（Ⅰ），有

$$\begin{cases}3k_2+(2k_1-4k_2)+2(-k_1-2k_2)=0\\3k_1+k_2\qquad\qquad\qquad+3(-k_1-2k_2)=0\end{cases}$$

解得 $k_2=0$，k_1 可为任意常数，所以方程组（Ⅰ）和（Ⅱ）的公共解为 $k_1\boldsymbol{\alpha}_1=k_1(1,\ 0,\ 2,\ -1)^{\mathrm{T}}$.

方法 2　由本题的 (1) 可知：方程组（Ⅰ）的通解为 $c_1\boldsymbol{\xi}_1+c_2\boldsymbol{\xi}_2$($c_1$, c_2 为任意常数)，又由已知条件，方程组（Ⅱ）的通解为 $k_1\boldsymbol{\alpha}_1+k_2\boldsymbol{\alpha}_2$($k_1$, k_2 为任意常数). 若设 $\boldsymbol{\eta}$ 为方程组（Ⅰ），（Ⅱ）的公共解，则

$$\boldsymbol{\eta}=c_1\boldsymbol{\xi}_1+c_2\boldsymbol{\xi}_2=k_1\boldsymbol{\alpha}_1+k_2\boldsymbol{\alpha}_2$$

即

$$c_1\begin{pmatrix}-1\\3\\-9\\0\end{pmatrix}+c_2\begin{pmatrix}-1\\0\\-2\\1\end{pmatrix}=k_1\begin{pmatrix}1\\0\\2\\-1\end{pmatrix}+k_2\begin{pmatrix}0\\1\\-4\\-2\end{pmatrix}$$

可得

$$\begin{cases}c_1+c_2+k_1=0\\3c_1-k_2=0\\9c_1+2c_2+2k_1-4k_2=0\\c_2+k_1+2k_2=0\end{cases}$$

解得 $c_1=0$, $c_2=-k_1$, $k_2=0$. 因此方程组（Ⅰ），（Ⅱ）的公共解为

$$\boldsymbol{\eta}=-k_1\boldsymbol{\xi}_2=k_1(1,0,2,-1)^{\mathrm{T}}$$

19. 设 $\boldsymbol{A}$ 为 $m\times n$ 矩阵，已知齐次线性方程组 $\boldsymbol{Ax}=\mathbf{0}$ 的一个基础解系为 $\boldsymbol{\xi}_1$, $\boldsymbol{\xi}_2$, $\cdots$, $\boldsymbol{\xi}_t$，而向量 $\boldsymbol{\beta}$ 不是方程组 $\boldsymbol{Ax}=\mathbf{0}$ 的解，即 $\boldsymbol{A\beta}\neq\mathbf{0}$. 证明：$\boldsymbol{\beta}$, $\boldsymbol{\beta}+\boldsymbol{\xi}_1$, $\boldsymbol{\beta}+\boldsymbol{\xi}_2$, $\cdots$, $\boldsymbol{\beta}+\boldsymbol{\xi}_t$ 线性无关.

证：设有一组数 k, k_1, k_2, $\cdots$, k_t，使得

$$k\boldsymbol{\beta}+k_1(\boldsymbol{\beta}+\boldsymbol{\xi}_1)+k_2(\boldsymbol{\beta}+\boldsymbol{\xi}_2)+\cdots+k_t(\boldsymbol{\beta}+\boldsymbol{\xi}_t)=\mathbf{0}$$

化简后，有

$$(k+\sum_{i=1}^{t}k_i)\boldsymbol{\beta}=-\sum_{i=1}^{t}k_i\boldsymbol{\xi}_i \qquad ①$$

在上式两边左乘矩阵 $\boldsymbol{A}$，由于 $\boldsymbol{A\xi}_i=\mathbf{0}$ $(1\leqslant i\leqslant t)$，可得

$$(k+\sum_{i=1}^{t}k_i)\boldsymbol{A\beta}=-\sum_{i=1}^{t}k_i\boldsymbol{A\xi}_i=\mathbf{0} \qquad ②$$

因为 $\boldsymbol{A\beta}\neq\mathbf{0}$，由式②可得

$$k+\sum_{i=1}^{t}k_i=0 \qquad ③$$

将式③代入式①，有

$$\sum_{i=1}^{t}k_i\boldsymbol{\xi}_i=k_1\boldsymbol{\xi}_1+k_2\boldsymbol{\xi}_2+\cdots+k_t\boldsymbol{\xi}_t=\mathbf{0}$$

由题设条件可知，向量组 $\boldsymbol{\xi}_1, \boldsymbol{\xi}_2, \cdots, \boldsymbol{\xi}_t$ 线性无关，所以 $k_1=0, k_2=0, \cdots, k_t=0$. 将此结果代入式③，得 $k=0$. 因此向量组 $\boldsymbol{\beta}, \boldsymbol{\beta}+\boldsymbol{\xi}_1, \boldsymbol{\beta}+\boldsymbol{\xi}_2, \cdots, \boldsymbol{\beta}+\boldsymbol{\xi}_t$ 线性无关.

20. 设 $\boldsymbol{A}$ 为 $m\times n$ 矩阵. 已知 $\boldsymbol{\eta}$ 是非齐次线性方程组 $\boldsymbol{Ax}=\boldsymbol{b}$ 的一个解向量，而 $\boldsymbol{\xi}_1, \boldsymbol{\xi}_2, \cdots, \boldsymbol{\xi}_t$ 是其导出组 $\boldsymbol{Ax}=\boldsymbol{0}$ 的基础解系. 证明：$\boldsymbol{\eta}, \boldsymbol{\eta}+\boldsymbol{\xi}_1, \boldsymbol{\eta}+\boldsymbol{\xi}_2, \cdots, \boldsymbol{\eta}+\boldsymbol{\xi}_t$ 是方程组 $\boldsymbol{Ax}=\boldsymbol{b}$ 解向量组的极大无关组.

证: 由题设条件，有 $\boldsymbol{A\eta}=\boldsymbol{b}\neq\boldsymbol{0}$. 而 $\boldsymbol{\xi}_1, \boldsymbol{\xi}_2, \cdots, \boldsymbol{\xi}_t$ 是齐次线性方程组 $\boldsymbol{Ax}=\boldsymbol{0}$ 的一个基础解系，利用上一题的结论，则 $\boldsymbol{\eta}, \boldsymbol{\eta}+\boldsymbol{\xi}_1, \boldsymbol{\eta}+\boldsymbol{\xi}_2, \cdots, \boldsymbol{\eta}+\boldsymbol{\xi}_t$ 线性无关. 所以，只需再证：方程组 $\boldsymbol{Ax}=\boldsymbol{b}$ 的任意一个解 $\boldsymbol{x}$ 都可以由此向量组线性表示. 实际上，有

$$\begin{aligned}\boldsymbol{x} &= \boldsymbol{\eta}+c_1\boldsymbol{\xi}_1+c_2\boldsymbol{\xi}_2+\cdots+c_t\boldsymbol{\xi}_t \\ &= \left(1-\sum_{i=1}^{t}c_i\right)\boldsymbol{\eta}+c_1(\boldsymbol{\eta}+\boldsymbol{\xi}_1)+c_2(\boldsymbol{\eta}+\boldsymbol{\xi}_2)+\cdots+c_t(\boldsymbol{\eta}+\boldsymbol{\xi}_t)\end{aligned}$$

因此，$\boldsymbol{\eta}, \boldsymbol{\eta}+\boldsymbol{\xi}_1, \boldsymbol{\eta}+\boldsymbol{\xi}_2, \cdots, \boldsymbol{\eta}+\boldsymbol{\xi}_t$ 是方程组 $\boldsymbol{Ax}=\boldsymbol{b}$ 解向量组的极大无关组.

(B)

1. 已知向量 $\boldsymbol{\alpha}_1=(1, 2, 1)^{\mathrm{T}}$，$\boldsymbol{\alpha}_2=(2, 3, a)^{\mathrm{T}}$，$\boldsymbol{\alpha}_3=(1, a+2, -2)^{\mathrm{T}}$，$\boldsymbol{\beta}=(1, 3, 0)^{\mathrm{T}}$. 若 $\boldsymbol{\beta}$ 可由 $\boldsymbol{\alpha}_1, \boldsymbol{\alpha}_2, \boldsymbol{\alpha}_3$ 线性表示，但表示式不唯一，则 $a=$[ ].

(A) -1　　(B) 1　　(C) -3　　(D) 3

解: 设矩阵 $\overline{\boldsymbol{A}}=(\boldsymbol{\alpha}_1, \boldsymbol{\alpha}_2, \boldsymbol{\alpha}_3 \mid \boldsymbol{\beta})$，对矩阵 $\overline{\boldsymbol{A}}$ 施以初等行变换，化为阶梯形矩阵：

$$\overline{\boldsymbol{A}}=\left(\begin{array}{ccc:c}1 & 2 & 1 & 1\\ 2 & 3 & a+2 & 3\\ 1 & a & -2 & 0\end{array}\right)\longrightarrow\left(\begin{array}{ccc:c}1 & 2 & 1 & 1\\ 0 & -1 & a & 1\\ 0 & a-2 & -3 & -1\end{array}\right)$$

$$\longrightarrow\left(\begin{array}{ccc:c}1 & 2 & 1 & 1\\ 0 & 1 & -a & -1\\ 0 & 0 & (a+1)(a-3) & a-3\end{array}\right)$$

若 $\boldsymbol{\beta}$ 可由 $\boldsymbol{\alpha}_1, \boldsymbol{\alpha}_2, \boldsymbol{\alpha}_3$ 线性表示，但表示式不唯一，则必有 $\mathrm{r}(\boldsymbol{\alpha}_1, \boldsymbol{\alpha}_2, \boldsymbol{\alpha}_3)=\mathrm{r}(\overline{\boldsymbol{A}})=2<3$. 由此可得 $a=3$，故本题应选 (D).

当 $\boldsymbol{\beta}$ 不可由 $\boldsymbol{\alpha}_1, \boldsymbol{\alpha}_2, \boldsymbol{\alpha}_3$ 表示时，$a=-1$；当 $\boldsymbol{\beta}$ 可由 $\boldsymbol{\alpha}_1, \boldsymbol{\alpha}_2, \boldsymbol{\alpha}_3$ 唯一地线性表示时，$a\neq-1$ 且 $a\neq3$. 故 (A)，(B)，(C) 均不符合题意.

2. 下面有五个命题：

①零向量可由任一向量组 $\boldsymbol{\alpha}_1, \boldsymbol{\alpha}_2, \cdots, \boldsymbol{\alpha}_s$ 线性表示.

②任一 n 维列向量 $\boldsymbol{\alpha}$ 都可由 n 维单位列向量组 $\boldsymbol{\varepsilon}_1, \boldsymbol{\varepsilon}_2, \cdots, \boldsymbol{\varepsilon}_n$ 线性表示.

③对于非齐次线性方程组 $\boldsymbol{Ax}=\boldsymbol{b}$，向量 $\boldsymbol{b}$ 必可由 $\boldsymbol{A}$ 的列向量组线性表示.

④向量组 $\boldsymbol{\alpha}_1, \boldsymbol{\alpha}_2, \cdots, \boldsymbol{\alpha}_s$ 中任一向量 $\boldsymbol{\alpha}_i(1\leqslant i\leqslant s)$ 都可以由此向量组线性表示.

⑤若向量组 $\boldsymbol{\alpha}_1, \boldsymbol{\alpha}_2, \cdots, \boldsymbol{\alpha}_s$ 线性相关，则其中任一向量 $\boldsymbol{\alpha}_i(1\leqslant i\leqslant s)$ 都可由其余向量线性表示.

这五个命题中正确的是 [ ].

(A)①③⑤　　(B) ①②④　　(C) ①④⑤　　(D) ①②⑤

解：①正确. 因为对任意向量组 $\boldsymbol{\alpha}_1, \boldsymbol{\alpha}_2, \cdots, \boldsymbol{\alpha}_s$，取数 $k_1=0, k_2=0, \cdots, k_s=0$，则有

$$\mathbf{0}=k_1\boldsymbol{\alpha}_1+k_2\boldsymbol{\alpha}_2+\cdots+k_s\boldsymbol{\alpha}_s$$

②正确. 因为对任一 $\boldsymbol{\alpha}=(a_1, a_2, \cdots, a_n)^{\mathrm{T}}$，有

$$\boldsymbol{\alpha}=a_1\boldsymbol{\varepsilon}_1+a_2\boldsymbol{\varepsilon}_2+\cdots+a_n\boldsymbol{\varepsilon}_n$$

③不正确. 当线性方程组 $\boldsymbol{Ax}=\boldsymbol{b}$ 无解时，向量 $\boldsymbol{b}$ 不能由 $\boldsymbol{A}$ 的列向量组线性表示.

④正确. 实际上，对任一向量 $\boldsymbol{\alpha}_i(1\leqslant i\leqslant s)$，有

$$\boldsymbol{\alpha}_i=0\boldsymbol{\alpha}_1+\cdots+0\boldsymbol{\alpha}_{i-1}+\boldsymbol{\alpha}_i+0\boldsymbol{\alpha}_{i+1}+\cdots+0\boldsymbol{\alpha}_s$$

故④正确. 至此，已可以看出各选项中只有 (B) 正确.

⑤不正确，例如，$\boldsymbol{\alpha}_1=(1, 0, 0)^{\mathrm{T}}$，$\boldsymbol{\alpha}_2=(2, 0, 0)^{\mathrm{T}}$，$\boldsymbol{\alpha}_3=(0, 0, 1)^{\mathrm{T}}$，则 $\boldsymbol{\alpha}_1, \boldsymbol{\alpha}_2, \boldsymbol{\alpha}_3$ 线性相关，但 $\boldsymbol{\alpha}_3$ 不能由 $\boldsymbol{\alpha}_1, \boldsymbol{\alpha}_2$ 线性表示.

3. 设三阶矩阵 $\boldsymbol{A}=\begin{pmatrix}1&-1&1\\2&4&-2\\-3&-3&5\end{pmatrix}$，$\boldsymbol{\alpha}=\begin{pmatrix}1\\-2\\a\end{pmatrix}$，已知 $\boldsymbol{A\alpha}$ 与 $\boldsymbol{\alpha}$ 线性相关，则 $a=$[　　].

(A) -1 或 3　　(B) 1 或 -3　　(C) -1 或 2　　(D) 1 或 -2

解：记 $\boldsymbol{A\alpha}=\boldsymbol{\beta}$，则

$$\boldsymbol{\beta}=\begin{pmatrix}1&-1&1\\2&4&-2\\-3&-3&5\end{pmatrix}\begin{pmatrix}1\\-2\\a\end{pmatrix}=\begin{pmatrix}3+a\\-6-2a\\3+5a\end{pmatrix}$$

如果向量 $\boldsymbol{\beta}$ 与 $\boldsymbol{\alpha}$ 线性相关，则齐次线性方程组

$$x_1\boldsymbol{\alpha}+x_2\boldsymbol{\beta}=\mathbf{0}$$

必有非零解. 方程组的系数矩阵 $(\boldsymbol{\alpha}, \boldsymbol{\beta})$ 的秩应小于 2. 对矩阵 $(\boldsymbol{\alpha}, \boldsymbol{\beta})$ 施以初等行变换，有

$$(\boldsymbol{\alpha}, \boldsymbol{\beta})=\begin{pmatrix}1&3+a\\-2&-6-2a\\a&3+5a\end{pmatrix}\longrightarrow\begin{pmatrix}1&3+a\\0&0\\0&-(a-3)(a+1)\end{pmatrix}$$

当 $a=-1$ 或 $a=3$ 时，$\mathrm{r}(\boldsymbol{\alpha}, \boldsymbol{\beta})=1<2$，符合题意. 故本题应选 (A).

4. 若向量组 $\boldsymbol{\alpha}_1=(1, 2, -1, -2)^{\mathrm{T}}$，$\boldsymbol{\alpha}_2=(2, t, 3, 1)^{\mathrm{T}}$，$\boldsymbol{\alpha}_3=(3, 1, 2, -1)^{\mathrm{T}}$线性相关，则 $t=$[　　].

(A) 1　　(B) 2　　(C) -2　　(D) -1

解：记矩阵 $\boldsymbol{A}=(\boldsymbol{\alpha}_1, \boldsymbol{\alpha}_2, \boldsymbol{\alpha}_3)$，对 $\boldsymbol{A}$ 施以初等行变换：

$$\boldsymbol{A}=\begin{pmatrix}1&2&3\\2&t&1\\-1&3&2\\-2&1&-1\end{pmatrix}\longrightarrow\begin{pmatrix}1&2&3\\0&t-4&-5\\0&5&5\\0&5&5\end{pmatrix}\longrightarrow\begin{pmatrix}1&2&3\\0&1&1\\0&0&-t-1\\0&0&0\end{pmatrix}$$

可以看出，若 $\boldsymbol{\alpha}_1$，$\boldsymbol{\alpha}_2$，$\boldsymbol{\alpha}_3$ 线性相关，则 $r(\boldsymbol{A})<3$，此时必有 $t=-1$. 故本题应选 (D).

5. 已知向量组 $\boldsymbol{\alpha}_1$，$\boldsymbol{\alpha}_2$，$\boldsymbol{\alpha}_3$ 线性无关，则向量组 [　　].

(A) $\boldsymbol{\alpha}_1+\boldsymbol{\alpha}_2$，$\boldsymbol{\alpha}_2+\boldsymbol{\alpha}_3$，$\boldsymbol{\alpha}_3-\boldsymbol{\alpha}_1$ 线性无关

(B) $\boldsymbol{\alpha}_1-\boldsymbol{\alpha}_2$，$\boldsymbol{\alpha}_2-\boldsymbol{\alpha}_3$，$\boldsymbol{\alpha}_1-2\boldsymbol{\alpha}_2+\boldsymbol{\alpha}_3$ 线性无关

(C) $\boldsymbol{\alpha}_1+2\boldsymbol{\alpha}_2$，$2\boldsymbol{\alpha}_2+3\boldsymbol{\alpha}_3$，$3\boldsymbol{\alpha}_3+\boldsymbol{\alpha}_1$ 线性无关

(D) $\boldsymbol{\alpha}_1+\boldsymbol{\alpha}_2+\boldsymbol{\alpha}_3$，$\boldsymbol{\alpha}_1-2\boldsymbol{\alpha}_2+\boldsymbol{\alpha}_3$，$2\boldsymbol{\alpha}_1-\boldsymbol{\alpha}_2+2\boldsymbol{\alpha}_3$ 线性无关

解： 对于选项 (A)，(B)，(D) 有

$$(\boldsymbol{\alpha}_1+\boldsymbol{\alpha}_2)-(\boldsymbol{\alpha}_2+\boldsymbol{\alpha}_3)+(\boldsymbol{\alpha}_3-\boldsymbol{\alpha}_1)=\boldsymbol{0}$$
$$(\boldsymbol{\alpha}_1-\boldsymbol{\alpha}_2)-(\boldsymbol{\alpha}_2-\boldsymbol{\alpha}_3)-(\boldsymbol{\alpha}_1-2\boldsymbol{\alpha}_2+\boldsymbol{\alpha}_3)=\boldsymbol{0}$$
$$(\boldsymbol{\alpha}_1+\boldsymbol{\alpha}_2+\boldsymbol{\alpha}_3)+(\boldsymbol{\alpha}_1-2\boldsymbol{\alpha}_2+\boldsymbol{\alpha}_3)-(2\boldsymbol{\alpha}_1-\boldsymbol{\alpha}_2+2\boldsymbol{\alpha}_3)=\boldsymbol{0}$$

可知 (A)，(B)，(D) 均不正确. 本题应选 (C).

实际上，对于 (C)，设有数 k_1，k_2，k_3，使得

$$k_1(\boldsymbol{\alpha}_1+2\boldsymbol{\alpha}_2)+k_2(2\boldsymbol{\alpha}_2+3\boldsymbol{\alpha}_3)+k_3(3\boldsymbol{\alpha}_3+\boldsymbol{\alpha}_1)=\boldsymbol{0}$$

即
$$(k_1+k_3)\boldsymbol{\alpha}_1+(2k_1+2k_2)\boldsymbol{\alpha}_2+(3k_2+3k_3)\boldsymbol{\alpha}_3=\boldsymbol{0}$$

因为 $\boldsymbol{\alpha}_1$，$\boldsymbol{\alpha}_2$，$\boldsymbol{\alpha}_3$ 线性无关，有

$$\begin{cases}k_1+k_3=0\\k_1+k_2=0\\k_2+k_3=0\end{cases}\qquad(*)$$

此方程组的系数行列式

$$\begin{vmatrix}1&0&1\\1&1&0\\0&1&1\end{vmatrix}=2\neq0$$

所以方程组 (*) 仅有零解 $k_1=0$，$k_2=0$，$k_3=0$. 由此得 $\boldsymbol{\alpha}_1+2\boldsymbol{\alpha}_2$，$2\boldsymbol{\alpha}_2+3\boldsymbol{\alpha}_3$，$3\boldsymbol{\alpha}_3+\boldsymbol{\alpha}_1$ 线性无关.

6. n 维向量组 $\boldsymbol{\alpha}_1$，$\boldsymbol{\alpha}_2$，…，$\boldsymbol{\alpha}_s$ 线性无关的充分必要条件是 [　　].

(A) $\boldsymbol{\alpha}_1$，$\boldsymbol{\alpha}_2$，…，$\boldsymbol{\alpha}_s$ 都不是零向量

(B) 存在一组不全为零的数 k_1，k_2，…，k_s，使得 $k_1\boldsymbol{\alpha}_1+k_2\boldsymbol{\alpha}_2+\cdots+k_s\boldsymbol{\alpha}_s\neq\boldsymbol{0}$

(C) $\boldsymbol{\alpha}_1$，$\boldsymbol{\alpha}_2$，…，$\boldsymbol{\alpha}_s$ 中任意两个向量线性无关

(D) $\boldsymbol{\alpha}_1$，$\boldsymbol{\alpha}_2$，…，$\boldsymbol{\alpha}_s$ 中任意一个向量都不能由其余向量线性表示

解： (A) 只是 $\boldsymbol{\alpha}_1$，$\boldsymbol{\alpha}_2$，…，$\boldsymbol{\alpha}_s$ 线性无关的必要条件，但非充分条件. 例如，$\boldsymbol{\alpha}_1=(1,1,0)^{\mathrm{T}}$，$\boldsymbol{\alpha}_2=(1,0,1)^{\mathrm{T}}$，$\boldsymbol{\alpha}_3=(2,1,1)^{\mathrm{T}}$都不是零向量，但 $\boldsymbol{\alpha}_1$，$\boldsymbol{\alpha}_2$，$\boldsymbol{\alpha}_3$ 线性相关.

(B) 与 $\boldsymbol{\alpha}_1$，$\boldsymbol{\alpha}_2$，…，$\boldsymbol{\alpha}_s$ 是否线性无关没有关系. 例如：对于 $\boldsymbol{\alpha}_1=(1,1,0)^{\mathrm{T}}$，$\boldsymbol{\alpha}_2=(1,0,1)^{\mathrm{T}}$，$\boldsymbol{\alpha}_3=(2,1,1)^{\mathrm{T}}$，存在数 $k_1=k_2=k_3=1$，使 $\boldsymbol{\alpha}_1+\boldsymbol{\alpha}_2+\boldsymbol{\alpha}_3\neq\boldsymbol{0}$. 但由此不能得出 $\boldsymbol{\alpha}_1$，$\boldsymbol{\alpha}_2$，$\boldsymbol{\alpha}_3$ 线性无关的结论. 反之，向量 $\boldsymbol{\alpha}_1$，$\boldsymbol{\alpha}_2$，$\boldsymbol{\alpha}_3$ 线性相关，也存在不全为零的数 $k_1=1$，$k_2=1$，$k_3=1$，使 $k_1\boldsymbol{\alpha}_1+k_2\boldsymbol{\alpha}_2+k_3\boldsymbol{\alpha}_3\neq\boldsymbol{0}$.

(C) 是 $\boldsymbol{\alpha}_1$，$\boldsymbol{\alpha}_2$，…，$\boldsymbol{\alpha}_s$ 线性无关的必要条件，但非充分条件. 例如，$\boldsymbol{\alpha}_1=(1,0,0)^{\mathrm{T}}$，$\boldsymbol{\alpha}_2=(0,1,0)^{\mathrm{T}}$，$\boldsymbol{\alpha}_3=(1,1,0)^{\mathrm{T}}$，两两线性无关. 但 $\boldsymbol{\alpha}_1$，$\boldsymbol{\alpha}_2$，$\boldsymbol{\alpha}_3$ 线性相关.

故本题应选 (D). 实际上，此选项是定理"向量组 $\boldsymbol{\alpha}_1$，$\boldsymbol{\alpha}_2$，…，$\boldsymbol{\alpha}_s$ 线性相关的充要条件是其中至少有一个向量可以由其余向量线性表示"的逆否命题.

7. 设 n 阶矩阵 $\boldsymbol{A}$ 的秩 $\mathrm{r}(\boldsymbol{A})=r<n$，则 [　　].

(A) $\boldsymbol{A}$ 中必有 r 个行向量线性无关

(B) $\boldsymbol{A}$ 的任意 r 个行向量线性无关

(C) $\boldsymbol{A}$ 的任意 $r-1$ 个行向量线性无关

(D) 非齐次线性方程组 $\boldsymbol{Ax}=\boldsymbol{b}$ 必有无穷多解

解: 因为 $\mathrm{r}(\boldsymbol{A})=r<n$，可知矩阵 $\boldsymbol{A}$ 的行秩等于 r，所以 $\boldsymbol{A}$ 的行向量组中必有 r 个行向量线性无关，而任意 $r+1$ 个行向量线性相关，但任意 r 个行向量未必线性无关，故 (A) 正确，(B) 不正确.

选项 (C) 不正确. 当 $\mathrm{r}(\boldsymbol{A})=r$ 时，只能说"$\boldsymbol{A}$ 的行向量中必有 $r-1$ 个向量线性无关".

选项 (D) 不正确. 因为 $\mathrm{r}(\boldsymbol{A})=r<n$，不能推出 $\mathrm{r}(\boldsymbol{A})=\mathrm{r}(\boldsymbol{A},\boldsymbol{b})=r$，故方程组 $\boldsymbol{Ax}=\boldsymbol{b}$ 不一定有解.

8. 设矩阵 $\boldsymbol{A}=\begin{pmatrix} a_1b_1 & a_1b_2 & \cdots & a_1b_n \\ a_2b_1 & a_2b_2 & \cdots & a_2b_n \\ \vdots & \vdots & & \vdots \\ a_nb_1 & a_nb_2 & \cdots & a_nb_n \end{pmatrix}$，其中 $a_i\neq0$，$b_i\neq0$ $(i=1,2,\cdots,n)$，则矩阵 $\boldsymbol{A}$ 的秩 $\mathrm{r}(\boldsymbol{A})=$[　　].

(A) n　　(B) $n-1$　　(C) 2　　(D) 1

解: 由已知条件，矩阵 $\boldsymbol{A}\neq\boldsymbol{O}$，所以 $\mathrm{r}(\boldsymbol{A})\geqslant1$. 若记向量 $\boldsymbol{\alpha}=(a_1,a_2,\cdots,a_n)^{\mathrm{T}}$，$\boldsymbol{\beta}=(b_1,b_2,\cdots,b_n)^{\mathrm{T}}$，则

$$\boldsymbol{A}=\begin{pmatrix} a_1 \\ a_2 \\ \vdots \\ a_n \end{pmatrix}(b_1,b_2,\cdots,b_n)=\boldsymbol{\alpha\beta}^{\mathrm{T}}$$

由于 $\mathrm{r}(\boldsymbol{A})=\mathrm{r}(\boldsymbol{\alpha\beta}^{\mathrm{T}})\leqslant\min\{\mathrm{r}(\boldsymbol{\alpha}),\mathrm{r}(\boldsymbol{\beta})\}$，而 $\mathrm{r}(\boldsymbol{\alpha})=\mathrm{r}(\boldsymbol{\beta})=1$，所以 $\mathrm{r}(\boldsymbol{A})\leqslant1$. 于是 $\mathrm{r}(\boldsymbol{A})=1$. 可见只有 (D) 正确.

9. 齐次线性方程组

$$\begin{cases} x_1+x_2+x_3=0 \\ x_1+tx_2+x_3=0 \\ x_1+x_2+tx_3=0 \end{cases}$$

的系数矩阵为 $\boldsymbol{A}$. 若存在三阶非零矩阵 $\boldsymbol{B}$，使 $\boldsymbol{AB}=\boldsymbol{O}$，则 [　　].

(A) $t=-2$，且 $|\boldsymbol{B}|=0$　　(B) $t=-2$，且 $|\boldsymbol{B}|\neq0$

(C) $t=1$，且 $|\boldsymbol{B}|\neq0$　　(D) $t=1$，且 $|\boldsymbol{B}|=0$

解：由于 $\boldsymbol{AB}=\boldsymbol{O}$，且 $\boldsymbol{B}\neq\boldsymbol{O}$，可知齐次线性方程组 $\boldsymbol{Ax}=\boldsymbol{0}$ 有非零解，所以

$$|\boldsymbol{A}|=\begin{vmatrix}1&1&1\\1&t&1\\1&1&t\end{vmatrix}=(t-1)^2=0$$

由此可得 $t=1$. 可排除 (A)，(B). 又 $\boldsymbol{AB}=\boldsymbol{O}$，可知

$$\mathrm{r}(\boldsymbol{A})+\mathrm{r}(\boldsymbol{B})\leqslant 3$$

而 $t=1$ 时，有 $\mathrm{r}(\boldsymbol{A})=1$，所以 $\mathrm{r}(\boldsymbol{B})\leqslant 2$. 由此可知必有 $|\boldsymbol{B}|=0$. 故本题应选 (D).

10. 设 $\boldsymbol{A}$ 为 $m\times n$ 矩阵，$\mathrm{r}(\boldsymbol{A})=r$，则对非齐次线性方程组 $\boldsymbol{Ax}=\boldsymbol{b}$，[　　].

(A) 当 $r=n$ 时，方程组 $\boldsymbol{Ax}=\boldsymbol{b}$ 有唯一解

(B) 当 $r<n$ 时，方程组 $\boldsymbol{Ax}=\boldsymbol{b}$ 有无穷多解

(C) 当 $r=m$ 时，方程组 $\boldsymbol{Ax}=\boldsymbol{b}$ 有解

(D) 当 $m=n$ 时，方程组 $\boldsymbol{Ax}=\boldsymbol{b}$ 有解

解：(A) 不正确. 当 $\mathrm{r}(\boldsymbol{A})=r=n$ 时，不能得到 $\mathrm{r}(\boldsymbol{A})=\mathrm{r}(\boldsymbol{A}\,\vdots\,\boldsymbol{b})$ 的结论，方程组 $\boldsymbol{Ax}=\boldsymbol{b}$ 未必有解，更谈不上有唯一解. 例如，方程组

$$\begin{cases}x_1-x_2=1\\x_1+x_2=2\\3x_1+x_2=4\end{cases}$$

的系数矩阵、增广矩阵分别为

$$\boldsymbol{A}=\begin{pmatrix}1&-1\\1&1\\3&1\end{pmatrix},\quad(\boldsymbol{A}\,\vdots\,\boldsymbol{b})=\left(\begin{array}{cc:c}1&-1&1\\1&1&2\\3&1&4\end{array}\right)$$

不难计算 $\mathrm{r}(\boldsymbol{A})=2$，$\mathrm{r}(\boldsymbol{A}\,\vdots\,\boldsymbol{b})=3$. 可见此时方程组无解.

(B) 不正确. 因为由 $\mathrm{r}(\boldsymbol{A})=r<n$，不能推知 $\mathrm{r}(\boldsymbol{A})=\mathrm{r}(\boldsymbol{A}\,\vdots\,\boldsymbol{b})$，从而不能断定方程组 $\boldsymbol{Ax}=\boldsymbol{b}$ 有解.

(C) 当 $\mathrm{r}(\boldsymbol{A})=r=m$ 时，因为 $\mathrm{r}(\boldsymbol{A})\leqslant\mathrm{r}(\boldsymbol{A}\,\vdots\,\boldsymbol{b})\leqslant m$，从而 $\mathrm{r}(\boldsymbol{A})=\mathrm{r}(\boldsymbol{A}\,\vdots\,\boldsymbol{b})=m$. 故方程组 $\boldsymbol{Ax}=\boldsymbol{b}$ 必有解. 本题应选 (C).

(D) 不正确. 理由类似选项 (A)，(B).

11. 已知 $\boldsymbol{\xi}_1$，$\boldsymbol{\xi}_2$ 是齐次线性方程组 $\boldsymbol{Ax}=\boldsymbol{0}$ 的一个基础解系，则 [　　].

(A) $\boldsymbol{\xi}_1-\boldsymbol{\xi}_2$，$2\boldsymbol{\xi}_1+\boldsymbol{\xi}_2$ 也是 $\boldsymbol{Ax}=\boldsymbol{0}$ 的一个基础解系

(B) $\boldsymbol{\xi}_1-\boldsymbol{\xi}_2$，$\boldsymbol{\xi}_2-\boldsymbol{\xi}_1$ 也是 $\boldsymbol{Ax}=\boldsymbol{0}$ 的一个基础解系

(C) $c(\boldsymbol{\xi}_1+\boldsymbol{\xi}_2)$ 是 $\boldsymbol{Ax}=\boldsymbol{0}$ 的通解（全部解），c 为任意常数

(D) $c\boldsymbol{\xi}_1+\boldsymbol{\xi}_2$ 是 $\boldsymbol{Ax}=\boldsymbol{0}$ 的通解（全部解），c 为任意常数

解：由已知条件，$\boldsymbol{Ax}=\boldsymbol{0}$ 的任何两个线性无关的解向量都是此方程组的一个基础解系.

(A) 由 $\boldsymbol{A}(\boldsymbol{\xi}_1-\boldsymbol{\xi}_2)=\boldsymbol{A\xi}_1-\boldsymbol{A\xi}_2=\boldsymbol{0}$，$\boldsymbol{A}(2\boldsymbol{\xi}_1+\boldsymbol{\xi}_2)=2\boldsymbol{A\xi}_1+\boldsymbol{A\xi}_2=\boldsymbol{0}$，可知 $\boldsymbol{\xi}_1-\boldsymbol{\xi}_2$，$2\boldsymbol{\xi}_1+\boldsymbol{\xi}_2$ 仍是 $\boldsymbol{Ax}=\boldsymbol{0}$ 的解向量.

记 $\boldsymbol{\eta}_1=\boldsymbol{\xi}_1-\boldsymbol{\xi}_2$，$\boldsymbol{\eta}_2=2\boldsymbol{\xi}_1+\boldsymbol{\xi}_2$，则其矩阵形式为

$$(\boldsymbol{\eta}_1, \boldsymbol{\eta}_2)=(\boldsymbol{\xi}_1, \boldsymbol{\xi}_2)\begin{pmatrix} 1 & 2 \\ -1 & 1 \end{pmatrix}$$

由于$\begin{pmatrix} 1 & 2 \\ -1 & 1 \end{pmatrix}$的秩为 2，故 $\boldsymbol{\eta}_1$，$\boldsymbol{\eta}_2$ 仍线性无关. 所以 $\boldsymbol{\xi}_1-\boldsymbol{\xi}_2$，$2\boldsymbol{\xi}_1+\boldsymbol{\xi}_2$ 也是 $\boldsymbol{A}\boldsymbol{x}=\boldsymbol{0}$ 的一个基础解系. 故本题应选 (A).

(B) 不正确. 因为$(\boldsymbol{\xi}_1-\boldsymbol{\xi}_2)+(\boldsymbol{\xi}_2-\boldsymbol{\xi}_1)=\boldsymbol{0}$，所以，$\boldsymbol{\xi}_1-\boldsymbol{\xi}_2$，$\boldsymbol{\xi}_2-\boldsymbol{\xi}_1$ 线性相关，不能成为 $\boldsymbol{A}\boldsymbol{x}=\boldsymbol{0}$ 的基础解系.

(C) 不正确. 因为 $c(\boldsymbol{\xi}_1+\boldsymbol{\xi}_2)$ 不能表示方程组 $\boldsymbol{A}\boldsymbol{x}=\boldsymbol{0}$ 的全部解. 例如，当$c=0$ 时，$c(\boldsymbol{\xi}_1+\boldsymbol{\xi}_2)=\boldsymbol{0}$ 是方程组的零解；当 $c\neq 0$ 时，由于 $c(\boldsymbol{\xi}_1+\boldsymbol{\xi}_2)$与 $\boldsymbol{\xi}_2$ 线性无关（请自行证明），方程组 $\boldsymbol{A}\boldsymbol{x}=\boldsymbol{0}$ 的解 $\boldsymbol{\xi}_2$ 不能由 $c(\boldsymbol{\xi}_1+\boldsymbol{\xi}_2)$线性表示.

由类似的分析可知 (D) 不正确.

12. 设 $\boldsymbol{\eta}_1$，$\boldsymbol{\eta}_2$，$\boldsymbol{\eta}_3$ 是四元非齐次线性方程组 $\boldsymbol{A}\boldsymbol{x}=\boldsymbol{b}$ 的解向量，其中 $\boldsymbol{\eta}_1=(1, 1, 1, 1)^{\mathrm{T}}$，$\boldsymbol{\eta}_2+\boldsymbol{\eta}_3=(2, 4, 6, 8)^{\mathrm{T}}$. 若 $\mathrm{r}(\boldsymbol{A})=3$，则线性方程组 $\boldsymbol{A}\boldsymbol{x}=\boldsymbol{b}$ 的通解$\boldsymbol{x}=$[　　].

(A) $\begin{pmatrix}1\\1\\1\\1\end{pmatrix}+c\begin{pmatrix}0\\-1\\-2\\-3\end{pmatrix}$　　(B) $\begin{pmatrix}1\\1\\1\\1\end{pmatrix}+c\begin{pmatrix}1\\2\\3\\4\end{pmatrix}$

(C) $\begin{pmatrix}1\\2\\3\\4\end{pmatrix}+c\begin{pmatrix}1\\1\\1\\1\end{pmatrix}$　　(D) $\begin{pmatrix}1\\2\\3\\4\end{pmatrix}+c\begin{pmatrix}1\\0\\1\\0\end{pmatrix}$

解： 由题设条件，方程组 $\boldsymbol{A}\boldsymbol{x}=\boldsymbol{b}$ 的解不唯一. 由 $\mathrm{r}(\boldsymbol{A})=3$ 可知，对应的导出组 $\boldsymbol{A}\boldsymbol{x}=\boldsymbol{0}$ 的基础解系中应含 $4-\mathrm{r}(\boldsymbol{A})=1$ 个解向量.

又 $\boldsymbol{\eta}_1$ 和$\dfrac{\boldsymbol{\eta}_2+\boldsymbol{\eta}_3}{2}$都是方程组 $\boldsymbol{A}\boldsymbol{x}=\boldsymbol{b}$ 的解，所以 $\boldsymbol{\eta}_1-\dfrac{\boldsymbol{\eta}_2+\boldsymbol{\eta}_3}{2}$是对应的导出组$\boldsymbol{A}\boldsymbol{x}=\boldsymbol{0}$ 的解. 因为

$$\boldsymbol{\eta}_1-\frac{\boldsymbol{\eta}_2+\boldsymbol{\eta}_3}{2}=(1, 1, 1, 1)^{\mathrm{T}}-(1, 2, 3, 4)^{\mathrm{T}}=(0, -1, -2, -3)^{\mathrm{T}}\neq\boldsymbol{0}$$

记 $\boldsymbol{\xi}=\boldsymbol{\eta}_1-\dfrac{\boldsymbol{\eta}_2+\boldsymbol{\eta}_3}{2}=(0, -1, -2, -3)^{\mathrm{T}}$，则 $\boldsymbol{\xi}$ 是 $\boldsymbol{A}\boldsymbol{x}=\boldsymbol{0}$ 的一个基础解系. 因此 $\boldsymbol{A}\boldsymbol{x}=\boldsymbol{b}$ 的通解（全部解）为

$$\boldsymbol{x}=\boldsymbol{\eta}_1+c\boldsymbol{\xi}=\begin{pmatrix}1\\1\\1\\1\end{pmatrix}+c\begin{pmatrix}0\\-1\\-2\\-3\end{pmatrix}$$

故本题应选 (A).

13. 线性方程组$\begin{cases}x_1+3x_2+x_3=2\\2x_1+6x_2+3x_3=6\end{cases}$与$\begin{cases}-x_1-x_2+3x_3=4\\x_1+5x_2+6x_3=10\end{cases}$的公共解[　　].

(A) $\boldsymbol{x}=(-1, 2, -3)^{\mathrm{T}}$　　(B) $\boldsymbol{x}=(3, -1, 2)^{\mathrm{T}}$

(C) $\boldsymbol{x}=c(3, -1, 2)^{\mathrm{T}}$　　(D) 不存在

解: 直接将两个方程组合在一起求解. 对合并后的方程组的增广矩阵施以初等行变换:

$$\left(\begin{array}{ccc:c}1&3&1&2\\2&6&3&6\\-1&-1&3&4\\1&5&6&10\end{array}\right)\longrightarrow\left(\begin{array}{ccc:c}1&3&1&2\\0&0&1&2\\0&2&4&6\\0&2&5&8\end{array}\right)\longrightarrow\left(\begin{array}{ccc:c}1&3&1&2\\0&1&2&3\\0&0&1&2\\0&0&1&2\end{array}\right)\longrightarrow\left(\begin{array}{ccc:c}1&0&0&3\\0&1&0&-1\\0&0&1&2\\0&0&0&0\end{array}\right)$$

由此可得两个方程组的公共解为

$$x_1=3, x_2=-1, x_3=2$$

故本题应选 (B).

14. 设有齐次线性方程组 $\boldsymbol{Ax}=\boldsymbol{0}$ 和 $\boldsymbol{Bx}=\boldsymbol{0}$, 其中 $\boldsymbol{A}, \boldsymbol{B}$ 均为 $m\times n$ 矩阵. 下面有四个命题:

①若 $\boldsymbol{Ax}=\boldsymbol{0}$ 的解都是 $\boldsymbol{Bx}=\boldsymbol{0}$ 的解, 则 $\mathrm{r}(\boldsymbol{A})\geqslant\mathrm{r}(\boldsymbol{B})$

②若 $\mathrm{r}(\boldsymbol{A})\geqslant\mathrm{r}(\boldsymbol{B})$,则 $\boldsymbol{Ax}=\boldsymbol{0}$ 的解都是 $\boldsymbol{Bx}=\boldsymbol{0}$ 的解

③若 $\boldsymbol{Ax}=\boldsymbol{0}$ 与 $\boldsymbol{Bx}=\boldsymbol{0}$ 同解, 则 $\mathrm{r}(\boldsymbol{A})=\mathrm{r}(\boldsymbol{B})$

④若 $\mathrm{r}(\boldsymbol{A})=\mathrm{r}(\boldsymbol{B})$, 则 $\boldsymbol{Ax}=\boldsymbol{0}$ 与 $\boldsymbol{Bx}=\boldsymbol{0}$ 同解

以上命题中正确的是[　　].

(A) ②④　　(B) ①③④　　(C) ①③　　(D) ②③④

解: 记 $\mathrm{r}(\boldsymbol{A})=r_1$, $\mathrm{r}(\boldsymbol{B})=r_2$.

①设齐次线性方程组 $\boldsymbol{Ax}=\boldsymbol{0}$ 的一个基础解系为 $\boldsymbol{\alpha}_1, \boldsymbol{\alpha}_2, \cdots, \boldsymbol{\alpha}_{n-r_1}$; 方程组 $\boldsymbol{Bx}=\boldsymbol{0}$ 的一个基础解系为 $\boldsymbol{\beta}_1, \boldsymbol{\beta}_2, \cdots, \boldsymbol{\beta}_{n-r_2}$.

若 $\boldsymbol{Ax}=\boldsymbol{0}$ 的解都是 $\boldsymbol{Bx}=\boldsymbol{0}$ 的解, 则任一 $\boldsymbol{\alpha}_i(i=1, 2, \cdots, n-r_1)$ 都是方程组 $\boldsymbol{Bx}=\boldsymbol{0}$ 的解, 所以 $\boldsymbol{\alpha}_i$ 必可由 $\boldsymbol{\beta}_1, \boldsymbol{\beta}_2, \cdots, \boldsymbol{\beta}_{n-r_2}$ 线性表示. 又 $\boldsymbol{\alpha}_1, \boldsymbol{\alpha}_2, \cdots, \boldsymbol{\alpha}_{n-r_1}$ 线性无关, 由此可得 $n-r_1\leqslant n-r_2$, 即 $r_1\geqslant r_2$. 于是命题①正确.

②若 $\mathrm{r}(\boldsymbol{A})\geqslant\mathrm{r}(\boldsymbol{B})$, 由于 $\boldsymbol{Ax}=\boldsymbol{0}$ 与 $\boldsymbol{Bx}=\boldsymbol{0}$ 可以是两个没有关系的方程组, $\boldsymbol{Ax}=\boldsymbol{0}$ 的解未必是 $\boldsymbol{Bx}=\boldsymbol{0}$ 的解. 例如,设线性方程组

$$\begin{cases}x_1+x_3=0\\x_2-x_3=0\end{cases}\quad 和\quad\begin{cases}x_2+2x_3=0\\-x_1+x_2-3x_3=0\end{cases}$$

的系数矩阵分别为 $\boldsymbol{A}, \boldsymbol{B}$, 显然 $\mathrm{r}(\boldsymbol{A})=\mathrm{r}(\boldsymbol{B})=2$, 但方程组 $\boldsymbol{Ax}=\boldsymbol{0}$ 的解 $\boldsymbol{x}=(-1, 1, 1)^{\mathrm{T}}$ 不是 $\boldsymbol{Bx}=\boldsymbol{0}$ 的解. 故命题②不正确.

③若 $\boldsymbol{Ax}=\boldsymbol{0}$ 与 $\boldsymbol{Bx}=\boldsymbol{0}$ 同解, 则利用命题①, 有 $\mathrm{r}(\boldsymbol{A})\geqslant\mathrm{r}(\boldsymbol{B})$ 且 $\mathrm{r}(\boldsymbol{B})\geqslant\mathrm{r}(\boldsymbol{A})$, 所以 $\mathrm{r}(\boldsymbol{A})=\mathrm{r}(\boldsymbol{B})$.

④不正确. 这可由命题②所举例子直接看出.

综上分析, 本题应选 (C).

第四章　矩阵的特征值

(一) 习题解答与注释

(A)

1. 求下列矩阵 $\boldsymbol{A}$ 的特征值及特征向量：

(1)$\boldsymbol{A}=\begin{pmatrix}2 & 1\\ 1 & 2\end{pmatrix}$　　(2)$\boldsymbol{A}=\begin{pmatrix}5 & 6 & -3\\ -1 & 0 & 1\\ 1 & 2 & 1\end{pmatrix}$

(3)$\boldsymbol{A}=\begin{pmatrix}1 & 1 & 1 & 1\\ 1 & 1 & -1 & -1\\ 1 & -1 & 1 & -1\\ 1 & -1 & -1 & 1\end{pmatrix}$　　(4)$\boldsymbol{A}=\begin{pmatrix}0 & 0 & 1\\ 0 & 1 & 0\\ 1 & 0 & 0\end{pmatrix}$

(5)$\boldsymbol{A}=\begin{pmatrix}1 & 3 & 1 & 2\\ 0 & -1 & 1 & 3\\ 0 & 0 & 2 & 5\\ 0 & 0 & 0 & 2\end{pmatrix}$

解：(1)矩阵 $\boldsymbol{A}$ 的特征方程

$$|\lambda\boldsymbol{I}-\boldsymbol{A}|=\begin{vmatrix}\lambda-2 & -1\\ -1 & \lambda-2\end{vmatrix}=(\lambda-1)(\lambda-3)=0$$

得 $\boldsymbol{A}$ 的特征值为 $\lambda_1=1$，$\lambda_2=3$.

当 $\lambda_1=1$ 时，解齐次线性方程组 $(\boldsymbol{I}-\boldsymbol{A})\boldsymbol{x}=\boldsymbol{0}$：

$$\boldsymbol{I}-\boldsymbol{A}=\begin{pmatrix}-1 & -1\\ -1 & -1\end{pmatrix}\longrightarrow\begin{pmatrix}1 & 1\\ 0 & 0\end{pmatrix}$$

得同解方程组

$$x_1=-x_2$$

令自由未知量 $x_2=1$，得此方程组的一个基础解系 $\boldsymbol{\alpha}_1=(-1,\ 1)^{\mathrm{T}}$. 所以 $\boldsymbol{A}$ 对应于 $\lambda_1=1$ 的全部特征向量为

$$c_1\boldsymbol{\alpha}_1=c_1\begin{pmatrix}-1\\ 1\end{pmatrix}\quad(c_1\text{ 为任意非零常数})$$

当 $\lambda_2=3$ 时，解齐次线性方程组 $(3\boldsymbol{I}-\boldsymbol{A})\boldsymbol{x}=\boldsymbol{0}$：

$$3\boldsymbol{I}-\boldsymbol{A}=\begin{pmatrix}1 & -1\\ -1 & 1\end{pmatrix}\longrightarrow\begin{pmatrix}1 & -1\\ 0 & 0\end{pmatrix}$$

得同解方程组

$$x_1=x_2$$

令自由未知量 $x_2=1$，可得该方程组的一个基础解系 $\boldsymbol{\alpha}_2=(1,\ 1)^{\mathrm{T}}$. 所以 $\boldsymbol{A}$ 的对应于 $\lambda_2=3$ 的全部特征向量为

$$c_2\boldsymbol{\alpha}_2=c_2\begin{pmatrix}1\\1\end{pmatrix}\quad(c_2\text{ 为任意非零常数})$$

(2)矩阵 $\boldsymbol{A}$ 的特征多项式

$$|\lambda\boldsymbol{I}-\boldsymbol{A}|=\begin{vmatrix}\lambda-5 & -6 & 3\\1 & \lambda & -1\\-1 & -2 & \lambda-1\end{vmatrix}=\begin{vmatrix}\lambda-5 & -6 & 3\\1 & \lambda & -1\\0 & \lambda-2 & \lambda-2\end{vmatrix}$$

$$=(\lambda-2)\begin{vmatrix}\lambda-5 & -6 & 3\\1 & \lambda & -1\\0 & 1 & 1\end{vmatrix}=(\lambda-2)\begin{vmatrix}\lambda-5 & -9 & 3\\1 & \lambda+1 & -1\\0 & 0 & 1\end{vmatrix}$$

$$=(\lambda-2)^3$$

由此可得 $\boldsymbol{A}$ 的特征值 $\lambda_1=\lambda_2=\lambda_3=2$.

当 $\lambda_1=\lambda_2=\lambda_3=2$ 时，解齐次线性方程组 $(2\boldsymbol{I}-\boldsymbol{A})\boldsymbol{x}=\boldsymbol{0}$：

$$2\boldsymbol{I}-\boldsymbol{A}=\begin{pmatrix}-3 & -6 & 3\\1 & 2 & -1\\-1 & -2 & 1\end{pmatrix}\longrightarrow\begin{pmatrix}1 & 2 & -1\\0 & 0 & 0\\0 & 0 & 0\end{pmatrix}$$

得同解方程组

$$x_1=-2x_2+x_3$$

令自由未知量 $\begin{pmatrix}x_2\\x_3\end{pmatrix}$ 分别取 $\begin{pmatrix}1\\0\end{pmatrix}$，$\begin{pmatrix}0\\1\end{pmatrix}$，可得方程组的一个基础解系

$$\boldsymbol{\alpha}_1=(-2,\ 1,\ 0)^{\mathrm{T}},\ \boldsymbol{\alpha}_2=(1,\ 0,\ 1)^{\mathrm{T}}$$

所以，矩阵 $\boldsymbol{A}$ 的对应于特征值 2 的全部特征向量为

$$c_1\boldsymbol{\alpha}_1+c_2\boldsymbol{\alpha}_2=c_1\begin{pmatrix}-2\\1\\0\end{pmatrix}+c_2\begin{pmatrix}1\\0\\1\end{pmatrix}\quad(c_1,\ c_2\text{ 为任意不全为零的常数})$$

(3)矩阵 $\boldsymbol{A}$ 的特征多项式

$$|\lambda\boldsymbol{I}-\boldsymbol{A}|=\begin{vmatrix}\lambda-1 & -1 & -1 & -1\\-1 & \lambda-1 & 1 & 1\\-1 & 1 & \lambda-1 & 1\\-1 & 1 & 1 & \lambda-1\end{vmatrix}=\begin{vmatrix}\lambda-2 & 0 & 0 & -1\\0 & \lambda-2 & 0 & 1\\0 & 0 & \lambda-2 & 1\\\lambda-2 & 2-\lambda & 2-\lambda & \lambda-1\end{vmatrix}$$

$$=(\lambda-2)^3\begin{vmatrix}1 & 0 & 0 & -1\\0 & 1 & 0 & 1\\0 & 0 & 1 & 1\\1 & -1 & -1 & \lambda-1\end{vmatrix}=(\lambda+2)(\lambda-2)^3$$

由此得到 $\boldsymbol{A}$ 的特征值为 $\lambda_1=-2$，$\lambda_2=\lambda_3=\lambda_4=2$.

当 $\lambda_1=-2$ 时，解齐次线性方程组 $(-2\boldsymbol{I}-\boldsymbol{A})\boldsymbol{x}=\boldsymbol{0}$：

$$-2\boldsymbol{I}-\boldsymbol{A}=\begin{pmatrix}-3&-1&-1&-1\\-1&-3&1&1\\-1&1&-3&1\\-1&1&1&-3\end{pmatrix}\longrightarrow\begin{pmatrix}-1&1&1&-3\\0&-4&0&4\\0&0&-4&4\\0&-4&-4&8\end{pmatrix}$$

$$\longrightarrow\begin{pmatrix}-1&1&1&-3\\0&1&0&-1\\0&0&1&-1\\0&0&-1&1\end{pmatrix}\longrightarrow\begin{pmatrix}1&0&0&1\\0&1&0&-1\\0&0&1&-1\\0&0&0&0\end{pmatrix}$$

得同解方程组

$$\begin{cases}x_1=-x_4\\x_2=x_4\\x_3=x_4\end{cases}$$

令自由未知量 $x_4=1$，可得方程组的一个基础解系 $\boldsymbol{\alpha}_1=(-1, 1, 1, 1)^{\mathrm{T}}$. 所以 $\boldsymbol{A}$ 的对应于 $\lambda_1=-2$ 的全部特征向量为

$$c_1\boldsymbol{\alpha}_1=c_1(-1, 1, 1, 1)^{\mathrm{T}}\quad (c_1 \text{ 为任意非零常数})$$

当 $\lambda_2=\lambda_3=\lambda_4=2$ 时，解齐次线性方程组$(2\boldsymbol{I}-\boldsymbol{A})\boldsymbol{x}=\boldsymbol{0}$：

$$2\boldsymbol{I}-\boldsymbol{A}=\begin{pmatrix}1&-1&-1&-1\\-1&1&1&1\\-1&1&1&1\\-1&1&1&1\end{pmatrix}\longrightarrow\begin{pmatrix}1&-1&-1&-1\\0&0&0&0\\0&0&0&0\\0&0&0&0\end{pmatrix}$$

得同解方程组

$$x_1=x_2+x_3+x_4$$

令自由未知量 $\begin{pmatrix}x_2\\x_3\\x_4\end{pmatrix}$ 分别取 $\begin{pmatrix}1\\0\\0\end{pmatrix}$，$\begin{pmatrix}0\\1\\0\end{pmatrix}$，$\begin{pmatrix}0\\0\\1\end{pmatrix}$，可得方程组的一个基础解系：

$$\boldsymbol{\alpha}_2=(1, 1, 0, 0)^{\mathrm{T}},\quad \boldsymbol{\alpha}_3=(1, 0, 1, 0)^{\mathrm{T}},\quad \boldsymbol{\alpha}_4=(1, 0, 0, 1)^{\mathrm{T}}$$

所以 $\boldsymbol{A}$ 的对应于特征值 2 的全部特征向量为

$$c_2\boldsymbol{\alpha}_2+c_3\boldsymbol{\alpha}_3+c_4\boldsymbol{\alpha}_4=c_2\begin{pmatrix}1\\1\\0\\0\end{pmatrix}+c_3\begin{pmatrix}1\\0\\1\\0\end{pmatrix}+c_4\begin{pmatrix}1\\0\\0\\1\end{pmatrix}$$

$(c_2, c_3, c_4$ 为任意不全为零的常数$)$

(4)矩阵 $\boldsymbol{A}$ 的特征多项式为

$$|\lambda\boldsymbol{I}-\boldsymbol{A}|=\begin{vmatrix}\lambda&0&-1\\0&\lambda-1&0\\-1&0&\lambda\end{vmatrix}=(\lambda+1)(\lambda-1)^2$$

由此得到 $\boldsymbol{A}$ 的特征值为 $\lambda_1=-1$，$\lambda_2=\lambda_3=1$.

当 $\lambda_1=-1$ 时，解齐次线性方程组 $(-\boldsymbol{I}-\boldsymbol{A})\boldsymbol{x}=\boldsymbol{0}$：

$$-\boldsymbol{I}-\boldsymbol{A}=\begin{pmatrix}-1&0&-1\\0&-2&0\\-1&0&-1\end{pmatrix}\longrightarrow\begin{pmatrix}1&0&1\\0&1&0\\0&0&0\end{pmatrix}$$

得同解方程组

$$\begin{cases}x_1=-x_3\\x_2=0\end{cases}$$

令自由未知量 $x_3=1$，可得方程组的一个基础解系 $\boldsymbol{\alpha}_1=(-1,0,1)^{\mathrm{T}}$，所以，矩阵 $\boldsymbol{A}$ 的对应于 $\lambda_1=-1$ 的全部特征向量为

$$c_1\boldsymbol{\alpha}_1=c_1\begin{pmatrix}-1\\0\\1\end{pmatrix}\quad(c_1\text{ 为任意非零常数})$$

当 $\lambda_2=\lambda_3=1$ 时，解齐次线性方程组 $(\boldsymbol{I}-\boldsymbol{A})\boldsymbol{x}=\boldsymbol{0}$：

$$\boldsymbol{I}-\boldsymbol{A}=\begin{pmatrix}1&0&-1\\0&0&0\\-1&0&1\end{pmatrix}\longrightarrow\begin{pmatrix}1&0&-1\\0&0&0\\0&0&0\end{pmatrix}$$

得同解方程组

$$x_1=x_3$$

令自由未知量 $\begin{pmatrix}x_2\\x_3\end{pmatrix}$ 分别取 $\begin{pmatrix}1\\0\end{pmatrix}$，$\begin{pmatrix}0\\1\end{pmatrix}$，可得方程组的一个基础解系

$$\boldsymbol{\alpha}_2=(0,1,0)^{\mathrm{T}},\ \boldsymbol{\alpha}_3=(1,0,1)^{\mathrm{T}}$$

所以，$\boldsymbol{A}$ 的对应于 $\lambda_2=\lambda_3=1$ 的全部特征向量为

$$c_2\boldsymbol{\alpha}_2+c_3\boldsymbol{\alpha}_3=c_2\begin{pmatrix}0\\1\\0\end{pmatrix}+c_3\begin{pmatrix}1\\0\\1\end{pmatrix}\quad(c_2,\ c_3\text{ 为任意不全为零的常数})$$

注释：在计算熟练后，解齐次线性方程组 $(\lambda_i\boldsymbol{I}-\boldsymbol{A})\boldsymbol{x}=\boldsymbol{0}$ 的计算过程可略去，直接写出求得的基础解系即可．如下题．

(5)矩阵 $\boldsymbol{A}$ 的特征多项式

$$|\lambda\boldsymbol{I}-\boldsymbol{A}|=\begin{vmatrix}\lambda-1&-3&-1&-2\\0&\lambda+1&-1&-3\\0&0&\lambda-2&-5\\0&0&0&\lambda-2\end{vmatrix}=(\lambda+1)(\lambda-1)(\lambda-2)^2$$

由此得 $\boldsymbol{A}$ 的特征值 $\lambda_1=-1$，$\lambda_2=1$，$\lambda_3=\lambda_4=2$.

当 $\lambda_1=-1$ 时，解齐次线性方程组 $(-\boldsymbol{I}-\boldsymbol{A})\boldsymbol{x}=\boldsymbol{0}$，可得基础解系 $\boldsymbol{\alpha}_1=\left(-\dfrac{3}{2},1,0,0\right)^{\mathrm{T}}$.

所以，$\boldsymbol{A}$ 的对应于 $\lambda_1=-1$ 的全部特征向量为

$$c_1\boldsymbol{\alpha}_1=c_1\left(-\frac{3}{2},1,0,0\right)^{\mathrm{T}}\quad(c_1\text{ 为任意非零常数})$$

当 $\lambda_2=1$ 时，解齐次线性方程组 $(\boldsymbol{I}-\boldsymbol{A})\boldsymbol{x}=\boldsymbol{0}$. 可得基础解系 $\boldsymbol{\alpha}_2=(1, 0, 0, 0)^{\mathrm{T}}$. 所以，$\boldsymbol{A}$ 的对应于 $\lambda_2=1$ 的全部特征向量为

$$c_2\boldsymbol{\alpha}_2=c_2(1, 0, 0, 0)^{\mathrm{T}} \quad (c_2 \text{ 为任意非零常数})$$

当 $\lambda_3=\lambda_4=2$ 时，解齐次线性方程组 $(2\boldsymbol{I}-\boldsymbol{A})\boldsymbol{x}=\boldsymbol{0}$，得基础解系 $\boldsymbol{\alpha}_3=\left(2, \frac{1}{3}, 1, 0\right)^{\mathrm{T}}$. 所以，$\boldsymbol{A}$ 的对应于 $\lambda_3=\lambda_4=2$ 的全部特征向量为

$$c_3\boldsymbol{\alpha}_3=c_3\left(2, \frac{1}{3}, 1, 0\right)^{\mathrm{T}} \quad (c_3 \text{ 为任意非零常数})$$

2. 已知矩阵 $\boldsymbol{A}=\begin{pmatrix}3 & 2 & -1\\ a & -2 & 2\\ 3 & b & -1\end{pmatrix}$，如果 $\boldsymbol{A}$ 的特征值 λ_1 对应的一个特征向量 $\boldsymbol{\alpha}_1=(1, -2, 3)^{\mathrm{T}}$，求 a, b 和 λ_1 的值.

解： 根据矩阵的特征值和特征向量的定义，有 $\boldsymbol{A}\boldsymbol{\alpha}_1=\lambda_1\boldsymbol{\alpha}_1$，即

$$\begin{pmatrix}3 & 2 & -1\\ a & -2 & 2\\ 3 & b & -1\end{pmatrix}\begin{pmatrix}1\\ -2\\ 3\end{pmatrix}=\lambda_1\begin{pmatrix}1\\ -2\\ 3\end{pmatrix}$$

即
$$\begin{pmatrix}-4\\ a+10\\ -2b\end{pmatrix}=\begin{pmatrix}\lambda_1\\ -2\lambda_1\\ 3\lambda_1\end{pmatrix} \quad 或 \quad \begin{cases}-4=\lambda_1\\ a+10=-2\lambda_1\\ -2b=3\lambda_1\end{cases}$$

解得 $\quad a=-2, b=6, \lambda_1=-4$

3. 设 λ_0 是 n 阶矩阵 $\boldsymbol{A}$ 的一个特征值，试证：

(1) $k\lambda_0$ 是矩阵 $k\boldsymbol{A}$ 的一个特征值(k 为任意实数).

(2) 若 $\boldsymbol{A}$ 可逆，则 $\frac{1}{\lambda_0}$ 是 $\boldsymbol{A}^{-1}$ 的一个特征值.

(3) $1+\lambda_0$ 是矩阵 $\boldsymbol{I}+\boldsymbol{A}$ 的一个特征值.

证： 设 $\boldsymbol{A}$ 的对应于特征值 λ_0 的特征向量为 $\boldsymbol{\alpha}$ ($\boldsymbol{\alpha}\neq\boldsymbol{0}$)，则 $\boldsymbol{A}\boldsymbol{\alpha}=\lambda_0\boldsymbol{\alpha}$.

(1) 在 $\boldsymbol{A}\boldsymbol{\alpha}=\lambda_0\boldsymbol{\alpha}$ 两边乘以数 k，有

$$(k\boldsymbol{A})\boldsymbol{\alpha}=k\lambda_0\boldsymbol{\alpha} \quad (\boldsymbol{\alpha}\neq\boldsymbol{0})$$

即 $k\lambda_0$ 是矩阵 $k\boldsymbol{A}$ 的一个特征值.

(2) 若 $\boldsymbol{A}$ 可逆，有 $\lambda_0\neq 0$，在 $\boldsymbol{A}\boldsymbol{\alpha}=\lambda_0\boldsymbol{\alpha}$ 两边左乘 $\boldsymbol{A}^{-1}$，得 $\boldsymbol{\alpha}=\lambda_0\boldsymbol{A}^{-1}\boldsymbol{\alpha}$，即

$$\boldsymbol{A}^{-1}\boldsymbol{\alpha}=\frac{1}{\lambda_0}\boldsymbol{\alpha} \quad (\boldsymbol{\alpha}\neq\boldsymbol{0})$$

所以 $\frac{1}{\lambda_0}$ 是 $\boldsymbol{A}^{-1}$ 的一个特征值.

(3) 在 $\boldsymbol{A}\boldsymbol{\alpha}=\lambda_0\boldsymbol{\alpha}$ 两边同加向量 $\boldsymbol{\alpha}$，有

$$(\boldsymbol{I}+\boldsymbol{A})\boldsymbol{\alpha}=(1+\lambda_0)\boldsymbol{\alpha} \quad (\boldsymbol{\alpha}\neq\boldsymbol{0})$$

所以 $1+\lambda_0$ 是 $\boldsymbol{I}+\boldsymbol{A}$ 的一个特征值.

4. 如果 n 阶矩阵 $\boldsymbol{A}$ 满足 $\boldsymbol{A}^2=\boldsymbol{A}$，则称 $\boldsymbol{A}$ 为幂等矩阵. 试证：幂等矩阵的特征值只能是 0 或 1.

证： 设 λ 是 $\boldsymbol{A}$ 的任一特征值，对应的特征向量为 $\boldsymbol{\alpha}$，则

$$\boldsymbol{A\alpha}=\lambda\boldsymbol{\alpha}\quad(\boldsymbol{\alpha}\neq\boldsymbol{0})$$

在上式两边左乘矩阵 $\boldsymbol{A}$，得 $\boldsymbol{A}^2\boldsymbol{\alpha}=\lambda\boldsymbol{A\alpha}=\lambda^2\boldsymbol{\alpha}$. 又 $\boldsymbol{A}^2=\boldsymbol{A}$，所以

$$\boldsymbol{A}^2\boldsymbol{\alpha}=\boldsymbol{A\alpha}=\lambda\boldsymbol{\alpha}$$

于是 $\lambda^2\boldsymbol{\alpha}=\lambda\boldsymbol{\alpha}$，即 $(\lambda^2-\lambda)\boldsymbol{\alpha}=\boldsymbol{0}$，而 $\boldsymbol{\alpha}\neq\boldsymbol{0}$，故必有

$$\lambda^2-\lambda=0$$

所以 λ 只能是 0 或 1.

注释： 本题的结论只给出了幂等矩阵特征值的范围是 0，1. 而不能肯定 $\boldsymbol{A}$ 的特征值是 0，1. 例如：

（ⅰ）矩阵 $\boldsymbol{A}=\boldsymbol{I}$，满足 $\boldsymbol{A}^2=\boldsymbol{A}$. 但 0 不是 $\boldsymbol{A}$ 的特征值.

（ⅱ）矩阵 $\boldsymbol{A}=\boldsymbol{O}$，满足 $\boldsymbol{A}^2=\boldsymbol{A}$，但 1 不是 $\boldsymbol{A}$ 的特征值.

5. 设三阶矩阵 $\boldsymbol{A}$ 的特征值为 $\lambda_1=-1$，$\lambda_2=1$，$\lambda_3=2$，矩阵 $\boldsymbol{B}=2\boldsymbol{A}^2+2\boldsymbol{A}-3\boldsymbol{E}$. 求矩阵 $\boldsymbol{B}$ 的特征值和 $|\boldsymbol{B}|$.

解： 设矩阵 $\boldsymbol{B}$ 的特征值为 μ_1，μ_2，μ_3，利用§4.1 例 5 和本习题第 3 题的结论，有 $\mu_i=2\lambda_i^2+2\lambda_i-3$ ($i=1, 2, 3$). 于是，有

$$\mu_1=-3,\ \mu_2=1,\ \mu_3=9$$
$$|\boldsymbol{B}|=\mu_1\mu_2\mu_3=(-3)\times1\times9=-27$$

6. 设矩阵 $\boldsymbol{A}=\begin{pmatrix}x&0&2\\0&3&0\\2&0&2\end{pmatrix}$ 的一个特征值 $\lambda_1=0$，求 $\boldsymbol{A}$ 的其他特征值 λ_2，λ_3 的值.

解： 根据特征值的性质，有 $\lambda_1\lambda_2\lambda_3=|\boldsymbol{A}|$，而 $\lambda_1=0$，故

$$|\boldsymbol{A}|=\begin{vmatrix}x&0&2\\0&3&0\\2&0&2\end{vmatrix}=6x-12=0$$

所以 $x=2$. 于是 $\boldsymbol{A}$ 的特征多项式

$$|\lambda\boldsymbol{I}-\boldsymbol{A}|=\begin{vmatrix}\lambda-2&0&-2\\0&\lambda-3&0\\-2&0&\lambda-2\end{vmatrix}=\lambda(\lambda-3)(\lambda-4)$$

得 $\boldsymbol{A}$ 的其他特征值为 $\lambda_2=3$，$\lambda_3=4$.

7. 设 $\boldsymbol{A}$ 是 n 阶矩阵，且 $\boldsymbol{A}^{\mathrm{T}}\boldsymbol{A}=\boldsymbol{I}$，$|\boldsymbol{A}|=-1$，试证：$-1$ 是 $\boldsymbol{A}$ 的一个特征值.

证： 因为 $\boldsymbol{A}^{\mathrm{T}}\boldsymbol{A}=\boldsymbol{I}$，$|\boldsymbol{A}|=|\boldsymbol{A}^{\mathrm{T}}|=-1$，所以

$$\begin{aligned}|-\boldsymbol{I}-\boldsymbol{A}|&=|-\boldsymbol{A}^{\mathrm{T}}\boldsymbol{A}-\boldsymbol{A}|=|(-\boldsymbol{A}^{\mathrm{T}}-\boldsymbol{I})\boldsymbol{A}|=|\boldsymbol{A}|\cdot|(-\boldsymbol{A}-\boldsymbol{I})^{\mathrm{T}}|\\&=|\boldsymbol{A}|\cdot|-\boldsymbol{I}-\boldsymbol{A}|=-|-\boldsymbol{I}-\boldsymbol{A}|\end{aligned}$$

由此可得 $2|-\boldsymbol{I}-\boldsymbol{A}|=0$，即 $|-\boldsymbol{I}-\boldsymbol{A}|=0$. 故 -1 是 $\boldsymbol{A}$ 的一个特征值.

注释： 要证明数 λ_0 是矩阵 $\boldsymbol{A}$ 的一个特征值，向量 $\boldsymbol{\alpha}(\boldsymbol{\alpha}\neq\boldsymbol{0})$ 是 $\boldsymbol{A}$ 的对应于特征值 λ_0 的特征向量，只需证明 λ_0 和 $\boldsymbol{\alpha}$ 满足

$$\boldsymbol{A\alpha}=\lambda_0\boldsymbol{\alpha}\quad(\boldsymbol{\alpha}\neq\boldsymbol{0})$$

若只需说明λ_0是$\boldsymbol{A}$的一个特征值，则可以验证上式，或验证$|\lambda_0\boldsymbol{I}-\boldsymbol{A}|=0$.

8. 设λ_1，λ_2是n阶矩阵$\boldsymbol{A}$的两个不同特征值，对应的特征向量分别为$\boldsymbol{\alpha}_1$，$\boldsymbol{\alpha}_2$. 试证：$c_1\boldsymbol{\alpha}_1+c_2\boldsymbol{\alpha}_2$($c_1$，$c_2$为任意非零常数)不是$\boldsymbol{A}$的特征向量.

证：用反证法. 设$c_1\boldsymbol{\alpha}_1+c_2\boldsymbol{\alpha}_2$是$\boldsymbol{A}$的属于特征值$\lambda$的特征向量. 于是$\boldsymbol{A}(c_1\boldsymbol{\alpha}_1+c_2\boldsymbol{\alpha}_2)=\lambda(c_1\boldsymbol{\alpha}_1+c_2\boldsymbol{\alpha}_2)$. 又由题设条件，有$\boldsymbol{A\alpha}_1=\lambda_1\boldsymbol{\alpha}_1$，$\boldsymbol{A\alpha}_2=\lambda_2\boldsymbol{\alpha}_2$. 所以

$$\boldsymbol{A}(c_1\boldsymbol{\alpha}_1+c_2\boldsymbol{\alpha}_2)=c_1\boldsymbol{A\alpha}_1+c_2\boldsymbol{A\alpha}_2=c_1\lambda_1\boldsymbol{\alpha}_1+c_2\lambda_2\boldsymbol{\alpha}_2$$

由此可得$\lambda(c_1\boldsymbol{\alpha}_1+c_2\boldsymbol{\alpha}_2)=c_1\lambda_1\boldsymbol{\alpha}_1+c_2\lambda_2\boldsymbol{\alpha}_2$，即

$$c_1(\lambda-\lambda_1)\boldsymbol{\alpha}_1+c_2(\lambda-\lambda_2)\boldsymbol{\alpha}_2=\boldsymbol{0}$$

又$\lambda_1\neq\lambda_2$，所以$\boldsymbol{\alpha}_1$，$\boldsymbol{\alpha}_2$线性无关. 故必有$c_1(\lambda-\lambda_1)=0$，$c_2(\lambda-\lambda_2)=0$. 而$c_1\neq0$，$c_2\neq0$，得$\lambda=\lambda_1$，$\lambda=\lambda_2$，即$\lambda_1=\lambda_2$，与已知矛盾. 所以$c_1\boldsymbol{\alpha}_1+c_2\boldsymbol{\alpha}_2$不是$\boldsymbol{A}$的特征向量.

9. 设矩阵$\boldsymbol{A}$非奇异，证明：$\boldsymbol{AB}\sim\boldsymbol{BA}$.

证：因为$|\boldsymbol{A}|\neq0$，可知$\boldsymbol{A}$可逆，又

$$\boldsymbol{A}^{-1}(\boldsymbol{AB})\boldsymbol{A}=(\boldsymbol{A}^{-1}\boldsymbol{A})\boldsymbol{BA}=\boldsymbol{BA}$$

所以$\boldsymbol{AB}\sim\boldsymbol{BA}$.

10. 证明：相似矩阵有相同的秩.

证：设$\boldsymbol{A}$，$\boldsymbol{B}$为同阶方阵，且$\boldsymbol{A}\sim\boldsymbol{B}$，则存在可逆矩阵$\boldsymbol{P}$，有$\boldsymbol{P}^{-1}\boldsymbol{AP}=\boldsymbol{B}$. 这等价于对矩阵$\boldsymbol{A}$施行了一系列初等变换得到矩阵$\boldsymbol{B}$. 所以，$\mathrm{r}(\boldsymbol{A})=\mathrm{r}(\boldsymbol{B})$.

11. 设$\boldsymbol{A}\sim\boldsymbol{B}$. 证明：$\boldsymbol{A}^k\sim\boldsymbol{B}^k$($k$为正整数).

证：因为$\boldsymbol{A}\sim\boldsymbol{B}$，所以存在可逆矩阵$\boldsymbol{P}$，有

$$\boldsymbol{P}^{-1}\boldsymbol{AP}=\boldsymbol{B}$$

于是，$(\boldsymbol{P}^{-1}\boldsymbol{AP})^k=\boldsymbol{B}^k$，即

$$\underbrace{(\boldsymbol{P}^{-1}\boldsymbol{AP})(\boldsymbol{P}^{-1}\boldsymbol{AP})\cdots(\boldsymbol{P}^{-1}\boldsymbol{AP})}_{k\text{个}}=\boldsymbol{P}^{-1}\boldsymbol{A}(\boldsymbol{PP}^{-1})\boldsymbol{A}(\boldsymbol{PP}^{-1})\cdots(\boldsymbol{PP}^{-1})\boldsymbol{AP}$$
$$=\boldsymbol{P}^{-1}\boldsymbol{A}^k\boldsymbol{P}=\boldsymbol{B}^k$$

所以$\boldsymbol{A}^k\sim\boldsymbol{B}^k$.

12. 设$\boldsymbol{A}\sim\boldsymbol{B}$，$\boldsymbol{C}\sim\boldsymbol{D}$，证明：

$$\begin{pmatrix}\boldsymbol{A}&\boldsymbol{O}\\\boldsymbol{O}&\boldsymbol{C}\end{pmatrix}\sim\begin{pmatrix}\boldsymbol{B}&\boldsymbol{O}\\\boldsymbol{O}&\boldsymbol{D}\end{pmatrix}$$

证：由$\boldsymbol{A}\sim\boldsymbol{B}$，$\boldsymbol{C}\sim\boldsymbol{D}$，必存在可逆矩阵$\boldsymbol{P}$和$\boldsymbol{Q}$，使得

$$\boldsymbol{P}^{-1}\boldsymbol{AP}=\boldsymbol{B},\ \boldsymbol{Q}^{-1}\boldsymbol{CQ}=\boldsymbol{D}$$

令分块矩阵$\boldsymbol{T}=\begin{pmatrix}\boldsymbol{P}&\boldsymbol{O}\\\boldsymbol{O}&\boldsymbol{Q}\end{pmatrix}$，则$\boldsymbol{T}^{-1}=\begin{pmatrix}\boldsymbol{P}^{-1}&\boldsymbol{O}\\\boldsymbol{O}&\boldsymbol{Q}^{-1}\end{pmatrix}$，且

$$\boldsymbol{T}^{-1}\begin{pmatrix}\boldsymbol{A}&\boldsymbol{O}\\\boldsymbol{O}&\boldsymbol{C}\end{pmatrix}\boldsymbol{T}=\begin{pmatrix}\boldsymbol{P}^{-1}&\boldsymbol{O}\\\boldsymbol{O}&\boldsymbol{Q}^{-1}\end{pmatrix}\begin{pmatrix}\boldsymbol{A}&\boldsymbol{O}\\\boldsymbol{O}&\boldsymbol{C}\end{pmatrix}\begin{pmatrix}\boldsymbol{P}&\boldsymbol{O}\\\boldsymbol{O}&\boldsymbol{Q}\end{pmatrix}$$
$$=\begin{pmatrix}\boldsymbol{P}^{-1}\boldsymbol{AP}&\boldsymbol{O}\\\boldsymbol{O}&\boldsymbol{Q}^{-1}\boldsymbol{CQ}\end{pmatrix}=\begin{pmatrix}\boldsymbol{B}&\boldsymbol{O}\\\boldsymbol{O}&\boldsymbol{D}\end{pmatrix}$$

由此可知，$\begin{pmatrix}\boldsymbol{A}&\boldsymbol{O}\\\boldsymbol{O}&\boldsymbol{C}\end{pmatrix}\sim\begin{pmatrix}\boldsymbol{B}&\boldsymbol{O}\\\boldsymbol{O}&\boldsymbol{D}\end{pmatrix}$.

13. 第 1 题中的各矩阵，如果与对角矩阵相似，则写出相似对角矩阵 $\boldsymbol{\Lambda}$ 及 $\boldsymbol{P}$.

解：(1)二阶矩阵 $\boldsymbol{A}=\begin{pmatrix}2 & 1\\ 1 & 2\end{pmatrix}$ 有互不相同的特征值 $\lambda_1=1$，$\lambda_2=3$，所以 $\boldsymbol{A}$ 可与对角矩阵相似.

由已求得的两个线性无关的特征向量 $\boldsymbol{\alpha}_1=(-1,1)^{\mathrm{T}}$，$\boldsymbol{\alpha}_2=(1,1)^{\mathrm{T}}$，得$\boldsymbol{P}=(\boldsymbol{\alpha}_1,\boldsymbol{\alpha}_2)=\begin{pmatrix}-1 & 1\\ 1 & 1\end{pmatrix}$，记 $\boldsymbol{\Lambda}=\begin{pmatrix}1 & 0\\ 0 & 3\end{pmatrix}$，则

$$\boldsymbol{P}^{-1}\boldsymbol{A}\boldsymbol{P}=\boldsymbol{\Lambda}$$

(2)三阶矩阵 $\boldsymbol{A}$ 有三重特征值，$\lambda_1=\lambda_2=\lambda_3=2$，但对应的线性无关的特征向量只有两个：

$$\boldsymbol{\alpha}_1=(-2,1,0)^{\mathrm{T}},\ \boldsymbol{\alpha}_2=(1,0,1)^{\mathrm{T}}$$

所以 $\boldsymbol{A}$ 不能与对角矩阵相似.

(3)四阶矩阵 $\boldsymbol{A}$ 的特征值$\lambda_1=-2$，$\lambda_2=\lambda_3=\lambda_4=2$. 对应于 $\lambda_1=-2$ 的特征向量

$$\boldsymbol{\alpha}_1=(-1,1,1,1)^{\mathrm{T}}$$

对应于 $\lambda_2=\lambda_3=\lambda_4=2$ 的线性无关的特征向量有三个：

$$\boldsymbol{\alpha}_2=(1,1,0,0)^{\mathrm{T}},\ \boldsymbol{\alpha}_3=(1,0,1,0)^{\mathrm{T}},\ \boldsymbol{\alpha}_4=(1,0,0,1)^{\mathrm{T}}$$

所以矩阵 $\boldsymbol{A}$ 有四个线性无关的特征向量，可以相似于对角矩阵，记

$$\boldsymbol{P}=(\boldsymbol{\alpha}_1,\boldsymbol{\alpha}_2,\boldsymbol{\alpha}_3,\boldsymbol{\alpha}_4)=\begin{pmatrix}-1 & 1 & 1 & 1\\ 1 & 1 & 0 & 0\\ 1 & 0 & 1 & 0\\ 1 & 0 & 0 & 1\end{pmatrix},\ \boldsymbol{\Lambda}=\begin{pmatrix}-2 & & & \\ & 2 & & \\ & & 2 & \\ & & & 2\end{pmatrix}$$

则
$$\boldsymbol{P}^{-1}\boldsymbol{A}\boldsymbol{P}=\boldsymbol{\Lambda}$$

(4)三阶矩阵 $\boldsymbol{A}$ 的特征值 $\lambda_1=-1$，$\lambda_2=\lambda_3=1$，对应于 $\lambda_1=-1$ 的特征向量

$$\boldsymbol{\alpha}_1=(-1,0,1)^{\mathrm{T}}$$

对应于 $\lambda_2=\lambda_3=1$ 的特征向量

$$\boldsymbol{\alpha}_2=(0,1,0)^{\mathrm{T}},\ \boldsymbol{\alpha}_3=(1,0,1)^{\mathrm{T}}$$

所以矩阵 $\boldsymbol{A}$ 有三个线性无关的特征向量，可相似于对角矩阵. 记

$$\boldsymbol{P}=(\boldsymbol{\alpha}_1,\boldsymbol{\alpha}_2,\boldsymbol{\alpha}_3)=\begin{pmatrix}-1 & 0 & 1\\ 0 & 1 & 0\\ 1 & 0 & 1\end{pmatrix},\ \boldsymbol{\Lambda}=\begin{pmatrix}-1 & & \\ & 1 & \\ & & 1\end{pmatrix}$$

则

$$\boldsymbol{P}^{-1}\boldsymbol{A}\boldsymbol{P}=\boldsymbol{\Lambda}$$

(5)四阶矩阵 $\boldsymbol{A}$ 的特征值$\lambda_1=-1$，$\lambda_2=1$，$\lambda_3=\lambda_4=2$. 对应于二重特征值 $\lambda_3=\lambda_4=2$ 的线性无关的特征向量只有一个 $\boldsymbol{\alpha}_3=\left(2,\frac{1}{3},1,0\right)^{\mathrm{T}}$. 于是，$\boldsymbol{A}$ 仅有三个线性无关的特征向量 $\boldsymbol{\alpha}_1$，$\boldsymbol{\alpha}_2$，$\boldsymbol{\alpha}_3$，故 $\boldsymbol{A}$ 不能与对角矩阵相似.

14. 已知矩阵 $\boldsymbol{A}=\begin{pmatrix}2 & 0 & 0\\ 0 & 0 & 1\\ 0 & 1 & x\end{pmatrix}$ 和 $\boldsymbol{B}=\begin{pmatrix}2 & 0 & 0\\ 0 & 3 & 4\\ 0 & -2 & y\end{pmatrix}$ 相似，求 x，y 的值.

解: *方法1* 由 $\boldsymbol{A}\sim\boldsymbol{B}$ 可知，$\boldsymbol{A}$ 与 $\boldsymbol{B}$ 有相同的特征值，且 $|\boldsymbol{A}|=|\boldsymbol{B}|$，设 $\boldsymbol{A}$，$\boldsymbol{B}$ 的特征值均为 λ_1，λ_2，λ_3，则

$$\lambda_1+\lambda_2+\lambda_3=2+0+x=2+3+y$$

即

$$x-y=3 \quad ①$$

又

$$|\boldsymbol{A}|=\begin{vmatrix}2&0&0\\0&0&1\\0&1&x\end{vmatrix}=-2,\qquad |\boldsymbol{B}|=\begin{vmatrix}2&0&0\\0&3&4\\0&-2&y\end{vmatrix}=2(3y+8)$$

所以

$$2(3y+8)=-2 \quad ②$$

由式②得 $y=-3$，代入式①得 $x=0$.

方法2 因为 $\boldsymbol{A}\sim\boldsymbol{B}$，知 $\boldsymbol{A}$，$\boldsymbol{B}$ 有相同的特征多项式：$|\lambda\boldsymbol{I}-\boldsymbol{A}|=|\lambda\boldsymbol{I}-\boldsymbol{B}|$，即

$$\begin{vmatrix}\lambda-2&0&0\\0&\lambda&-1\\0&-1&\lambda-x\end{vmatrix}=\begin{vmatrix}\lambda-2&0&0\\0&\lambda-3&-4\\0&2&\lambda-y\end{vmatrix}$$

由此可得

$$(\lambda-2)(\lambda^2-x\lambda-1)=(\lambda-2)[\lambda^2-(3+y)\lambda+3y+8]$$

比较等式两端 λ 的同次幂的系数，有

$$\begin{cases}x=3+y\\-1=3y+8\end{cases}$$

解得 $x=0$，$y=-3$.

15. 设矩阵 $\boldsymbol{A}$ 与 $\boldsymbol{B}$ 相似，其中

$$\boldsymbol{A}=\begin{pmatrix}1&-1&1\\2&4&-2\\-3&-3&a\end{pmatrix},\quad \boldsymbol{B}=\begin{pmatrix}2&&\\&2&\\&&b\end{pmatrix}$$

求 a，b 的值．并求可逆矩阵 $\boldsymbol{P}$，使 $\boldsymbol{P}^{-1}\boldsymbol{A}\boldsymbol{P}=\boldsymbol{B}$.

解: 矩阵 $\boldsymbol{A}\sim\boldsymbol{B}$，且 $\boldsymbol{B}$ 是一个对角矩阵，其特征值 $\lambda_1=\lambda_2=2$，$\lambda_3=b$，所以 $\boldsymbol{A}$ 的特征方程 $|\lambda\boldsymbol{I}-\boldsymbol{A}|=0$ 必有根 $\lambda_1=\lambda_2=2$，$\lambda_3=b$，而

$$|\lambda\boldsymbol{I}-\boldsymbol{A}|=\begin{vmatrix}\lambda-1&1&-1\\-2&\lambda-4&2\\3&3&\lambda-a\end{vmatrix}$$

$$=(\lambda-2)[\lambda^2-(a+3)\lambda+3(a-1)] \quad ①$$

可见 2 必是方程

$$\lambda^2-(a+3)\lambda+3(a-1)=0 \quad ②$$

的根．将 $\lambda=2$ 代入上面的方程②，得 $a=5$.

当 $a=5$ 时，方程②化为

$$\lambda^2-8\lambda+12=0$$

其根为 2 和 6．由此可知 $b=6$.

当 $\lambda_1=\lambda_2=2$ 时，解齐次线性方程组 $(2\boldsymbol{I}-\boldsymbol{A})\boldsymbol{x}=\boldsymbol{0}$，得基础解系

$$\boldsymbol{\xi}_1=(1,-1,0)^{\mathrm{T}},\quad \boldsymbol{\xi}_2=(1,0,1)^{\mathrm{T}}$$

当 $\lambda_3=6$ 时，解齐次线性方程组 $(6\boldsymbol{I}-\boldsymbol{A})\boldsymbol{x}=\boldsymbol{0}$，得基础解系

$$\boldsymbol{\xi}_3=(1,-2,3)^{\mathrm{T}}$$

令矩阵

$$\boldsymbol{P}=(\boldsymbol{\xi}_1,\boldsymbol{\xi}_2,\boldsymbol{\xi}_3)=\begin{pmatrix}1&1&1\\-1&0&-2\\0&1&3\end{pmatrix}$$

则 $\boldsymbol{P}^{-1}\boldsymbol{A}\boldsymbol{P}=\boldsymbol{B}$.

16. 计算向量 $\boldsymbol{\alpha}$ 与 $\boldsymbol{\beta}$ 的内积：

(1) $\boldsymbol{\alpha}=(1,-2,2)^{\mathrm{T}}$，$\boldsymbol{\beta}=(2,2,-1)^{\mathrm{T}}$

(2) $\boldsymbol{\alpha}=\left(\frac{\sqrt{2}}{2},-\frac{1}{2},\frac{\sqrt{2}}{4},-1\right)^{\mathrm{T}}$，$\boldsymbol{\beta}=\left(-\frac{\sqrt{2}}{2},-2,\sqrt{2},\frac{1}{2}\right)^{\mathrm{T}}$

解：(1)向量 $\boldsymbol{\alpha}$ 与 $\boldsymbol{\beta}$ 的内积

$$\boldsymbol{\alpha}^{\mathrm{T}}\boldsymbol{\beta}=(1,-2,2)\begin{pmatrix}2\\2\\-1\end{pmatrix}=1\times2+(-2)\times2+2\times(-1)=-4$$

(2) $\boldsymbol{\alpha}$ 与 $\boldsymbol{\beta}$ 的内积

$$\boldsymbol{\alpha}^{\mathrm{T}}\boldsymbol{\beta}=\left(\frac{\sqrt{2}}{2},-\frac{1}{2},\frac{\sqrt{2}}{4},-1\right)\begin{pmatrix}-\frac{\sqrt{2}}{2}\\-2\\\sqrt{2}\\\frac{1}{2}\end{pmatrix}$$

$$=\frac{\sqrt{2}}{2}\times\left(-\frac{\sqrt{2}}{2}\right)+\left(-\frac{1}{2}\right)\times(-2)+\frac{\sqrt{2}}{4}\times\sqrt{2}+(-1)\times\frac{1}{2}$$

$$=\frac{1}{2}$$

17. 把下列向量单位化：

(1) $\boldsymbol{\alpha}=(2,0,-5,-1)^{\mathrm{T}}$

(2) $\boldsymbol{\alpha}=(-3,4,0,0)^{\mathrm{T}}$

解：(1)向量 $\boldsymbol{\alpha}$ 的长度

$$\|\boldsymbol{\alpha}\|=\sqrt{2^2+(-5)^2+(-1)^2}=\sqrt{30}$$

所以
$$\frac{1}{\|\boldsymbol{\alpha}\|}\boldsymbol{\alpha}=\left(\frac{2}{\sqrt{30}},0,-\frac{5}{\sqrt{30}},-\frac{1}{\sqrt{30}}\right)^{\mathrm{T}}$$

(2)向量 $\boldsymbol{\alpha}$ 的长度

$$\|\boldsymbol{\alpha}\|=\sqrt{(-3)^2+4^2}=5$$

所以

$$\frac{1}{\|\boldsymbol{\alpha}\|}\boldsymbol{\alpha}=\left(-\frac{3}{5}, \frac{4}{5}, 0, 0\right)^{\mathrm{T}}$$

18. 将下列线性无关的向量组正交化：

(1) $\boldsymbol{\alpha}_1=(1, 2, 2, -1)^{\mathrm{T}}$，$\boldsymbol{\alpha}_2=(1, 1, -5, 3)^{\mathrm{T}}$，$\boldsymbol{\alpha}_3=(3, 2, 8, -7)^{\mathrm{T}}$

(2) $\boldsymbol{\alpha}_1=(1, -2, 2)^{\mathrm{T}}$，$\boldsymbol{\alpha}_2=(-1, 0, -1)^{\mathrm{T}}$，$\boldsymbol{\alpha}_3=(5, -3, -7)^{\mathrm{T}}$

解：(1)利用施密特正交化方法，令

$$\boldsymbol{\beta}_1=\boldsymbol{\alpha}_1=(1, 2, 2, -1)^{\mathrm{T}}$$

$$\boldsymbol{\beta}_2=\boldsymbol{\alpha}_2-\frac{\boldsymbol{\alpha}_2^{\mathrm{T}}\boldsymbol{\beta}_1}{\boldsymbol{\beta}_1^{\mathrm{T}}\boldsymbol{\beta}_1}\boldsymbol{\beta}_1=(1, 1, -5, 3)^{\mathrm{T}}+\frac{10}{10}(1, 2, 2, -1)^{\mathrm{T}}$$

$$=(2, 3, -3, 2)^{\mathrm{T}}$$

$$\boldsymbol{\beta}_3=\boldsymbol{\alpha}_3-\frac{\boldsymbol{\alpha}_3^{\mathrm{T}}\boldsymbol{\beta}_1}{\boldsymbol{\beta}_1^{\mathrm{T}}\boldsymbol{\beta}_1}\boldsymbol{\beta}_1-\frac{\boldsymbol{\alpha}_3^{\mathrm{T}}\boldsymbol{\beta}_2}{\boldsymbol{\beta}_2^{\mathrm{T}}\boldsymbol{\beta}_2}\boldsymbol{\beta}_2$$

$$=(3, 2, 8, -7)^{\mathrm{T}}-\frac{30}{10}(1, 2, 2, -1)^{\mathrm{T}}+\frac{26}{26}(2, 3, -3, 2)^{\mathrm{T}}$$

$$=(2, -1, -1, -2)^{\mathrm{T}}$$

则 $\boldsymbol{\beta}_1$，$\boldsymbol{\beta}_2$，$\boldsymbol{\beta}_3$ 为所求的正交向量组.

(2)利用施密特正交化方法，令

$$\boldsymbol{\beta}_1=(1, -2, 2)^{\mathrm{T}}$$

$$\boldsymbol{\beta}_2=\boldsymbol{\alpha}_2-\frac{\boldsymbol{\alpha}_2^{\mathrm{T}}\boldsymbol{\beta}_1}{\boldsymbol{\beta}_1^{\mathrm{T}}\boldsymbol{\beta}_1}\boldsymbol{\beta}_1=(-1, 0, -1)^{\mathrm{T}}+\frac{3}{9}(1, -2, 2)^{\mathrm{T}}$$

$$=\left(-\frac{2}{3}, -\frac{2}{3}, -\frac{1}{3}\right)^{\mathrm{T}}$$

$$\boldsymbol{\beta}_3=\boldsymbol{\alpha}_3-\frac{\boldsymbol{\alpha}_3^{\mathrm{T}}\boldsymbol{\beta}_1}{\boldsymbol{\beta}_1^{\mathrm{T}}\boldsymbol{\beta}_1}\boldsymbol{\beta}_1-\frac{\boldsymbol{\alpha}_3^{\mathrm{T}}\boldsymbol{\beta}_2}{\boldsymbol{\beta}_2^{\mathrm{T}}\boldsymbol{\beta}_2}\boldsymbol{\beta}_2$$

$$=(5, -3, -7)^{\mathrm{T}}+\frac{1}{3}(1, -2, 2)^{\mathrm{T}}-\frac{1}{1}\left(-\frac{2}{3}, -\frac{2}{3}, -\frac{1}{3}\right)^{\mathrm{T}}$$

$$=(6, -3, -6)^{\mathrm{T}}$$

19. 判断下列矩阵是否为正交矩阵：

(1) $\boldsymbol{Q}=\begin{pmatrix}\frac{\sqrt{3}}{2} & -\frac{1}{2}\\ \frac{1}{2} & \frac{\sqrt{3}}{2}\end{pmatrix}$　(2) $\boldsymbol{Q}=\begin{pmatrix}\frac{1}{9} & -\frac{8}{9} & -\frac{4}{9}\\ -\frac{8}{9} & \frac{1}{9} & -\frac{4}{9}\\ -\frac{4}{9} & -\frac{4}{9} & \frac{7}{9}\end{pmatrix}$

解：(1)因为

$$\boldsymbol{Q}^{\mathrm{T}}\boldsymbol{Q}=\begin{pmatrix}\frac{\sqrt{3}}{2} & \frac{1}{2}\\ -\frac{1}{2} & \frac{\sqrt{3}}{2}\end{pmatrix}\begin{pmatrix}\frac{\sqrt{3}}{2} & -\frac{1}{2}\\ \frac{1}{2} & \frac{\sqrt{3}}{2}\end{pmatrix}=\begin{pmatrix}1 & 0\\ 0 & 1\end{pmatrix}$$

所以 $\boldsymbol{Q}$ 为正交矩阵.

(2)因为

$$Q^{\mathrm{T}}Q=\begin{pmatrix}\frac{1}{9}&-\frac{8}{9}&-\frac{4}{9}\\-\frac{8}{9}&\frac{1}{9}&-\frac{4}{9}\\-\frac{4}{9}&-\frac{4}{9}&\frac{7}{9}\end{pmatrix}\begin{pmatrix}\frac{1}{9}&-\frac{8}{9}&-\frac{4}{9}\\-\frac{8}{9}&\frac{1}{9}&-\frac{4}{9}\\-\frac{4}{9}&-\frac{4}{9}&\frac{7}{9}\end{pmatrix}$$

$$=\begin{pmatrix}1&0&0\\0&1&0\\0&0&1\end{pmatrix}$$

所以 $\boldsymbol{Q}$ 为正交矩阵.

20. 设 $\boldsymbol{\alpha}$ 为 n 维列向量，$\boldsymbol{A}$ 为 n 阶正交矩阵，证明：$\|\boldsymbol{A\alpha}\|=\|\boldsymbol{\alpha}\|$.

证： $\boldsymbol{A\alpha}$ 仍为 n 维列向量，有

$$\|\boldsymbol{A\alpha}\|=\sqrt{(\boldsymbol{A\alpha})^{\mathrm{T}}(\boldsymbol{A\alpha})}=\sqrt{\boldsymbol{\alpha}^{\mathrm{T}}(\boldsymbol{A}^{\mathrm{T}}\boldsymbol{A})\boldsymbol{\alpha}}$$
$$=\sqrt{\boldsymbol{\alpha}^{\mathrm{T}}\boldsymbol{\alpha}}=\|\boldsymbol{\alpha}\|$$

21. 证明正交矩阵的下述性质：

(1)若 $\boldsymbol{Q}$ 为正交矩阵，则其行列式的值为 1 或－1.

(2)若 $\boldsymbol{Q}$ 为正交矩阵，则 $\boldsymbol{Q}$ 可逆，且 $\boldsymbol{Q}^{-1}=\boldsymbol{Q}^{\mathrm{T}}$.

(3)若 $\boldsymbol{P}$，$\boldsymbol{Q}$ 都是正交矩阵，则它们的乘积 $\boldsymbol{PQ}$ 也是正交矩阵.

证：(1)根据正交矩阵定义，有 $\boldsymbol{Q}^{\mathrm{T}}\boldsymbol{Q}=\boldsymbol{I}$，两边取行列式，得

$$|\boldsymbol{Q}^{\mathrm{T}}\boldsymbol{Q}|=|\boldsymbol{Q}^{\mathrm{T}}|\cdot|\boldsymbol{Q}|=|\boldsymbol{Q}|^2=|\boldsymbol{I}|=1$$

所以，$|\boldsymbol{Q}|=1$ 或－1.

(2)因为 $\boldsymbol{Q}^{\mathrm{T}}\boldsymbol{Q}=\boldsymbol{I}$，根据可逆矩阵的定义，有

$$\boldsymbol{Q}^{-1}=\boldsymbol{Q}^{\mathrm{T}}$$

(3)因为 $\boldsymbol{P}^{\mathrm{T}}\boldsymbol{P}=\boldsymbol{I}$，$\boldsymbol{Q}^{\mathrm{T}}\boldsymbol{Q}=\boldsymbol{I}$

$$(\boldsymbol{PQ})^{\mathrm{T}}(\boldsymbol{PQ})=\boldsymbol{Q}^{\mathrm{T}}\boldsymbol{P}^{\mathrm{T}}\boldsymbol{PQ}=\boldsymbol{Q}^{\mathrm{T}}\boldsymbol{Q}=\boldsymbol{I}$$

所以 $\boldsymbol{PQ}$ 也是正交矩阵.

22. 设 $\boldsymbol{A}$ 是正交矩阵，试证：$\boldsymbol{A}^{-1}$ 和 $\boldsymbol{A}^*$ 也是正交矩阵.

证：由题设条件可知，$\boldsymbol{A}^{\mathrm{T}}\boldsymbol{A}=\boldsymbol{I}$，所以 $\boldsymbol{A}^{-1}=\boldsymbol{A}^{\mathrm{T}}$.

于是

$$(\boldsymbol{A}^{-1})^{\mathrm{T}}(\boldsymbol{A}^{-1})=(\boldsymbol{A}^{\mathrm{T}})^{-1}\boldsymbol{A}^{-1}=(\boldsymbol{A}^{-1})^{-1}\boldsymbol{A}^{-1}=\boldsymbol{A}\boldsymbol{A}^{-1}=\boldsymbol{I}$$

即 $\boldsymbol{A}^{-1}$ 仍为正交矩阵.

又 $\boldsymbol{A}^*\boldsymbol{A}=|\boldsymbol{A}|\boldsymbol{I}$，可知 $\boldsymbol{A}^*=|\boldsymbol{A}|\boldsymbol{A}^{-1}$. 所以

$$(\boldsymbol{A}^*)^{\mathrm{T}}\boldsymbol{A}^*=(|\boldsymbol{A}|\boldsymbol{A}^{-1})^{\mathrm{T}}(|\boldsymbol{A}|\boldsymbol{A}^{-1})$$
$$=|\boldsymbol{A}|^2(\boldsymbol{A}^{-1})^{\mathrm{T}}\boldsymbol{A}^{-1}$$
$$=|\boldsymbol{A}|^2\boldsymbol{I}$$

由第 21 题(1)，有 $|\boldsymbol{A}|^2=1$，所以

$$(\boldsymbol{A}^*)^{\mathrm{T}}\boldsymbol{A}^*=\boldsymbol{I}$$

即 $\boldsymbol{A}^*$ 也是正交矩阵.

23. 求正交矩阵 $\boldsymbol{Q}$，使 $\boldsymbol{Q}^{-1}\boldsymbol{A}\boldsymbol{Q}$ 为对角矩阵.

(1)$\boldsymbol{A}=\begin{pmatrix}1&1&1\\1&1&1\\1&1&1\end{pmatrix}$　(2)$\boldsymbol{A}=\begin{pmatrix}3&2&4\\2&0&2\\4&2&3\end{pmatrix}$

解: (1)矩阵 $\boldsymbol{A}$ 的特征多项式

$$|\lambda\boldsymbol{I}-\boldsymbol{A}|=\begin{vmatrix}\lambda-1&-1&-1\\-1&\lambda-1&-1\\-1&-1&\lambda-1\end{vmatrix}=(\lambda-3)\begin{vmatrix}1&-1&-1\\1&\lambda-1&-1\\1&-1&\lambda-1\end{vmatrix}$$
$$=\lambda^2(\lambda-3)$$

由此可得 $\boldsymbol{A}$ 的特征值 $\lambda_1=\lambda_2=0$，$\lambda_3=3$.

当 $\lambda_1=\lambda_2=0$ 时，解齐次线性方程组 $(0\boldsymbol{I}-\boldsymbol{A})\boldsymbol{x}=\boldsymbol{0}$，得基础解系

$$\boldsymbol{\alpha}_1=(-1,1,0)^{\mathrm{T}},\quad \boldsymbol{\alpha}_2=(-1,0,1)^{\mathrm{T}}$$

当 $\lambda_3=3$ 时，解齐次线性方程组 $(3\boldsymbol{I}-\boldsymbol{A})\boldsymbol{x}=\boldsymbol{0}$，得基础解系

$$\boldsymbol{\alpha}_3=(1,1,1)^{\mathrm{T}}$$

将向量组 $\boldsymbol{\alpha}_1$，$\boldsymbol{\alpha}_2$ 正交化，令

$$\boldsymbol{\beta}_1=\boldsymbol{\alpha}_1=(-1,1,0)^{\mathrm{T}}$$

$$\boldsymbol{\beta}_2=\boldsymbol{\alpha}_2-\frac{\boldsymbol{\alpha}_2^{\mathrm{T}}\boldsymbol{\beta}_1}{\boldsymbol{\beta}_1^{\mathrm{T}}\boldsymbol{\beta}_1}\boldsymbol{\beta}_1=(-1,0,1)^{\mathrm{T}}-\frac{1}{2}(-1,1,0)^{\mathrm{T}}$$
$$=\left(-\frac{1}{2},-\frac{1}{2},1\right)^{\mathrm{T}}$$

再将 $\boldsymbol{\beta}_1$，$\boldsymbol{\beta}_2$，$\boldsymbol{\alpha}_3$ 单位化，令

$$\boldsymbol{\gamma}_1=\frac{1}{\|\boldsymbol{\beta}_1\|}\boldsymbol{\beta}_1=\left(-\frac{1}{\sqrt{2}},\frac{1}{\sqrt{2}},0\right)^{\mathrm{T}}$$

$$\boldsymbol{\gamma}_2=\frac{1}{\|\boldsymbol{\beta}_2\|}\boldsymbol{\beta}_2=\left(-\frac{1}{\sqrt{6}},-\frac{1}{\sqrt{6}},\frac{2}{\sqrt{6}}\right)^{\mathrm{T}}$$

$$\boldsymbol{\gamma}_3=\frac{1}{\|\boldsymbol{\alpha}_3\|}\boldsymbol{\alpha}_3=\left(\frac{1}{\sqrt{3}},\frac{1}{\sqrt{3}},\frac{1}{\sqrt{3}}\right)^{\mathrm{T}}$$

得单位正交向量组 $\boldsymbol{\gamma}_1$，$\boldsymbol{\gamma}_2$，$\boldsymbol{\gamma}_3$，令

$$\boldsymbol{Q}=(\boldsymbol{\gamma}_1,\boldsymbol{\gamma}_2,\boldsymbol{\gamma}_3)=\begin{pmatrix}-\frac{1}{\sqrt{2}}&-\frac{1}{\sqrt{6}}&\frac{1}{\sqrt{3}}\\\frac{1}{\sqrt{2}}&-\frac{1}{\sqrt{6}}&\frac{1}{\sqrt{3}}\\0&\frac{2}{\sqrt{6}}&\frac{1}{\sqrt{3}}\end{pmatrix}$$

则 $\boldsymbol{Q}$ 为正交矩阵，且

$$\boldsymbol{Q}^{-1}\boldsymbol{A}\boldsymbol{Q}=\begin{pmatrix}0&&\\&0&\\&&3\end{pmatrix}$$

(2)矩阵 $\boldsymbol{A}$ 的特征多项式

$$|\lambda \boldsymbol{I}-\boldsymbol{A}|=\begin{vmatrix}\lambda-3 & -2 & -4\\ -2 & \lambda & -2\\ -4 & -2 & \lambda-3\end{vmatrix}=\begin{vmatrix}\lambda+1 & -2 & -4\\ 0 & \lambda & -2\\ -\lambda-1 & -2 & \lambda-3\end{vmatrix}$$

$$=(\lambda+1)\begin{vmatrix}1 & -2 & -4\\ 0 & \lambda & -2\\ -1 & -2 & \lambda-3\end{vmatrix}=(\lambda+1)^2(\lambda-8)$$

所以矩阵 $\boldsymbol{A}$ 的特征值为 $\lambda_1=\lambda_2=-1$，$\lambda_3=8$.

当 $\lambda_1=\lambda_2=-1$ 时，解齐次线性方程组 $(-\boldsymbol{I}-\boldsymbol{A})\boldsymbol{x}=\boldsymbol{0}$，得基础解系

$$\boldsymbol{\alpha}_1=(-1,\ 2,\ 0)^{\mathrm{T}},\quad \boldsymbol{\alpha}_2=(-1,\ 0,\ 1)^{\mathrm{T}}$$

当 $\lambda_3=8$ 时，解齐次线性方程组 $(8\boldsymbol{I}-\boldsymbol{A})\boldsymbol{x}=\boldsymbol{0}$，得基础解系

$$\boldsymbol{\alpha}_3=(2,\ 1,\ 2)^{\mathrm{T}}$$

将向量 $\boldsymbol{\alpha}_1$，$\boldsymbol{\alpha}_2$ 正交化，令

$$\boldsymbol{\beta}_1=\boldsymbol{\alpha}_1=(-1,\ 2,\ 0)^{\mathrm{T}}$$

$$\boldsymbol{\beta}_2=\boldsymbol{\alpha}_2-\frac{\boldsymbol{\alpha}_2^{\mathrm{T}}\boldsymbol{\beta}_1}{\boldsymbol{\beta}_1^{\mathrm{T}}\boldsymbol{\beta}_1}\boldsymbol{\beta}_1=(-1,\ 0,\ 1)^{\mathrm{T}}-\frac{1}{5}(-1,\ 2,\ 0)^{\mathrm{T}}$$

$$=\left(-\frac{4}{5},\ -\frac{2}{5},\ 1\right)^{\mathrm{T}}$$

再将 $\boldsymbol{\beta}_1$，$\boldsymbol{\beta}_2$，$\boldsymbol{\alpha}_3$ 单位化，令

$$\boldsymbol{\gamma}_1=\frac{1}{\|\boldsymbol{\beta}_1\|}\boldsymbol{\beta}_1=\left(-\frac{1}{\sqrt{5}},\ \frac{2}{\sqrt{5}},\ 0\right)^{\mathrm{T}}$$

$$\boldsymbol{\gamma}_2=\frac{1}{\|\boldsymbol{\beta}_2\|}\boldsymbol{\beta}_2=\left(-\frac{4}{\sqrt{45}},\ -\frac{2}{\sqrt{45}},\ \frac{5}{\sqrt{45}}\right)^{\mathrm{T}}$$

$$\boldsymbol{\gamma}_3=\frac{1}{\|\boldsymbol{\alpha}_3\|}\boldsymbol{\alpha}_3=\left(\frac{2}{3},\ \frac{1}{3},\ \frac{2}{3}\right)^{\mathrm{T}}$$

得单位正交向量组 $\boldsymbol{\gamma}_1$，$\boldsymbol{\gamma}_2$，$\boldsymbol{\gamma}_3$，令

$$\boldsymbol{Q}=(\boldsymbol{\gamma}_1,\ \boldsymbol{\gamma}_2,\ \boldsymbol{\gamma}_3)=\begin{pmatrix}-\frac{1}{\sqrt{5}} & -\frac{4}{\sqrt{45}} & \frac{2}{3}\\ \frac{2}{\sqrt{5}} & -\frac{2}{\sqrt{45}} & \frac{1}{3}\\ 0 & \frac{5}{\sqrt{45}} & \frac{2}{3}\end{pmatrix}$$

则 $\boldsymbol{Q}$ 为正交矩阵，且 $\boldsymbol{Q}^{-1}\boldsymbol{A}\boldsymbol{Q}=\begin{pmatrix}-1 & & \\ & -1 & \\ & & 8\end{pmatrix}$.

24. 设三阶实对称矩阵 $\boldsymbol{A}$ 的特征值是 1，2，3，矩阵 $\boldsymbol{A}$ 的对应于 1，2 的特征向量分别为

$$\boldsymbol{\alpha}_1=(-1,\ -1,\ 1)^{\mathrm{T}},\quad \boldsymbol{\alpha}_2=(1,\ -2,\ -1)^{\mathrm{T}}$$

(1)求 $\boldsymbol{A}$ 的对应于特征值 3 的特征向量.

(2)求矩阵 $\boldsymbol{A}$.

解: (1)设 $\boldsymbol{A}$ 的对应于特征值 3 的特征向量为

$$\boldsymbol{\alpha}_3=(x_1,\ x_2,\ x_3)^{\mathrm{T}}$$

由于实对称矩阵对应于不同特征值的特征向量正交，故必有

$$\begin{cases}\boldsymbol{\alpha}_1^{\mathrm{T}}\boldsymbol{\alpha}_3=-x_1-x_2+x_3=0\\ \boldsymbol{\alpha}_2^{\mathrm{T}}\boldsymbol{\alpha}_3=x_1-2x_2-x_3=0\end{cases}$$

解此方程组，得其基础解系为$(1,\ 0,\ 1)^{\mathrm{T}}$，则 $\boldsymbol{A}$ 的对应于特征值 3 的全部特征向量为

$$\boldsymbol{\alpha}_3=c(1,0,1)^{\mathrm{T}}\quad (c\text{ 为任意非零常数})$$

(2)取 $c=1$，$\boldsymbol{\alpha}_3=(1,\ 0,\ 1)^{\mathrm{T}}$，令矩阵

$$\boldsymbol{P}=(\boldsymbol{\alpha}_1,\ \boldsymbol{\alpha}_2,\ \boldsymbol{\alpha}_3)=\begin{pmatrix}-1&1&1\\-1&-2&0\\1&-1&1\end{pmatrix},\ \boldsymbol{\Lambda}=\begin{pmatrix}1&0&0\\0&2&0\\0&0&3\end{pmatrix}$$

则 $\boldsymbol{P}^{-1}\boldsymbol{AP}=\boldsymbol{\Lambda}$，故 $\boldsymbol{A}=\boldsymbol{P\Lambda P}^{-1}$. 不难计算

$$\boldsymbol{P}^{-1}=\begin{pmatrix}-\frac{1}{3}&-\frac{1}{3}&\frac{1}{3}\\ \frac{1}{6}&-\frac{1}{3}&-\frac{1}{6}\\ \frac{1}{2}&0&\frac{1}{2}\end{pmatrix}$$

所以 $$\boldsymbol{A}=\boldsymbol{P\Lambda P}^{-1}=\frac{1}{6}\begin{pmatrix}13&-2&5\\-2&10&2\\5&2&13\end{pmatrix}$$

(B)

1. 三阶矩阵 $\boldsymbol{A}$ 的特征值为-2，1，3，则下列矩阵中非奇异矩阵是[　　].

(A) $2\boldsymbol{I}-\boldsymbol{A}$　　(B) $2\boldsymbol{I}+\boldsymbol{A}$　　(C) $\boldsymbol{I}-\boldsymbol{A}$　　(D) $\boldsymbol{A}-3\boldsymbol{I}$

解: 由已知条件，矩阵 $\boldsymbol{A}$ 的特征方程$|\lambda\boldsymbol{I}-\boldsymbol{A}|=0$ 的根为-2，1，3，所以

$$|-2\boldsymbol{I}-\boldsymbol{A}|=0,\quad |\boldsymbol{I}-\boldsymbol{A}|=0,\quad |3\boldsymbol{I}-\boldsymbol{A}|=0$$

可见(A)中矩阵 $2\boldsymbol{I}-\boldsymbol{A}$ 是非奇异矩阵. 故本题应选(A).

(B) $|2\boldsymbol{I}+\boldsymbol{A}|=|-(-2\boldsymbol{I}-\boldsymbol{A})|=(-1)^3|-2\boldsymbol{I}-\boldsymbol{A}|=0$

故 $2\boldsymbol{I}+\boldsymbol{A}$ 是奇异矩阵.

(C)已知 1 是矩阵 $\boldsymbol{A}$ 的特征值，故$|\boldsymbol{I}-\boldsymbol{A}|=0$，即 $\boldsymbol{I}-\boldsymbol{A}$ 是奇异矩阵.

在(D)中，因为 $\boldsymbol{A}$ 有特征值 3，故

$$|\boldsymbol{A}-3\boldsymbol{I}|=|-(3\boldsymbol{I}-\boldsymbol{A})|=(-1)^3|3\boldsymbol{I}-\boldsymbol{A}|=0$$

即 $\boldsymbol{A}-3\boldsymbol{I}$ 是奇异的.

2. 设 $\lambda_0=2$ 是可逆矩阵 $\boldsymbol{A}$ 的一个特征值，则矩阵$\left(\frac{1}{3}\boldsymbol{A}^2\right)^{-1}$必有一个特征值为[　　].

(A) $\frac{4}{3}$　　(B) $\frac{3}{4}$　　(C) $-\frac{3}{4}$　　(D) $-\frac{4}{3}$

解：因为 $\boldsymbol{A}$ 有特征值 $\lambda_0=2$，则 $\boldsymbol{A}^2$ 必有特征值 $\lambda_0^2=4$，矩阵 $\frac{1}{3}\boldsymbol{A}^2$ 必有特征值 $\frac{1}{3}\lambda_0^2=\frac{4}{3}$. 故 $\left(\frac{1}{3}\boldsymbol{A}^2\right)^{-1}$ 必有特征值 $\frac{3}{\lambda_0^2}=\frac{3}{4}$. 本题应选(B).

注释：如果矩阵 $\boldsymbol{A}$ 有一个特征值 λ_0，可以证明：$\boldsymbol{A}^m$(m 为正整数)一定有特征值 λ_0^m. 一般地，设 $f(\boldsymbol{A})=a_0\boldsymbol{I}+a_1\boldsymbol{A}+\cdots+a_m\boldsymbol{A}^m$ 是矩阵多项式，则 $f(\lambda_0)=a_0+a_1\lambda_0+\cdots+a_m\lambda_0^m$ 必是 $f(\boldsymbol{A})$ 的一个特征值. 解题时，可以直接利用这一结论.

3. 设 λ_1，λ_2 都是 n 阶矩阵 $\boldsymbol{A}$ 的特征值，$\lambda_1\neq\lambda_2$，且 $\boldsymbol{\alpha}_1$，$\boldsymbol{\alpha}_2$ 分别是 $\boldsymbol{A}$ 的对应于 λ_1 与 λ_2 的特征向量，则[　　].

(A) $c_1=0$ 且 $c_2=0$ 时，$\boldsymbol{\alpha}=c_1\boldsymbol{\alpha}_1+c_2\boldsymbol{\alpha}_2$ 必是 $\boldsymbol{A}$ 的特征向量

(B) $c_1\neq0$ 且 $c_2\neq0$ 时，$\boldsymbol{\alpha}=c_1\boldsymbol{\alpha}_1+c_2\boldsymbol{\alpha}_2$ 必是 $\boldsymbol{A}$ 的特征向量

(C) $c_1c_2=0$ 时，$\boldsymbol{\alpha}=c_1\boldsymbol{\alpha}_1+c_2\boldsymbol{\alpha}_2$ 必是 $\boldsymbol{A}$ 的特征向量

(D) $c_1\neq0$ 而 $c_2=0$ 时，$\boldsymbol{\alpha}=c_1\boldsymbol{\alpha}_1+c_2\boldsymbol{\alpha}_2$ 是 $\boldsymbol{A}$ 的特征向量

解：(A)当 $c_1=0$ 且 $c_2=0$ 时，$\boldsymbol{\alpha}=\boldsymbol{0}$，而零向量不是任一 n 阶矩阵的特征向量. 故(A)错.

(B)当 $c_1\neq0$ 且 $c_2\neq0$ 时，由于 $\lambda_1\neq\lambda_2$，利用习题四(A)的第 8 题，可知 $\boldsymbol{\alpha}=c_1\boldsymbol{\alpha}_1+c_2\boldsymbol{\alpha}_2$ 不是 $\boldsymbol{A}$ 的特征向量. 故(B)错.

(C)当 $c_1c_2=0$ 时，有 $c_1=0$ 或 $c_2=0$，但可能 $c_1=0$ 且 $c_2=0$. 由选项(A)知，此时 $\boldsymbol{\alpha}=\boldsymbol{0}$ 不是 $\boldsymbol{A}$ 的特征向量. 故(C)错.

综上分析，本题应选(D). 事实上，当 $c_1\neq0$ 而 $c_2=0$ 时，$\boldsymbol{\alpha}=c_1\boldsymbol{\alpha}_1$($c_1\neq0$)为 $\boldsymbol{A}$ 的对应于 λ_1 的特征向量.

4. 与矩阵 $\boldsymbol{A}=\begin{pmatrix}1&0&0\\0&1&0\\0&0&2\end{pmatrix}$ 相似的矩阵是[　　].

(A) $\begin{pmatrix}1&1&0\\0&2&1\\0&0&1\end{pmatrix}$　　(B) $\begin{pmatrix}1&1&0\\0&1&0\\0&0&2\end{pmatrix}$

(C) $\begin{pmatrix}1&0&1\\0&1&0\\0&0&2\end{pmatrix}$　　(D) $\begin{pmatrix}1&0&1\\0&2&1\\0&0&1\end{pmatrix}$

解：矩阵 $\boldsymbol{A}$ 和各选项的矩阵的特征值都是 $\lambda_1=\lambda_2=1$，$\lambda_3=2$，其中 $\boldsymbol{A}$ 是对角矩阵. 故只需判断各选项中矩阵是否与对角矩阵 $\boldsymbol{A}$ 相似，为简便，各选项矩阵依次记为 $\boldsymbol{A}_1$，$\boldsymbol{A}_2$，$\boldsymbol{A}_3$，$\boldsymbol{A}_4$.

(A)对于 $\lambda_1=\lambda_2=1$，解齐次线性方程组 $(\boldsymbol{I}-\boldsymbol{A}_1)\boldsymbol{x}=\boldsymbol{0}$，得基础解系 $\boldsymbol{\alpha}_1=(1,0,0)^{\mathrm{T}}$，即二重特征值 1 只对应一个线性无关的特征向量. 故(A)中矩阵不能与 $\boldsymbol{A}$ 相似.

类似地，可判断(B)，(D)中矩阵不与 $\boldsymbol{A}$ 相似.

(C)对于 $\lambda_1=\lambda_2=1$，解齐次线性方程组 $(\boldsymbol{I}-\boldsymbol{A}_3)\boldsymbol{x}=\boldsymbol{0}$，有

$$\boldsymbol{I}-\boldsymbol{A}_3=\begin{pmatrix}0&0&-1\\0&0&0\\0&0&-1\end{pmatrix}\longrightarrow\begin{pmatrix}0&0&1\\0&0&0\\0&0&0\end{pmatrix}$$

可得基础解系 $\boldsymbol{\alpha}_1=(1,0,0)^{\mathrm{T}}$，$\boldsymbol{\alpha}_2=(0,1,0)^{\mathrm{T}}$，故 $\boldsymbol{A}_3$ 可与对角矩阵 $\boldsymbol{\Lambda}$ 相似，应选(C).

也可由 $\mathrm{r}(\boldsymbol{I}-\boldsymbol{A}_3)=1$，知 $\boldsymbol{A}_3$ 与对角矩阵 $\boldsymbol{\Lambda}$ 相似，从而(C)正确.

5. 矩阵 $\boldsymbol{A}$ 与 $\boldsymbol{B}$ 相似的充分条件是[　　].

(A) $|\boldsymbol{A}|=|\boldsymbol{B}|$

(B) $\mathrm{r}(\boldsymbol{A})=\mathrm{r}(\boldsymbol{B})$

(C) $\boldsymbol{A}$ 与 $\boldsymbol{B}$ 有相同的特征多项式

(D) n 阶矩阵 $\boldsymbol{A}$ 与 $\boldsymbol{B}$ 有相同的特征值且 n 个特征值互不相同

解：(A)，(B)，(C)都是矩阵 $\boldsymbol{A}$ 与 $\boldsymbol{B}$ 相似的必要条件，而不是充分条件. 由上一题也可看出(A)，(B)，(C)均不正确. 可知(D)正确，故本题应选(D).

6. 设 $\boldsymbol{A}$，$\boldsymbol{B}$ 为 n 阶矩阵，且 $\boldsymbol{A}$ 与 $\boldsymbol{B}$ 相似，则[　　].

(A) $\lambda\boldsymbol{I}-\boldsymbol{A}=\lambda\boldsymbol{I}-\boldsymbol{B}$

(B) $\boldsymbol{A}$ 与 $\boldsymbol{B}$ 有相同的特征值和特征向量

(C) $\boldsymbol{A}$ 与 $\boldsymbol{B}$ 都相似于一个对角矩阵

(D)对任意常数 t，$t\boldsymbol{I}-\boldsymbol{A}$ 与 $t\boldsymbol{I}-\boldsymbol{B}$ 相似

解：(A)由 $\lambda\boldsymbol{I}-\boldsymbol{A}=\lambda\boldsymbol{I}-\boldsymbol{B}$，可得 $\boldsymbol{A}=\boldsymbol{B}$，而 $\boldsymbol{A}$ 与 $\boldsymbol{B}$ 相似未必有 $\boldsymbol{A}=\boldsymbol{B}$，故(A)错.

(B)若 $\boldsymbol{A}$ 与 $\boldsymbol{B}$ 相似，则 $\boldsymbol{A}$，$\boldsymbol{B}$ 有相同的特征值，但未必有相同的特征向量，实际上，若 $\boldsymbol{A}\sim\boldsymbol{B}$，则存在可逆矩阵 $\boldsymbol{P}$，有 $\boldsymbol{P}^{-1}\boldsymbol{A}\boldsymbol{P}=\boldsymbol{B}$，即

$$\boldsymbol{B}\boldsymbol{P}^{-1}=\boldsymbol{P}^{-1}\boldsymbol{A} \tag{$*$}$$

设 $\boldsymbol{A}$ 的一个特征值为 λ，对应的特征向量为 $\boldsymbol{\alpha}$，则 $\boldsymbol{A}\boldsymbol{\alpha}=\lambda\boldsymbol{\alpha}(\boldsymbol{\alpha}\neq\boldsymbol{0})$. 由式($*$)可得

$$\boldsymbol{B}\boldsymbol{P}^{-1}\boldsymbol{\alpha}=\boldsymbol{P}^{-1}\boldsymbol{A}\boldsymbol{\alpha}=\boldsymbol{P}^{-1}\lambda\boldsymbol{\alpha}$$

即

$$\boldsymbol{B}(\boldsymbol{P}^{-1}\boldsymbol{\alpha})=\lambda(\boldsymbol{P}^{-1}\boldsymbol{\alpha})$$

由此可知，矩阵 $\boldsymbol{B}$ 也有特征值 λ，但对应的特征向量为 $\boldsymbol{P}^{-1}\boldsymbol{\alpha}$，而不是 $\boldsymbol{\alpha}$. 故(B)错.

(C)由 $\boldsymbol{A}$ 与 $\boldsymbol{B}$ 相似，不能判断 $\boldsymbol{A}$，$\boldsymbol{B}$ 是否有 n 个线性无关的特征向量，$\boldsymbol{A}$，$\boldsymbol{B}$ 不一定与某一对角矩阵相似. 故(C)错.

(D)是正确的. 因为 $\boldsymbol{A}$ 与 $\boldsymbol{B}$ 相似，则存在可逆矩阵 $\boldsymbol{P}$，有 $\boldsymbol{P}^{-1}\boldsymbol{A}\boldsymbol{P}=\boldsymbol{B}$. 而

$$\boldsymbol{P}^{-1}(t\boldsymbol{I}-\boldsymbol{A})\boldsymbol{P}=t\boldsymbol{I}-\boldsymbol{P}^{-1}\boldsymbol{A}\boldsymbol{P}=t\boldsymbol{I}-\boldsymbol{B}$$

所以对任意常数 t，有 $t\boldsymbol{I}-\boldsymbol{A}$ 相似于 $t\boldsymbol{I}-\boldsymbol{B}$.

7. 设三阶矩阵 $\boldsymbol{A}=\begin{pmatrix}0&0&1\\x&1&0\\1&0&0\end{pmatrix}$ 有三个线性无关的特征向量，则 $x=$[　　].

(A) -1　　(B) 0　　(C) 1　　(D) 2

解：由已知条件，矩阵 $\boldsymbol{A}$ 一定可以与一个对角矩阵相似，$\boldsymbol{A}$ 的特征多项式

$$|\lambda\boldsymbol{I}-\boldsymbol{A}|=\begin{vmatrix}\lambda&0&-1\\-x&\lambda-1&0\\-1&0&\lambda\end{vmatrix}=(\lambda+1)(\lambda-1)^2$$

由此可知，$\boldsymbol{A}$ 的特征值 $\lambda_1=-1$，$\lambda_2=\lambda_3=1$，因此，对于二重特征值 $\lambda_2=\lambda_3=1$，$\mathrm{r}(\boldsymbol{I}-\boldsymbol{A})=3-2=1$. 对矩阵 $\boldsymbol{I}-\boldsymbol{A}$ 施以初等行变换：

$$\boldsymbol{I}-\boldsymbol{A}=\begin{pmatrix}1&0&-1\\-x&0&0\\-1&0&1\end{pmatrix}\longrightarrow\begin{pmatrix}1&0&-1\\-x&0&0\\0&0&0\end{pmatrix}$$

要使 $\mathrm{r}(\boldsymbol{I}-\boldsymbol{A})=1$，必有 $x=0$，故本题应选(B).

8. 设矩阵 $\boldsymbol{A}$ 与 $\boldsymbol{B}$ 相似，其中 $\boldsymbol{A}=\begin{pmatrix}1&2&3\\-1&x&2\\0&0&1\end{pmatrix}$，已知矩阵 $\boldsymbol{B}$ 有特征值 1，2，3，则 $x=$［　　］.

(A) 4　　(B) -3　　(C) -4　　(D) 3

解： 因为 $\boldsymbol{A}\sim\boldsymbol{B}$，可知矩阵 $\boldsymbol{A}$ 与 $\boldsymbol{B}$ 有相同的特征值 1，2，3，所以

$$1+2+3=1+x+1$$

得 $x=4$，故本题应选(A).

注释： 本题也可利用矩阵 $\boldsymbol{A}$ 的特征值之积等于 $|\boldsymbol{A}|$，直接得到

$$|\boldsymbol{A}|=x+2=1\times2\times3$$

从而 $x=4$，故本题选(A).

9. 下述结论中，不正确的是［　　］.

(A)若向量 $\boldsymbol{\alpha}$ 与 $\boldsymbol{\beta}$ 正交，则对任意实数 a，b，$a\boldsymbol{\alpha}$ 与 $b\boldsymbol{\beta}$ 也正交

(B)若向量 $\boldsymbol{\beta}$ 与向量 $\boldsymbol{\alpha}_1$，$\boldsymbol{\alpha}_2$ 都正交，则 $\boldsymbol{\beta}$ 与 $\boldsymbol{\alpha}_1$，$\boldsymbol{\alpha}_2$ 的任一线性组合也正交

(C)若向量 $\boldsymbol{\alpha}$ 与 $\boldsymbol{\beta}$ 正交，则 $\boldsymbol{\alpha}$，$\boldsymbol{\beta}$ 中至少有一个是零向量

(D)若向量 $\boldsymbol{\alpha}$ 与任意同维向量正交，则 $\boldsymbol{\alpha}$ 是零向量

解： (A)因 $\boldsymbol{\alpha}$ 与 $\boldsymbol{\beta}$ 正交，即 $\boldsymbol{\alpha}^{\mathrm{T}}\boldsymbol{\beta}=0$，则对任意实数 a，b

$$(a\boldsymbol{\alpha})^{\mathrm{T}}(b\boldsymbol{\beta})=ab\boldsymbol{\alpha}^{\mathrm{T}}\boldsymbol{\beta}=0$$

所以 $a\boldsymbol{\alpha}$ 与 $b\boldsymbol{\beta}$ 正交.

(B)因 $\boldsymbol{\beta}$ 与 $\boldsymbol{\alpha}_1$ 正交，即 $\boldsymbol{\beta}^{\mathrm{T}}\boldsymbol{\alpha}_1=0$，$\boldsymbol{\beta}$ 与 $\boldsymbol{\alpha}_2$ 正交，即 $\boldsymbol{\beta}^{\mathrm{T}}\boldsymbol{\alpha}_2=0$，那么对于 $a\boldsymbol{\alpha}_1+b\boldsymbol{\alpha}_2$，

$$\boldsymbol{\beta}^{\mathrm{T}}(a\boldsymbol{\alpha}_1+b\boldsymbol{\alpha}_2)=a\boldsymbol{\beta}^{\mathrm{T}}\boldsymbol{\alpha}_1+b\boldsymbol{\beta}^{\mathrm{T}}\boldsymbol{\alpha}_2=0$$

所以 $\boldsymbol{\beta}$ 与 $\boldsymbol{\alpha}_1$，$\boldsymbol{\alpha}_2$ 的线性组合正交.

(C)若 $\boldsymbol{\alpha}$ 与 $\boldsymbol{\beta}$ 正交，其中不一定有零向量，如 $\boldsymbol{\alpha}=\begin{pmatrix}1\\0\end{pmatrix}$，$\boldsymbol{\beta}=\begin{pmatrix}0\\1\end{pmatrix}$ 正交，它们都不是零向量. 故(C)不正确，本题应选(C).

(D)设 $\boldsymbol{\alpha}=(a_1, a_2, \cdots, a_n)^{\mathrm{T}}$，因为 $\boldsymbol{\alpha}$ 与任意同维向量正交，可取初始单位向量组 $\boldsymbol{\varepsilon}_1$，$\boldsymbol{\varepsilon}_2$，…，$\boldsymbol{\varepsilon}_n$，有

$$\boldsymbol{\alpha}^{\mathrm{T}}\boldsymbol{\varepsilon}_i=0\quad(i=1, 2, \cdots, n)$$

其中 $\boldsymbol{\varepsilon}_i=(0, \cdots, 0, \overset{\text{第}i\text{列}}{1}, 0, \cdots, 0)^{\mathrm{T}}$，可得 $a_i=0(i=1, 2, \cdots, n)$，即 $\boldsymbol{\alpha}=\boldsymbol{0}$. 故(D)亦正确.

10. 设 $\boldsymbol{A}$ 为 n 阶实对称矩阵，则［　　］.

(A) $\boldsymbol{A}$ 的 n 个特征向量两两正交

(B) $\boldsymbol{A}$ 的 n 个特征向量组成单位正交向量组

(C) $\boldsymbol{A}$ 的 k 重特征值 λ_0，有 $\mathrm{r}(\lambda_0\boldsymbol{I}-\boldsymbol{A})=n-k$

(D) $\boldsymbol{A}$ 的 k 重特征值 λ_0，有 $\mathrm{r}(\lambda_0\boldsymbol{I}-\boldsymbol{A})=k$

解：实对称矩阵 $\boldsymbol{A}$ 的属于不同特征值的特征向量正交，但未必任何两两都正交；n 个特征向量未必组成单位正交向量组，故(A)，(B)均不正确.

由于实对称矩阵 $\boldsymbol{A}$ 必可对角化，$\boldsymbol{A}$ 的属于 k 重特征值 λ_0 的线性无关的特征向量必有 k 个，故 $\mathrm{r}(\lambda_0\boldsymbol{I}-\boldsymbol{A})=n-k$. 本题应选(C).

※**11.** $\boldsymbol{A}$ 为三阶矩阵，λ_1，λ_2，λ_3 为其特征值，$\lim\limits_{n\to\infty}\boldsymbol{A}^n=\boldsymbol{O}$ 的充分条件是[　　].

(A) $|\lambda_1|=1$，$|\lambda_2|<1$，$|\lambda_3|<1$

(B) $|\lambda_1|<1$，$|\lambda_2|=|\lambda_3|=1$

(C) $|\lambda_1|<1$，$|\lambda_2|<1$，$|\lambda_3|<1$

(D) $|\lambda_1|=|\lambda_2|=|\lambda_3|=1$

解：因 $\boldsymbol{A}^m\to\boldsymbol{O}(m\to\infty)$ 的充分必要条件是 $\boldsymbol{A}$ 的所有特征值 λ_i 的模都小于 1，即 $|\lambda_i|<1$ $(i=1, 2, 3)$，由此可知，本题应选(C).

(二)参考题(附解答)

(A)

1. 求矩阵 $\boldsymbol{A}=\begin{pmatrix}3&3&2\\1&1&-2\\-3&-1&0\end{pmatrix}$ 的实特征值和对应的特征向量.

解：矩阵 $\boldsymbol{A}$ 的特征多项式

$$
\begin{aligned}
|\lambda\boldsymbol{I}-\boldsymbol{A}|&=\begin{vmatrix}\lambda-3&-3&-2\\-1&\lambda-1&2\\3&1&\lambda\end{vmatrix}=\begin{vmatrix}\lambda-3&-3&-2\\\lambda-4&\lambda-4&0\\3&1&\lambda\end{vmatrix}\\
&=(\lambda-4)\begin{vmatrix}\lambda&-3&-2\\0&1&0\\2&1&\lambda\end{vmatrix}\\
&=(\lambda-4)(\lambda^2+4)
\end{aligned}
$$

由此可知，矩阵 $\boldsymbol{A}$ 仅有实特征值 $\lambda=4$，解齐次线性方程组 $(4\boldsymbol{I}-\boldsymbol{A})\boldsymbol{x}=\boldsymbol{0}$，可得其基础解系 $\boldsymbol{\alpha}=(-1, -1, 1)^{\mathrm{T}}$，所以 $\boldsymbol{A}$ 的对应于 $\lambda=4$ 的全部特征向量为

$$c\boldsymbol{\alpha}=c(-1, -1, 1)^{\mathrm{T}}\quad(c\text{ 为任意非零常数})$$

2. 设矩阵 $\boldsymbol{A}=\begin{pmatrix}3&1&1\\1&3&1\\1&1&3\end{pmatrix}$，若向量 $\boldsymbol{\alpha}=(1, 1, k)^{\mathrm{T}}$ 是矩阵 $\boldsymbol{A}^{-1}$ 的对应于特征值 λ 的一个

特征向量，求 λ 和 k 的值.

解：由题设条件，$\boldsymbol{A}^{-1}\boldsymbol{\alpha}=\lambda\boldsymbol{\alpha}$. 在此式两边左乘矩阵 $\boldsymbol{A}$，得 $\boldsymbol{\alpha}=\lambda\boldsymbol{A}\boldsymbol{\alpha}$，即

$$\begin{pmatrix}1\\1\\k\end{pmatrix}=\lambda\begin{pmatrix}3&1&1\\1&3&1\\1&1&3\end{pmatrix}\begin{pmatrix}1\\1\\k\end{pmatrix}=\lambda\begin{pmatrix}4+k\\4+k\\2+3k\end{pmatrix}$$

由此可得方程组

$$\begin{cases}1=\lambda(4+k)\\k=\lambda(2+3k)\end{cases}$$

解得 $k=-2$ 或 $k=1$，对应地，$\lambda=\dfrac{1}{2}$ 或 $\lambda=\dfrac{1}{5}$，即

$$\begin{cases}k=-2\\\lambda=\dfrac{1}{2}\end{cases};\begin{cases}k=1\\\lambda=\dfrac{1}{5}\end{cases}$$

3. 设三阶矩阵 $\boldsymbol{A}$ 有特征值 -1，1，3，矩阵 $\boldsymbol{B}=\boldsymbol{A}^2-3\boldsymbol{A}+2\boldsymbol{I}$，求 $|\boldsymbol{B}+\boldsymbol{I}|$.

解：利用本书习题四（B）第 2 题的注释，如果 $\boldsymbol{A}$ 有特征值 λ，则矩阵 $\boldsymbol{B}=\boldsymbol{A}^2-3\boldsymbol{A}+2\boldsymbol{I}$ 有特征值 $\lambda^2-3\lambda+2$. 所以，矩阵 $\boldsymbol{B}$ 的特征值

$$\mu_1=(-1)^2-3(-1)+2=6,\ \mu_2=1^2-3\times1+2=0,$$
$$\mu_3=3^2-3\times3+2=2$$

于是，矩阵 $\boldsymbol{B}+\boldsymbol{I}$ 有特征值 μ_1+1，μ_2+1，μ_3+1，所以

$$|\boldsymbol{B}+\boldsymbol{I}|=7\times1\times3=21$$

4. 设矩阵 $\boldsymbol{A}=\begin{pmatrix}a&-1&c\\5&b&3\\1-c&0&-a\end{pmatrix}$，$|\boldsymbol{A}|=-1$. 又 $\boldsymbol{A}$ 的伴随矩阵 $\boldsymbol{A}^*$ 有一个特征值 λ_0，属于 λ_0 的一个特征向量为 $\boldsymbol{\alpha}=(-1,\ -1,\ 1)^{\mathrm{T}}$，求 a，b，c 和 λ_0 的值.

解：由题设条件，有 $\boldsymbol{A}^*\boldsymbol{\alpha}=\lambda_0\boldsymbol{\alpha}$. 在此式两边左乘矩阵 $\boldsymbol{A}$，得

$$\boldsymbol{A}\boldsymbol{A}^*\boldsymbol{\alpha}=\lambda_0\boldsymbol{A}\boldsymbol{\alpha}$$

又 $|\boldsymbol{A}|=-1$，$\boldsymbol{A}\boldsymbol{A}^*=|\boldsymbol{A}|\boldsymbol{I}=-\boldsymbol{I}$，故上式化为

$$\lambda_0\boldsymbol{A}\boldsymbol{\alpha}=-\boldsymbol{I}\boldsymbol{\alpha}=-\boldsymbol{\alpha}$$

即
$$\lambda_0\begin{pmatrix}a&-1&c\\5&b&3\\1-c&0&-a\end{pmatrix}\begin{pmatrix}-1\\-1\\1\end{pmatrix}=-\begin{pmatrix}-1\\-1\\1\end{pmatrix}$$

化简得到方程组

$$\begin{cases}\lambda_0(-a+1+c)=1 & ①\\\lambda_0(-5-b+3)=1 & ②\\\lambda_0(-1+c-a)=-1 & ③\end{cases}$$

由式①和式③可得 $a=c$，$\lambda_0=1$，代入式②得 $b=-3$，由此又有

$$|\boldsymbol{A}|=\begin{vmatrix} a & -1 & a \\ 5 & -3 & 3 \\ 1-a & 0 & -a \end{vmatrix}=a-3=-1$$

解得 $a=2$. 于是，$a=2$，$b=-3$，$c=2$，$\lambda_0=1$.

5. 设矩阵 $\boldsymbol{A}=\begin{pmatrix} 2 & 0 & 0 \\ 1 & 2 & -1 \\ 1 & 0 & 1 \end{pmatrix}$，向量 $\boldsymbol{\beta}=\begin{pmatrix} 1 \\ 2 \\ 2 \end{pmatrix}$，求 $\boldsymbol{A}^{10}\boldsymbol{\beta}$.

分析： 直接计算 $\boldsymbol{A}^{10}$，再计算 $\boldsymbol{A}^{10}\boldsymbol{\beta}$，计算量过大，因此可先判断矩阵 $\boldsymbol{A}$ 是否可对角化.

解： 矩阵 $\boldsymbol{A}$ 的特征多项式

$$|\lambda\boldsymbol{I}-\boldsymbol{A}|=\begin{vmatrix} \lambda-2 & 0 & 0 \\ -1 & \lambda-2 & 1 \\ -1 & 0 & \lambda-1 \end{vmatrix}=(\lambda-1)(\lambda-2)^2$$

由此可得矩阵 $\boldsymbol{A}$ 的特征值 $\lambda_1=1$，$\lambda_2=\lambda_3=2$.

对于 $\lambda_1=1$，解齐次线性方程组 $(\boldsymbol{I}-\boldsymbol{A})\boldsymbol{x}=\boldsymbol{0}$，得基础解系 $\boldsymbol{\alpha}_1=(0,1,1)^{\mathrm{T}}$.

对于 $\lambda_2=\lambda_3=2$，解齐次线性方程组 $(2\boldsymbol{I}-\boldsymbol{A})\boldsymbol{x}=\boldsymbol{0}$，得基础解系 $\boldsymbol{\alpha}_2=(0,1,0)^{\mathrm{T}}$，$\boldsymbol{\alpha}_3=(1,0,1)^{\mathrm{T}}$.

向量 $\boldsymbol{\alpha}_1$，$\boldsymbol{\alpha}_2$，$\boldsymbol{\alpha}_3$ 线性无关，令矩阵

$$\boldsymbol{P}=(\boldsymbol{\alpha}_1,\boldsymbol{\alpha}_2,\boldsymbol{\alpha}_3)=\begin{pmatrix} 0 & 0 & 1 \\ 1 & 1 & 0 \\ 1 & 0 & 1 \end{pmatrix},\ \boldsymbol{\Lambda}=\begin{pmatrix} 1 & 0 & 0 \\ 0 & 2 & 0 \\ 0 & 0 & 2 \end{pmatrix}$$

则矩阵 $\boldsymbol{P}$ 可逆，且 $\boldsymbol{P}^{-1}\boldsymbol{A}\boldsymbol{P}=\boldsymbol{\Lambda}$，由此得

$$\boldsymbol{A}=\boldsymbol{P}\boldsymbol{\Lambda}\boldsymbol{P}^{-1}$$

于是，$\boldsymbol{A}^{10}=\boldsymbol{P}\boldsymbol{\Lambda}^{10}\boldsymbol{P}^{-1}=\boldsymbol{P}\begin{pmatrix} 1 & 0 & 0 \\ 0 & 2^{10} & 0 \\ 0 & 0 & 2^{10} \end{pmatrix}\boldsymbol{P}^{-1}$. 容易计算

$$\boldsymbol{P}^{-1}=\begin{pmatrix} 0 & 0 & 1 \\ 1 & 1 & 0 \\ 1 & 0 & 1 \end{pmatrix}^{-1}=\begin{pmatrix} -1 & 0 & 1 \\ 1 & 1 & -1 \\ 1 & 0 & 0 \end{pmatrix}$$

所以

$$\boldsymbol{A}^{10}\boldsymbol{\beta}=\begin{pmatrix} 0 & 0 & 1 \\ 1 & 1 & 0 \\ 1 & 0 & 1 \end{pmatrix}\begin{pmatrix} 1 & 0 & 0 \\ 0 & 2^{10} & 0 \\ 0 & 0 & 2^{10} \end{pmatrix}\begin{pmatrix} -1 & 0 & 1 \\ 1 & 1 & -1 \\ 1 & 0 & 0 \end{pmatrix}\begin{pmatrix} 1 \\ 2 \\ 2 \end{pmatrix}$$

$$=\begin{pmatrix}2^{10} & 0 & 0\\ 2^{10}-1 & 2^{10} & 1-2^{10}\\ 2^{10}-1 & 0 & 1\end{pmatrix}\begin{pmatrix}1\\2\\2\end{pmatrix}=\begin{pmatrix}2^{10}\\2^{10}+1\\2^{10}+1\end{pmatrix}$$

6. 设矩阵 $\boldsymbol{A}=\begin{pmatrix}-2 & a & -1\\ 3 & b & 5\\ 2 & -1 & 2\end{pmatrix}$，已知 $\boldsymbol{\alpha}=\begin{pmatrix}-1\\1\\1\end{pmatrix}$ 是矩阵 $\boldsymbol{A}$ 的一个特征向量.

(1)求常数 a，b 的值.

(2)判断矩阵 $\boldsymbol{A}$ 是否可相似于一个对角矩阵.

解：(1)设 λ 是 $\boldsymbol{A}$ 的一个特征值，并且 $\boldsymbol{A}$ 的对应于 λ 的特征向量为 $\boldsymbol{\alpha}=(-1,1,1)^{\mathrm{T}}$. 于是，$\boldsymbol{A\alpha}=\lambda\boldsymbol{\alpha}$，即

$$\begin{pmatrix}-2 & a & -1\\ 3 & b & 5\\ 2 & -1 & 2\end{pmatrix}\begin{pmatrix}-1\\1\\1\end{pmatrix}=\lambda\begin{pmatrix}-1\\1\\1\end{pmatrix}$$

由此可得

$$\begin{cases}1+a=-\lambda\\ 2+b=\lambda\\ -1=\lambda\end{cases}$$

所以 $a=0$，$b=-3$，$\lambda=-1$.

(2)利用(1)的计算结果，有

$$\boldsymbol{A}=\begin{pmatrix}-2 & 0 & -1\\ 3 & -3 & 5\\ 2 & -1 & 2\end{pmatrix}$$

矩阵 $\boldsymbol{A}$ 的特征多项式

$$|\lambda\boldsymbol{I}-\boldsymbol{A}|=\begin{vmatrix}\lambda+2 & 0 & 1\\ -3 & \lambda+3 & -5\\ -2 & 1 & \lambda-2\end{vmatrix}=\lambda^3+3\lambda^2+3\lambda+1$$
$$=(\lambda+1)^3$$

所以 $\boldsymbol{A}$ 有三重特征值 $\lambda_1=\lambda_2=\lambda_3=-1$.

对于三重特征值 -1，解齐次线性方程组 $(-\boldsymbol{I}-\boldsymbol{A})\boldsymbol{x}=\boldsymbol{0}$，对其系数矩阵施以初等行变换：

$$-\boldsymbol{I}-\boldsymbol{A}=\begin{pmatrix}1 & 0 & 1\\ -3 & 2 & -5\\ -2 & 1 & -3\end{pmatrix}\longrightarrow\begin{pmatrix}1 & 0 & 1\\ 0 & 1 & -1\\ 0 & 0 & 0\end{pmatrix}$$

可得 $\mathrm{r}(-\boldsymbol{I}-\boldsymbol{A})=2$，基础解系为 $\boldsymbol{\alpha}=(-1,1,1)^{\mathrm{T}}$，即 $\boldsymbol{A}$ 仅有一个线性无关的特征向

量，所以 $\boldsymbol{A}$ 不能与对角矩阵相似.

7. 设三阶矩阵 $\boldsymbol{A}$ 的特征值 $\lambda_1=-2$，$\lambda_2=1$，$\lambda_3=5$，对应的特征向量分别为 $\boldsymbol{\alpha}_1=(-1,0,1)^{\mathrm{T}}$，$\boldsymbol{\alpha}_2=(0,1,1)^{\mathrm{T}}$，$\boldsymbol{\alpha}_3=(1,1,1)^{\mathrm{T}}$，求矩阵 $\boldsymbol{A}$.

解：由已知条件，矩阵 $\boldsymbol{A}$ 有三个互不相同的特征值，故 $\boldsymbol{A}$ 可与对角矩阵相似，令 $\boldsymbol{P}=(\boldsymbol{\alpha}_1,\boldsymbol{\alpha}_2,\boldsymbol{\alpha}_3)=\begin{pmatrix}-1&0&1\\0&1&1\\1&1&1\end{pmatrix}$，$\boldsymbol{\Lambda}=\begin{pmatrix}-2&0&0\\0&1&0\\0&0&5\end{pmatrix}$，则 $\boldsymbol{P}^{-1}\boldsymbol{A}\boldsymbol{P}=\boldsymbol{\Lambda}$，由此可得 $\boldsymbol{A}=\boldsymbol{P}\boldsymbol{\Lambda}\boldsymbol{P}^{-1}$，不难计算

$$\boldsymbol{P}^{-1}=\begin{pmatrix}-1&0&1\\0&1&1\\1&1&1\end{pmatrix}^{-1}=\begin{pmatrix}0&-1&1\\-1&2&-1\\1&-1&1\end{pmatrix}$$

于是

$$\begin{aligned}\boldsymbol{A}&=\begin{pmatrix}-1&0&1\\0&1&1\\1&1&1\end{pmatrix}\begin{pmatrix}-2&0&0\\0&1&0\\0&0&5\end{pmatrix}\begin{pmatrix}0&-1&1\\-1&2&-1\\1&-1&1\end{pmatrix}\\&=\begin{pmatrix}5&-7&7\\4&-3&4\\4&-1&2\end{pmatrix}\end{aligned}$$

8. 设三维列向量 $\boldsymbol{\alpha}_1$，$\boldsymbol{\alpha}_2$，$\boldsymbol{\alpha}_3$ 线性无关，$\boldsymbol{A}$ 为三阶矩阵，且满足

$$\boldsymbol{A}\boldsymbol{\alpha}_1=\boldsymbol{\alpha}_1+\boldsymbol{\alpha}_2+\boldsymbol{\alpha}_3,\ \boldsymbol{A}\boldsymbol{\alpha}_2=2\boldsymbol{\alpha}_2+\boldsymbol{\alpha}_3,\ \boldsymbol{A}\boldsymbol{\alpha}_3=2\boldsymbol{\alpha}_2+3\boldsymbol{\alpha}_3 \qquad ①$$

(1) 求矩阵 $\boldsymbol{B}$，使得 $\boldsymbol{A}(\boldsymbol{\alpha}_1,\boldsymbol{\alpha}_2,\boldsymbol{\alpha}_3)=(\boldsymbol{\alpha}_1,\boldsymbol{\alpha}_2,\boldsymbol{\alpha}_3)\boldsymbol{B}$.

(2) 求矩阵 $\boldsymbol{A}$ 的特征值.

(3) 求可逆矩阵 $\boldsymbol{P}$，使 $\boldsymbol{P}^{-1}\boldsymbol{A}\boldsymbol{P}$ 为对角矩阵.

解：(1) 条件①可写成矩阵形式

$$\boldsymbol{A}(\boldsymbol{\alpha}_1,\boldsymbol{\alpha}_2,\boldsymbol{\alpha}_3)=(\boldsymbol{\alpha}_1,\boldsymbol{\alpha}_2,\boldsymbol{\alpha}_3)\begin{pmatrix}1&0&0\\1&2&2\\1&1&3\end{pmatrix} \qquad ②$$

可得

$$\boldsymbol{B}=\begin{pmatrix}1&0&0\\1&2&2\\1&1&3\end{pmatrix}$$

(2) 记矩阵 $\boldsymbol{Q}=(\boldsymbol{\alpha}_1,\boldsymbol{\alpha}_2,\boldsymbol{\alpha}_3)$. 因为 $\boldsymbol{\alpha}_1$，$\boldsymbol{\alpha}_2$，$\boldsymbol{\alpha}_3$ 线性无关，所以矩阵 $\boldsymbol{Q}$ 可逆. 因此式②可写成

$$\boldsymbol{Q}^{-1}\boldsymbol{A}\boldsymbol{Q}=\boldsymbol{B}$$

即矩阵 $\boldsymbol{A}$ 与 $\boldsymbol{B}$ 相似，从而 $\boldsymbol{A}$ 与 $\boldsymbol{B}$ 有相同的特征值. 由矩阵 $\boldsymbol{B}$ 的特征多项式

$$|\lambda \boldsymbol{I}-\boldsymbol{B}|=\begin{vmatrix}\lambda-1 & 0 & 0\\ -1 & \lambda-2 & -2\\ -1 & -1 & \lambda-3\end{vmatrix}=(\lambda-1)^2(\lambda-4)$$

可得矩阵 $\boldsymbol{B}$ 的特征值 $\lambda_1=\lambda_2=1$，$\lambda_3=4$，即 $\boldsymbol{A}$ 也有特征值 $\lambda_1=\lambda_2=1$，$\lambda_3=4$.

(3) 因为 $\boldsymbol{A}$ 与 $\boldsymbol{B}$ 相似，可先将矩阵 $\boldsymbol{B}$ 对角化.

对于 $\lambda_1=\lambda_2=1$，解齐次线性方程组 $(\boldsymbol{I}-\boldsymbol{B})\boldsymbol{x}=\boldsymbol{0}$，得基础解系 $\boldsymbol{\xi}_1=(-1,1,0)^{\mathrm{T}}$，$\boldsymbol{\xi}_2=(-2,0,1)^{\mathrm{T}}$.

对于 $\lambda_3=4$，解齐次线性方程组 $(4\boldsymbol{I}-\boldsymbol{B})\boldsymbol{x}=\boldsymbol{0}$，得基础解系 $\boldsymbol{\xi}_3=(0,1,1)^{\mathrm{T}}$.

记矩阵

$$\boldsymbol{R}=(\boldsymbol{\xi}_1,\boldsymbol{\xi}_2,\boldsymbol{\xi}_3)=\begin{pmatrix}-1 & -2 & 0\\ 1 & 0 & 1\\ 0 & 1 & 1\end{pmatrix},\ \boldsymbol{\Lambda}=\begin{pmatrix}1 & 0 & 0\\ 0 & 1 & 0\\ 0 & 0 & 4\end{pmatrix}$$

则 $\boldsymbol{R}^{-1}\boldsymbol{B}\boldsymbol{R}=\boldsymbol{\Lambda}$，将 $\boldsymbol{B}=\boldsymbol{Q}^{-1}\boldsymbol{A}\boldsymbol{Q}$ 代入，得

$$\boldsymbol{R}^{-1}\boldsymbol{Q}^{-1}\boldsymbol{A}\boldsymbol{Q}\boldsymbol{R}=\boldsymbol{\Lambda}，即\ (\boldsymbol{Q}\boldsymbol{R})^{-1}\boldsymbol{A}(\boldsymbol{Q}\boldsymbol{R})=\boldsymbol{\Lambda}$$

记矩阵 $\boldsymbol{P}=\boldsymbol{Q}\boldsymbol{R}$，上式化为 $\boldsymbol{P}^{-1}\boldsymbol{A}\boldsymbol{P}=\boldsymbol{\Lambda}$. 其中

$$\begin{aligned}\boldsymbol{P}=\boldsymbol{Q}\boldsymbol{R}&=(\boldsymbol{\alpha}_1,\boldsymbol{\alpha}_2,\boldsymbol{\alpha}_3)\begin{pmatrix}-1 & -2 & 0\\ 1 & 0 & 1\\ 0 & 1 & 1\end{pmatrix}\\ &=(-\boldsymbol{\alpha}_1+\boldsymbol{\alpha}_2,\ -2\boldsymbol{\alpha}_1+\boldsymbol{\alpha}_3,\ \boldsymbol{\alpha}_2+\boldsymbol{\alpha}_3)\end{aligned}$$

9. 设矩阵 $\boldsymbol{A}=\begin{pmatrix}-2 & 1 & a\\ 0 & 2 & 0\\ -4 & 1 & 3\end{pmatrix}$ 的特征方程有一个二重根，求 a 的值，并讨论矩阵 $\boldsymbol{A}$ 是否可与对角矩阵相似.

解: 矩阵 $\boldsymbol{A}$ 的特征多项式

$$\begin{aligned}|\lambda \boldsymbol{I}-\boldsymbol{A}|&=\begin{vmatrix}\lambda+2 & -1 & -a\\ 0 & \lambda-2 & 0\\ 4 & -1 & \lambda-3\end{vmatrix}\quad(按第二行展开)\\ &=(\lambda-2)(\lambda^2-\lambda+4a-6)\end{aligned}$$

(1) 若 $\lambda=2$ 是矩阵 $\boldsymbol{A}$ 的二重特征值，则必有

$$2^2-2+4a-6=0$$

可得 $a=1$，此时

$$|\lambda \boldsymbol{I}-\boldsymbol{A}|=(\lambda-2)^2(\lambda+1)$$

所以矩阵 **A** 有特征值 $\lambda_1=\lambda_2=2$，$\lambda_3=-1$.

对于 $\lambda_1=\lambda_2=2$，齐次线性方程组 $(2\boldsymbol{I}-\boldsymbol{A})\boldsymbol{x}=\boldsymbol{0}$ 的系数矩阵

$$2\boldsymbol{I}-\boldsymbol{A}=\begin{pmatrix}4&-1&-1\\0&0&0\\4&-1&-1\end{pmatrix}$$

不难看出，$\mathrm{r}(2\boldsymbol{I}-\boldsymbol{A})=1$，故二重特征值 2 对应的线性无关的特征向量有两个，所以 **A** 可与对角矩阵相似.

(2) 若 $\lambda=2$ 不是矩阵 **A** 的二重特征值，则 $\lambda^2-\lambda+4a-6$ 必为完全平方，所以 $4a-6=\left(\frac{1}{2}\right)^2$，得 $a=\frac{25}{16}$，此时

$$|\lambda\boldsymbol{I}-\boldsymbol{A}|=(\lambda-2)\left(\lambda-\frac{1}{2}\right)^2$$

即矩阵 **A** 的特征值 $\lambda_1=2$，$\lambda_2=\lambda_3=\frac{1}{2}$.

对于 $\lambda_2=\lambda_3=\frac{1}{2}$，齐次线性方程组 $\left(\frac{1}{2}\boldsymbol{I}-\boldsymbol{A}\right)\boldsymbol{x}=\boldsymbol{0}$ 的系数矩阵

$$\frac{1}{2}\boldsymbol{I}-\boldsymbol{A}=\begin{pmatrix}\frac{5}{2}&-1&-\frac{25}{16}\\0&-\frac{3}{2}&0\\4&-1&-\frac{5}{2}\end{pmatrix}$$

其秩 $\mathrm{r}\left(\frac{1}{2}\boldsymbol{I}-\boldsymbol{A}\right)=2$，故二重特征值 $\frac{1}{2}$ 对应的线性无关的特征向量只有一个. 此时，矩阵 **A** 不能与对角矩阵相似.

10. 设 n 阶矩阵($n\geqslant 2$)

$$\boldsymbol{A}=\begin{pmatrix}1&a&\cdots&a\\a&1&\cdots&a\\\vdots&\vdots&&\vdots\\a&a&\cdots&1\end{pmatrix}\qquad(a\neq 0)$$

(1) 求 **A** 的特征值和特征向量.

(2) 求可逆矩阵 $\boldsymbol{P}$，使得 $\boldsymbol{P}^{-1}\boldsymbol{A}\boldsymbol{P}$ 为对角矩阵.

解: (1) 矩阵 **A** 的特征多项式

$$|\lambda\boldsymbol{I}-\boldsymbol{A}|=\begin{vmatrix}\lambda-1&-a&\cdots&-a\\-a&\lambda-1&\cdots&-a\\\vdots&\vdots&&\vdots\\-a&-a&\cdots&\lambda-1\end{vmatrix}$$

$$=[\lambda-1-(n-1)a]\begin{vmatrix}1 & -a & \cdots & -a\\ 1 & \lambda-1 & \cdots & -a\\ \vdots & \vdots & & \vdots\\ 1 & -a & \cdots & \lambda-1\end{vmatrix}$$

$$=[\lambda-1-(n-1)a]\cdot[\lambda-(1-a)]^{n-1}$$

得 $\boldsymbol{A}$ 的特征值 $\lambda_1=1+(n-1)a$，$\lambda_2=\cdots=\lambda_n=1-a$.

对于 $\lambda_1=1+(n-1)a$，解齐次线性方程组 $(\lambda_1\boldsymbol{I}-\boldsymbol{A})\boldsymbol{x}=\boldsymbol{0}$，对其系数矩阵 $\lambda_1\boldsymbol{I}-\boldsymbol{A}$ 施以初等行变换：

$$\lambda_1\boldsymbol{I}-\boldsymbol{A}=\begin{pmatrix}(n-1)a & -a & \cdots & -a\\ -a & (n-1)a & \cdots & -a\\ \vdots & \vdots & & \vdots\\ -a & -a & \cdots & (n-1)a\end{pmatrix}$$

$$\longrightarrow\begin{pmatrix}1 & 0 & \cdots & 0 & -1\\ 0 & 1 & \cdots & 0 & -1\\ \vdots & \vdots & & \vdots & \vdots\\ 0 & 0 & \cdots & 1 & -1\\ 0 & 0 & \cdots & 0 & 0\end{pmatrix}$$

得基础解系 $\boldsymbol{\alpha}_1=(1，1，\cdots，1)^{\mathrm{T}}$. 所以 $\boldsymbol{A}$ 的对应于 $\lambda_1=1+(n-1)a$ 的全部特征向量为

$$c_1\boldsymbol{\alpha}_1=c_1(1，1，\cdots，1)^{\mathrm{T}}\quad(c_1\text{ 为任意非零常数})$$

对于 $\lambda_2=\cdots=\lambda_n=1-a$，解齐次线性方程组 $(\lambda_2\boldsymbol{I}-\boldsymbol{A})\boldsymbol{x}=\boldsymbol{0}$，对 $\lambda_2\boldsymbol{I}-\boldsymbol{A}$ 施以初等行变换：

$$\lambda_2\boldsymbol{I}-\boldsymbol{A}=\begin{pmatrix}-a & -a & \cdots & -a\\ -a & -a & \cdots & -a\\ \vdots & \vdots & & \vdots\\ -a & -a & \cdots & -a\end{pmatrix}\longrightarrow\begin{pmatrix}1 & 1 & \cdots & 1\\ 0 & 0 & \cdots & 0\\ \vdots & \vdots & & \vdots\\ 0 & 0 & \cdots & 0\end{pmatrix}$$

可得基础解系

$$\boldsymbol{\alpha}_2=(1，-1，0，\cdots，0)^{\mathrm{T}}，\cdots，\boldsymbol{\alpha}_n=(1，0，0，\cdots，-1)^{\mathrm{T}}$$

则 $\boldsymbol{A}$ 的对应于 λ_2 的全部特征向量为

$$c_2\boldsymbol{\alpha}_2+\cdots+c_n\boldsymbol{\alpha}_n\quad(c_2，\cdots，c_n\text{ 是任意不全为零的常数})$$

(2) 因为矩阵 $\boldsymbol{A}$ 有 n 个线性无关的特征向量，故 $\boldsymbol{A}$ 可与对角矩阵相似，令矩阵 $\boldsymbol{P}=(\boldsymbol{\alpha}_1，\boldsymbol{\alpha}_2，\cdots，\boldsymbol{\alpha}_n)$，则

$$\boldsymbol{P}^{-1}\boldsymbol{A}\boldsymbol{P}=\begin{pmatrix}1+(n-1)a & 0 & \cdots & 0\\ 0 & 1-a & \cdots & 0\\ \vdots & \vdots & & \vdots\\ 0 & 0 & \cdots & 1-a\end{pmatrix}$$

11. 设 n 阶矩阵 $\boldsymbol{A}\neq\boldsymbol{O}$，且满足 $\boldsymbol{A}^m=\boldsymbol{O}$（$m$ 为正整数）.

(1) 求 $\boldsymbol{A}$ 的特征值.

(2) 判断矩阵 $\boldsymbol{A}$ 是否可相似于一个对角矩阵.

(3) 证明：$|\boldsymbol{I}+\boldsymbol{A}|=1$.

解：(1) 设 λ 为 $\boldsymbol{A}$ 的任一特征值，对应的特征向量为 $\boldsymbol{\alpha}$，则 $\boldsymbol{A\alpha}=\lambda\boldsymbol{\alpha}$（$\boldsymbol{\alpha}\neq\boldsymbol{0}$），两边左乘矩阵 $\boldsymbol{A}$，有

$$\boldsymbol{A}^2\boldsymbol{\alpha}=\lambda\boldsymbol{A\alpha}=\lambda^2\boldsymbol{\alpha}$$

类似地，有 $\boldsymbol{A}^3\boldsymbol{\alpha}=\lambda^2\boldsymbol{A\alpha}=\lambda^3\boldsymbol{\alpha}$，…，$\boldsymbol{A}^m\boldsymbol{\alpha}=\lambda^m\boldsymbol{\alpha}$. 因 $\boldsymbol{A}^m=\boldsymbol{O}$，可得 $\lambda^m\boldsymbol{\alpha}=\boldsymbol{0}$，而 $\boldsymbol{\alpha}\neq\boldsymbol{0}$，故 $\lambda=0$. 即 $\boldsymbol{A}$ 的任一特征值 $\lambda_i=0(i=1,2,\cdots,n)$.

(2) 对于 $\boldsymbol{A}$ 的特征值 $\lambda=0$，考察齐次线性方程组 $(0\boldsymbol{I}-\boldsymbol{A})\boldsymbol{x}=\boldsymbol{0}$. 因为 $\boldsymbol{A}\neq\boldsymbol{O}$，所以

$$\mathrm{r}(0\boldsymbol{I}-\boldsymbol{A})=\mathrm{r}(-\boldsymbol{A})=\mathrm{r}(\boldsymbol{A})\geqslant 1$$

可知方程组 $(0\boldsymbol{I}-\boldsymbol{A})\boldsymbol{x}=\boldsymbol{0}$ 的基础解系中所含线性无关的向量个数不超过 $n-1$，即 $\boldsymbol{A}$ 不可能有 n 个线性无关的特征向量. 所以 $\boldsymbol{A}$ 不能相似于对角矩阵.

(3) 由 (1) 的结论，$\boldsymbol{A}$ 的任一特征值 $\lambda_i=0$（$i=1,2,\cdots,n$），所以矩阵 $\boldsymbol{I}+\boldsymbol{A}$ 的特征值 $\mu_i=\lambda_i+1=1(i=1,2,\cdots,n)$，于是

$$|\boldsymbol{I}+\boldsymbol{A}|=\mu_1\mu_2\cdots\mu_n=1$$

12. 设矩阵 $\boldsymbol{A}=\boldsymbol{I}-\boldsymbol{\alpha}\boldsymbol{\alpha}^{\mathrm{T}}$，其中 $\boldsymbol{\alpha}$ 为 n 维非零列向量，且 $\boldsymbol{\alpha}^{\mathrm{T}}\boldsymbol{\alpha}=k$. 若 $\boldsymbol{A}$ 是正交矩阵，求 k 的值.

解：由题设条件，有 $\boldsymbol{A}^{\mathrm{T}}\boldsymbol{A}=\boldsymbol{I}$，又

$$\begin{aligned}\boldsymbol{A}^{\mathrm{T}}\boldsymbol{A}&=(\boldsymbol{I}-\boldsymbol{\alpha}\boldsymbol{\alpha}^{\mathrm{T}})^{\mathrm{T}}(\boldsymbol{I}-\boldsymbol{\alpha}\boldsymbol{\alpha}^{\mathrm{T}})\\&=(\boldsymbol{I}-\boldsymbol{\alpha}\boldsymbol{\alpha}^{\mathrm{T}})(\boldsymbol{I}-\boldsymbol{\alpha}\boldsymbol{\alpha}^{\mathrm{T}})\\&=\boldsymbol{I}-2\boldsymbol{\alpha}\boldsymbol{\alpha}^{\mathrm{T}}+\boldsymbol{\alpha}(\boldsymbol{a}^{\mathrm{T}}\boldsymbol{a})\boldsymbol{\alpha}^{\mathrm{T}}\\&=\boldsymbol{I}+(k-2)\boldsymbol{\alpha}\boldsymbol{\alpha}^{\mathrm{T}}\end{aligned}$$

所以 $(k-2)\boldsymbol{\alpha}\boldsymbol{\alpha}^{\mathrm{T}}=\boldsymbol{O}$，而 $\boldsymbol{\alpha}\neq\boldsymbol{0}$，故矩阵 $\boldsymbol{\alpha}\boldsymbol{\alpha}^{\mathrm{T}}\neq\boldsymbol{O}$，可得 $k-2=0$，所以 $k=2$.

13. 设 $\boldsymbol{A}$，$\boldsymbol{B}$ 为 n 阶正交矩阵，且 $|\boldsymbol{A}|+|\boldsymbol{B}|=0$，证明：$|\boldsymbol{A}+\boldsymbol{B}|=0$.

证：由已知条件，有

$$\boldsymbol{A}\boldsymbol{A}^{\mathrm{T}}=\boldsymbol{A}^{\mathrm{T}}\boldsymbol{A}=\boldsymbol{I},\ \boldsymbol{B}\boldsymbol{B}^{\mathrm{T}}=\boldsymbol{B}^{\mathrm{T}}\boldsymbol{B}=\boldsymbol{I}$$

又 $|\boldsymbol{B}|=-|\boldsymbol{A}|$，所以

$$\begin{aligned}|\boldsymbol{A}+\boldsymbol{B}|&=|\boldsymbol{A}\boldsymbol{B}^{\mathrm{T}}\boldsymbol{B}+\boldsymbol{A}\boldsymbol{A}^{\mathrm{T}}\boldsymbol{B}|=|\boldsymbol{A}(\boldsymbol{A}^{\mathrm{T}}+\boldsymbol{B}^{\mathrm{T}})\boldsymbol{B}|\\&=|\boldsymbol{A}|\cdot|(\boldsymbol{A}+\boldsymbol{B})^{\mathrm{T}}|\cdot|\boldsymbol{B}|\\&=-|\boldsymbol{A}|^2\cdot|\boldsymbol{A}+\boldsymbol{B}|\end{aligned}$$

由此可得 $|\boldsymbol{A}+\boldsymbol{B}|\cdot(1+|\boldsymbol{A}|^2)=0$. 于是 $|\boldsymbol{A}+\boldsymbol{B}|=0$.

14. 设 $\boldsymbol{A}$ 为 n 阶正交矩阵，证明：

(1) 若 $|\boldsymbol{A}|=-1$，则 -1 是 $\boldsymbol{A}$ 的特征值.

(2) 若$|\boldsymbol{A}|=1$，n 为奇数，则 1 是 $\boldsymbol{A}$ 的特征值.

证：(1) 因为 $\boldsymbol{A}\boldsymbol{A}^{\mathrm{T}}=\boldsymbol{I}$，所以

$$\begin{aligned}|-\boldsymbol{I}-\boldsymbol{A}|&=|-\boldsymbol{A}\boldsymbol{A}^{\mathrm{T}}-\boldsymbol{A}|=|\boldsymbol{A}(-\boldsymbol{A}^{\mathrm{T}}-\boldsymbol{I})|\\&=|\boldsymbol{A}|\cdot|(-\boldsymbol{I}-\boldsymbol{A})^{\mathrm{T}}|=-|-\boldsymbol{I}-\boldsymbol{A}|\end{aligned}$$

移项后可得，$2|-\boldsymbol{I}-\boldsymbol{A}|=0$，于是$|-\boldsymbol{I}-\boldsymbol{A}|=0$，即$-1$ 是 $\boldsymbol{A}$ 的特征值.

(2) $$\begin{aligned}|\boldsymbol{I}-\boldsymbol{A}|&=|\boldsymbol{A}\boldsymbol{A}^{\mathrm{T}}-\boldsymbol{A}|=|-\boldsymbol{A}(\boldsymbol{I}-\boldsymbol{A}^{\mathrm{T}})|\\&=|-\boldsymbol{A}|\cdot|(\boldsymbol{I}-\boldsymbol{A})^{\mathrm{T}}|=(-1)^n|\boldsymbol{A}|\cdot|\boldsymbol{I}-\boldsymbol{A}|\\&=-|\boldsymbol{I}-\boldsymbol{A}|\end{aligned}$$

移项后得 $2|\boldsymbol{I}-\boldsymbol{A}|=0$. 故$|\boldsymbol{I}-\boldsymbol{A}|=0$. 所以 1 是 $\boldsymbol{A}$ 的特征值.

15. 设三阶实对称矩阵 $\boldsymbol{A}$ 的特征值$\lambda_1=-1$，$\lambda_2=\lambda_3=1$，对应于 λ_1 的特征向量为 $\boldsymbol{\alpha}_1=(0，1，1)^{\mathrm{T}}$，求矩阵 $\boldsymbol{A}$.

解：设 $\boldsymbol{A}$ 的对应于特征值$\lambda_2=\lambda_3=1$ 的特征向量为 $\boldsymbol{\alpha}=(x_1，x_2，x_3)^{\mathrm{T}}$，则 $\boldsymbol{\alpha}$ 与 $\boldsymbol{\alpha}_1$ 正交：$\boldsymbol{\alpha}_1^{\mathrm{T}}\boldsymbol{\alpha}=0$，得线性方程组

$$x_2+x_3=0$$

其基础解系为 $\boldsymbol{\alpha}_2=(1，0，0)^{\mathrm{T}}$，$\boldsymbol{\alpha}_3=(0，1，-1)^{\mathrm{T}}$，即 $\boldsymbol{A}$ 的对应于二重特征值 1 的线性无关的特征向量为 $\boldsymbol{\alpha}_2$，$\boldsymbol{\alpha}_3$，由此可知，$\boldsymbol{\alpha}_1$，$\boldsymbol{\alpha}_2$，$\boldsymbol{\alpha}_3$ 线性无关.

记矩阵 $\boldsymbol{P}=(\boldsymbol{\alpha}_1，\boldsymbol{\alpha}_2，\boldsymbol{\alpha}_3)$，则 $\boldsymbol{P}$ 可逆，并且

$$\boldsymbol{P}^{-1}\boldsymbol{A}\boldsymbol{P}=\boldsymbol{\Lambda}$$

其中

$$\boldsymbol{P}=\begin{pmatrix}0&1&0\\1&0&1\\1&0&-1\end{pmatrix},\ \boldsymbol{\Lambda}=\begin{pmatrix}-1&0&0\\0&1&0\\0&0&1\end{pmatrix}$$

于是

$$\begin{aligned}\boldsymbol{A}=\boldsymbol{P}\boldsymbol{\Lambda}\boldsymbol{P}^{-1}&=\begin{pmatrix}0&1&0\\1&0&1\\1&0&-1\end{pmatrix}\begin{pmatrix}-1&0&0\\0&1&0\\0&0&1\end{pmatrix}\begin{pmatrix}0&\frac{1}{2}&\frac{1}{2}\\1&0&0\\0&\frac{1}{2}&-\frac{1}{2}\end{pmatrix}\\&=\begin{pmatrix}1&0&0\\0&0&-1\\0&-1&0\end{pmatrix}\end{aligned}$$

16. 设三阶实对称矩阵 $\boldsymbol{A}$ 的各行元素之和均为 3，向量 $\boldsymbol{\alpha}_1=(-1，2，-1)^{\mathrm{T}}$，$\boldsymbol{\alpha}_2=(0，-1，1)^{\mathrm{T}}$ 是线性方程组 $\boldsymbol{A}\boldsymbol{x}=\boldsymbol{0}$ 的两个解.

(1) 求 $\boldsymbol{A}$ 的特征值和特征向量.

(2) 求正交矩阵 $\boldsymbol{Q}$ 和对角矩阵 $\boldsymbol{\Lambda}$，使得 $\boldsymbol{Q}^{\mathrm{T}}\boldsymbol{A}\boldsymbol{Q}=\boldsymbol{\Lambda}$.

解：由题设条件，有 $\boldsymbol{A}\boldsymbol{\alpha}_1=\boldsymbol{0}$，$\boldsymbol{A}\boldsymbol{\alpha}_2=\boldsymbol{0}$，即

$$A\boldsymbol{\alpha}_1=0\boldsymbol{\alpha}_1\ (\boldsymbol{\alpha}_1\neq\mathbf{0}),\ A\boldsymbol{\alpha}_2=0\boldsymbol{\alpha}_2\ (\boldsymbol{\alpha}_2\neq\mathbf{0})$$

所以矩阵 A 有二重特征值 $\lambda_1=\lambda_2=0$，对应的特征向量为 $\boldsymbol{\alpha}_1$，$\boldsymbol{\alpha}_2$，且 $\boldsymbol{\alpha}_1$，$\boldsymbol{\alpha}_2$ 线性无关，所以 A 的对应于 0 的全部特征向量为

$$c_1\boldsymbol{\alpha}_1+c_2\boldsymbol{\alpha}_2\quad(c_1,\ c_2\ \text{为任意不全为零的常数})$$

又 A 各行元素之和均等于 3，所以

$$A\begin{pmatrix}1\\1\\1\end{pmatrix}=\begin{pmatrix}3\\3\\3\end{pmatrix}=3\begin{pmatrix}1\\1\\1\end{pmatrix}$$

由此可知，A 有特征值 $\lambda_3=3$，对应的特征向量 $\boldsymbol{\alpha}_3=(1,\ 1,\ 1)^{\mathrm{T}}$. 所以 A 的对应于 $\lambda_3=3$ 的全部特征向量为

$$c_3\boldsymbol{\alpha}_3\quad(c_3\ \text{是任意非零常数})$$

(2) 利用施密特正交化方法将 $\boldsymbol{\alpha}_1$，$\boldsymbol{\alpha}_2$ 正交化. 令

$$\boldsymbol{\beta}_1=\boldsymbol{\alpha}_1=(-1,\ 2,\ -1)^{\mathrm{T}}$$

$$\boldsymbol{\beta}_2=\boldsymbol{\alpha}_2-\frac{\boldsymbol{\beta}_1^{\mathrm{T}}\boldsymbol{\alpha}_2}{\boldsymbol{\beta}_1^{\mathrm{T}}\boldsymbol{\beta}_1}\boldsymbol{\beta}_1=\boldsymbol{\alpha}_2+\frac{1}{2}\boldsymbol{\beta}_1=\left(-\frac{1}{2},\ 0,\ \frac{1}{2}\right)^{\mathrm{T}}$$

再将 $\boldsymbol{\beta}_1$，$\boldsymbol{\beta}_2$，$\boldsymbol{\alpha}_3$ 单位化：

$$\boldsymbol{\gamma}_1=\frac{1}{\|\boldsymbol{\beta}_1\|}\boldsymbol{\beta}_1=\left(-\frac{1}{\sqrt{6}},\ \frac{2}{\sqrt{6}},\ -\frac{1}{\sqrt{6}}\right)^{\mathrm{T}}$$

$$\boldsymbol{\gamma}_2=\frac{1}{\|\boldsymbol{\beta}_2\|}\boldsymbol{\beta}_2=\left(-\frac{1}{\sqrt{2}},\ 0,\ \frac{1}{\sqrt{2}}\right)^{\mathrm{T}}$$

$$\boldsymbol{\gamma}_3=\frac{1}{\|\boldsymbol{\alpha}_3\|}\boldsymbol{\alpha}_3=\left(\frac{1}{\sqrt{3}},\ \frac{1}{\sqrt{3}},\ \frac{1}{\sqrt{3}}\right)^{\mathrm{T}}$$

设矩阵

$$Q=\begin{pmatrix}-\frac{1}{\sqrt{6}} & -\frac{1}{\sqrt{2}} & \frac{1}{\sqrt{3}}\\ \frac{2}{\sqrt{6}} & 0 & \frac{1}{\sqrt{3}}\\ -\frac{1}{\sqrt{6}} & \frac{1}{\sqrt{2}} & \frac{1}{\sqrt{3}}\end{pmatrix},\ \Lambda=\begin{pmatrix}0&0&0\\0&0&0\\0&0&3\end{pmatrix}$$

则 Q 为正交矩阵，且 $Q^{\mathrm{T}}AQ=\Lambda$.

(B)

1. 设 $\boldsymbol{\alpha}=(1,\ -1,\ 2)^{\mathrm{T}}$ 是矩阵 $A=\begin{pmatrix}2&1&2\\2&b&a\\1&a&3\end{pmatrix}$ 的一个特征向量，则 a，b 的值分别为

[ ].

(A) 5; 2　　(B) 1; −3

(C) −2; 5　　(D) −3; 1

解: 设特征向量 $\boldsymbol{\alpha}$ 对应的特征值为λ，则 $\boldsymbol{A\alpha}=\lambda\boldsymbol{\alpha}$，即

$$\begin{pmatrix}2&1&2\\2&b&a\\1&a&3\end{pmatrix}\begin{pmatrix}1\\-1\\2\end{pmatrix}=\lambda\begin{pmatrix}1\\-1\\2\end{pmatrix}$$

由此可得

$$\begin{pmatrix}5\\2-b+2a\\7-a\end{pmatrix}=\begin{pmatrix}\lambda\\-\lambda\\2\lambda\end{pmatrix}$$

所以$\lambda=5$，$2-b+2a=-\lambda$，$7-a=2\lambda$，解得 $a=-3$，$b=1$，故本题应选 (D).

2. 设矩阵$\boldsymbol{A}=\begin{pmatrix}-1&1&0\\x&y&0\\1&0&2\end{pmatrix}$. 已知 $\boldsymbol{A}$ 的特征值是$\lambda_1=2$，$\lambda_2=\lambda_3=1$，则 [ ].

(A) $x=-4$，$y=3$　　(B) $x=-4$，$y=-3$

(C) $x=4$，$y=-3$　　(D) $x=4$，$y=3$

解: 利用矩阵特征值的性质，有

$$-1+y+2=\lambda_1+\lambda_2+\lambda_3=4$$

所以 $y=3$. 可排除 (B)，(C).

又$|\boldsymbol{A}|=\lambda_1\lambda_2\lambda_3=2$，而

$$|\boldsymbol{A}|=\begin{vmatrix}-1&1&0\\x&y&0\\1&0&2\end{vmatrix}=2(-x-y)$$

得$-2(x+y)=2$. 代入 $y=3$，得 $x=-4$，故本题应选(A).

3. 设三阶矩阵 $\boldsymbol{A}$ 的特征值$\lambda_1=-1$，$\lambda_2=1$，$\lambda_3=3$，矩阵$\boldsymbol{B}=(\boldsymbol{A}^*)^2-2\boldsymbol{I}$，其中$\boldsymbol{A}^*$是矩阵 $\boldsymbol{A}$ 的伴随矩阵，则$|\boldsymbol{B}|=$[ ].

(A) −54　　(B) −49

(C) −36　　(D) −24

解: 因为$|\boldsymbol{A}|=\lambda_1\lambda_2\lambda_3=-3\neq0$，所以 $\boldsymbol{A}$ 可逆，对应于 $\boldsymbol{A}$ 的每一特征值$\lambda_i(i=1,2,3)$，伴随矩阵 $\boldsymbol{A}^*$ 有特征值$\dfrac{|\boldsymbol{A}|}{\lambda_i}(i=1,2,3)$，于是矩阵 $\boldsymbol{B}$ 有特征值 $\mu_i=\left(\dfrac{|\boldsymbol{A}|}{\lambda_i}\right)^2-2\ (i=1,2,3)$，即 $\boldsymbol{B}$ 的特征值为

$$\mu_1=7,\ \mu_2=7,\ \mu_3=-1$$

所以$|\boldsymbol{B}|=\mu_1\mu_2\mu_3=-49$. 故本题应选 (B).

4. 设 $\boldsymbol{A}$ 为三阶矩阵，满足 $|2\boldsymbol{A}+3\boldsymbol{I}|=0$，$|2\boldsymbol{A}-3\boldsymbol{I}|=0$，$|\boldsymbol{A}-\boldsymbol{I}|=0$，则 $|\boldsymbol{A}^*+3\boldsymbol{A}^{-1}|=$ [　　].

(A) $-\dfrac{3}{16}$　　(B) $\dfrac{3}{16}$

(C) $-\dfrac{1}{16}$　　(D) $\dfrac{1}{16}$

解: 由 $|2\boldsymbol{A}+3\boldsymbol{I}|=0$，有

$$|2\boldsymbol{A}+3\boldsymbol{I}|=\left|-2\left(-\frac{3}{2}\boldsymbol{I}-\boldsymbol{A}\right)\right|=(-2)^3\left|-\frac{3}{2}\boldsymbol{I}-\boldsymbol{A}\right|=0$$

所以 $\left|-\dfrac{3}{2}\boldsymbol{I}-\boldsymbol{A}\right|=0$，即 $\boldsymbol{A}$ 有特征值 $\lambda_1=-\dfrac{3}{2}$.

类似地，由 $|2\boldsymbol{A}-3\boldsymbol{I}|=0$ 和 $|\boldsymbol{A}-\boldsymbol{I}|=0$，可得 $\boldsymbol{A}$ 有特征值 $\lambda_2=\dfrac{3}{2}$，$\lambda_3=1$.

又 $|\boldsymbol{A}|=\lambda_1\lambda_2\lambda_3=-\dfrac{9}{4}$，所以 $\boldsymbol{A}$ 可逆，于是 $\boldsymbol{A}^*$ 有特征值 $\mu_i=\dfrac{|\boldsymbol{A}|}{\lambda_i}$ $(i=1, 2, 3)$，即 $\boldsymbol{A}^*$ 的特征值为

$$\mu_1=\frac{3}{2},\ \mu_2=-\frac{3}{2},\ \mu_3=-\frac{9}{4}$$

因为 $\boldsymbol{A}^{-1}=\dfrac{1}{|\boldsymbol{A}|}\boldsymbol{A}^*$，所以

$$\begin{aligned}|\boldsymbol{A}^*+3\boldsymbol{A}^{-1}|&=\left|\boldsymbol{A}^*-\frac{4}{3}\boldsymbol{A}^*\right|=\left|-\frac{1}{3}\boldsymbol{A}^*\right|\\&=\left(-\frac{1}{3}\right)^3|\boldsymbol{A}^*|=-\frac{1}{27}\cdot\mu_1\mu_2\mu_3\\&=-\frac{3}{16}\end{aligned}$$

故本题应选(A).

5. 设 λ_1，λ_2 是 n 阶矩阵 $\boldsymbol{A}$ 的特征值，$\boldsymbol{\alpha}_1$，$\boldsymbol{\alpha}_2$ 分别是 $\boldsymbol{A}$ 的对应于 λ_1，λ_2 的特征向量，则 [　　].

(A) 当 $\lambda_1=\lambda_2$ 时，$\boldsymbol{\alpha}_1$ 与 $\boldsymbol{\alpha}_2$ 必成比例.

(B) 当 $\lambda_1=\lambda_2$ 时，$\boldsymbol{\alpha}_1$ 与 $\boldsymbol{\alpha}_2$ 必不成比例.

(C) 当 $\lambda_1\neq\lambda_2$ 时，$\boldsymbol{\alpha}_1$ 与 $\boldsymbol{\alpha}_2$ 必成比例.

(D) 当 $\lambda_1\neq\lambda_2$ 时，$\boldsymbol{\alpha}_1$ 与 $\boldsymbol{\alpha}_2$ 必不成比例.

解: 当 $\lambda_1=\lambda_2$ 时，矩阵 $\boldsymbol{A}$ 至少有二重特征值，对应于 $\lambda_1=\lambda_2$ 的线性无关的特征向量的个数可能等于 1，也可能大于 1. 因此，$\boldsymbol{\alpha}_1$，$\boldsymbol{\alpha}_2$ 可能线性相关，也可能线性无关，故选项 (A)，(B)都未必成立.

当 $\lambda_1\neq\lambda_2$ 时，因为 $\boldsymbol{A}$ 的对应于不同特征值的特征向量必线性无关，可知 $\boldsymbol{\alpha}_1$，$\boldsymbol{\alpha}_2$ 线性无关，即 $\boldsymbol{\alpha}_1$，$\boldsymbol{\alpha}_2$ 必不成比例. 故本题应选(D).

6. 设三阶矩阵 $\boldsymbol{A}$ 与 $\boldsymbol{B}$ 相似，已知 $\boldsymbol{A}$ 的特征值为 $\dfrac{1}{3}$，$\dfrac{1}{4}$，$\dfrac{1}{5}$，则 $|\boldsymbol{B}^{-1}-2\boldsymbol{I}|=$ [　　].

(A) 6　　　　(B) 60

(C) $\frac{1}{6}$　　　　(D) -1

解：因为 $\boldsymbol{A}\sim\boldsymbol{B}$，可知 $\boldsymbol{A}$ 与 $\boldsymbol{B}$ 有相同的特征值，因此，矩阵 $\boldsymbol{B}$ 有特征值$\frac{1}{3}$，$\frac{1}{4}$，$\frac{1}{5}$，从而矩阵 $\boldsymbol{B}^{-1}$ 有特征值 3，4，5；矩阵 $\boldsymbol{B}^{-1}-2\boldsymbol{I}$ 有特征值 1，2，3. 故 $|\boldsymbol{B}^{-1}-2\boldsymbol{I}|=1\times2\times3=6$，本题应选(A).

7. 设 $\boldsymbol{A}$，$\boldsymbol{B}$ 均为 n 阶矩阵，现有下列四个结论：

①若 $\boldsymbol{A}\sim\boldsymbol{B}$，则 $|\boldsymbol{A}|=|\boldsymbol{B}|$；

②若 $\boldsymbol{A}\sim\boldsymbol{B}$，则 $\mathrm{r}(\boldsymbol{A})=\mathrm{r}(\boldsymbol{B})$；

③若 $\boldsymbol{A}\sim\boldsymbol{B}$，则 $\boldsymbol{A}$，$\boldsymbol{B}$ 有相同的特征值和特征向量；

④若 $\boldsymbol{A}\sim\boldsymbol{B}$，则 $\boldsymbol{A}^k\sim\boldsymbol{B}^k$（$k$ 为正整数）.

其中结论正确的是[　　]

(A) ①，②，③　　　　(B) ①，②，④

(C) ①，③，④　　　　(D) ②，③，④

解：若 $\boldsymbol{A}\sim\boldsymbol{B}$，则存在可逆矩阵 $\boldsymbol{P}$，使得 $\boldsymbol{P}^{-1}\boldsymbol{AP}=\boldsymbol{B}$，由此可知，$\mathrm{r}(\boldsymbol{A})=\mathrm{r}(\boldsymbol{B})$，且

$$|\boldsymbol{P}^{-1}\boldsymbol{AP}|=|\boldsymbol{P}^{-1}|\cdot|\boldsymbol{A}|\cdot|\boldsymbol{P}|=|\boldsymbol{A}|=|\boldsymbol{B}|$$

由 $\boldsymbol{P}^{-1}\boldsymbol{AP}=\boldsymbol{B}$，又有 $\boldsymbol{B}^k=(\boldsymbol{P}^{-1}\boldsymbol{AP})^k$，即

$$\boldsymbol{B}^k=\underbrace{(\boldsymbol{P}^{-1}\boldsymbol{AP})(\boldsymbol{P}^{-1}\boldsymbol{AP})\cdots(\boldsymbol{P}^{-1}\boldsymbol{AP})}_{k\text{个}}=\boldsymbol{P}^{-1}\boldsymbol{A}^k\boldsymbol{P}$$

所以 $\boldsymbol{A}^k\sim\boldsymbol{B}^k$. 由此可知①，②，④正确，故应选(B).

对于③，若 $\boldsymbol{A}\sim\boldsymbol{B}$，则 $\boldsymbol{A}$，$\boldsymbol{B}$ 有相同的特征值，但未必有相同的特征向量，实际上，若 $\boldsymbol{A}$ 对应于特征值 λ 的特征向量为 $\boldsymbol{\alpha}$，则 $\boldsymbol{A\alpha}=\lambda\boldsymbol{\alpha}(\boldsymbol{\alpha}\neq\boldsymbol{0})$. 由 $\boldsymbol{P}^{-1}\boldsymbol{AP}=\boldsymbol{B}$，可得 $\boldsymbol{A}=\boldsymbol{PBP}^{-1}$，于是，$\boldsymbol{A\alpha}=\lambda\boldsymbol{\alpha}$ 化为 $\boldsymbol{PBP}^{-1}\boldsymbol{\alpha}=\lambda\boldsymbol{\alpha}$，即

$$\boldsymbol{B}(\boldsymbol{P}^{-1}\boldsymbol{\alpha})=\lambda(\boldsymbol{P}^{-1}\boldsymbol{\alpha})$$

由于 $\boldsymbol{\alpha}\neq\boldsymbol{0}$，也有 $\boldsymbol{P}^{-1}\boldsymbol{\alpha}\neq\boldsymbol{0}$，因此矩阵 $\boldsymbol{B}$ 对应于特征值 λ 的特征向量为$\boldsymbol{P}^{-1}\boldsymbol{\alpha}$. 一般地，$\boldsymbol{P}^{-1}\boldsymbol{\alpha}\neq\boldsymbol{\alpha}$.

8. 设 λ_1，λ_2 是矩阵 $\boldsymbol{A}$ 的两个不同的特征值，对应的特征向量分别为 $\boldsymbol{\alpha}_1$，$\boldsymbol{\alpha}_2$，则 $\boldsymbol{\alpha}_1$，$\boldsymbol{A}(\boldsymbol{\alpha}_1+\boldsymbol{\alpha}_2)$线性无关的充分必要条件是[　　].

(A) $\lambda_1\neq0$　　　　(B) $\lambda_2\neq0$

(C) $\lambda_1=0$　　　　(D) $\lambda_2=0$

解：由题设条件，有 $\boldsymbol{A\alpha}_1=\lambda_1\boldsymbol{\alpha}_1$，$\boldsymbol{A\alpha}_2=\lambda_2\boldsymbol{\alpha}_2$，且 $\boldsymbol{\alpha}_1$，$\boldsymbol{\alpha}_2$ 线性无关，又 $\boldsymbol{A}(\boldsymbol{\alpha}_1+\boldsymbol{\alpha}_2)=\lambda_1\boldsymbol{\alpha}_1+\lambda_2\boldsymbol{\alpha}_2$，所以 $\boldsymbol{\alpha}_1$ 与 $\boldsymbol{A}(\boldsymbol{\alpha}_1+\boldsymbol{\alpha}_2)$线性无关的充分必要条件是齐次线性方程组

$$x_1\boldsymbol{\alpha}_1+x_2(\lambda_1\boldsymbol{\alpha}_1+\lambda_2\boldsymbol{\alpha}_2)=\boldsymbol{0} \quad ①$$

仅有零解 $x_1=0$，$x_2=0$. 方程组①可化为

$$(x_1+\lambda_1x_2)\boldsymbol{\alpha}_1+\lambda_2x_2\boldsymbol{\alpha}_2=\boldsymbol{0} \quad ②$$

因为 $\boldsymbol{\alpha}_1$，$\boldsymbol{\alpha}_2$ 线性无关，必有

$$\begin{cases}x_1+\lambda_1 x_2=0\\ \lambda_2 x_2=0\end{cases} \qquad ③$$

因此，方程组①仅有零解等价于方程组③的系数行列式

$$\begin{vmatrix}1 & \lambda_1\\ 0 & \lambda_2\end{vmatrix}\neq 0$$

即 $\lambda_2\neq 0$，故本题应选(B).

9. 设 $\boldsymbol{A}$ 是 n 阶矩阵，将 $\boldsymbol{A}$ 的第 i 行与第 j 行互换后，再将所得矩阵第 i 列与第 j 列互换得到矩阵 $\boldsymbol{B}$，下面有关矩阵 $\boldsymbol{A}$，$\boldsymbol{B}$ 的五个结论：

① $\boldsymbol{A}$ 与 $\boldsymbol{B}$ 相似；② $|\boldsymbol{A}|=|\boldsymbol{B}|$；③ $\mathrm{r}(\boldsymbol{A})=\mathrm{r}(\boldsymbol{B})$

④ 存在 n 阶可逆矩阵 $\boldsymbol{P}$，$\boldsymbol{Q}$，使得 $\boldsymbol{PAQ}=\boldsymbol{B}$；

⑤ 存在正交矩阵 $\boldsymbol{Q}$，使得 $\boldsymbol{Q}^{\mathrm{T}}\boldsymbol{AQ}=\boldsymbol{B}$.

其中正确的结论个数为[　　].

(A) 2 个　　　　(B) 3 个

(C) 4 个　　　　(D) 5 个

解： 由题设条件，有

$$\boldsymbol{B}=\boldsymbol{I}(i\ j)\boldsymbol{A}\boldsymbol{I}(i\ j)$$

由于 $\boldsymbol{I}(i\ j)=[\boldsymbol{I}(i\ j)]^{-1}=[\boldsymbol{I}(i\ j)]^{\mathrm{T}}$，取 $\boldsymbol{P}=\boldsymbol{I}(i\ j)$，则

$$\boldsymbol{B}=\boldsymbol{P}^{-1}\boldsymbol{AP}$$

即 $\boldsymbol{A}\sim\boldsymbol{B}$，且 $|\boldsymbol{A}|=|\boldsymbol{B}|$，$\mathrm{r}(\boldsymbol{A})=\mathrm{r}(\boldsymbol{B})$，即①，②，③均正确.

令 $\boldsymbol{P}=\boldsymbol{Q}=\boldsymbol{I}(i\ j)$，则 $\boldsymbol{P}$，$\boldsymbol{Q}$ 可逆，$\boldsymbol{B}=\boldsymbol{PAQ}$. 可知④正确.

令 $\boldsymbol{Q}=\boldsymbol{I}(i\ j)$，则 $\boldsymbol{Q}^{\mathrm{T}}\boldsymbol{Q}=\boldsymbol{I}$，即 $\boldsymbol{Q}$ 为正交矩阵，且 $\boldsymbol{Q}^{\mathrm{T}}\boldsymbol{AQ}=\boldsymbol{B}$，可知⑤正确. 综上分析，本题应选(D).

10. 设二阶实对称矩阵 $\boldsymbol{A}$ 的特征值为 1，2. 对应于特征值 1 的特征向量为 $\boldsymbol{\alpha}_1=(1,-1)^{\mathrm{T}}$，则矩阵 $\boldsymbol{A}=$[　　].

(A) $\begin{pmatrix}\frac{1}{2} & \frac{3}{2}\\ \frac{3}{2} & -1\end{pmatrix}$　　　　(B) $\begin{pmatrix}\frac{3}{2} & \frac{1}{2}\\ \frac{1}{2} & \frac{1}{2}\end{pmatrix}$

(C) $\begin{pmatrix}\frac{3}{2} & \frac{1}{2}\\ \frac{1}{2} & \frac{3}{2}\end{pmatrix}$　　　　(D) $\begin{pmatrix}\frac{3}{2} & -\frac{1}{2}\\ -\frac{1}{2} & \frac{3}{2}\end{pmatrix}$

解： 设 $\boldsymbol{A}$ 对应于特征值 2 的特征向量为 $\boldsymbol{\alpha}_2=(x_1,x_2)^{\mathrm{T}}$，则 $\boldsymbol{\alpha}_1$ 与 $\boldsymbol{\alpha}_2$ 正交，即

$$\boldsymbol{\alpha}_1^{\mathrm{T}}\boldsymbol{\alpha}_2=x_1-x_2=0$$

解此齐次线性方程组，得基础解系 $\boldsymbol{\alpha}_2=(1,1)^{\mathrm T}$，$\boldsymbol{\alpha}_2$ 是 $\boldsymbol{A}$ 对应于特征值 2 的特征向量.

因实对称矩阵 $\boldsymbol{A}$ 一定可对角化，令矩阵

$$\boldsymbol{P}=(\boldsymbol{\alpha}_1,\boldsymbol{\alpha}_2)=\begin{pmatrix}1&1\\-1&1\end{pmatrix}$$

则不难求得 $\boldsymbol{P}^{-1}=\begin{pmatrix}\frac{1}{2}&-\frac{1}{2}\\\frac{1}{2}&\frac{1}{2}\end{pmatrix}$，且 $\boldsymbol{P}^{-1}\boldsymbol{A}\boldsymbol{P}=\begin{pmatrix}1&0\\0&2\end{pmatrix}$，所以

$$\boldsymbol{A}=\boldsymbol{P}\begin{pmatrix}1&0\\0&2\end{pmatrix}\boldsymbol{P}^{-1}=\begin{pmatrix}1&1\\-1&1\end{pmatrix}\begin{pmatrix}1&0\\0&2\end{pmatrix}\begin{pmatrix}\frac{1}{2}&-\frac{1}{2}\\\frac{1}{2}&\frac{1}{2}\end{pmatrix}=\begin{pmatrix}\frac{3}{2}&\frac{1}{2}\\\frac{1}{2}&\frac{3}{2}\end{pmatrix}$$

故本题应选(C).

11. 设 $\boldsymbol{A}$，$\boldsymbol{B}$ 都是 n 阶实对称矩阵，矩阵 $\boldsymbol{A}$ 与 $\boldsymbol{B}$ 相似的充分必要条件是[　　].

(A) $|\lambda\boldsymbol{I}-\boldsymbol{A}|=|\lambda\boldsymbol{I}-\boldsymbol{B}|$　　(B) $\lambda\boldsymbol{I}-\boldsymbol{A}=\lambda\boldsymbol{I}-\boldsymbol{B}$

(C) $|\boldsymbol{A}|=|\boldsymbol{B}|$　　(D) $\boldsymbol{A}$，$\boldsymbol{B}$ 均有 n 个互异的特征值

解：(A) 若 $\boldsymbol{A}\sim\boldsymbol{B}$，则 $|\lambda\boldsymbol{I}-\boldsymbol{A}|=|\lambda\boldsymbol{I}-\boldsymbol{B}|$，反之，若 $|\lambda\boldsymbol{I}-\boldsymbol{A}|=|\lambda\boldsymbol{I}-\boldsymbol{B}|$，则 $\boldsymbol{A}$，$\boldsymbol{B}$ 有相同的特征值，记为 $\lambda_1,\lambda_2,\cdots,\lambda_n$，因为 $\boldsymbol{A}$，$\boldsymbol{B}$ 都是实对称矩阵，故 $\boldsymbol{A}$，$\boldsymbol{B}$ 都可对角化，且

$$\boldsymbol{A}\sim\begin{pmatrix}\lambda_1&&&\\&\lambda_2&&\\&&\ddots&\\&&&\lambda_n\end{pmatrix};\ \boldsymbol{B}\sim\begin{pmatrix}\lambda_1&&&\\&\lambda_2&&\\&&\ddots&\\&&&\lambda_n\end{pmatrix}$$

由此可得 $\boldsymbol{A}\sim\boldsymbol{B}$，故本题应选 (A).

(B) 是 $\boldsymbol{A}$，$\boldsymbol{B}$ 相似的充分条件，但非必要条件.

(C) 是 $\boldsymbol{A}$，$\boldsymbol{B}$ 相似的必要条件，但非充分条件.

(D) 既不是 $\boldsymbol{A}$，$\boldsymbol{B}$ 相似的必要条件，也不是充分条件.

※第五章　二次型

(一)习题解答与注释

(A)

1. 写出下列各二次型的矩阵.

(1) $x_1^2-2x_1x_2+3x_1x_3-2x_2^2+8x_2x_3+3x_3^2$

(2) $x_1x_2-x_1x_3+2x_2x_3+x_4^2$

解: (1) 该二次型的矩阵

$$A=\begin{pmatrix}1&-1&\frac{3}{2}\\-1&-2&4\\\frac{3}{2}&4&3\end{pmatrix}$$

(2) 该二次型的矩阵

$$A=\begin{pmatrix}0&\frac{1}{2}&-\frac{1}{2}&0\\\frac{1}{2}&0&1&0\\-\frac{1}{2}&1&0&0\\0&0&0&1\end{pmatrix}$$

2. 写出下列各对称矩阵所对应的二次型.

(1)

$$A=\begin{pmatrix}1&-1&-3&1\\-1&0&-2&\frac{1}{2}\\-3&-2&\frac{1}{3}&-\frac{3}{2}\\1&\frac{1}{2}&-\frac{3}{2}&0\end{pmatrix}$$

(2)

$$A=\begin{pmatrix}0&1&\frac{1}{2}&-\frac{3}{2}\\1&0&-1&-1\\\frac{1}{2}&-1&0&3\\-\frac{3}{2}&-1&3&0\end{pmatrix}$$

解：（1）对称矩阵 $\boldsymbol{A}$ 所对应的二次型为 $f(\boldsymbol{x})=\boldsymbol{x}^{\mathrm{T}}\boldsymbol{A}\boldsymbol{x}$，即

$$f(x_1,x_2,x_3,x_4)=(x_1,x_2,x_3,x_4)\begin{pmatrix}1&-1&-3&1\\-1&0&-2&\frac{1}{2}\\-3&-2&\frac{1}{3}&-\frac{3}{2}\\1&\frac{1}{2}&-\frac{3}{2}&0\end{pmatrix}\begin{pmatrix}x_1\\x_2\\x_3\\x_4\end{pmatrix}$$

$$=x_1^2-2x_1x_2-6x_1x_3+2x_1x_4-4x_2x_3+x_2x_4+\frac{1}{3}x_3^2-3x_3x_4$$

注释：掌握二次型与其矩阵的对应规律后，应一步直接写出二次型.

（2）对称矩阵 $\boldsymbol{A}$ 对应的二次型为

$$f(x_1,x_2,x_3,x_4)=2x_1x_2+x_1x_3-3x_1x_4-2x_2x_3-2x_2x_4+6x_3x_4$$

3. 求第 1 题中各二次型的秩.

解：（1）对二次型的矩阵 $\boldsymbol{A}$ 施以初等行变换，化为阶梯形矩阵：

$$\boldsymbol{A}=\begin{pmatrix}1&-1&\frac{3}{2}\\-1&-2&4\\\frac{3}{2}&4&3\end{pmatrix}\longrightarrow\begin{pmatrix}1&-1&\frac{3}{2}\\0&-3&\frac{11}{2}\\0&\frac{11}{2}&\frac{3}{4}\end{pmatrix}\longrightarrow\begin{pmatrix}1&-1&\frac{3}{2}\\0&-3&\frac{11}{2}\\0&0&\frac{65}{6}\end{pmatrix}$$

所以 $\mathrm{r}(\boldsymbol{A})=3$，即二次型的秩是 3.

（2）对二次型的矩阵 $\boldsymbol{A}$ 施以初等行变换，化为阶梯形矩阵：

$$\boldsymbol{A}=\begin{pmatrix}0&\frac{1}{2}&-\frac{1}{2}&0\\\frac{1}{2}&0&1&0\\-\frac{1}{2}&1&0&0\\0&0&0&1\end{pmatrix}\longrightarrow\begin{pmatrix}\frac{1}{2}&0&1&0\\0&\frac{1}{2}&-\frac{1}{2}&0\\0&1&1&0\\0&0&0&1\end{pmatrix}\longrightarrow\begin{pmatrix}\frac{1}{2}&0&1&0\\0&1&-1&0\\0&0&2&0\\0&0&0&1\end{pmatrix}$$

所以 $\mathrm{r}(\boldsymbol{A})=4$. 故二次型的秩为 4.

注释：二次型的矩阵 $\boldsymbol{A}$ 一定是对称矩阵，其主对角线元素 a_{ii} 与二次型中平方项 x_i^2 的系数相同，而非主对角线元素 a_{ij} 恰是二次型中交叉项 x_ix_j 的系数的一半. 反之，已知对称矩阵 $\boldsymbol{A}$ 时，利用上述规律可唯一确定一个二次型. 在这一意义下，二次型与对称矩阵是一一对应的. 同时，对称矩阵 $\boldsymbol{A}$ 的秩称为对应的二次型的秩.

4. 对于对称矩阵 $\boldsymbol{A}$ 与 $\boldsymbol{B}$，求出非奇异矩阵 $\boldsymbol{C}$，使 $\boldsymbol{C}^{\mathrm{T}}\boldsymbol{A}\boldsymbol{C}=\boldsymbol{B}$.

（1）$\boldsymbol{A}=\begin{pmatrix}0&1&1\\1&2&1\\1&1&0\end{pmatrix}$　　$\boldsymbol{B}=\begin{pmatrix}2&1&1\\1&0&1\\1&1&0\end{pmatrix}$

$$(2)\ \boldsymbol{A}=\begin{pmatrix}0 & \frac{1}{2} & -\frac{1}{2}\\ \frac{1}{2} & 0 & -1\\ -\frac{1}{2} & -1 & 0\end{pmatrix}\quad \boldsymbol{B}=\begin{pmatrix}1 & \frac{1}{2} & -\frac{3}{2}\\ \frac{1}{2} & 0 & -1\\ -\frac{3}{2} & -1 & 0\end{pmatrix}$$

解:(1)可以看出，矩阵$\boldsymbol{A}$交换第一行和第二行后，再交换第一列和第二列就得到矩阵$\boldsymbol{B}$. 取矩阵$\boldsymbol{C}=\boldsymbol{I}(1\ 2)$，其中$\boldsymbol{I}(1\ 2)$为第一种初等矩阵，即

$$\boldsymbol{C}=\begin{pmatrix}0 & 1 & 0\\ 1 & 0 & 0\\ 0 & 0 & 1\end{pmatrix}$$

则

$$\boldsymbol{C}^{\mathrm{T}}\boldsymbol{A}\boldsymbol{C}=\begin{pmatrix}0 & 1 & 0\\ 1 & 0 & 0\\ 0 & 0 & 1\end{pmatrix}\begin{pmatrix}0 & 1 & 1\\ 1 & 2 & 1\\ 1 & 1 & 0\end{pmatrix}\begin{pmatrix}0 & 1 & 0\\ 1 & 0 & 0\\ 0 & 0 & 1\end{pmatrix}=\begin{pmatrix}2 & 1 & 1\\ 1 & 0 & 1\\ 1 & 1 & 0\end{pmatrix}=\boldsymbol{B}$$

(2)可以看出，把矩阵$\boldsymbol{A}$的第二行加到第一行上，然后把$\boldsymbol{A}$的第二列加到第一列上就可以得到矩阵$\boldsymbol{B}$. 所以，可取矩阵$\boldsymbol{C}=\boldsymbol{I}(1\ 2(1))$，即

$$\boldsymbol{C}=\begin{pmatrix}1 & 0 & 0\\ 1 & 1 & 0\\ 0 & 0 & 1\end{pmatrix}$$

则

$$\boldsymbol{C}^{\mathrm{T}}\boldsymbol{A}\boldsymbol{C}=\begin{pmatrix}1 & 1 & 0\\ 0 & 1 & 0\\ 0 & 0 & 1\end{pmatrix}\begin{pmatrix}0 & \frac{1}{2} & -\frac{1}{2}\\ \frac{1}{2} & 0 & -1\\ -\frac{1}{2} & -1 & 0\end{pmatrix}\begin{pmatrix}1 & 0 & 0\\ 1 & 1 & 0\\ 0 & 0 & 1\end{pmatrix}$$

$$=\begin{pmatrix}1 & \frac{1}{2} & -\frac{3}{2}\\ \frac{1}{2} & 0 & -1\\ -\frac{3}{2} & -1 & 0\end{pmatrix}$$

5. 分别用配方法和初等变换法化下列二次型为标准形和规范形.

(1)$f(x_1, x_2, x_3)=x_1^2+5x_2^2-4x_3^2+2x_1x_2-4x_1x_3$

(2)$f(x_1, x_2, x_3)=x_1x_2-4x_1x_3+6x_2x_3$

解: (1) 方法1　用配方法，有

$$\begin{aligned}f(x_1, x_2, x_3)&=(x_1+x_2-2x_3)^2+4x_2^2+4x_2x_3-8x_3^2\\ &=(x_1+x_2-2x_3)^2+4\left(x_2+\frac{1}{2}x_3\right)^2-9x_3^2\end{aligned}$$

令

$$\begin{cases} y_1 = x_1 + x_2 - 2x_3 \\ y_2 = \qquad x_2 + \dfrac{1}{2}x_3 \\ y_3 = \qquad\qquad x_3 \end{cases}$$

即

$$\begin{cases} x_1 = y_1 - y_2 + \dfrac{5}{2}y_3 \\ x_2 = \qquad y_2 - \dfrac{1}{2}y_3 \\ x_3 = \qquad\qquad y_3 \end{cases}, \quad |\boldsymbol{C}_1| = \begin{vmatrix} 1 & -1 & \dfrac{5}{2} \\ 0 & 1 & -\dfrac{1}{2} \\ 0 & 0 & 1 \end{vmatrix} = 1 \neq 0$$

由此可得二次型的标准形

$$f = y_1^2 + 4y_2^2 - 9y_3^2$$

进而，令

$$\begin{cases} z_1 = y_1 \\ z_2 = 2y_2 \\ z_3 = 3y_3 \end{cases}$$

即

$$\begin{cases} y_1 = z_1 \\ y_2 = \dfrac{1}{2}z_2 \\ y_3 = \dfrac{1}{3}z_3 \end{cases}, \quad |\boldsymbol{C}_2| = \begin{vmatrix} 1 & 0 & 0 \\ 0 & \dfrac{1}{2} & 0 \\ 0 & 0 & \dfrac{1}{3} \end{vmatrix} = \frac{1}{6} \neq 0$$

得二次型的规范形

$$f = z_1^2 + z_2^2 - z_3^2$$

所用的线性变换为 $\boldsymbol{x} = \boldsymbol{C}_1\boldsymbol{y} = \boldsymbol{C}_1\boldsymbol{C}_2\boldsymbol{z}$. 记 $\boldsymbol{C} = \boldsymbol{C}_1\boldsymbol{C}_2$，则

$$\boldsymbol{C} = \begin{pmatrix} 1 & -1 & \dfrac{5}{2} \\ 0 & 1 & -\dfrac{1}{2} \\ 0 & 0 & 1 \end{pmatrix} \begin{pmatrix} 1 & 0 & 0 \\ 0 & \dfrac{1}{2} & 0 \\ 0 & 0 & \dfrac{1}{3} \end{pmatrix} = \begin{pmatrix} 1 & -\dfrac{1}{2} & \dfrac{5}{6} \\ 0 & \dfrac{1}{2} & -\dfrac{1}{6} \\ 0 & 0 & \dfrac{1}{3} \end{pmatrix}$$

即二次型经线性变换 $\boldsymbol{x} = \boldsymbol{C}\boldsymbol{z}$：

$$\begin{cases} x_1 = z_1 - \dfrac{1}{2}z_2 + \dfrac{5}{6}z_3 \\ x_2 = \qquad \dfrac{1}{2}z_2 - \dfrac{1}{6}z_3 \\ x_3 = \qquad\qquad \dfrac{1}{3}z_3 \end{cases}$$

可化为规范形.

方法 2　用初等变换法. 二次型 f 的矩阵

$$A=\begin{pmatrix}1&1&-2\\1&5&0\\-2&0&-4\end{pmatrix}$$

$$\begin{pmatrix}A\\ \cdots\\ I\end{pmatrix}=\begin{pmatrix}1&1&-2\\1&5&0\\-2&0&-4\\ \hline 1&0&0\\0&1&0\\0&0&1\end{pmatrix}\xrightarrow[\times 2]{\times(-1)}\begin{pmatrix}1&0&0\\1&4&2\\-2&2&-8\\ \hline 1&-1&2\\0&1&0\\0&0&1\end{pmatrix}\xrightarrow{\times(-1),\ \times 2}\begin{pmatrix}1&0&0\\0&4&2\\0&2&-8\\ \hline 1&-1&2\\0&1&0\\0&0&1\end{pmatrix}\xrightarrow{\times\left(-\frac{1}{2}\right)}$$

$$\begin{pmatrix}1&0&0\\0&4&0\\0&2&-9\\ \hline 1&-1&\frac{5}{2}\\0&1&-\frac{1}{2}\\0&0&1\end{pmatrix}\xrightarrow{\times\left(-\frac{1}{2}\right)}\begin{pmatrix}1&0&0\\0&4&0\\0&0&-9\\ \hline 1&-1&\frac{5}{2}\\0&1&-\frac{1}{2}\\0&0&1\end{pmatrix}$$

所以，取

$$C_1=\begin{pmatrix}1&-1&\frac{5}{2}\\0&1&-\frac{1}{2}\\0&0&1\end{pmatrix},\quad |C_1|=1\neq 0$$

令
$$\begin{cases}x_1=y_1-y_2+\frac{5}{2}y_3\\x_2=\qquad y_2-\frac{1}{2}y_3\\x_3=\qquad\qquad y_3\end{cases}$$

可得二次型的标准形 $f=y_1^2+4y_2^2-9y_3^2$.

进而，令

$$\begin{cases}z_1=y_1\\z_2=2y_2\\z_3=3y_3\end{cases}$$

即
$$\begin{cases} y_1 = z_1 \\ y_2 = \dfrac{1}{2}z_2, \\ y_3 = \dfrac{1}{3}z_3 \end{cases} \quad |C_2| = \begin{vmatrix} 1 & 0 & 0 \\ 0 & \dfrac{1}{2} & 0 \\ 0 & 0 & \dfrac{1}{3} \end{vmatrix} = \frac{1}{6} \neq 0$$

得二次型的规范形
$$f = z_1^2 + z_2^2 - z_3^2$$

所用的线性变换与方法 1 的相同.

(2) **方法 1**　用配方法.

令
$$\begin{cases} x_1 = y_1 \\ x_2 = y_1 + y_2, \\ x_3 = y_3 \end{cases} \text{其矩阵 } C_1 = \begin{pmatrix} 1 & 0 & 0 \\ 1 & 1 & 0 \\ 0 & 0 & 1 \end{pmatrix}, \quad |C_1| = 1 \neq 0$$

则二次型化为
$$\begin{aligned} f &= y_1(y_1 + y_2) - 4y_1y_3 + 6(y_1 + y_2)y_3 \\ &= y_1^2 + y_1y_2 + 2y_1y_3 + 6y_2y_3 \\ &= (y_1 + \frac{1}{2}y_2 + y_3)^2 - \frac{1}{4}y_2^2 - y_3^2 + 5y_2y_3 \\ &= (y_1 + \frac{1}{2}y_2 + y_3)^2 - \frac{1}{4}(y_2 - 10y_3)^2 + 24y_3^2 \end{aligned}$$

令
$$\begin{cases} z_1 = y_1 + \dfrac{1}{2}y_2 + y_3 \\ z_2 = \qquad y_2 - 10y_3 \\ z_3 = \qquad\qquad y_3 \end{cases}$$

即
$$\begin{cases} y_1 = z_1 - \dfrac{1}{2}z_2 - 6z_3 \\ y_2 = \qquad z_2 + 10z_3, \\ y_3 = \qquad\qquad z_3 \end{cases} \quad |C_2| = \begin{vmatrix} 1 & -\dfrac{1}{2} & -6 \\ 0 & 1 & 10 \\ 0 & 0 & 1 \end{vmatrix} = 1 \neq 0$$

得二次型的标准形
$$f = z_1^2 - \frac{1}{4}z_2^2 + 24z_3^2$$

进而，令
$$\begin{cases} z_1 = w_1 \\ z_2 = 2w_3 \\ z_3 = \dfrac{1}{\sqrt{24}}w_2 \end{cases}, \quad |C_3| = \begin{vmatrix} 1 & 0 & 0 \\ 0 & 0 & 2 \\ 0 & \dfrac{1}{\sqrt{24}} & 0 \end{vmatrix} = -\frac{2}{\sqrt{24}} \neq 0$$

可得二次型的规范形
$$f = w_1^2 + w_2^2 - w_3^2$$

所用的线性变换 $\boldsymbol{x} = \boldsymbol{C}_1\boldsymbol{y} = \boldsymbol{C}_1\boldsymbol{C}_2\boldsymbol{z} = \boldsymbol{C}_1\boldsymbol{C}_2\boldsymbol{C}_3\boldsymbol{w}$，记 $\boldsymbol{C} = \boldsymbol{C}_1\boldsymbol{C}_2\boldsymbol{C}_3$，则

$$C=\begin{pmatrix}1&0&0\\1&1&0\\0&0&1\end{pmatrix}\begin{pmatrix}1&-\frac{1}{2}&-6\\0&1&10\\0&0&1\end{pmatrix}\begin{pmatrix}1&0&0\\0&0&2\\0&\frac{1}{\sqrt{24}}&0\end{pmatrix}=\begin{pmatrix}1&-\frac{6}{\sqrt{24}}&-1\\1&\frac{4}{\sqrt{24}}&1\\0&\frac{1}{\sqrt{24}}&0\end{pmatrix}$$

即二次型经线性变换 $\boldsymbol{x}=\boldsymbol{C}\boldsymbol{w}$:

$$\begin{cases}x_1=w_1-\frac{6}{\sqrt{24}}w_2-w_3\\x_2=w_1+\frac{4}{\sqrt{24}}w_2+w_3\\x_3=\qquad\frac{1}{\sqrt{24}}w_2\end{cases}$$

可化为规范形.

方法 2 用初等变换法，二次型 f 的矩阵

$$\boldsymbol{A}=\begin{pmatrix}0&\frac{1}{2}&-2\\\frac{1}{2}&0&3\\-2&3&0\end{pmatrix}$$

$$\begin{pmatrix}\boldsymbol{A}\\\cdots\\\boldsymbol{I}\end{pmatrix}=\begin{pmatrix}0&\frac{1}{2}&-2\\\frac{1}{2}&0&3\\-2&3&0\\\hline 1&0&0\\0&1&0\\0&0&1\end{pmatrix}\xrightarrow{c_1+c_2\times1}\begin{pmatrix}\frac{1}{2}&\frac{1}{2}&-2\\\frac{1}{2}&0&3\\1&3&0\\\hline 1&0&0\\1&1&0\\0&0&1\end{pmatrix}\xrightarrow{r_1+r_2\times1}\begin{pmatrix}1&\frac{1}{2}&1\\\frac{1}{2}&0&3\\1&3&0\\\hline 1&0&0\\1&1&0\\0&0&1\end{pmatrix}$$

$$\xrightarrow{c_2+c_1\times(-\frac{1}{2}),\ c_3+c_1\times(-1)}\begin{pmatrix}1&0&0\\\frac{1}{2}&-\frac{1}{4}&\frac{5}{2}\\1&\frac{5}{2}&-1\\\hline 1&-\frac{1}{2}&-1\\1&\frac{1}{2}&-1\\0&0&1\end{pmatrix}\xrightarrow{r_2+r_1\times(-\frac{1}{2}),\ r_3+r_1\times(-1)}\begin{pmatrix}1&0&0\\0&-\frac{1}{4}&\frac{5}{2}\\0&\frac{5}{2}&-1\\\hline 1&-\frac{1}{2}&-1\\1&\frac{1}{2}&-1\\0&0&1\end{pmatrix}$$

$\times 10$ (第 2 列 $\times 10$ 加到第 3 列)

$$\rightarrow\begin{pmatrix}1&0&0\\0&-\frac{1}{4}&0\\0&\frac{5}{2}&24\\\hdashline 1&-\frac{1}{2}&-6\\1&\frac{1}{2}&4\\0&0&1\end{pmatrix}\xrightarrow{\times 10}\begin{pmatrix}1&0&0\\0&-\frac{1}{4}&0\\0&0&24\\\hdashline 1&-\frac{1}{2}&-6\\1&\frac{1}{2}&4\\0&0&1\end{pmatrix}$$

取

$$\boldsymbol{C}_1=\begin{pmatrix}1&-\frac{1}{2}&-6\\1&\frac{1}{2}&4\\0&0&1\end{pmatrix},\quad |\boldsymbol{C}_1|=1\neq 0$$

令

$$\begin{cases}x_1=y_1-\frac{1}{2}y_2-6y_3\\x_2=y_1+\frac{1}{2}y_2+4y_3\\x_3=y_3\end{cases}$$

可得二次型的标准形

$$f=y_1^2-\frac{1}{4}y_2^2+24y_3^2$$

再令

$$\begin{cases}y_1=z_1\\y_2=2z_3\\y_3=\frac{1}{\sqrt{24}}z_2\end{cases},\quad |\boldsymbol{C}_2|=\begin{vmatrix}1&0&0\\0&0&2\\0&\frac{1}{\sqrt{24}}&0\end{vmatrix}=-\frac{1}{\sqrt{6}}\neq 0$$

可得二次型的规范形 $f=z_1^2+z_2^2-z_3^2$.

所用的线性变换 $\boldsymbol{x}=\boldsymbol{C}_1\boldsymbol{y}=\boldsymbol{C}_1\boldsymbol{C}_2\boldsymbol{z}$. 记 $\boldsymbol{C}=\boldsymbol{C}_1\boldsymbol{C}_2$，则

$$\boldsymbol{C}=\begin{pmatrix}1&-\frac{1}{2}&-6\\1&\frac{1}{2}&4\\0&0&1\end{pmatrix}\begin{pmatrix}1&0&0\\0&0&2\\0&\frac{1}{\sqrt{24}}&0\end{pmatrix}=\begin{pmatrix}1&-\frac{6}{\sqrt{24}}&-1\\1&\frac{4}{\sqrt{24}}&1\\0&\frac{1}{\sqrt{24}}&0\end{pmatrix}$$

即二次型 f 经线性变换 $\boldsymbol{x}=\boldsymbol{C}\boldsymbol{z}$：

$$\begin{cases} x_1 = z_1 - \dfrac{6}{\sqrt{24}}z_2 - z_3 \\ x_2 = z_1 + \dfrac{4}{\sqrt{24}}z_2 + z_3 \\ x_3 = \qquad \dfrac{1}{\sqrt{24}}z_2 \end{cases}$$

可以化为规范形.

注释: 将二次型化为标准形时,由于所用的方法不同,其标准形也可能不同,即二次型的标准形不是唯一的. 但同一个二次型的标准形中所含正、负平方项的个数是唯一确定的,或者说,二次型的规范形是唯一确定的.

6. 求一非奇异矩阵 $\boldsymbol{C}$,使 $\boldsymbol{C}^{\mathrm{T}}\boldsymbol{A}\boldsymbol{C}$ 为对角矩阵.

(1) $\boldsymbol{A} = \begin{pmatrix} 1 & 2 & 0 \\ 2 & 0 & 1 \\ 0 & 1 & 3 \end{pmatrix}$ (2) $\boldsymbol{A} = \begin{pmatrix} 0 & 1 & -2 \\ 1 & 0 & -1 \\ -2 & -1 & 0 \end{pmatrix}$

解: (1) 用配方法. 对称矩阵 $\boldsymbol{A}$ 对应的二次型

$$\begin{aligned} f(x_1, x_2, x_3) &= x_1^2 + 3x_3^2 + 4x_1x_2 + 2x_2x_3 \\ &= (x_1 + 2x_2)^2 - 4x_2^2 + 2x_2x_3 + 3x_3^2 \\ &= (x_1 + 2x_2)^2 - 4\left(x_2 - \frac{1}{4}x_3\right)^2 + \frac{13}{4}x_3^2 \end{aligned}$$

令

$$\begin{cases} y_1 = x_1 + 2x_2 \\ y_2 = x_2 - \dfrac{1}{4}x_3 \\ y_3 = x_3 \end{cases},\text{即}\begin{cases} x_1 = y_1 - 2y_2 - \dfrac{1}{2}y_3 \\ x_2 = \qquad\quad y_2 + \dfrac{1}{4}y_3 \\ x_3 = \qquad\qquad\quad y_3 \end{cases}$$

则二次型 f 的标准形为

$$f = y_1^2 - 4y_2^2 + \frac{13}{4}y_3^2$$

所作线性变换的矩阵

$$\boldsymbol{C} = \begin{pmatrix} 1 & -2 & -\dfrac{1}{2} \\ 0 & 1 & \dfrac{1}{4} \\ 0 & 0 & 1 \end{pmatrix}$$

并且 $|\boldsymbol{C}| = 1 \neq 0$,有

$$\boldsymbol{C}^{\mathrm{T}}\boldsymbol{A}\boldsymbol{C} = \begin{pmatrix} 1 & 0 & 0 \\ 0 & -4 & 0 \\ 0 & 0 & \dfrac{13}{4} \end{pmatrix}$$

(2) 用配方法. 对称矩阵 $\boldsymbol{A}$ 对应的二次型为

$$f(x_1, x_2, x_3) = 2x_1x_2 - 4x_1x_3 - 2x_2x_3$$

令

$$\begin{cases}x_1 = y_1 \\ x_2 = y_1 + y_2 \\ x_3 = y_3\end{cases}，其矩阵 \boldsymbol{C}_1 = \begin{pmatrix}1 & 0 & 0 \\ 1 & 1 & 0 \\ 0 & 0 & 1\end{pmatrix}$$

则二次型化为

$$\begin{aligned}f &= 2y_1^2 + 2y_1y_2 - 6y_1y_3 - 2y_2y_3 \\ &= 2\left(y_1 + \frac{1}{2}y_2 - \frac{3}{2}y_3\right)^2 - \frac{1}{2}y_2^2 - \frac{9}{2}y_3^2 + y_2y_3 \\ &= 2\left(y_1 + \frac{1}{2}y_2 - \frac{3}{2}y_3\right)^2 - \frac{1}{2}(y_2 - y_3)^2 - 4y_3^2\end{aligned}$$

令

$$\begin{cases}z_1 = y_1 + \frac{1}{2}y_2 - \frac{3}{2}y_3 \\ z_2 = \qquad\quad y_2 - y_3 \\ z_3 = \qquad\qquad\quad y_3\end{cases}，\quad 即 \begin{cases}y_1 = z_1 - \frac{1}{2}z_2 + z_3 \\ y_2 = \qquad\quad z_2 + z_3 \\ y_3 = \qquad\qquad\quad z_3\end{cases}$$

其矩阵

$$\boldsymbol{C}_2 = \begin{pmatrix}1 & -\frac{1}{2} & 1 \\ 0 & 1 & 1 \\ 0 & 0 & 1\end{pmatrix}，\quad |\boldsymbol{C}_2| = 1 \neq 0$$

记矩阵 $\boldsymbol{C} = \boldsymbol{C}_1\boldsymbol{C}_2$，则

$$\boldsymbol{C} = \begin{pmatrix}1 & 0 & 0 \\ 1 & 1 & 0 \\ 0 & 0 & 1\end{pmatrix}\begin{pmatrix}1 & -\frac{1}{2} & 1 \\ 0 & 1 & 1 \\ 0 & 0 & 1\end{pmatrix} = \begin{pmatrix}1 & -\frac{1}{2} & 1 \\ 1 & \frac{1}{2} & 2 \\ 0 & 0 & 1\end{pmatrix}$$

于是，二次型 f 经线性变换 $\boldsymbol{x} = \boldsymbol{C}\boldsymbol{z}$ 化为标准形 $f = 2z_1^2 - \frac{1}{2}z_2^2 - 4z_3^2$，且

$$\boldsymbol{C}^{\mathrm{T}}\boldsymbol{A}\boldsymbol{C} = \begin{pmatrix}2 & 0 & 0 \\ 0 & -\frac{1}{2} & 0 \\ 0 & 0 & -4\end{pmatrix}$$

注释： 此题未限制使用何种方法. 实际上，本题也可用初等变换法或正交变换法求解.

7. 用正交变换法把下列二次型化为标准形，并写出所作的变换.

(1) $f(x_1, x_2, x_3, x_4) = 2x_1x_2 - 2x_3x_4$

(2) $f(x_1, x_2, x_3) = x_1^2 + 2x_2^2 + 3x_3^2 - 4x_1x_2 - 4x_2x_3$

解： (1) 二次型 f 的矩阵

$$\boldsymbol{A} = \begin{pmatrix}0 & 1 & 0 & 0 \\ 1 & 0 & 0 & 0 \\ 0 & 0 & 0 & -1 \\ 0 & 0 & -1 & 0\end{pmatrix}$$

矩阵 $\boldsymbol{A}$ 的特征多项式

$$|\lambda\boldsymbol{I}-\boldsymbol{A}|=\begin{vmatrix}\lambda & -1 & 0 & 0\\ -1 & \lambda & 0 & 0\\ 0 & 0 & \lambda & 1\\ 0 & 0 & 1 & \lambda\end{vmatrix}=\begin{vmatrix}\lambda & -1\\ -1 & \lambda\end{vmatrix}\begin{vmatrix}\lambda & 1\\ 1 & \lambda\end{vmatrix}=(\lambda-1)^2(\lambda+1)^2$$

令 $|\lambda\boldsymbol{I}-\boldsymbol{A}|=0$，得 $\boldsymbol{A}$ 的特征值 $\lambda_1=\lambda_2=1$，$\lambda_3=\lambda_4=-1$.

当 $\lambda_1=\lambda_2=1$ 时，解齐次线性方程组 $(\boldsymbol{I}-\boldsymbol{A})\boldsymbol{x}=\boldsymbol{0}$，得对应的特征向量 $\boldsymbol{\alpha}_1=(1, 1, 0, 0)^{\mathrm{T}}$，$\boldsymbol{\alpha}_2=(0, 0, -1, 1)^{\mathrm{T}}$. $\boldsymbol{\alpha}_1$，$\boldsymbol{\alpha}_2$ 已是正交向量组，只需将其单位化：

$$\boldsymbol{\beta}_1=\frac{1}{\|\boldsymbol{\alpha}_1\|}\boldsymbol{\alpha}_1=\left(\frac{1}{\sqrt{2}}, \frac{1}{\sqrt{2}}, 0, 0\right)^{\mathrm{T}}$$

$$\boldsymbol{\beta}_2=\frac{1}{\|\boldsymbol{\alpha}_2\|}\boldsymbol{\alpha}_2=\left(0, 0, -\frac{1}{\sqrt{2}}, \frac{1}{\sqrt{2}}\right)^{\mathrm{T}}$$

当 $\lambda_3=\lambda_4=-1$ 时，解齐次线性方程组 $(-\boldsymbol{I}-\boldsymbol{A})\boldsymbol{x}=\boldsymbol{0}$，得对应的特征向量 $\boldsymbol{\alpha}_3=(-1, 1, 0, 0)^{\mathrm{T}}$，$\boldsymbol{\alpha}_4=(0, 0, 1, 1)^{\mathrm{T}}$. $\boldsymbol{\alpha}_3$，$\boldsymbol{\alpha}_4$ 已是正交向量组，只需将其单位化：

$$\boldsymbol{\beta}_3=\frac{1}{\|\boldsymbol{\alpha}_3\|}\boldsymbol{\alpha}_3=\left(-\frac{1}{\sqrt{2}}, \frac{1}{\sqrt{2}}, 0, 0\right)^{\mathrm{T}}$$

$$\boldsymbol{\beta}_4=\frac{1}{\|\boldsymbol{\alpha}_4\|}\boldsymbol{\alpha}_4=\left(0, 0, \frac{1}{\sqrt{2}}, \frac{1}{\sqrt{2}}\right)^{\mathrm{T}}$$

令矩阵

$$\boldsymbol{Q}=(\boldsymbol{\beta}_1, \boldsymbol{\beta}_2, \boldsymbol{\beta}_3, \boldsymbol{\beta}_4)=\begin{pmatrix}\frac{1}{\sqrt{2}} & 0 & -\frac{1}{\sqrt{2}} & 0\\ \frac{1}{\sqrt{2}} & 0 & \frac{1}{\sqrt{2}} & 0\\ 0 & -\frac{1}{\sqrt{2}} & 0 & \frac{1}{\sqrt{2}}\\ 0 & \frac{1}{\sqrt{2}} & 0 & \frac{1}{\sqrt{2}}\end{pmatrix}$$

则由正交变换 $\boldsymbol{x}=\boldsymbol{Q}\boldsymbol{y}$，可得二次型的标准形

$$f=y_1^2+y_2^2-y_3^2-y_4^2$$

(2) 二次型的矩阵

$$\boldsymbol{A}=\begin{pmatrix}1 & -2 & 0\\ -2 & 2 & -2\\ 0 & -2 & 3\end{pmatrix}$$

矩阵 $\boldsymbol{A}$ 的特征多项式

$$|\lambda\boldsymbol{I}-\boldsymbol{A}|=\begin{vmatrix}\lambda-1 & 2 & 0\\ 2 & \lambda-2 & 2\\ 0 & 2 & \lambda-3\end{vmatrix}=(\lambda-2)(\lambda-5)(\lambda+1)$$

令 $|\lambda\boldsymbol{I}-\boldsymbol{A}|=0$，得矩阵 $\boldsymbol{A}$ 的特征值 $\lambda_1=2$，$\lambda_2=5$，$\lambda_3=-1$.

当$\lambda_1=2$时，解齐次线性方程组$(2\boldsymbol{I}-\boldsymbol{A})\boldsymbol{x}=\boldsymbol{0}$，得对应的特征向量$\boldsymbol{\alpha}_1=(-2,1,2)^{\mathrm{T}}$.
当$\lambda_2=5$时，解齐次线性方程组$(5\boldsymbol{I}-\boldsymbol{A})\boldsymbol{x}=\boldsymbol{0}$，得对应的特征向量$\boldsymbol{\alpha}_2=(1,-2,2)^{\mathrm{T}}$.
当$\lambda_3=-1$时，解齐次线性方程组$(-\boldsymbol{I}-\boldsymbol{A})\boldsymbol{x}=\boldsymbol{0}$，得对应的特征向量$\boldsymbol{\alpha}_3=(2,2,1)^{\mathrm{T}}$.
$\boldsymbol{\alpha}_1,\boldsymbol{\alpha}_2,\boldsymbol{\alpha}_3$已是正交向量组，只需将其单位化：

$$\boldsymbol{\beta}_1=\frac{1}{\|\boldsymbol{\alpha}_1\|}\boldsymbol{\alpha}_1=\left(-\frac{2}{3},\frac{1}{3},\frac{2}{3}\right)^{\mathrm{T}},\quad \boldsymbol{\beta}_2=\frac{1}{\|\boldsymbol{\alpha}_2\|}\boldsymbol{\alpha}_2=\left(\frac{1}{3},-\frac{2}{3},\frac{2}{3}\right)^{\mathrm{T}},$$

$$\boldsymbol{\beta}_3=\frac{1}{\|\boldsymbol{\alpha}_3\|}\boldsymbol{\alpha}_3=\left(\frac{2}{3},\frac{2}{3},\frac{1}{3}\right)^{\mathrm{T}}$$

令矩阵

$$\boldsymbol{Q}=(\boldsymbol{\beta}_1,\boldsymbol{\beta}_2,\boldsymbol{\beta}_3)=\begin{pmatrix}-\frac{2}{3} & \frac{1}{3} & \frac{2}{3}\\ \frac{1}{3} & -\frac{2}{3} & \frac{2}{3}\\ \frac{2}{3} & \frac{2}{3} & \frac{1}{3}\end{pmatrix}$$

则$\boldsymbol{Q}$为正交矩阵，二次型f经正交变换$\boldsymbol{x}=\boldsymbol{Q}\boldsymbol{y}$可化为标准形

$$f=2y_1^2+5y_2^2-y_3^2$$

注释：用正交变换法将二次型$f(\boldsymbol{x})=\boldsymbol{x}^{\mathrm{T}}\boldsymbol{A}\boldsymbol{x}$化为标准形(其中$\boldsymbol{A}^{\mathrm{T}}=\boldsymbol{A}$)，只需求正交矩阵$\boldsymbol{Q}$，使$\boldsymbol{Q}^{\mathrm{T}}\boldsymbol{A}\boldsymbol{Q}$成为对角矩阵$\boldsymbol{\Lambda}$，其中$\boldsymbol{\Lambda}$的主对角线元素恰为$\boldsymbol{A}$的$n$个特征值$\lambda_1,\lambda_2,\cdots,\lambda_n$. 于是经过线性变换$\boldsymbol{x}=\boldsymbol{Q}\boldsymbol{y}$，二次型$f$可化为标准形

$$f=\lambda_1y_1^2+\lambda_2y_2^2+\cdots+\lambda_ny_n^2$$

求正交矩阵$\boldsymbol{Q}$，使对称矩阵$\boldsymbol{A}$相似于对角矩阵$\boldsymbol{\Lambda}$的方法可参阅上一章习题.

8. 将二次型$f(x_1,x_2,x_3)=(x_1+x_2)^2+(x_2+x_3)^2+(x_1-x_3)^2$化为标准形.

解：
$$\begin{aligned}f(x_1,x_2,x_3)&=2x_1^2+2x_2^2+2x_3^2+2x_1x_2+2x_2x_3-2x_1x_3\\&=2\left(x_1+\frac{1}{2}x_2-\frac{1}{2}x_3\right)^2+\frac{3}{2}x_2^2+\frac{3}{2}x_3^2+3x_2x_3\\&=2\left(x_1+\frac{1}{2}x_2-\frac{1}{2}x_3\right)^2+\frac{3}{2}(x_2+x_3)^2\end{aligned}$$

令

$$\begin{cases}y_1=x_1+\frac{1}{2}x_2-\frac{1}{2}x_3\\ y_2=x_2+x_3\\ y_3=x_3\end{cases}，\text{即}\begin{cases}x_1=y_1-\frac{1}{2}y_2+y_3\\ x_2=y_2-y_3\\ x_3=y_3\end{cases}$$

则此线性变换的矩阵

$$\boldsymbol{C}=\begin{pmatrix}1 & -\frac{1}{2} & 1\\ 0 & 1 & -1\\ 0 & 0 & 1\end{pmatrix},\quad |\boldsymbol{C}|=1\neq 0$$

于是，经非退化线性变换$\boldsymbol{x}=\boldsymbol{C}\boldsymbol{y}$，可得二次型的标准形为

$$f=2y_1^2+\frac{3}{2}y_2^2$$

注释：求解此题时，如果直接作线性变换

$$\begin{cases} y_1 = x_1 + x_2 \\ y_2 = x_2 + x_3 \\ y_3 = x_1 - x_3 \end{cases}$$

就得到二次型的标准形

$$f = y_1^2 + y_2^2 + y_3^2$$

但这一解法是错误的. 因为上面所作的线性变换的矩阵是退化的. 实际上，该线性变换的矩阵

$$\boldsymbol{C} = \begin{pmatrix} 1 & 1 & 0 \\ 0 & 1 & 1 \\ 1 & 0 & -1 \end{pmatrix}$$

而 $|\boldsymbol{C}| = 0$. 故应注意必须用非退化线性变换化二次型为标准形或规范形.

9. 求 a 的值，使二次型为正定的.

(1) $f(x_1, x_2, x_3) = x_1^2 + x_2^2 + 5x_3^2 + 2ax_1x_2 - 2x_1x_3 + 4x_2x_3$

(2) $f(x_1, x_2, x_3) = 5x_1^2 + x_2^2 + ax_3^2 + 4x_1x_2 - 2x_1x_3 - 2x_2x_3$

解：(1) 二次型的矩阵

$$\boldsymbol{A} = \begin{pmatrix} 1 & a & -1 \\ a & 1 & 2 \\ -1 & 2 & 5 \end{pmatrix}$$

当 $\boldsymbol{A}$ 的各顺序主子式都大于零时，该二次型为正定的. 所以，应有

$$|\boldsymbol{A}_1| = 1 > 0, \quad |\boldsymbol{A}_2| = \begin{vmatrix} 1 & a \\ a & 1 \end{vmatrix} = 1 - a^2 > 0$$

$$|\boldsymbol{A}_3| = |\boldsymbol{A}| = \begin{vmatrix} 1 & a & -1 \\ a & 1 & 2 \\ -1 & 2 & 5 \end{vmatrix} = -a(5a+4) > 0$$

由此解得 $-\dfrac{4}{5} < a < 0$ 时，二次型为正定的.

(2) 二次型的矩阵

$$\boldsymbol{A} = \begin{pmatrix} 5 & 2 & -1 \\ 2 & 1 & -1 \\ -1 & -1 & a \end{pmatrix}$$

根据二次型正定的充要条件，应有

$$|\boldsymbol{A}_1| = 5 > 0, \quad |\boldsymbol{A}_2| = \begin{vmatrix} 5 & 2 \\ 2 & 1 \end{vmatrix} = 1 > 0$$

$$|\boldsymbol{A}_3| = |\boldsymbol{A}| = \begin{vmatrix} 5 & 2 & -1 \\ 2 & 1 & -1 \\ -1 & -1 & a \end{vmatrix} = a - 2 > 0$$

可得 $a > 2$ 时，二次型为正定的.

10. 证明：若 $\boldsymbol{A}$ 为正定矩阵，则其伴随矩阵 $\boldsymbol{A}^*$ 也是正定矩阵.

证： 若 $\boldsymbol{A}$ 为正定矩阵，则 $\boldsymbol{A}^{\mathrm{T}}=\boldsymbol{A}$，且 $\boldsymbol{A}$ 的 n 个特征值 λ_1，λ_2，…，λ_n 均为正数.

因为 $\boldsymbol{A}\boldsymbol{A}^*=|\boldsymbol{A}|\,\boldsymbol{I}$，可知 $\boldsymbol{A}^*=|\boldsymbol{A}|\,\boldsymbol{A}^{-1}$. 所以

$$(\boldsymbol{A}^*)^{\mathrm{T}}=(|\boldsymbol{A}|\,\boldsymbol{A}^{-1})^{\mathrm{T}}=|\boldsymbol{A}|\cdot(\boldsymbol{A}^{\mathrm{T}})^{-1}=|\boldsymbol{A}|\,\boldsymbol{A}^{-1}=\boldsymbol{A}^*$$

可知 $\boldsymbol{A}^*$ 仍为对称矩阵. 又 $\boldsymbol{A}^*$ 的特征值依次为 $\dfrac{|\boldsymbol{A}|}{\lambda_1}$，$\dfrac{|\boldsymbol{A}|}{\lambda_2}$，…，$\dfrac{|\boldsymbol{A}|}{\lambda_n}$，而 $|\boldsymbol{A}|>0$，故有 $\dfrac{|\boldsymbol{A}|}{\lambda_i}>0$ $(i=1, 2, \cdots, n)$，所以 $\boldsymbol{A}^*$ 仍为正定矩阵.

11. 设 $\boldsymbol{A}$ 为 n 阶正定矩阵，$\boldsymbol{B}$ 为 n 阶半正定矩阵. 试证：$\boldsymbol{A}+\boldsymbol{B}$ 为正定矩阵.

证： 对于任意的 $\boldsymbol{x}=(x_1, x_2, \cdots, x_n)^{\mathrm{T}}\neq\boldsymbol{0}$，有

$$\boldsymbol{x}^{\mathrm{T}}(\boldsymbol{A}+\boldsymbol{B})\boldsymbol{x}=\boldsymbol{x}^{\mathrm{T}}\boldsymbol{A}\boldsymbol{x}+\boldsymbol{x}^{\mathrm{T}}\boldsymbol{B}\boldsymbol{x}$$

而 $\boldsymbol{A}$ 为正定矩阵，$\boldsymbol{B}$ 为半正定矩阵，故有

$$\boldsymbol{x}^{\mathrm{T}}\boldsymbol{A}\boldsymbol{x}>0,\quad \boldsymbol{x}^{\mathrm{T}}\boldsymbol{B}\boldsymbol{x}\geqslant 0$$

由此，$\boldsymbol{x}^{\mathrm{T}}(\boldsymbol{A}+\boldsymbol{B})\boldsymbol{x}>0$. 又由 $(\boldsymbol{A}+\boldsymbol{B})^{\mathrm{T}}=\boldsymbol{A}^{\mathrm{T}}+\boldsymbol{B}^{\mathrm{T}}=\boldsymbol{A}+\boldsymbol{B}$ 知 $\boldsymbol{A}+\boldsymbol{B}$ 是对称矩阵，因此 $\boldsymbol{A}+\boldsymbol{B}$ 为正定矩阵.

12. 证明：设 $\boldsymbol{A}$，$\boldsymbol{B}$ 分别为 m，n 阶正定矩阵，则分块矩阵

$$\boldsymbol{C}=\begin{pmatrix}\boldsymbol{A} & \boldsymbol{O}\\ \boldsymbol{O} & \boldsymbol{B}\end{pmatrix}$$

也是正定矩阵.

证： *方法 1*　因为 $\boldsymbol{A}$，$\boldsymbol{B}$ 为正定矩阵，所以 $\boldsymbol{A}^{\mathrm{T}}=\boldsymbol{A}$，$\boldsymbol{B}^{\mathrm{T}}=\boldsymbol{B}$，有

$$\boldsymbol{C}^{\mathrm{T}}=\begin{pmatrix}\boldsymbol{A} & \boldsymbol{O}\\ \boldsymbol{O} & \boldsymbol{B}\end{pmatrix}^{\mathrm{T}}=\begin{pmatrix}\boldsymbol{A}^{\mathrm{T}} & \boldsymbol{O}\\ \boldsymbol{O} & \boldsymbol{B}^{\mathrm{T}}\end{pmatrix}=\begin{pmatrix}\boldsymbol{A} & \boldsymbol{O}\\ \boldsymbol{O} & \boldsymbol{B}\end{pmatrix}=\boldsymbol{C}$$

即 $\boldsymbol{C}$ 仍为对称矩阵.

对于任一 $m+n$ 维列向量 $\begin{pmatrix}\boldsymbol{x}\\ \boldsymbol{y}\end{pmatrix}\neq\boldsymbol{0}$，其中 $\boldsymbol{x}$ 是 m 维列向量，$\boldsymbol{y}$ 为 n 维列向量，且 $\boldsymbol{x}$，$\boldsymbol{y}$ 中至少有一个不等于零. 于是 $\boldsymbol{x}^{\mathrm{T}}\boldsymbol{A}\boldsymbol{x}+\boldsymbol{y}^{\mathrm{T}}\boldsymbol{B}\boldsymbol{y}>0$，所以

$$(\boldsymbol{x}^{\mathrm{T}}, \boldsymbol{y}^{\mathrm{T}})\begin{pmatrix}\boldsymbol{A} & \boldsymbol{O}\\ \boldsymbol{O} & \boldsymbol{B}\end{pmatrix}\begin{pmatrix}\boldsymbol{x}\\ \boldsymbol{y}\end{pmatrix}=\boldsymbol{x}^{\mathrm{T}}\boldsymbol{A}\boldsymbol{x}+\boldsymbol{y}^{\mathrm{T}}\boldsymbol{B}\boldsymbol{y}>0$$

即矩阵 $\boldsymbol{C}=\begin{pmatrix}\boldsymbol{A} & \boldsymbol{O}\\ \boldsymbol{O} & \boldsymbol{B}\end{pmatrix}$ 为正定矩阵.

方法 2　因 $\boldsymbol{A}$，$\boldsymbol{B}$ 分别为 m，n 阶正定矩阵，所以存在非奇异矩阵 $\boldsymbol{P}_{m\times m}$ 和 $\boldsymbol{Q}_{n\times n}$，有

$$\boldsymbol{A}=\boldsymbol{P}^{\mathrm{T}}\boldsymbol{P},\quad \boldsymbol{B}=\boldsymbol{Q}^{\mathrm{T}}\boldsymbol{Q}$$

于是

$$\boldsymbol{C}=\begin{pmatrix}\boldsymbol{A} & \boldsymbol{O}\\ \boldsymbol{O} & \boldsymbol{B}\end{pmatrix}=\begin{pmatrix}\boldsymbol{P}^{\mathrm{T}}\boldsymbol{P} & \boldsymbol{O}\\ \boldsymbol{O} & \boldsymbol{Q}^{\mathrm{T}}\boldsymbol{Q}\end{pmatrix}=\begin{pmatrix}\boldsymbol{P} & \boldsymbol{O}\\ \boldsymbol{O} & \boldsymbol{Q}\end{pmatrix}^{\mathrm{T}}\begin{pmatrix}\boldsymbol{P} & \boldsymbol{O}\\ \boldsymbol{O} & \boldsymbol{Q}\end{pmatrix}$$

记矩阵 $\boldsymbol{D}=\begin{pmatrix}\boldsymbol{P} & \boldsymbol{O}\\ \boldsymbol{O} & \boldsymbol{Q}\end{pmatrix}$，则 $|\boldsymbol{D}|=|\boldsymbol{P}|\cdot|\boldsymbol{Q}|\neq 0$，且

$$\boldsymbol{C}=\boldsymbol{D}^{\mathrm{T}}\boldsymbol{D}$$

又 $\boldsymbol{C}^{\mathrm{T}}=(\boldsymbol{D}^{\mathrm{T}}\boldsymbol{D})^{\mathrm{T}}=\boldsymbol{D}^{\mathrm{T}}(\boldsymbol{D}^{\mathrm{T}})^{\mathrm{T}}=\boldsymbol{D}^{\mathrm{T}}\boldsymbol{D}=\boldsymbol{C}$，故 $\boldsymbol{C}$ 为对称矩阵. 所以，$\boldsymbol{C}$ 为正定矩阵.

方法 3 因为 $\boldsymbol{C}$ 为对称矩阵(过程同方法 1)，而 $\boldsymbol{A}$，$\boldsymbol{B}$ 分别为 m，n 阶正定矩阵，所以 $\boldsymbol{A}$ 的特征值均大于零，$\boldsymbol{B}$ 的特征值均大于零. 而矩阵 $\boldsymbol{C}$ 的特征多项式

$$|\lambda\boldsymbol{I}-\boldsymbol{C}|=\left|\begin{pmatrix}\lambda\boldsymbol{I}_m & \boldsymbol{O}\\ \boldsymbol{O} & \lambda\boldsymbol{I}_n\end{pmatrix}-\begin{pmatrix}\boldsymbol{A} & \boldsymbol{O}\\ \boldsymbol{O} & \boldsymbol{B}\end{pmatrix}\right|=\begin{vmatrix}\lambda\boldsymbol{I}_m-\boldsymbol{A} & \boldsymbol{O}\\ \boldsymbol{O} & \lambda\boldsymbol{I}_n-\boldsymbol{B}\end{vmatrix}$$
$$=|\lambda\boldsymbol{I}_m-\boldsymbol{A}|\cdot|\lambda\boldsymbol{I}_n-\boldsymbol{B}|$$

由此可知，$\boldsymbol{A}$ 的所有特征值(m 个)和 $\boldsymbol{B}$ 的所有特征值(n 个)就是矩阵 $\boldsymbol{C}$ 的特征值，又这 $m+n$ 个特征值均大于零. 所以 $\boldsymbol{C}$ 为正定矩阵.

13. 求函数 $f(x,y,z)=\mathrm{e}^{2x}+\mathrm{e}^{-y}+\mathrm{e}^{z^2}-(2x+2\mathrm{e}z-y)$ 的极值.

解：令 $f(x,y,z)$ 的各偏导数

$$\begin{cases}f_1=2\mathrm{e}^{2x}-2=0\\ f_2=-\mathrm{e}^{-y}+1=0\\ f_3=2z\mathrm{e}^{z^2}-2\mathrm{e}=0\end{cases}$$

解得驻点 $\boldsymbol{x}_0=(0,0,1)$，又

$$f_{11}=4\mathrm{e}^{2x},\quad f_{12}=0,\quad f_{13}=0$$
$$f_{21}=0,\quad f_{22}=\mathrm{e}^{-y},\quad f_{23}=0$$
$$f_{31}=0,\quad f_{32}=0,\quad f_{33}=2\mathrm{e}^{z^2}(1+2z^2)$$

$f(x,y,z)$ 在驻点 $(0,0,1)$ 处的海塞矩阵为

$$\boldsymbol{H}=\begin{pmatrix}4&0&0\\0&1&0\\0&0&6\mathrm{e}\end{pmatrix}$$

$|\boldsymbol{H}_1|=4>0$，$|\boldsymbol{H}_2|=\begin{vmatrix}4&0\\0&1\end{vmatrix}=4>0$，$|\boldsymbol{H}_3|=\begin{vmatrix}4&0&0\\0&1&0\\0&0&6\mathrm{e}\end{vmatrix}=24\mathrm{e}>0$，则 $f(0,0,1)=2-\mathrm{e}$ 为极小值，点 $(0,0,1)$ 为函数 $f(x,y,z)$ 的极小值点.

(B)

1. 下列各式中不等于 $x_1^2+6x_1x_2+3x_2^2$ 的是[ ].

(A) $(x_1,x_2)\begin{pmatrix}1&2\\4&3\end{pmatrix}\begin{pmatrix}x_1\\x_2\end{pmatrix}$ (B) $(x_1,x_2)\begin{pmatrix}1&3\\3&3\end{pmatrix}\begin{pmatrix}x_1\\x_2\end{pmatrix}$

(C) $(x_1,x_2)\begin{pmatrix}1&-1\\-5&3\end{pmatrix}\begin{pmatrix}x_1\\x_2\end{pmatrix}$ (D) $(x_1,x_2)\begin{pmatrix}1&-1\\7&3\end{pmatrix}\begin{pmatrix}x_1\\x_2\end{pmatrix}$

解：利用矩阵乘法直接计算：

(A) $$(x_1,x_2)\begin{pmatrix}1&2\\4&3\end{pmatrix}\begin{pmatrix}x_1\\x_2\end{pmatrix}=(x_1+4x_2,2x_1+3x_2)\begin{pmatrix}x_1\\x_2\end{pmatrix}$$
$$=x_1^2+6x_1x_2+3x_2^2$$

类似可验证(B)，(D) 均等于 $x_1^2+6x_1x_2+3x_2^2$，而对于(C)，有

$$(x_1,\ x_2)\begin{pmatrix}1 & -1\\ -5 & 3\end{pmatrix}\begin{pmatrix}x_1\\ x_2\end{pmatrix}=(x_1-5x_2,\ -x_1+3x_2)\begin{pmatrix}x_1\\ x_2\end{pmatrix}$$
$$=x_1^2-6x_1x_2+3x_2^2$$

可知本题应选(C).

注释：本题中，尽管(A)，(B)，(D) 均可得到二次型 $x_1^2+6x_1x_2+3x_2^2$，但只有(B) 中的矩阵是对称矩阵. 这一矩阵被称为此二次型的矩阵.

2. 二次型 $f(x_1,\ x_2)=x_1^2+6x_1x_2+3x_2^2$ 的矩阵是[　　].

(A) $\begin{pmatrix}1 & -1\\ -1 & 3\end{pmatrix}$　　(B) $\begin{pmatrix}1 & 2\\ 4 & 3\end{pmatrix}$

(C) $\begin{pmatrix}1 & 3\\ 3 & 3\end{pmatrix}$　　(D) $\begin{pmatrix}1 & 5\\ 1 & 3\end{pmatrix}$

解：(B)，(D) 中的矩阵不是对称矩阵，可直接排除.

(A) 中矩阵对应的二次型为 $x_1^2-2x_1x_2+3x_2^2$，不正确.

故本题应选(C).

3. 若二次型 $f(x_1,\ x_2,\ x_3)=5x_1^2+5x_2^2+cx_3^2-2x_1x_2+6x_1x_3-6x_2x_3$ 的秩为 2，则 $c=$[　　].

(A) 4　　(B) 3　　(C) 2　　(D) 1

解：二次型的矩阵为

$$\boldsymbol{A}=\begin{pmatrix}5 & -1 & 3\\ -1 & 5 & -3\\ 3 & -3 & c\end{pmatrix}$$

对 $\boldsymbol{A}$ 施以初等行变换，化为阶梯形矩阵：

$$\boldsymbol{A}\to\begin{pmatrix}-1 & 5 & -3\\ 5 & -1 & 3\\ 3 & -3 & c\end{pmatrix}\to\begin{pmatrix}-1 & 5 & -3\\ 0 & 24 & -12\\ 0 & 12 & c-9\end{pmatrix}\to\begin{pmatrix}-1 & 5 & -3\\ 0 & 1 & -\frac{1}{2}\\ 0 & 0 & c-3\end{pmatrix}$$

可见，$\mathrm{r}(\boldsymbol{A})=2$ 时，必有 $c=3$，故本题应选(B).

4. 设 $\boldsymbol{A}$，$\boldsymbol{B}$ 均为 n 阶矩阵，且 $\boldsymbol{A}$ 与 $\boldsymbol{B}$ 合同，则[　　].

(A) $\boldsymbol{A}$ 与 $\boldsymbol{B}$ 相似　　(B) $|\boldsymbol{A}|=|\boldsymbol{B}|$

(C) $\boldsymbol{A}$ 与 $\boldsymbol{B}$ 有相同的特征值　　(D) $\mathrm{r}(\boldsymbol{A})=\mathrm{r}(\boldsymbol{B})$

解：若 $\boldsymbol{A}$ 与 $\boldsymbol{B}$ 合同，则存在非奇异矩阵 $\boldsymbol{C}$，使得 $\boldsymbol{C}^{\mathrm{T}}\boldsymbol{A}\boldsymbol{C}=\boldsymbol{B}$. 但 $\boldsymbol{C}^{\mathrm{T}}$ 未必等于 $\boldsymbol{C}^{-1}$，故 $\boldsymbol{A}$ 与 $\boldsymbol{B}$ 未必相似，也未必有相同的特征值. 例如，设

$$\boldsymbol{A}=\begin{pmatrix}1 & 0\\ 0 & -1\end{pmatrix},\quad \boldsymbol{B}=\begin{pmatrix}1 & 0\\ 0 & -4\end{pmatrix},\quad \boldsymbol{C}=\begin{pmatrix}1 & 0\\ 0 & 2\end{pmatrix}$$

不难看出，$\boldsymbol{C}^{\mathrm{T}}\boldsymbol{A}\boldsymbol{C}=\boldsymbol{B}$，即 $\boldsymbol{A}$ 与 $\boldsymbol{B}$ 合同，但 $\boldsymbol{A}$ 不与 $\boldsymbol{B}$ 相似. $\boldsymbol{A}$ 的特征值为 -1，1，而 $\boldsymbol{B}$ 的特征值为 -1，4. 所以(A)，(C) 均不正确.

又由 $C^{T}AC=B$ 两边取行列式，有

$$|C^{T}AC|=|C^{T}|\cdot|A|\cdot|C|=|C|^{2}\cdot|A|=|B|$$

而 $|C|$ 未必等于 1，故一般 $|A|\neq|B|$，即(B) 不正确.

由上面的分析可知，本题应选(D). 事实上，由于 A 乘可逆矩阵 C 不改变矩阵 A 的秩，所以，$r(A)=r(C^{T}AC)=r(B)$.

5. 设矩阵 $A=\begin{pmatrix}-2&0&0\\0&\frac{1}{2}&0\\0&0&5\end{pmatrix}$，则与 A 合同的矩阵是[　　].

(A) $\begin{pmatrix}1&0&0\\0&1&0\\0&0&-1\end{pmatrix}$　　(B) $\begin{pmatrix}3&0&0\\0&-2&0\\0&0&-5\end{pmatrix}$

(C) $\begin{pmatrix}-1&0&0\\0&-1&0\\0&0&1\end{pmatrix}$　　(D) $\begin{pmatrix}2&0&0\\0&2&0\\0&0&1\end{pmatrix}$

解：因为合同的对称矩阵具有相同正、负惯性指数和秩，立即可排除(B)，(C)，(D). 故本题应选(A). 事实上，如果取矩阵

$$C=\begin{pmatrix}0&0&\frac{1}{\sqrt{2}}\\\sqrt{2}&0&0\\0&\frac{1}{\sqrt{5}}&0\end{pmatrix}$$

则

$$C^{T}AC=\begin{pmatrix}1&0&0\\0&1&0\\0&0&-1\end{pmatrix}$$

6. 如果实对称矩阵 A 与矩阵 $B=\begin{pmatrix}0&0&3\\0&1&0\\3&0&0\end{pmatrix}$ 合同，则二次型 $x^{T}Ax$ 的规范形为[　　].

(A) $y_1^2+y_2^2+y_3^2$　　(B) $y_1^2+y_2^2-y_3^2$

(C) $y_1^2-y_2^2-y_3^2$　　(D) $y_1^2+y_2^2$

解：两个合同的矩阵所对应的二次型的规范形相同，因而有相同的正、负惯性指数，故只需计算矩阵 B 的特征值，由

$$|\lambda I-B|=\begin{vmatrix}\lambda&0&-3\\0&\lambda-1&0\\-3&0&\lambda\end{vmatrix}=(\lambda-1)(\lambda^{2}-9)$$

可知矩阵 B 的特征值为 1、3、-3，符号为"+""+""−"，故 $p=2$，$q=1$. 符合此结论的只有选项(B).

7. 设二次型 $f(x_1, x_2, x_3) = a(x_1^2 + x_2^2 + x_3^2) + 2x_1x_2 + 2x_2x_3 + 2x_1x_3$ 的正、负惯性指数分别为 1 和 2，则[　　].

(A)$a > 1$　　(B)$a < -2$　　(C)$-2 < a < 1$　　(D)$a = 1$ 或 $a = 2$

解： 二次型 f 的矩阵

$$\boldsymbol{A} = \begin{pmatrix} a & 1 & 1 \\ 1 & a & 1 \\ 1 & 1 & a \end{pmatrix}$$

矩阵 $\boldsymbol{A}$ 的特征多项式 $|\lambda\boldsymbol{I} - \boldsymbol{A}| = \begin{vmatrix} \lambda - a & -1 & -1 \\ -1 & \lambda - a & -1 \\ -1 & -1 & \lambda - a \end{vmatrix} = (\lambda - a + 1)^2(\lambda - a - 2)$

令 $|\lambda\boldsymbol{I} - \boldsymbol{A}| = 0$，可得矩阵 $\boldsymbol{A}$ 的特征值

$$\lambda_1 = \lambda_2 = a - 1, \quad \lambda_3 = a + 2$$

根据定理 5.3、定理 5.4 和已知条件，有

$$a - 1 < 0 \text{ 且 } a + 2 > 0$$

即 $-2 < a < 1$. 故本题应选(C).

注释： 根据惯性定理，任一 n 元二次型 $f(x_1, x_2, \cdots, x_n) = \boldsymbol{x}^{\mathrm{T}}\boldsymbol{A}\boldsymbol{x}$ $(\boldsymbol{A}^{\mathrm{T}} = \boldsymbol{A})$ 都可以通过可逆线性替换化为规范形

$$f = z_1^2 + z_2^2 + \cdots + z_p^2 - z_{p+1}^2 - \cdots - z_r^2$$

此规范形是唯一的，即正惯性指数 p，负惯性指数 $q = r - p$ 是唯一确定的.

8. 对于二次型 $f(x_1, x_2, \cdots, x_n) = \boldsymbol{x}^{\mathrm{T}}\boldsymbol{A}\,\boldsymbol{x}$，其中 $\boldsymbol{A}$ 为 n 阶实对称矩阵，下述各结论中正确的是[　　].

(A) 化 f 为标准形的可逆线性变换是唯一的

(B) 化 f 为规范形的可逆线性变换是唯一的

(C) f 的标准形是唯一的

(D) f 的规范形是唯一的

解： 利用可逆线性变换将二次型化为标准形或规范形时，所用的可逆线性变换不唯一，标准形也不唯一，但规范形是唯一的. 故本题应选(D).

9. 设 $\boldsymbol{A}$ 为 n 阶对称矩阵，则 $\boldsymbol{A}$ 是正定矩阵的充分必要条件是[　　].

(A) 二次型 $\boldsymbol{x}^{\mathrm{T}}\boldsymbol{A}\boldsymbol{x}$ 的负惯性指数为零　　(B) 存在 n 阶矩阵 $\boldsymbol{C}$，使得 $\boldsymbol{A} = \boldsymbol{C}^{\mathrm{T}}\boldsymbol{C}$

(C) $\boldsymbol{A}$ 没有负特征值　　(D) $\boldsymbol{A}$ 与单位矩阵合同

解： 二次型 $\boldsymbol{x}^{\mathrm{T}}\boldsymbol{A}\boldsymbol{x}$ 的负惯性指数为 $r - p$，其中 $r = \mathrm{r}(\boldsymbol{A})$，$p$ 为正惯性指数. 当矩阵 $\boldsymbol{A}$ 为正定矩阵时，$r = n$，$p = n$，有 $r - p = 0$. 但是当 $r - p = 0$ 时，未必有 $r = p = n$，故(A) 错.

由于 $\boldsymbol{C}$ 不一定可逆，故(B) 错.

由于 $\boldsymbol{A}$ 可能有零特征值，故(C) 错.

本题应选(D). 这是正定矩阵的充要条件之一.

10. 若二次型 $f(x_1, x_2, x_3) = t(x_1^2 + x_2^2 + x_3^2) + 2x_1x_2 + 2x_1x_3 - 2x_2x_3$ 为正定的，则 t 的取值范围是[　　].

(A)$(2, +\infty)$　　(B)$(-\infty, 2)$　　(C)$(-1, 1)$　　(D)$(-\sqrt{2}, \sqrt{2})$

解: 二次型的矩阵

$$A=\begin{pmatrix}t & 1 & 1\\ 1 & t & -1\\ 1 & -1 & t\end{pmatrix}$$

若二次型 f 是正定的，则有

$$|A_1|=t>0,\qquad |A_2|=\begin{vmatrix}t & 1\\ 1 & t\end{vmatrix}=t^2-1>0$$

$$|A_3|=A=\begin{vmatrix}t & 1 & 1\\ 1 & t & -1\\ 1 & -1 & t\end{vmatrix}=(t+1)^2(t-2)>0$$

解得 $t>2$. 故本题应选(A).

11. 二次型 $f(x_1, x_2, x_3)=(x_1+ax_2-2x_3)^2+(2x_2+3x_3)^2+(x_1+3x_2+ax_3)^2$ 是正定二次型的充分必要条件是[　　].

(A) $a>1$　　(B) $a<1$　　(C) $a\neq 1$　　(D) $a=1$

解: 对任意的$(x_1, x_2, x_3)^{\mathrm T}\neq \mathbf{0}$, 有 $f(x_1, x_2, x_3)\geqslant 0$. 故 $f(x_1, x_2, x_3)$ 为正定二次型的充要条件是线性方程组

$$\begin{cases}x_1+ax_2-2x_3=0\\ \qquad 2x_2+3x_3=0\\ x_1+3x_2+ax_3=0\end{cases}$$

没有非零解(或仅有零解). 这等价于系数行列式

$$\begin{vmatrix}1 & a & -2\\ 0 & 2 & 3\\ 1 & 3 & a\end{vmatrix}=5a-5\neq 0$$

故 $a\neq 1$, 本题应选(C).

(二) 参考题(附解答)

(A)

1. 求二次型 $f(x_1, x_2, x_3)=(x_1+2x_2+3x_3)^2$ 的矩阵和秩.

解: 记 $\boldsymbol{\alpha}=(1, 2, 3)^{\mathrm T}$, $\boldsymbol{x}=(x_1, x_2, x_3)^{\mathrm T}$, 则

$$\boldsymbol{\alpha}^{\mathrm T}\boldsymbol{x}=x_1+2x_2+3x_3$$

所以　$$f(x_1, x_2, x_3)=(\boldsymbol{\alpha}^{\mathrm T}\boldsymbol{x})^2=(\boldsymbol{\alpha}^{\mathrm T}\boldsymbol{x})^{\mathrm T}(\boldsymbol{\alpha}^{\mathrm T}\boldsymbol{x})=\boldsymbol{x}^{\mathrm T}(\boldsymbol{\alpha}\boldsymbol{\alpha}^{\mathrm T})\boldsymbol{x}$$

即二次型 f 的矩阵

$$A=\boldsymbol{\alpha}\boldsymbol{\alpha}^{\mathrm T}=\begin{pmatrix}1\\ 2\\ 3\end{pmatrix}(1, 2, 3)=\begin{pmatrix}1 & 2 & 3\\ 2 & 4 & 6\\ 3 & 6 & 9\end{pmatrix}$$

且 $\mathrm{r}(\boldsymbol{A})=1$. 故二次型 f 的秩为 1.

2. 设 $\boldsymbol{A},\boldsymbol{B}$ 为 n 阶可逆矩阵，且 $\boldsymbol{A}$ 与 $\boldsymbol{B}$ 合同，证明 $\boldsymbol{A}^{-1}$ 与 $\boldsymbol{B}^{-1}$ 合同.

证： 因为 $\boldsymbol{A}$ 与 $\boldsymbol{B}$ 合同，故存在可逆矩阵 $\boldsymbol{C}$，使得 $\boldsymbol{C}^{\mathrm{T}}\boldsymbol{AC}=\boldsymbol{B}$. 又 $\boldsymbol{A},\boldsymbol{B}$ 均可逆，所以

$$\boldsymbol{B}^{-1}=(\boldsymbol{C}^{\mathrm{T}}\boldsymbol{AC})^{-1}=\boldsymbol{C}^{-1}\boldsymbol{A}^{-1}(\boldsymbol{C}^{\mathrm{T}})^{-1}=\boldsymbol{C}^{-1}\boldsymbol{A}^{-1}(\boldsymbol{C}^{-1})^{\mathrm{T}}$$

记 $\boldsymbol{D}=(\boldsymbol{C}^{-1})^{\mathrm{T}}$，则 $\boldsymbol{D}^{\mathrm{T}}=[(\boldsymbol{C}^{-1})^{\mathrm{T}}]^{\mathrm{T}}=\boldsymbol{C}^{-1}$，且 $\boldsymbol{D}$ 可逆. 于是

$$\boldsymbol{B}^{-1}=\boldsymbol{D}^{\mathrm{T}}\boldsymbol{A}^{-1}\boldsymbol{D}$$

所以 $\boldsymbol{A}^{-1}$ 与 $\boldsymbol{B}^{-1}$ 合同.

3. 设二次型 $f(x_1,x_2,x_3)=ax_1^2+x_2^2+ax_3^2+2a(x_1x_2+x_2x_3)+2x_1x_3$. 求二次型 $f(x_1,x_2,x_3)$ 的秩.

解： 二次型 f 的矩阵

$$\boldsymbol{A}=\begin{pmatrix}a&a&1\\a&1&a\\1&a&a\end{pmatrix}$$

其行列式

$$|\boldsymbol{A}|=\begin{vmatrix}a&a&1\\a&1&a\\1&a&a\end{vmatrix}=-(a-1)^2(2a+1)$$

由此可知，当 $a\neq1$ 且 $a\neq-\dfrac{1}{2}$ 时，$\mathrm{r}(\boldsymbol{A})=3$. 二次型 f 的秩为 3.

当 $a=1$ 时，可得 $\mathrm{r}(\boldsymbol{A})=1$. 二次型 f 的秩为 1.

当 $a=-\dfrac{1}{2}$ 时，可得 $\mathrm{r}(\boldsymbol{A})=2$. 二次型 f 的秩为 2.

4. 用配方法和正交变换法将二次型

$$f(x_1,x_2,x_3)=2x_1x_2+4x_1x_3$$

化为标准形，并写出所作的可逆线性变换.

解： 方法 1　用配方法. 设线性变换 $\begin{cases}x_1=y_1+y_2\\x_2=y_1-y_2\\x_3=y_3\end{cases}$，其矩阵 $\boldsymbol{C}_1=\begin{pmatrix}1&1&0\\1&-1&0\\0&0&1\end{pmatrix}$，

$|\boldsymbol{C}_1|=-2\neq0$. 原二次型化为

$$\begin{aligned}f&=2y_1^2-2y_2^2+4y_1y_3+4y_2y_3\\&=2(y_1+y_3)^2-2y_3^2-2y_2^2+4y_2y_3\\&=2(y_1+y_3)^2-2(y_2-y_3)^2\end{aligned}$$

令 $\begin{cases}z_1=y_1+y_3\\z_2=y_2-y_3\\z_3=y_3\end{cases}$，即 $\begin{cases}y_1=z_1-z_3\\y_2=z_2+z_3\\y_3=z_3\end{cases}$，其矩阵 $\boldsymbol{C}_2=\begin{pmatrix}1&0&-1\\0&1&1\\0&0&1\end{pmatrix}$，$|\boldsymbol{C}_2|=1\neq0$，则原

二次型的标准形

$$f = 2z_1^2 - 2z_2^2$$

从变量 x_1，x_2，x_3 到 z_1，z_2，z_3 的线性变换为 $\boldsymbol{x} = \boldsymbol{C}_1\boldsymbol{y} = \boldsymbol{C}_1\boldsymbol{C}_2\boldsymbol{z}$，记矩阵$\boldsymbol{C} = \boldsymbol{C}_1\boldsymbol{C}_2$，则 $\boldsymbol{x} = \boldsymbol{C}\boldsymbol{z}$，即

$$\boldsymbol{x} = \boldsymbol{C}\boldsymbol{z} = \begin{pmatrix} 1 & 1 & 0 \\ 1 & -1 & 0 \\ 0 & 0 & 1 \end{pmatrix}\begin{pmatrix} 1 & 0 & -1 \\ 0 & 1 & 1 \\ 0 & 0 & 1 \end{pmatrix}\begin{pmatrix} z_1 \\ z_2 \\ z_3 \end{pmatrix} = \begin{pmatrix} 1 & 1 & 0 \\ 1 & -1 & -2 \\ 0 & 0 & 1 \end{pmatrix}\begin{pmatrix} z_1 \\ z_2 \\ z_3 \end{pmatrix}$$

也就是$\begin{cases} x_1 = z_1 + z_2 \\ x_2 = z_1 - z_2 - 2z_3. \\ x_3 = z_3 \end{cases}$

方法 2　用正交变换法，二次型 f 的矩阵

$$\boldsymbol{A} = \begin{pmatrix} 0 & 1 & 2 \\ 1 & 0 & 0 \\ 2 & 0 & 0 \end{pmatrix}$$

矩阵 $\boldsymbol{A}$ 的特征多项式

$$|\lambda\boldsymbol{I} - \boldsymbol{A}| = \begin{vmatrix} \lambda & -1 & -2 \\ -1 & \lambda & 0 \\ -2 & 0 & \lambda \end{vmatrix} = \lambda(\lambda^2 - 5)$$

由此可得 $\boldsymbol{A}$ 的特征值 $\lambda_1 = \sqrt{5}$，$\lambda_2 = -\sqrt{5}$，$\lambda_3 = 0$.

对于 $\lambda_1 = \sqrt{5}$，解齐次线性方程组 $(\sqrt{5}\boldsymbol{I} - \boldsymbol{A})\boldsymbol{x} = \boldsymbol{0}$，得对应的特征向量 $\boldsymbol{\alpha}_1 = (\sqrt{5}, 1, 2)^{\mathrm{T}}$.

对于 $\lambda_2 = -\sqrt{5}$，解齐次线性方程组 $(-\sqrt{5}\boldsymbol{I} - \boldsymbol{A})\boldsymbol{x} = \boldsymbol{0}$，得对应的特征向量 $\boldsymbol{\alpha}_2 = (-\sqrt{5}, 1, 2)^{\mathrm{T}}$.

对于 $\lambda_3 = 0$，解齐次线性方程组 $(0\boldsymbol{I} - \boldsymbol{A})\boldsymbol{x} = \boldsymbol{0}$，得对应的特征向量 $\boldsymbol{\alpha}_3 = (0, -2, 1)^{\mathrm{T}}$.

$\boldsymbol{\alpha}_1$，$\boldsymbol{\alpha}_2$，$\boldsymbol{\alpha}_3$ 已是正交向量组，只需将 $\boldsymbol{\alpha}_1$，$\boldsymbol{\alpha}_2$，$\boldsymbol{\alpha}_3$ 单位化：

$$\boldsymbol{\beta}_1 = \frac{1}{\|\boldsymbol{\alpha}_1\|}\boldsymbol{\alpha}_1 = \left(\frac{1}{\sqrt{2}}, \frac{1}{\sqrt{10}}, \frac{2}{\sqrt{10}}\right)^{\mathrm{T}}$$

$$\boldsymbol{\beta}_2 = \frac{1}{\|\boldsymbol{\alpha}_2\|}\boldsymbol{\alpha}_2 = \left(-\frac{1}{\sqrt{2}}, \frac{1}{\sqrt{10}}, \frac{2}{\sqrt{10}}\right)^{\mathrm{T}}$$

$$\boldsymbol{\beta}_3 = \frac{1}{\|\boldsymbol{\alpha}_3\|}\boldsymbol{\alpha}_3 = \left(0, -\frac{2}{\sqrt{5}}, \frac{1}{\sqrt{5}}\right)^{\mathrm{T}}$$

令矩阵

$$\boldsymbol{Q} = \begin{pmatrix} \frac{1}{\sqrt{2}} & -\frac{1}{\sqrt{2}} & 0 \\ \frac{1}{\sqrt{10}} & \frac{1}{\sqrt{10}} & -\frac{2}{\sqrt{5}} \\ \frac{2}{\sqrt{10}} & \frac{2}{\sqrt{10}} & \frac{1}{\sqrt{5}} \end{pmatrix}, \ \boldsymbol{y} = \begin{pmatrix} y_1 \\ y_2 \\ y_3 \end{pmatrix}$$

则 $\boldsymbol{Q}$ 为正交矩阵，经正交变换 $\boldsymbol{x}=\boldsymbol{Q}\boldsymbol{y}$，可得二次型 f 的标准形

$$f=\sqrt{5}y_1^2-\sqrt{5}y_2^2$$

5. 设二次型 $f(x_1, x_2, x_3)=(x_1+x_2)^2+x_3^2+2ax_1x_3+2bx_2x_3$ 经正交变换 $\boldsymbol{x}=\boldsymbol{Q}\boldsymbol{y}$ 可化为标准形 $f=y_2^2+2y_3^2$. 求 a, b 的值和正交矩阵 $\boldsymbol{Q}$.

解： 二次型

$$f(x_1, x_2, x_3)=x_1^2+x_2^2+x_3^2+2x_1x_2+2ax_1x_3+2bx_2x_3$$

二次型的矩阵 $\boldsymbol{A}=\begin{pmatrix}1 & 1 & a\\ 1 & 1 & b\\ a & b & 1\end{pmatrix}$. 由题设条件可知，矩阵 $\boldsymbol{A}$ 有特征值 $\lambda_1=0$, $\lambda_2=1$, $\lambda_3=2$. 所以

$$|0\boldsymbol{I}-\boldsymbol{A}|=\begin{vmatrix}-1 & -1 & -a\\ -1 & -1 & -b\\ -a & -b & -1\end{vmatrix}=(a-b)^2=0$$

$$|\boldsymbol{I}-\boldsymbol{A}|=\begin{vmatrix}0 & -1 & -a\\ -1 & 0 & -b\\ -a & -b & 0\end{vmatrix}=-2ab=0$$

由上面两式得到 $a=b=0$.

对 $\lambda_1=0$，解齐次线性方程组 $(0\boldsymbol{I}-\boldsymbol{A})\boldsymbol{x}=\boldsymbol{0}$，可得对应的特征向量 $\boldsymbol{\alpha}_1=(-1, 1, 0)^{\mathrm{T}}$.

对 $\lambda_2=1$，解齐次线性方程组 $(\boldsymbol{I}-\boldsymbol{A})\boldsymbol{x}=\boldsymbol{0}$，可得对应的特征向量 $\boldsymbol{\alpha}_2=(0, 0, 1)^{\mathrm{T}}$.

对 $\lambda_3=2$，解齐次线性方程组 $(2\boldsymbol{I}-\boldsymbol{A})\boldsymbol{x}=\boldsymbol{0}$，可得对应的特征向量 $\boldsymbol{\alpha}_3=(1, 1, 0)^{\mathrm{T}}$.

$\boldsymbol{\alpha}_1$，$\boldsymbol{\alpha}_2$，$\boldsymbol{\alpha}_3$ 已是正交向量组，将其单位化，得

$$\boldsymbol{\beta}_1=\frac{1}{\|\boldsymbol{\alpha}_1\|}\boldsymbol{\alpha}_1=\left(-\frac{1}{\sqrt{2}}, \frac{1}{\sqrt{2}}, 0\right)^{\mathrm{T}}$$

$$\boldsymbol{\beta}_2=\frac{1}{\|\boldsymbol{\alpha}_2\|}\boldsymbol{\alpha}_2=(0, 0, 1)^{\mathrm{T}}$$

$$\boldsymbol{\beta}_3=\frac{1}{\|\boldsymbol{\alpha}_3\|}\boldsymbol{\alpha}_3=\left(\frac{1}{\sqrt{2}}, \frac{1}{\sqrt{2}}, 0\right)^{\mathrm{T}}$$

令矩阵

$$\boldsymbol{Q}=\begin{pmatrix}-\frac{1}{\sqrt{2}} & 0 & \frac{1}{\sqrt{2}}\\ \frac{1}{\sqrt{2}} & 0 & \frac{1}{\sqrt{2}}\\ 0 & 1 & 0\end{pmatrix}, \boldsymbol{x}=\begin{pmatrix}x_1\\ x_2\\ x_3\end{pmatrix}, \boldsymbol{y}=\begin{pmatrix}y_1\\ y_2\\ y_3\end{pmatrix}$$

则 $\boldsymbol{Q}$ 为正交矩阵，作正交变换 $\boldsymbol{x}=\boldsymbol{Q}\boldsymbol{y}$，原二次型可化为标准形 $f=y_2^2+2y_3^2$.

6. 设二次型 $f(x_1, x_2, x_3)=(1-a)x_1^2+(1-a)x_2^2+2x_3^2+2(1+a)x_1x_2$ 的秩为 2.

(1) 求 a 的值.

(2) 求正交变换 $\boldsymbol{x}=\boldsymbol{Q}\boldsymbol{y}$，将二次型 $f(x_1, x_2, x_3)$ 化为标准形.

(3) 求方程 $f(x_1, x_2, x_3)=0$ 的解.

解：(1) 二次型 f 的矩阵

$$\boldsymbol{A}=\begin{pmatrix}1-a & 1+a & 0\\ 1+a & 1-a & 0\\ 0 & 0 & 2\end{pmatrix}$$

对 $\boldsymbol{A}$ 施以初等行变换，化为阶梯形矩阵：

$$\boldsymbol{A}=\begin{pmatrix}1-a & 1+a & 0\\ 1+a & 1-a & 0\\ 0 & 0 & 2\end{pmatrix}\longrightarrow\begin{pmatrix}1 & 1 & 0\\ 0 & a & 0\\ 0 & 0 & 1\end{pmatrix}$$

因为 $\mathrm{r}(\boldsymbol{A})=2$，可得 $a=0$.

(2) 矩阵 $\boldsymbol{A}$ 的特征多项式

$$|\lambda\boldsymbol{I}-\boldsymbol{A}|=\begin{vmatrix}\lambda-1 & -1 & 0\\ -1 & \lambda-1 & 0\\ 0 & 0 & \lambda-2\end{vmatrix}=\lambda(\lambda-2)^2$$

可得 $\boldsymbol{A}$ 的特征值 $\lambda_1=0$，$\lambda_2=\lambda_3=2$.

对于 $\lambda_1=0$，解齐次线性方程组 $(0\boldsymbol{I}-\boldsymbol{A})\boldsymbol{x}=\boldsymbol{0}$，得对应的特征向量 $\boldsymbol{\alpha}_1=(-1, 1, 0)^{\mathrm{T}}$.

对于 $\lambda_2=\lambda_3=2$，解齐次线性方程组 $(2\boldsymbol{I}-\boldsymbol{A})\boldsymbol{x}=\boldsymbol{0}$，得对应的特征向量

$$\boldsymbol{\alpha}_2=(1, 1, 0)^{\mathrm{T}},\ \boldsymbol{\alpha}_3=(0, 0, 1)^{\mathrm{T}}$$

因为 $\boldsymbol{\alpha}_1, \boldsymbol{\alpha}_2, \boldsymbol{\alpha}_3$ 已是正交向量组，只需将 $\boldsymbol{\alpha}_1, \boldsymbol{\alpha}_2, \boldsymbol{\alpha}_3$ 单位化：

$$\boldsymbol{\beta}_1=\frac{1}{\|\boldsymbol{\alpha}_1\|}\boldsymbol{\alpha}_1=\left(-\frac{1}{\sqrt{2}}, \frac{1}{\sqrt{2}}, 0\right)^{\mathrm{T}}$$

$$\boldsymbol{\beta}_2=\frac{1}{\|\boldsymbol{\alpha}_2\|}\boldsymbol{\alpha}_2=\left(\frac{1}{\sqrt{2}}, \frac{1}{\sqrt{2}}, 0\right)^{\mathrm{T}}$$

$$\boldsymbol{\beta}_3=\boldsymbol{\alpha}_3=(0, 0, 1)^{\mathrm{T}}$$

令矩阵

$$\boldsymbol{Q}=(\boldsymbol{\beta}_1, \boldsymbol{\beta}_2, \boldsymbol{\beta}_3)=\begin{pmatrix}-\frac{1}{\sqrt{2}} & \frac{1}{\sqrt{2}} & 0\\ \frac{1}{\sqrt{2}} & \frac{1}{\sqrt{2}} & 0\\ 0 & 0 & 1\end{pmatrix}$$

则 $\boldsymbol{Q}$ 为正交矩阵，经过正交变换 $\boldsymbol{x}=\boldsymbol{Q}\boldsymbol{y}$，可得二次型的标准形

$$f=2y_2^2+2y_3^2$$

(3) 由 $f=2y_2^2+2y_3^2=0$，可得 $y_1=c_1$，$y_2=y_3=0$ (c_1 为任意常数). 记 $\boldsymbol{y}_0=(c_1,0,0)^{\mathrm{T}}$，则 $\boldsymbol{x}_0=\boldsymbol{Q}\boldsymbol{y}_0$ 是方程 $f(x_1,x_2,x_3)=0$ 的解，于是

$$\boldsymbol{x}_0=\boldsymbol{Q}\boldsymbol{y}_0=\begin{pmatrix}-\frac{1}{\sqrt{2}} & \frac{1}{\sqrt{2}} & 0\\ \frac{1}{\sqrt{2}} & \frac{1}{\sqrt{2}} & 0\\ 0 & 0 & 1\end{pmatrix}\begin{pmatrix}c_1\\0\\0\end{pmatrix}=\begin{pmatrix}-\frac{1}{\sqrt{2}}c_1\\ \frac{1}{\sqrt{2}}c_1\\ 0\end{pmatrix}=c\begin{pmatrix}-1\\1\\0\end{pmatrix}$$

其中 c 为任意常数 $\left(c=\frac{1}{\sqrt{2}}c_1\right)$，即 $f(x_1,x_2,x_3)=0$ 的解为

$$x_1=-c,\ x_2=c,\ x_3=0$$

7. 设 $\boldsymbol{A}$ 为 n 阶实对称矩阵，且 $\boldsymbol{A}$ 的行列式 $|\boldsymbol{A}|<0$. 证明：存在 n 维向量 $\boldsymbol{x}=(x_1,x_2,\cdots,x_n)^{\mathrm{T}}$，使得 $\boldsymbol{x}^{\mathrm{T}}\boldsymbol{A}\boldsymbol{x}<0$.

证： 由于 $|\boldsymbol{A}|\neq 0$，故 $\boldsymbol{A}$ 可逆，$\boldsymbol{A}$ 的所有特征值不等于零，设 $\boldsymbol{A}$ 的特征值为 $\lambda_1,\lambda_2,\cdots,\lambda_n$，则

$$|\boldsymbol{A}|=\lambda_1\lambda_2\cdots\lambda_n<0$$

可见 $\boldsymbol{A}$ 的特征值中至少有一个负数，不妨设 $\lambda_1<0$.

因二次型 $f(x)=\boldsymbol{x}^{\mathrm{T}}\boldsymbol{A}\boldsymbol{x}$ 经正交变换 $\boldsymbol{x}=\boldsymbol{Q}\boldsymbol{y}$ 可化为标准形

$$f=\lambda_1y_1^2+\lambda_2y_2^2+\cdots+\lambda_ny_n^2$$

取 $\boldsymbol{y}_0=(1,0,\cdots,0)^{\mathrm{T}}$，对应的 $\boldsymbol{x}_0=\boldsymbol{Q}\boldsymbol{y}_0$，使得

$$\begin{aligned}\boldsymbol{x}_0^{\mathrm{T}}\boldsymbol{A}\boldsymbol{x}_0&=\boldsymbol{y}_0^{\mathrm{T}}(\boldsymbol{Q}^{\mathrm{T}}\boldsymbol{A}\boldsymbol{Q})\boldsymbol{y}_0\\&=\lambda_1+\lambda_2 0+\cdots+\lambda_n 0\\&=\lambda_1<0\end{aligned}$$

8. 设 $\boldsymbol{A}$ 为 $m\times n$ 矩阵，已知 $\boldsymbol{B}=t\boldsymbol{I}+\boldsymbol{A}^{\mathrm{T}}\boldsymbol{A}$. 证明：当 $t>0$ 时，矩阵 $\boldsymbol{B}$ 为正定矩阵.

证： $\boldsymbol{B}=t\boldsymbol{I}+\boldsymbol{A}^{\mathrm{T}}\boldsymbol{A}$ 为 n 阶矩阵，又

$$\boldsymbol{B}^{\mathrm{T}}=(t\boldsymbol{I}+\boldsymbol{A}^{\mathrm{T}}\boldsymbol{A})^{\mathrm{T}}=t\boldsymbol{I}+(\boldsymbol{A}^{\mathrm{T}}\boldsymbol{A})^{\mathrm{T}}=t\boldsymbol{I}+\boldsymbol{A}^{\mathrm{T}}\boldsymbol{A}=\boldsymbol{B}$$

所以 $\boldsymbol{B}$ 为对称矩阵.

对于任意的 $\boldsymbol{x}=(x_1,x_2,\cdots,x_n)^{\mathrm{T}}\neq\boldsymbol{0}$，有

$$\boldsymbol{x}^{\mathrm{T}}\boldsymbol{B}\boldsymbol{x}=t\boldsymbol{x}^{\mathrm{T}}\boldsymbol{x}+\boldsymbol{x}^{\mathrm{T}}\boldsymbol{A}^{\mathrm{T}}\boldsymbol{A}\boldsymbol{x}=t\boldsymbol{x}^{\mathrm{T}}\boldsymbol{x}+(\boldsymbol{A}\boldsymbol{x})^{\mathrm{T}}(\boldsymbol{A}\boldsymbol{x})$$

当 $\boldsymbol{x}\neq\boldsymbol{0}$ 时，$\boldsymbol{x}^{\mathrm{T}}\boldsymbol{x}>0$，$(\boldsymbol{A}\boldsymbol{x})^{\mathrm{T}}(\boldsymbol{A}\boldsymbol{x})\geqslant 0$. 所以当 $t>0$ 时，必有

$$\boldsymbol{x}^{\mathrm{T}}\boldsymbol{B}\boldsymbol{x}=t\boldsymbol{x}^{\mathrm{T}}\boldsymbol{x}+(\boldsymbol{A}\boldsymbol{x})^{\mathrm{T}}(\boldsymbol{A}\boldsymbol{x})>0$$

故 $\boldsymbol{B}$ 为正定矩阵.

9. 设 $\boldsymbol{A}$ 为 n 阶实对称矩阵，$\mathrm{r}(\boldsymbol{A})=n$. 若 A_{ij} 是 $\boldsymbol{A}=(a_{ij})$ 中元素 a_{ij} 的代数余子式($i,j=1,2,\cdots,n$)，二次型

$$f(x_1, x_2, \cdots, x_n) = \sum_{i=1}^{n}\sum_{j=1}^{n}\frac{A_{ij}}{|\boldsymbol{A}|}x_ix_j$$

(1) 记 $\boldsymbol{x}=(x_1, x_2, \cdots, x_n)^{\mathrm{T}}$. 试将 $f(x_1, x_2, \cdots, x_n)$ 写成矩阵形式，并求二次型 $f(x)$ 的矩阵.

(2) 二次型 $g(\boldsymbol{x})=\boldsymbol{x}^{\mathrm{T}}\boldsymbol{A}\boldsymbol{x}$ 与 $f(\boldsymbol{x})$ 的规范形是否相同？说明理由.

解：(1) 二次型 $f(x_1, x_2, \cdots, x_n)$ 的矩阵形式为

$$f(\boldsymbol{x})=(x_1, x_2, \cdots, x_n)\frac{1}{|\boldsymbol{A}|}\begin{pmatrix} A_{11} & A_{21} & \cdots & A_{n1}\\ A_{12} & A_{22} & \cdots & A_{n2}\\ \vdots & \vdots & & \vdots\\ A_{1n} & A_{2n} & \cdots & A_{nn}\end{pmatrix}\begin{pmatrix}x_1\\ x_2\\ \vdots\\ x_n\end{pmatrix}$$

因为 $\mathrm{r}(\boldsymbol{A})=n$，矩阵 $\boldsymbol{A}$ 可逆；且

$$\boldsymbol{A}^{-1}=\frac{1}{|\boldsymbol{A}|}\boldsymbol{A}^*$$

而 $(\boldsymbol{A}^{-1})^{\mathrm{T}}=(\boldsymbol{A}^{\mathrm{T}})^{-1}=\boldsymbol{A}^{-1}$，所以 $\boldsymbol{A}^{-1}$ 仍是实对称矩阵. 因此二次型 $f(x)$ 的矩阵为 $\boldsymbol{A}^{-1}$.

(2) 因为 $\boldsymbol{A}^{\mathrm{T}}=\boldsymbol{A}$，所以

$$(\boldsymbol{A}^{-1})^{\mathrm{T}}\boldsymbol{A}\boldsymbol{A}^{-1}=(\boldsymbol{A}^{\mathrm{T}})^{-1}\boldsymbol{I}=\boldsymbol{A}^{-1}$$

因此矩阵 $\boldsymbol{A}$ 与 $\boldsymbol{A}^{-1}$ 合同，从而二次型 $g(\boldsymbol{x})=\boldsymbol{x}^{\mathrm{T}}\boldsymbol{A}\boldsymbol{x}$ 与 $f(\boldsymbol{x})=\boldsymbol{x}^{\mathrm{T}}\boldsymbol{A}^{-1}\boldsymbol{x}$ 有相同的规范形.

10. 设有 n 元二次型 $f(x_1, x_2, \cdots, x_n)=(x_1+a_1x_2)^2+(x_2+a_2x_3)^2+\cdots+(x_{n-1}+a_{n-1}x_n)^2+(x_n+a_nx_1)^2$，其中 $a_i(i=1, 2, \cdots, n)$ 为实数. 问当 $a_1, a_2, \cdots, a_n$ 满足什么条件时，二次型 f 为正定二次型？

解：方法 1　由题设条件可知，对任意实数 $x_1, x_2, \cdots, x_n$，有

$$f(x_1, x_2, \cdots, x_n)\geqslant 0$$

并且，当且仅当

$$\begin{cases} x_1+a_1x_2=0\\ x_2+a_2x_3=0\\ \quad\cdots\cdots\\ x_{n-1}+a_{n-1}x_n=0\\ x_n+a_nx_1=0\end{cases} \qquad ①$$

时才有等号成立.

方程组 ① 仅有零解的充分必要条件是系数行列式

$$\begin{vmatrix} 1 & a_1 & 0 & \cdots & 0 & 0\\ 0 & 1 & a_2 & \cdots & 0 & 0\\ \vdots & \vdots & \vdots & & \vdots & \vdots\\ 0 & 0 & 0 & \cdots & 1 & a_{n-1}\\ a_n & 0 & 0 & \cdots & 0 & 1\end{vmatrix}=1+(-1)^{n+1}a_1a_2\cdots a_n\neq 0$$

所以，当 $1+(-1)^{n+1}a_1a_2\cdots a_n \neq 0$ 时，对任意不全为零的 $x_1, x_2, \cdots, x_n$，必使 $x_1+a_1x_2, \cdots, x_{n-1}+a_{n-1}x_n, x_n+a_nx_1$ 中至少有一个不等于零，因此 $f(x_1, x_2, \cdots, x_n)>0$，即当 $a_1a_2\cdots a_n \neq (-1)^n$ 时，二次型 $f(x_1, x_2, \cdots, x_n)$ 为正定二次型.

方法 2　由题设条件，令线性变换

$$\begin{cases} y_1 = x_1 + a_1x_2 \\ y_2 = x_2 + a_2x_3 \\ \quad \cdots\cdots \\ y_{n-1} = x_{n-1} + a_{n-1}x_n \\ y_n = x_n + a_nx_1 \end{cases}$$

其矩阵形式为 $\boldsymbol{y}=\boldsymbol{P}\boldsymbol{x}$，其中

$$\boldsymbol{x}=\begin{pmatrix} x_1 \\ x_2 \\ \vdots \\ x_n \end{pmatrix}, \boldsymbol{y}=\begin{pmatrix} y_1 \\ y_2 \\ \vdots \\ y_n \end{pmatrix}, \boldsymbol{P}=\begin{pmatrix} 1 & a_1 & 0 & \cdots & 0 & 0 \\ 0 & 1 & a_2 & \cdots & 0 & 0 \\ \vdots & \vdots & \vdots & & \vdots & \vdots \\ 0 & 0 & 0 & \cdots & 1 & a_{n-1} \\ a_n & 0 & 0 & \cdots & 0 & 1 \end{pmatrix}$$

当 $|\boldsymbol{P}|=1+(-1)^{n+1}a_1a_2\cdots a_n \neq 0$ 时，$\boldsymbol{P}$ 为可逆矩阵，故由 $\boldsymbol{y}=\boldsymbol{P}\boldsymbol{x}$ 可得 $\boldsymbol{x}=\boldsymbol{P}^{-1}\boldsymbol{y}$，原二次型经过这一可逆线性变换可化为规范形

$$f = y_1^2 + y_2^2 + \cdots + y_n^2$$

故 f 为正定二次型，所以当 $1+(-1)^{n+1}a_1a_2\cdots a_n \neq 0$ 时，f 为正定二次型.

(B)

1. 二次型 $f(x_1, x_2, x_3)=(x_1+x_2)^2+(x_2-x_3)^2+(x_3+x_1)^2$ 的秩为[　　].

(A) 0　　　　(B) 1

(C) 2　　　　(D) 3

解: 首先排除(A)，因为非零二次型矩阵的秩大于零.

二次型 f 可写成

$$f(x_1, x_2, x_3)=2x_1^2+2x_2^2+2x_3^2+2x_1x_2+2x_1x_3-2x_2x_3$$

其矩阵

$$\boldsymbol{A}=\begin{pmatrix} 2 & 1 & 1 \\ 1 & 2 & -1 \\ 1 & -1 & 2 \end{pmatrix}$$

对 $\boldsymbol{A}$ 施以初等行变换：

$$\boldsymbol{A} \longrightarrow \begin{pmatrix} 1 & -1 & 2 \\ 0 & 3 & -3 \\ 0 & 0 & 0 \end{pmatrix}$$

所以 $r(A)=2$，即二次型 f 的秩为 2. 故本题应选 (C).

2. 设矩阵 $\boldsymbol{A}=\begin{pmatrix}2&-1&-1\\-1&2&-1\\-1&-1&2\end{pmatrix}$，$\boldsymbol{B}=\begin{pmatrix}1&0&0\\0&1&0\\0&0&0\end{pmatrix}$，则 $\boldsymbol{A}$ 与 $\boldsymbol{B}$[　　].

(A) 合同，且相似　　　　(B) 合同，但不相似

(C) 不合同，但相似　　　　(D) 既不合同，也不相似

解：矩阵 $\boldsymbol{A}$ 是实对称矩阵，其特征多项式

$$|\lambda\boldsymbol{I}-\boldsymbol{A}|=\begin{vmatrix}\lambda-2&1&1\\1&\lambda-2&1\\1&1&\lambda-2\end{vmatrix}=\lambda(\lambda-3)^2$$

可得 $\boldsymbol{A}$ 的特征值为 $\lambda_1=\lambda_2=3$，$\lambda_3=0$. 由此可知，二次型 $\boldsymbol{x}^{\mathrm{T}}\boldsymbol{A}\boldsymbol{x}$ 的规范形为 $y_1^2+y_2^2$. 所以 $\boldsymbol{A}$ 与 $\boldsymbol{B}$ 合同.

又矩阵 $\boldsymbol{B}$ 的特征值为 1，1，0，而相似矩阵的特征值相同，可见，矩阵 $\boldsymbol{A}$ 与 $\boldsymbol{B}$ 不相似，故本题应选 (B).

3. 设 $\boldsymbol{A}$，$\boldsymbol{B}$ 为 n 阶矩阵，下列命题中正确的是[　　].

(A) 若 $\boldsymbol{A}$ 与 $\boldsymbol{B}$ 合同，则 $\boldsymbol{A}$ 与 $\boldsymbol{B}$ 相似

(B) 若 $\boldsymbol{A}$ 与 $\boldsymbol{B}$ 相似，则 $\boldsymbol{A}$ 与 $\boldsymbol{B}$ 合同

(C) 若 $\boldsymbol{A}$ 与 $\boldsymbol{B}$ 等价，则 $\boldsymbol{A}$ 与 $\boldsymbol{B}$ 合同

(D) 若 $\boldsymbol{A}$ 与 $\boldsymbol{B}$ 合同，则 $\boldsymbol{A}$ 与 $\boldsymbol{B}$ 等价

解：同阶矩阵间有三种重要关系：等价、相似和合同，它们的定义如下：

① 设 $\boldsymbol{A}$，$\boldsymbol{B}$ 均为 $m\times n$ 矩阵，若存在可逆矩阵 $\boldsymbol{P}_{m\times m}$ 和 $\boldsymbol{Q}_{n\times n}$，使得 $\boldsymbol{PAQ}=\boldsymbol{B}$，即 $\boldsymbol{A}$ 经一系列初等变换就化为矩阵 $\boldsymbol{B}$，则称 $\boldsymbol{A}$ 与 $\boldsymbol{B}$ 等价.

② 设 $\boldsymbol{A}$，$\boldsymbol{B}$ 均为 n 阶矩阵，若存在可逆矩阵 $\boldsymbol{P}_{n\times n}$，使得 $\boldsymbol{P}^{-1}\boldsymbol{AP}=\boldsymbol{B}$，则称 $\boldsymbol{A}$ 与 $\boldsymbol{B}$ 相似.

③ 设 $\boldsymbol{A}$，$\boldsymbol{B}$ 均为 n 阶矩阵，若存在可逆矩阵 $\boldsymbol{C}_{n\times n}$，使得 $\boldsymbol{C}^{\mathrm{T}}\boldsymbol{AC}=\boldsymbol{B}$，则称 $\boldsymbol{A}$ 与 $\boldsymbol{B}$ 合同.

由此可知，若 $\boldsymbol{A}$ 与 $\boldsymbol{B}$ 合同，未必有 $\boldsymbol{A}$ 与 $\boldsymbol{B}$ 相似，因为 $\boldsymbol{C}^{\mathrm{T}}$ 未必等于 $\boldsymbol{C}^{-1}$. 故 (A) 不正确，类似地，(B) 不正确.

若 $\boldsymbol{A}$ 与 $\boldsymbol{B}$ 等价，由于 $\boldsymbol{A}$，$\boldsymbol{B}$ 未必是方阵，不存在合同关系，即使 $\boldsymbol{A}$，$\boldsymbol{B}$ 均为方阵，矩阵 $\boldsymbol{P}$，$\boldsymbol{Q}$ 也未必有 $\boldsymbol{P}^{\mathrm{T}}=\boldsymbol{Q}$. 故 (C) 不正确.

对于(D)，由 $\boldsymbol{A}$ 与 $\boldsymbol{B}$ 合同，有 $\boldsymbol{C}^{\mathrm{T}}\boldsymbol{AC}=\boldsymbol{B}$，其中 $\boldsymbol{C}$ 可逆，可知 $\boldsymbol{A}$ 与 $\boldsymbol{B}$ 等价，故本题应选 (D).

4. 已知二次型 $f(x_1,x_2,x_3)=a(x_1^2+x_2^2+x_3^2)-6x_1x_2-6x_1x_3-6x_2x_3$，经正交变换 $\boldsymbol{x}=\boldsymbol{Q}\boldsymbol{y}$ 可化为标准形

$$f=4y_1^2+4y_2^2-5y_3^2$$

则 $a=$[　　].

(A) 1　　　　(B) -1

(C) 2　　　　(D) -2

解：方法 1　二次型 $f(x_1,x_2,x_3)$ 的矩阵

$$A=\begin{pmatrix} a & -3 & -3 \\ -3 & a & -3 \\ -3 & -3 & a \end{pmatrix}$$

矩阵 $\boldsymbol{A}$ 的特征多项式

$$|\lambda \boldsymbol{I}-\boldsymbol{A}|=\begin{vmatrix} \lambda-a & 3 & 3 \\ 3 & \lambda-a & 3 \\ 3 & 3 & \lambda-a \end{vmatrix}=(\lambda-a+6)(\lambda-a-3)^2$$

可得 $\boldsymbol{A}$ 的特征值 $\lambda_1=\lambda_2=a+3$, $\lambda_3=a-6$.

由已知条件，$\boldsymbol{A}$ 的特征值应为 4，4，-5. 所以

$$a+3=4,\ a-6=-5$$

可得 $a=1$. 故本题应选 (A)

方法 2　由题设条件，$\boldsymbol{Q}^{\mathrm{T}}=\boldsymbol{Q}^{-1}$. 故二次型 f 的矩阵

$$\boldsymbol{A}=\begin{pmatrix} a & -3 & -3 \\ -3 & a & -3 \\ -3 & -3 & a \end{pmatrix} \quad 与 \quad \boldsymbol{\Lambda}=\begin{pmatrix} 4 & 0 & 0 \\ 0 & 4 & 0 \\ 0 & 0 & -5 \end{pmatrix}$$

合同，且相似，可得 $\boldsymbol{A}$ 的特征值为 $\lambda_1=\lambda_2=4$, $\lambda_3=-5$，所以 $\lambda_1+\lambda_2+\lambda_3=a+a+a$，得 $3a=3$，即 $a=1$. 故本题应选 (A).

5. 二次型 $f(x_1, x_2, x_3)=2x_1x_2+2x_1x_3+2x_2x_3$ 的规范形为 [　　].

(A) $f=z_1^2-z_2^2$　　　　(B) $f=z_1^2+z_2^2-z_3^2$

(C) $f=z_1^2-z_2^2-z_3^2$　　　　(D) $f=z_1^2+z_2^2+z_3^2$

解: *方法 1*　二次型 f 的矩阵为

$$\boldsymbol{A}=\begin{pmatrix} 0 & 1 & 1 \\ 1 & 0 & 1 \\ 1 & 1 & 0 \end{pmatrix}$$

矩阵 $\boldsymbol{A}$ 的特征多项式

$$|\lambda \boldsymbol{I}-\boldsymbol{A}|=\begin{vmatrix} \lambda & -1 & -1 \\ -1 & \lambda & -1 \\ -1 & -1 & \lambda \end{vmatrix}=(\lambda-2)(\lambda+1)^2$$

可得 $\boldsymbol{A}$ 的特征值 $\lambda_1=2$, $\lambda_2=\lambda_3=-1$. 所以二次型 f 的正惯性指数 $p=1$，负惯性指数 $r-p=2$. 可见，二次型 f 的规范形为 $f=z_1^2-z_2^2-z_3^2$. 故本题应选(C).

方法 2　利用配方法将二次型化为标准形：作可逆线性变换

$$\begin{cases} x_1=y_1+y_2 \\ x_2=y_1-y_2 \\ x_3=y_3 \end{cases}$$

则

$$f = 2(y_1+y_2)(y_1-y_2)+2(y_1+y_2)y_3+2(y_1-y_2)y_3$$
$$= 2y_1^2-2y_2^2+4y_1y_3 = 2(y_1+y_3)^2-2y_2^2-2y_3^2$$

继续作可逆线性变换

$$\begin{cases} z_1 = \sqrt{2}(y_1+y_3) \\ z_2 = \sqrt{2}y_2 \\ z_3 = \sqrt{2}y_3 \end{cases}$$

得二次型的规范形 $f = z_1^2 - z_2^2 - z_3^2$. 故本题应选 (C).

6. 设实对称矩阵 $\boldsymbol{A}$ 与 $\boldsymbol{B}$ 合同，而矩阵

$$\boldsymbol{B} = \begin{pmatrix} 0 & 0 & 2 \\ 0 & -1 & 0 \\ 2 & 0 & 0 \end{pmatrix}$$

则二次型 $f(\boldsymbol{x}) = \boldsymbol{x}^{\mathrm{T}}\boldsymbol{A}\boldsymbol{x}$ 的规范形为[　　].

(A) $y_1^2+y_2^2+y_3^2$　　(B) $y_1^2-y_2^2-y_3^2$

(C) $y_1^2+y_2^2-y_3^2$　　(D) $-y_1^2-y_2^2-y_3^2$

解: 矩阵 $\boldsymbol{A}$, $\boldsymbol{B}$ 合同，且都是实对称矩阵，因此二次型 $\boldsymbol{x}^{\mathrm{T}}\boldsymbol{A}\boldsymbol{x}$ 与 $\boldsymbol{x}^{\mathrm{T}}\boldsymbol{B}\boldsymbol{x}$ 有相同的规范形. 矩阵 $\boldsymbol{B}$ 的特征多项式

$$|\lambda\boldsymbol{I}-\boldsymbol{B}| = \begin{vmatrix} \lambda & 0 & -2 \\ 0 & \lambda+1 & 0 \\ -2 & 0 & \lambda \end{vmatrix} = (\lambda-2)(\lambda+1)(\lambda+2)$$

可得 $\boldsymbol{B}$ 的特征值为 $\lambda_1 = 2$, $\lambda_2 = -1$, $\lambda_3 = -2$，可见二次型 $\boldsymbol{x}^{\mathrm{T}}\boldsymbol{B}\boldsymbol{x}$ 的规范形为

$$y_1^2-y_2^2-y_3^2$$

因此 $\boldsymbol{x}^{\mathrm{T}}\boldsymbol{A}\boldsymbol{x}$ 的规范形为 $y_1^2-y_2^2-y_3^2$. 故本题应选 (B).

7. 设 $\boldsymbol{A}$ 是三阶实对称矩阵，且满足

$$\boldsymbol{A}^3 - 3\boldsymbol{A}^2 + 5\boldsymbol{A} - 3\boldsymbol{I} = \boldsymbol{O}$$

则二次型 $f(\boldsymbol{x}) = \boldsymbol{x}^{\mathrm{T}}\boldsymbol{A}\boldsymbol{x}$ 的规范形为[　　].

(A) $y_1^2+y_2^2+y_3^2$　　(B) $y_1^2-y_2^2-y_3^2$

(C) $y_1^2+y_2^2-y_3^2$　　(D) $-y_1^2-y_2^2-y_3^2$

解: 设 λ 是 $\boldsymbol{A}$ 的任一特征值，对应的特征向量为 $\boldsymbol{\alpha}$，则 $\boldsymbol{A}\boldsymbol{\alpha} = \lambda\boldsymbol{\alpha}\ (\boldsymbol{\alpha} \neq \boldsymbol{0})$，由此可得

$$\lambda^3 - 3\lambda^2 + 5\lambda - 3 = 0$$

即　　$$(\lambda-1)(\lambda^2-2\lambda+3) = 0$$

因为实对称矩阵 $\boldsymbol{A}$ 的特征值都是实数，而方程 $\lambda^2-2\lambda+3=0$ 无实根，所以 $\boldsymbol{A}$ 的特征值必为 $\lambda_1 = \lambda_2 = \lambda_3 = 1 > 0$，可见，二次型 $f(\boldsymbol{x}) = \boldsymbol{x}^{\mathrm{T}}\boldsymbol{A}\boldsymbol{x}$ 的规范形为 $y_1^2+y_2^2+y_3^2$. 故本题

应选(A).

8. 二次型 $f(x)=\boldsymbol{x}^{\mathrm{T}}\boldsymbol{A}\boldsymbol{x}(\boldsymbol{A}^{\mathrm{T}}=\boldsymbol{A})$ 正定的充分必要条件是[　　].

(A) 存在可逆矩阵 $\boldsymbol{P}$，使得 $\boldsymbol{P}^{-1}\boldsymbol{A}\boldsymbol{P}=\boldsymbol{I}$

(B) 存在可逆矩阵 $\boldsymbol{P}$，$\boldsymbol{Q}$，使得 $\boldsymbol{P}\boldsymbol{A}\boldsymbol{Q}=\boldsymbol{I}$

(C) 对于任意的 $\boldsymbol{x}=(x_1,x_2,\cdots,x_n)^{\mathrm{T}}$，其中 $x_i\neq 0\ (i=1,2,\cdots,n)$，有$\boldsymbol{x}^{\mathrm{T}}\boldsymbol{A}\boldsymbol{x}>0$

(D) 存在可逆矩阵 $\boldsymbol{C}$，使得 $\boldsymbol{C}^{\mathrm{T}}\boldsymbol{A}\boldsymbol{C}=\boldsymbol{I}$

解: (A) 是矩阵 $\boldsymbol{A}$ 正定的充分条件，但不是必要条件，例如，矩阵$\boldsymbol{A}=\begin{pmatrix}1&0\\0&2\end{pmatrix}$是正定矩阵，但 $\boldsymbol{A}$ 不与 $\boldsymbol{I}$ 相似，即不存在可逆矩阵 $\boldsymbol{P}$，使得$\boldsymbol{P}^{-1}\boldsymbol{A}\boldsymbol{P}=\boldsymbol{I}$.

(B) 是$\boldsymbol{A}$正定的必要条件，但不是充分条件，例如，设矩阵$\boldsymbol{A}=\begin{pmatrix}-1&0\\0&2\end{pmatrix}$，经过初等变换可将 $\boldsymbol{A}$ 化为单位矩阵，即存在可逆矩阵 $\boldsymbol{P}$，$\boldsymbol{Q}$，使得 $\boldsymbol{P}\boldsymbol{A}\boldsymbol{Q}=\boldsymbol{I}$. 但 $\boldsymbol{A}$ 不是正定矩阵.

(C) 是二次型 $\boldsymbol{x}^{\mathrm{T}}\boldsymbol{A}\boldsymbol{x}$ 正定的必要条件，但非充分条件，例如，设 $f(x_1,x_2,x_3)=x_1^2+2x_2^2$，对任意的 $\boldsymbol{x}=(x_1,x_2,x_3)^{\mathrm{T}}$，$x_i\neq 0(i=1,2,3)$，都有 $\boldsymbol{x}^{\mathrm{T}}\boldsymbol{A}\boldsymbol{x}>0$，但 $f(x_1,x_2,x_3)$ 不是正定二次型.

综上分析，本题应选 (D)，实际上，若$\boldsymbol{C}$可逆，且$\boldsymbol{C}^{\mathrm{T}}\boldsymbol{A}\boldsymbol{C}=\boldsymbol{I}$，则$\boldsymbol{A}$与单位矩阵合同. 这正是 $\boldsymbol{A}$ 为正定矩阵的充分必要条件.

图书在版编目（CIP）数据

线性代数（第五版）学习参考/赵树嫄等编著．—北京：中国人民大学出版社，2018.12
（经济应用数学基础）
ISBN 978-7-300-26436-3

Ⅰ.①线… Ⅱ.②赵… Ⅲ.①线性代数-高等学校-教学参考资料 Ⅳ.O151.2

中国版本图书馆 CIP 数据核字（2018）第 264771 号

经济应用数学基础（二）
线性代数（第五版）学习参考
赵树嫄　胡显佑　陆启良　褚永增　编著
Xianxing Daishu (Di-wu Ban) Xuexi Cankao

出版发行　中国人民大学出版社
社　　址　北京中关村大街 31 号　　**邮政编码**　100080
电　　话　010－62511242（总编室）　　010－62511770（质管部）
010－82501766（邮购部）　　010－62514148（门市部）
010－62515195（发行公司）　　010－62515275（盗版举报）
网　　址　http://www.crup.com.cn
经　　销　新华书店
印　　刷　北京东君印刷有限公司
规　　格　185 mm×260 mm　16 开本　　**版　　次**　2018 年 12 月第 1 版
印　　张　17　　**印　　次**　2020 年 12 月第 4 次印刷
字　　数　395 000　　**定　　价**　38.00 元
